国家社会科学基金资助项目
“基于知识单元的知识计量研究”（批准号：09CTQ009）的成果之一
国家自然科学基金资助项目
“基于作者学术关系的知识交流模式与规律研究”（批准号：70973093）的成果之一

知识计量学

Knowledgometrics

邱均平　文庭孝　宋艳辉　等/著

科学出版社
北京

图书在版编目(CIP)数据

知识计量学 / 邱均平等著．—北京：科学出版社，2014．6
(计量学研究丛书)
ISBN 978-7-03-040130-4

Ⅰ．①知…　Ⅱ．①邱…　Ⅲ．①知识学-计量学　Ⅳ．①G302

中国版本图书馆 CIP 数据核字（2014）第 045441 号

责任编辑：邹　聪　程　凤/责任校对：韩　杨
责任印制：赵　博/封面设计：无极书装
编辑部电话：010-64035853
E-mail：houjunlin@mail. sciencep. com

科学出版社 出版
北京东黄城根北街 16 号
邮政编码：100717
http://www.sciencep.com

北京凌奇印刷有限责任公司印刷
科学出版社发行　各地新华书店经销

*

2014 年 6 月第　一　版　开本：720×1000　1/16
2025 年 2 月第六次印刷　印张：25 3/4
字数：484 000

定价：118.00 元

（如有印装质量问题，我社负责调换）

“计量学研究丛书”编委会

总 序

20世纪60年代以来，在图书馆学、文献学、科学学、情报学领域相继出现了三个类似的术语：Bibliometrics、Scientometrics和Informetrics，分别代表着三个十分相似的定量性分支学科，即文献计量学、科学计量学和信息计量学（情报计量学）（简称“三计学”）。经过几十年的努力研究和推动，“三计学”都不同程度地取得了一定进展，得到了学术界的广泛承认。文献计量学、科学计量学和信息计量学（情报计量学）之间的关系十分密切。尽管它们的研究对象和目的有所不同，但三者的起源相同，并且享有共同的原理、方法和工具，因此，学术界习惯于将它们统称为“三计学”，而且随着科学技术的发展和三门计量学的不断拓展，它们之间出现了合流的趋势，还产生了共同的国际学术组织——国际科学计量学和信息计量学学会（International Society for Scientometrics and Informetrics，ISSI）。20世纪90年代以来，随着计算机技术、网络技术的迅速发展和广泛普及，以及知识经济与知识管理的兴起，数字化、网络化和知识化成为信息社会与知识经济时代的显著特征，“三计学”研究的广度和深度不断扩展，信息管理领域又相继出现了以网络信息和数据为计量对象的网络信息计量学或称网络计量学（Webometrics）和以知识单元为计量对象的知识计量学（我们译为Knowledgometrics），与“三计学”一起并称为“五计学”。“五计学”分别以文献、数据、信息（包括网络信息、情报）、知识和科学活动为研究对象，既有共同基础、交叉融合，又各有侧重、自成体系，成为信息管理领域计量研究的五朵奇葩。"五计学"的形成和发展历程反映了信息管理领域定量研究的不断创新及随着时代和社会背景的变化而不断演变的轨迹，既是文献计量学和科学计量学研究的继承和发展，也是信息管理领域定量研究的拓展与创新。

文献计量学（Bibliometrics）是以文献体系和文献计量特征为研究对象，采用数学、统计学等的计量方法，研究文献情报的分布结构、数量关系、变化规律和定量管理，并进而探讨科学技术的结构、特征和规律的一门分支学科。早在1969年，英国计算中心的普里查德（A. Pritchard）开创性地提出用"文献计量学"（Bibliometrics）这一新名称来代替统计书目学（Statistical Bibliography）一词，并认为文献计量学是"将数学和统计学的方法运用于图书及其他交流介质研究"的一门学科。文献计量学概念提出后就得到了图书、情报、信息界的积极响应。经过半个世纪的努力，文献计量学已经形成为一门独立的科学学科，并得到了国际学术界的广泛承认。

科学计量学是以社会环境为背景，运用数学方法计量科学研究的成果，描述科学的体系结构，分析科学系统的内在运行机制，揭示科学发展的时空特征，探索整个科学活动的定量规律的一门学科，被人们称为"科学的科学"。科学计量学是以科学本身作为对象进行定量研究的学科。这里所指的"科学"，不仅指作为知识体系的科学，而且也包括作为社会活动的科学。科学计量学是伴随着科学学在现代科学技术革命的历史背景下孕育形成的。人类对科学本身的定量研究，可以上溯到19世纪下半叶，到20世纪60年代得到广泛的发展。1961年美国科学史家普赖斯发表了《巴比伦以来的科学》，为科学计量学的诞生奠定了基础。他通过对科学杂志、文献等的统计研究，论证了科学知识指数增长律。由此他被认为是"科学计量学之父"。1963年，美国费城科学信息研究所的加菲尔德博士创立"科学引文索引"（SCI），为科学计量学研究提供了数据基础。前苏联学者弗·纳利莫夫在1969年提出了"科学计量学"（Наукометрия）这一术语，转译为英文Scientometrics。20世纪70年代，我国的科学学工作者开始全面、系统地将国外有关科学计量学的研究成果介绍到国内，使科学计量学研究在我国蓬勃发展起来。它在促进科学学理论研究和影响国家科学政策方面，已经初显身手，并且正在发挥着越来越大的作用。

信息计量学是采用定量方法来描述和研究信息（情报）的现象、过程和规律的一门学科。它是数学和统计学与情报学广泛结合而形成的情报学的一个新兴的定量性分支学科。"信息计量学"（原称"情报计量学"）名称最早出自德文Informetrie一词，是由德国学者昂托·纳克（Otto Nacke）最先提出的。在其后的文献中很快就出现了与之对应的英文术语Informetrics。1980年9月，在德国法兰克福召开了第一次情报计量学（含科学计量学）研讨会，纳克在会上宣传了他提出的“情报计量学”概念。1981年，在我国期刊上也出现了信息计量学的德文和英文术语，并将其译为情报计量学。Informetrics一词不仅在英语国家中迅速流传开来，而且还得到了国际文献联合会（FID）的认可，标志着一门新兴分支学科的兴起。早在1980年，FID就设立了情报计量学委员会（FID/IM）。1987年，第一届文献计量学与情报检索理论国际研讨会在比利时举行，著名情报学家布鲁克斯在会上提议，应将Informetrics术语补充到拟于1989年在加拿大召开的第二届国际学术会议的名称中去，得到了与会学者的普遍赞同和支持。但直到1995年6月，在美国芝加哥召开的“第五届科学计量学和情报计量学国际会议”上才更名，情报计量学替代文献计量学出现在会议名称中，现名为“国际科学计量学和信息计量学学会”（ISSI）。由于在1987年以来的有关国际学术会议出版的论文集上都有Informetrics标题，因此，国外一些著名情报学家都把1987年看成是Informetrics被国际情报学界正式承认的一年。

我国学术界对Informetrie（德文）和Informetrics（英文）术语及其所代表的学科也及时地作出了反应，并给予了应有的关注和重视。早在1981年就有相关论文发表。1988年正式出版的《文献计量学》不仅详细论述了“三计学”的关系，而且还较早系统地提出了情报（信息）计量学的内容框架。只是到了1992年，我国有关部门将Information对应的译名“情报”改译为“信息”之后，我们对Informetrics的译名“情报计量学”也作了相应的改变，译成为“信息计量学”。

网络信息计量学，也称网络计量学，英文为Webometrics或Cybermetrics。它是采用数学、统计学等定量分析方法，对网上信息的组织、存储、分布、传递、相互引证和开发利用等进行定量描述和统计分析，以揭示其数量特征和内在规律的一门新兴分支学科。网络信息计量学研究始于20世纪90年代后期，最初表现为文献计量学在网络中的应用。自1997年阿曼德等在Journal of Documentation上发表了《万维网上的信息计量分析：网络信息计量学方法探讨》一文，首次提出了Webometrics一词。这一概念很快得到了国际学术界的积极响应，迅速掀起了网络信息计量学研究的热潮，并引起了社会各界的广泛关注。1997年，以研究网络信息计量学为核心的网络电子期刊Cybermetrics在西班牙马德里创刊，标志着网络信息计量学作为一门独立的新兴学科从传统的信息计量学研究中独立出来。随后以Cybermetrics和Webometrics为主题的研究大量出现。早在2000年，在一次国际会议上我们率先发表了“网络信息计量学及其应用研究”一文，首次论述了该学科的由来、概念，产生背景、研究对象、目的意义、范围和内容等基本问题，后来被学术界广泛认同和引用，在国内外都产生了广泛学术影响。

网络信息计量学的研究对象是网络信息。可以分为三个层次：一是以“比特”形态存在的最基本的网络信息单元，其类型包括数字信息、文字信息，以及集文字、图像和声音于一体的多媒体信息等；二是关于网上文献（如数字论文、电子期刊、电子图书等）的信息及其相关特征信息；三是关于网络结构单元的信息，包括以网站、网页、链接、数据库等结构为信息单元的信息资源。网络计量学主要是由网络技术、网络管理、信息资源管理与信息计量学等相互结合、交叉渗透而形成的。其研究的根本目的是通过对网上信息的计量研究，为网上信息的有序化组织和合理分布、为网络信息资源的优化配置和有效利用、为网络管理的规范化和科学化提供必要的定量依据，从而改善网络的组织管理和信息管理，提高其管理水平，促进其经济效益和社会效益的充分发挥。

知识计量学是以整个人类知识体系和知识活动作为研究对象，采用计量学方法对知识载体、知识内容、知识活动及其影响等进行定量研究的一门交叉性学科。20 世纪 90 年代以来，随着科学技术的飞速发展，知识化已成为当前科技、经济和社会发展的重要因素和显著特征。知识经济和知识管理在全球范围内普遍兴起，知识作为社会竞争中一种重要的战略资源和经济资源受到了人类前所未有的重视和关注。从不同的角度和不同的层面出发对知识本身及各种知识活动进行广泛的研究成为知识社会关注的焦点，而其中有关知识及其影响的测度、计量也成为重要的研究课题。虽然许多学科领域都从不同的角度出发间接或直接地对知识计量进行了研究，取得了一定的研究成果。但由于各自研究的目的和角度不相同，从而使得知识计量研究零碎、分散且不系统。创建知识计量研究这一相对独立的交叉学科，可以集中有关学科的优秀研究成果，从“知识单元”这一共同的角度入手，对不同领域、不同形态的知识计量进行系统的研究和分析，从而在更深的层次上解决知识计量研究的难题。研究表明，从基于知识载体的计量转移到对知识本身的计量，包括知识体系的宏观计量和知识内容本身的数量、质量、价值和关系的计量，成为发展的必然趋势。

从文献计量学引入我国开始，武汉大学信息管理学院以邱均平教授为首的研究团队从 1980 年以来长期、持续地关注信息管理领域的计量学研究，并且率先发表了一系列在国内外都有重要影响力的学术论文，出版了一套反映信息管理领域定量研究成果的“计量学研究丛书”，这不仅在国内信息管理领域是首例，而且在国际上也未见报道。

我们团队在我国率先开展“三计学”的教学与研究，取得了丰硕的研究成果。在过去多年文献计量学教学和研究的基础上，邱均平编著的《文献计量学》于 1988 年在科学技术文献出版社正式出版。该书首次从理论、方法和应用相结合的角度构建了文献计量学的内容体系，是我国出版最早的、为数不多的文献计量学经典著作之一，受到学术界同行的热烈欢迎和好评。它不仅被多所高校采用，作为图书馆学、情报学和信息管理学等学科领域的核心教材，而且被引率至今一直名列前茅，经久不衰。这“无疑是对我国情报学研究和情报学教育的积极贡献，具有开创性的意义”（著名情报学家杨沛霆语）。

之后，我们团队又开展了大量有关“三计学”方面的研究，在国内外产生了重大影响。随着信息技术和信息科学的迅速发展，信息资源电子化、数字化和网络化日益普及，给人类社会、经济、科技和文化等各个领域的发展都带来了巨大的影响和深刻的变革。在这种新的社会环境和技术条件下，文献计量学研究出现了许多新的发展方向和趋势。面对这一新形势、新趋势和新课题，我们团队又在国内率先开展了信息计量学和网络信息计量学研究，并于2000～2001年以“信息计量学”和“网络信息计量学”为题在《情报理论与实践》杂志上发表了系列研究论文，在国内外学术界产生了巨大反响，被引率一直居高不下，成为开展信息计量学和网络信息计量学研究必看的经典系列文章。2007年1月，《信息计量学》一书在武汉大学出版社出版。该书是我们团队长期从事“三计学”教学与研究的结晶，是反映网络信息时代“三计学”发展特征，面向图书馆学、情报学和信息管理学及相关学科领域教学与研究现实需要的产物，被列入“教育部面向21世纪课程教材”和“高等学校信息管理类核心课教材”，被遴选为国家精品课程和国家级“十二五”规划教材。2010年7月，在三项国家自科基金项目和两项教育部基金项目资助及大量前期原创性成果积累的基础上，国内第一本以《网络计量学》命名的著作在科学出版社出版，弥补了国内网络计量学领域研究的不足。至此，我国网络计量学研究开始进入系统研究和快速发展时期。

我们团队早在20世纪80年代初就开始关注国外知识计量和知识网络方面的研究动向，并发表了一系列研究成果。著名科学计量学学者赵红州、蒋国华在1995年曾指出：科学计量学和经济计量学两门姊妹学科问题，对于迎接知识经济时代，开展知识经济学研究具有特殊意义。看来很有必要将科学计量学拓展到知识计量学，并与经济计量学结合起来，从宏观和微观上对知识生产和应用，知识投入和产出，知识存量和流量，知识分配和转移，知识价值和价格等，进行广泛的跨学科的综合研究。但是令人遗憾的是，知识计量学在此后很长一段时间并没有得到深入研究和进一步发展。直到2009年，在国家社科基金项目“基于知识单元的知识计量研究（CTQ009）”和国家自科基金项目“基于作者学术关系的知识交流模式和规律研究（70973093）”的资助下，我们团队在国内发表了一系列具有影响力的原创性研究成果，完成了一系列项目研究报告，并在此基础上有了2014年《知识计量学》一书在科学出版社的出版，填补了国内知识计量学研究的空白。

完成“五计学”的系统研究并形成信息管理领域计量学研究的完整体系，一直是我们团队的共同愿望和奋斗目标。在文献计量学、信息计量学、网络计量学和知识计量学研究的雄厚基础之上，《科学计量学》一书的出版被提上研究议程。经过近五年的精心酝酿、组织、研究和写作，《科学计量学》书稿已初步完成，即将在科学出版社出版。至此，信息管理领域的“五计学”系列著作的出版已画上了一个圆满的句号。

“计量学研究丛书”的显著特点主要是：①连续性和系统性强。从文献、科学活动的计量，到信息、网络信息的计量，再到知识及知识活动的计量研究，是一个连续的和不断深入研究的过程，我们为此连续研究了30多年。现在完成和出版的五个计量学的专著形成了一套系列丛书，构建了信息科学领域计量学研究的完整体系。②创新性和原创性强。五个计量学的著作都是以“著”或“编著”形式出版的，都是在多项国家级项目研究成果和发表大量原创性论文的基础上，经过系统化、规范化的总结、归纳、提炼和升华而成的。《文献计量学》是邱均平的个人专著，是我国早期出版的几部经典著作之一；《信息计量学》、《网络计量学》和《知识计量学》都是以这些学科命名的国内的第一部专著；《科学计量学》也是国内为数不多的重要著作之一。五个计量学的专著既有某些共同的交叉的内容，也有各自的具有个性特色的内容体系。它们都有各自不同的计量研究对象，计量研究的目的和内容也不一样，有些类似的规律或定律的表现形式和数值大小各有差异和特色。既融入了作者自己的研究成果，形成各自的个性特色，又反映了国内外的前沿研究成果，构成了一个统一的计量学研究体系。③水平高、学术性强。“计量学研究丛书”的著者都具有博士学位或高级职称，都是教学、科研第一线的骨干教师或学科带头人，既具有较高的学术水平和雄厚的科研基础，又有撰写著作的经验，从而为打造高水平、高质量的系列著作提供了人才保障。同时，按照理论、方法、应用三结合的思路构建各个著作的内容体系，体现内容上的前瞻性、创新性、科学性、系统性和实用性。注重整套丛书的规范化建设，采用统一版式、统一风格，表现出较高的规范化水平。

从文献计量学、科学计量学到信息计量学，再到网络计量学，最后到知识计量学，既是学科发展深化演变的创新过程，同时也是我们追随学科发展轨迹孜孜探求的旅程。但愿我们所做的这些科研成果和贡献，能够深入推动“五计学”的不断发展和繁荣。我们站在前人的肩膀上，也愿意成为后人的肩膀。

“计量学研究丛书”的顺利完成和正式出版，首先要感谢各位副主编和编著者的积极参与和配合，还要感谢科学出版社领导的支持和责任编辑邹聪女士的辛勤工作。由于计量学研究的艰巨性、复杂性，“计量学研究丛书”中的不足或偏颇之处在所难免，恳请同行专家和读者批评指正。

邱均平
2014年3月于武汉大学

前言

20世纪90年代以来，随着科学技术的飞速发展，知识化已成为当前科技、经济和社会发展的重要因素和显著特征。知识经济和知识管理在全球范围内普遍兴起，知识作为社会竞争中一种重要的战略资源和经济资源受到了人们前所未有的重视和关注。从不同角度和不同层面出发对知识本身及各种知识活动进行广泛研究已成为知识社会关注的焦点，而其中有关知识及其影响的测度、计量已成为重要的前沿课题。

虽然许多学科领域都从不同的角度出发间接或直接地对知识计量进行了研究，取得了一定的研究成果，但各自研究的目的和角度不同，使得知识计量研究零碎、分散且不系统。创建知识计量学这一相对独立的交叉研究领域，可以集中相关学科的优秀研究成果，从"知识单元"这一共同的角度入手，对不同领域、不同形态的知识计量进行系统的研究和分析，从而在更深的层次上解决知识计量研究的难题。研究表明，从基于知识载体的计量深入到对知识本身的计量，包括知识体系的宏观计量和知识内容本身的数量、质量、价值和关系的计量，已成为发展的必然趋势。

知识与知识活动作为一种知识体系和社会现象，不仅具有数量、质量、价值和关系等基本特征，而且具有科学、社会和经济属性。对知识本身及其在科技、经济和社会中所起的作用进行研究，都涉及一个基本问题，即需要从知识单元角度进行知识量化研究。因此，对知识进行计量既是知识管理和知识经济中的核心问题，也是情报学、信息管理学、科学学、经济学、管理学和科研管理与决策等学科领域共同关注的重要课题。对知识活动和知识内容本身进行准确的计量是对知识进行科学管理和有效开发利用的基础。

知识计量研究是一个综合性的研究课题。知识计量研究是知识创造、知识管理、知识利用、知识发现、知识评价和科技管理等领域的重要研究课题，具有重要的理论、方法和应用价值。解决知识计量研究中的知识单元的确定、知识量的直接测度、知识质量的直接评价、知识价值的直接衡量、知识关联的深入发现和知识网络的系统构建等问题是从事一切知识活动的基础，研究并解决这些问题是本书研究的目的和意义。本书以知识单元为基础和线索，系统地研究了知识计量的理论、方法、工具、应用和实证等问题。

本书的特色有四点。第一，首次系统地研究了知识单元和知识计量学的基本问题。第二，在知识单元比较分析的基础上较早提出了基于知识内容的知识单元构建理论与方法，即用主题词集合或关键词集合作为知识单元表达知识内容。第三，首次从知识计量的理论、方法、工具、应用和实证等方面构建了知识计量学的内容体系，为知识计量学的深入研究奠定了理论基础。第四，率先从知识量测度、知识质量评价、知识价值衡量、知识关联发现和知识网络构建五个方面构建了知识计量的内容体系。

本书是目前国内第一部从理论、方法、工具、应用和实证等方面研究知识计量问题的著作，是在《文献计量学》《信息计量学》《科学计量学（手稿）》《网络计量学》，以及知识计量研究及实践的基础上撰写而成的。

本书由邱均平、文庭孝主持撰写，首先由邱均平、文庭孝提出详细的写作大纲，然后由五位作者分头撰写初稿，具体分工如下：中南大学医药信息系教授文庭孝博士负责第一、第三、第四章；武汉大学邱均平教授和杭州电子科技大学讲师宋艳辉博士负责第二章；杭州电子科技大学讲师宋艳辉博士负责第九、第十、第十一章；湘潭大学公共管理学院副教授杨思洛博士负责第六、第八章；河南科技大学管理学院讲师温芳芳博士负责第五、第七章。最后，邱均平、文庭孝分别通读了全书，做了部分修改和补充，并完成了全书的统稿工作。本书的出版得到了科学出版社有关领导的大力支持，责任编辑邹聪为本书的顺利出版付出了大量辛勤劳动，在此一并表示最诚挚的谢意！

由于水平所限，又是多人分头执笔，特别是知识计量学是一个新兴的综合性的交叉研究领域，还处于探索性研究阶段，有许多难题还没有解决，所以疏漏之处在所难免，恳请读者批评、指正。

邱均平

2014年3月于武汉大学

目录

第一章

知识计量的理论基础

随着知识经济和知识管理的兴起，不同的学科和不同的研究者从各自的需要出发，对知识计量问题进行了不同程度的研究，为进一步从事知识计量研究奠定了坚实的基础。这些学科包括信息管理学、信息科学、经济学、管理学、科学学和计算机科学等，为知识计量研究提供了多学科视角。

1.1 知识计量研究的信息管理学基础

图书情报学领域中的信息管理经历了从文献管理到情报管理，再到信息管理，然后到知识管理的演变过程。每一个阶段都积累了丰富的知识计量理论与方法，成为知识计量学的重要理论基础和主要知识来源。其中有关文献计量学的研究日臻完善，情报计量学和信息计量学正处于积极探索之中，网络计量学正成为研究的热点。从文献组织与检索到信息组织与检索，再到知识组织与检索，一直是信息管理学和图书情报学研究领域中的核心问题。从信息管理学的角度测度文献量、知识量、知识质量、知识价值和知识关联等得到研究者们的长期关注。这里面都涉及一个共同的问题，那就是知识单元的确立与应用。寻找合适的知识计量单元，并以之为核心展开研究，形成了不同的知识计量研究体系。

1.1.1 文献计量学与知识计量研究

文献计量学（Bibliometrics）是一门以文献体系和文献计量特征为研究对象，采用数学、统计学等的计量方法，研究文献情报的分布结构、数量关系、变化规律和定量管理，并进而探讨科学技术的结构、特征和规律的学科[1]。由于知识内容本身难以直接计量，所以文献计量学主要是以知识的物理载体（即文献）为计量单元间接地对知识内容进行计量的，涉及知识载体（文献）的数量特征、质量特征、结构特征和关联特征等的研究。文献计量学经过长期的发展，形成了以文献计量单元为基础的成熟的知识计量理论与方法体系。

1. 文献计量学的产生与发展

文献计量研究始于 20 世纪初。1917 年，文献学家科尔（F. T. Cole）和伊尔斯（N. B. Eales）率先以动物解剖学方面的论文为对象对文献进行了统计分析。五年后，英国伦敦专利局的图书馆员休姆（E. W. Hulme）以《国际科技文献目录》为基础，对有关科技文献的数量增长情况进行了分析研究，并形象地将这一研究称为“统计书目学”（Statistical Bibliography）。1926 年，美国统计学家洛特卡（A. J. Lotka）在《华盛顿科学院杂志》上发表了题为“科学生产率的频率分布”的论文，提出了定量描述科学生产率的平方反比分布规律，即洛特卡定律。1934 年，英国化学家和文献学家布拉德福（S. C. Bradford）在大量的文献统计调查的基础上提出了著名的描述期刊专业论文在相应期刊中的数量分布的集中与分散规律——布拉德福定律。1935 年，美国语言学家齐普夫（G. K. Zipf）提出了在用自然语言表达的文献中，词汇按其出现次数（词频）的分布近似地服从一次反比规律的齐普夫定律。20 世纪 50 年代以来，美国情报学家加菲尔德（E. Garfield）对引文分析进行了持续的研究，并建立了一系列大规模的引文数据库。从 1958 年起，贝尔纳（J. D. Bernal）、伯顿（R. E. Burton）和开普勒（R. W. Kebler）先后提出了文献的“半衰期”概念，并用定量化的半衰期计算方法描述了文献的老化现象。1961 年，美国著名科学学家普赖斯（D. Price）提出了文献量的指数增长规律。20 世纪 60 年代以来，随着电子计算机的逐渐普及，文献的计量研究进入了新的高潮，理论与应用研究成果迭出。以此为基础，1969 年，英国计算中心的普里查德（A. Pritchard）开创性地提出用“文献计量学”这一新名词来代替“统计书目学”一词，并认为文献计量学是一门“将数学和统计学的方法运用于图书及其他交流介质研究”的学科。“文献计量学”概念提出后不久就得到了图书馆学界、情报学界、信息管理学界的响应，经过半个世纪的努力，文献计量学已经成为一门独立的科学学科，并得到学术界的广泛承认。随着信息技术的快速发展及其在文献计量学中的广泛应用，文献计量学的范围和深度不断扩展，于是出现了以信息单元、情报单元和知识单元为计量对象的“信息计量学”或称“情报计量学”。20 世纪 90 年代以来，由于网络技术迅速普及，信息资源数字化、网络化，数字信息资源日益丰富，并出现了以网络信息和数据为计量对象的“网络信息计量学”或称“网络计量学”。文献计量学的研究范围进一步拓宽，使传统的文献计量学焕发出新的生机与活力[1-6]。

2. 文献计量学的研究对象与内容

从文献计量数据的来源来看，文献计量学的研究对象和内容主要集中在两个方面[1-4]。一是文献及其内容信息。文献是用于固定信息及传递与使用信息的物质客体，由于文献及其所蕴含的内容信息都是可以计量的，所以均可成为文献计量学的研究对象。此外，文献计量学最传统和典型的研究对象莫过于文摘、索引、书目、年鉴、手册、指南、百科全书等各类检索工具。利用这些检索工具，人们可以方便地获取各类文献出版的数量、时间、类型、出版地、著者等大量信息。这些检索工具可以是印刷版的，也可以是磁带版、光盘版、联机版或网络版的。经典的文献计量学在一般情况下仅以一篇篇的文献为计量对象，偶尔也涉及文献的某些表层信息，但这些计量对象都非常粗浅，基本上属于文献单元，分析结论也比较粗糙。目前，文献计量学已经开始在计量分析单元上从文献单元深入到内容单元，即可以对文献的题名、主题、词汇、知识项、语言、格式等各种深层次的内容信息进行计量分析研究。二是与文献相关的指标。在文献的开发和利用过程中，常常会产生一些可用于计量分析的有用信息，如图书情报信息机构及其在文献服务过程中产生的各种相关信息（文献阅览数、借阅数、复制数，以及读者来源、人数、需求倾向、意见反馈等）。通过研究这些信息的数量特征，可以帮助图书情报信息机构进行科学的预测和决策，解决实际工作中出现的各种问题。

从文献计量应用的范围来看，文献计量学的研究对象和内容主要包括两个方面[1-4]：一是文献计量学的方法和技术应用研究；二是文献计量学在各个实际领域中的具体应用研究。当前，文献计量学的应用研究不断取得新进展，文献计量学的理论和方法被广泛应用于图书馆学、情报学、信息管理、科学学、科技管理、预测学、人才学等领域，并且取得了很好的经济效益和社会效益，特别是在科研评价、学科评价、人才评价、科研机构评价（如大学、研究所排名等）等方面，文献计量学理论和方法在科学评价中的应用正在成为国际上通行的做法和普遍的趋势。

3. 文献计量学的主要方法

文献计量学是以文献体系和文献计量特征为研究对象，采用数学、统计学等计量方法，研究文献情报的分布结构、数量关系、变化规律和定量管理，并进而探讨科学技术的某些结构、特征和规律的一门学科。当文献计量学被应用于考察科学活动特征时，它通常被称为科学计量学（Scientometrics）；当文献计量学的方法被用于量化处理更为广泛的信息源和信息传播过程时，它又被称为信息计量学或情报计量学（Infometrics）；当文献计量学被用于研究网络信息流和网络数据的特征和规律时，则被称为网络计量学（Webometrics）。

1）文献计量特征

文献计量学统计分析的对象是指文献的各种计量特征。文献信息流中存在许多计量现象，它们是文献信息流中通过大量数值化了的特征所表现出的一种外部形态和联系。通过对这些文献计量现象和特征的统计分析，我们可以发现各种文献规律。文献计量学主要研究文献的计量特征，文献计量特征主要有三类[4]：一是书目特征，主要包括文献量及其时间关系、相关论文及其与期刊的关系、作者及其与论文数的关系等；二是引文特征，主要有引文量、被引量、引文率、被引率、引文结构、引文关系、自引、引文年代等；三是词频和内容特征，主要包括词频分布和结构、内容分析等。此外，文献管理中的一些计量特征也成为文献计量学的研究对象，如读者量、文献量、采购量、阅览量、流通量等及其结构、比例关系。

2）文献计量指标

文献计量方法在应用时主要是利用文献计量指标对被研究对象的数量特征和关系进行研究，根据文献计量指标功能的不同，可以分为两大类[7]：描述性指标和关联性指标。

(1) 描述性指标。最基本的描述性指标是论文、专利和引文数量，通过统计分析这些指标，可以粗略地估计研究的数量及其影响，粗略地反映科学技术的产出情况及科学与技术之间的联系。以这些指标为基础，一些国家还开发了更多指标用于评价科研的质量和效率，如论文量、引文量、论文与引文的比较优势、单位国内生产总值（GDP）的论文数和引文数等。

(2) 关联性指标。合作著文的作者分析是最常见的关联性指标，它可以描述科研系统中各参与者之间的现存关系，对知识的流向进行比较分析，展示研究者个体、研究机构及研究活动的目标部门之间的关系，如大学与研究所之间的联系、大学与工业界之间的联系、地方政府与国家的合作关系及国际合作关系等。共词和共引也是重要的关联性指标。共词从科学术语上揭示了研究主题及它们之间的相互关系；共引反映了科学认识上的关系及研究工作上的网络关系。通过共词与共引分析，可以勾画科学活动的全貌，观察科学技术的变化，识别正在涌现的研究主题及其主要贡献者。此外，还可进行学科关联度分析等。

3）文献计量方法

文献计量学的计量方法主要是以出版物（论文数量和质量反映科学生产能力和水平）和出版物的引文（论文被引频次和被引率反映科学价值、社会价值和影响）、专利（授权数）和专利的引文为计量对象，考察计量对象在国家、地区、机构、时间、语种、文献类型等不同属性上量的分布特征和规律，并以此为依据来评价各科研主体的科研水平、科研实力和科研能力，作为科研管理和决策、科研资源分配的基础。文献计量方法以文献增长规律、文献老化规律、布拉德福定律、洛特卡定律、齐普夫定律和引文分析法等基本规律和方法为基础，以科学引文索引（SCI）、社会科学引文索引（SSCI）、工程索引（EI）、中国科学引文数据库（CSCD）、中国社会科学引文索引（CSSCI）等为数据来源和统计工具，形成了一整套完善的文献计量与评价方法。

4. 文献计量学与知识计量

文献计量学是运用数学、统计学等方法定量地研究文献信息流的特征及其规律的学科，又称书目计量学。目前文献计量学正在向信息计量学（也称情报计量学）和网络计量学延伸和拓展。文献计量学研究的主要内容包括文献特征和文献计量特征、文献计量指标、文献增长规律、文献老化规律、文献分布规律（布拉德福定律、洛特卡定律、齐普夫定律）、引文分析法、文献管理系统分析法、核心期刊和学科核心主题测定等。

文献是知识的重要载体，文献计量学以知识的物理载体，即文献（如论文篇数、图书期刊册数或卷数、光盘张数等）为计量单元，从宏观上和整体上研究文献知识总量及其结构的数量变化特征与规律，形成了以五大定律和引文分析法为核心的文献计量学方法体系，并在图书馆管理、情报研究、信息分析与管理、科学研究等领域得到了广泛的应用。然而，文献毕竟只是知识的物质载体，不能直接准确地反映知识内容本身，对文献的计量只是间接地反映了对知识内容的测度与评价。文献单元和知识单元在数量、质量与价值上存在巨大差异。在相当长的时期内，由于知识内容本身无法直接计量和测度，对知识的计量与测度只能通过以文献单元为基本计量单元的方式来进行。因此，文献计量学方法是一种有效的间接计量知识的科学方法[8]。

目前，文献计量学在宏观层次的知识计量方面具有一定优势，但不适用于微观层次的知识计量。文献是科学研究成果的主要表现形式，文献的质量和数量是人才评价、机构评价的重要指标，也是判断一个国家、地区、部门、机构科学技术发展水平的重要指标。通过对科技文献的定量评价，为科技文献建立质量指标，从而研制科技文献指标数据库，建立科学研究绩效评价指标体系，为人才评价、成果评价、项目评价、机构评价、学科评价等提供定量评价依据，为国家、地区及部门评价科技发展水平和预测科技发展趋势服务等，具有重要的研究意义和价值，也成为当今世界各国的普遍趋势和做法。

同时，由于文献计量学是图书馆学、情报学和信息管理学等学科研究中的重要内容，这些学科研究文献计量和知识计量，是将文献计量和知识计量方法引入文献、信息、情报和知识管理研究，以文献计量单元为基础来考察信息、知识的生产、加工、组织、检索、管理与利用及其规律，主要目的是提高文献、信息、情报和知识的组织、存储、检索、管理和利用效率，或者更准确地说是以文献为基础更好地实现对知识的组织、加工、管理和利用。随着知识经济时代的来临和知识管理的兴起，图书馆学、情报学和信息管理学研究也正在从文献管理阶段向知识管理阶段过渡，知识正在替代文献成为图书馆学和情报学研究的核心概念[9]，对知识的计量与评价也就必然成为文献计量学研究的重要内容之一。对关键词与主题词的统计和计量分析的加强，以及近年来广泛兴起的文献内容分析，都表明文献计量学正在突破过去的研究范围，深入文献内部，开始关注文献知识内容本身，即知识内容的计量研究。

1.1.2 信息计量学与知识计量研究

信息计量是采用定量方法来描述和研究情报（信息）的现象、过程和规律的一门学科。它是数学和统计学与情报学广泛结合而形成的情报学的一个新兴的定量性分支学科。信息计量学分为“广义信息计量学”与“狭义信息计量学”。前者主要探讨以广义信息论为基础的广义信息的计量问题。后者就是我们通常讲的“信息计量学”（或“情报计量学”），主要研究情报信息（或文献情报）的计量问题。它的主要内容是应用数学、统计学等定量方法来分析和处理信息过程中的种种矛盾，从定量的角度分析和研究信息的动态特性，并找出其中的内在规律[10]。国内也有学者认为[11]，信息计量学是一门采用定量方法来描述和研究情报（信息）的现象、过程和规律的学科，是情报学关于定量分析的分支学科，它是由数学、统计学、运筹学等与情报学紧密结合而形成的，具有交叉学科的性质。可见，国内在狭义信息计量学方面并无分歧，形成了统一的认识。信息计量学以知识的物理载体特征信息（即文献特征信息，包括文献的外形特征信息和内容特征信息）为计量单元间接地对知识内容进行计量，涉及知识载体特征信息（文献特征信息）的数量特征、质量特征、结构特征和关联特征等的研究。信息计量学经过一段时间的发展，已初步形成了以文献特征信息计量单元为基础的知识计量理论与方法体系。

1. 信息计量学的产生与发展

信息计量学（原称情报计量学）源于德文 Informetrie 一词，由德国学者奥托·纳克（Otto Nacke）最先提出。在其后的文献中很快就出现了与之对应的英文术语 Informetrics。1980 年 9 月，在德国法兰克福召开了第一次情报计量学（含科学计量学）研讨会，纳克在会上宣传了他提出的“情报计量学”概念。1981 年，在我国期刊上也出现了信息计量学的德文和英文术语，并将其译为情报计量学。Informetrics 一词不仅在英语国家中迅速流传开来，而且还得到了国际文献联合会（FID）的认可，标志着一门新兴分支学科的兴起。

而早在 1980 年，FID 就设立了情报计量学委员会（FID/IM）。常设机构设在印度国家科学文献中心（INSDOC），当时的主席是纳吉。为了切实加强情报计量学的教育和研究工作，FID/IM 还拟订了一份工作计划要点，打算开展几项重要的学术活动，以便促进情报计量学的发展。1982 年，在捷克斯洛伐克召开了情报计量学教学计划会议。1984 年，布鲁克斯发表了两篇重要论文，较详细地讨论了情报计量学的一些基本理论问题，明确提出要大力发展情报计量学。1985 年，FID/IM 又进一步评估和论证了情报计量学计划，并于同年 7 月开始在印度出版《情报计量学通讯》(Informetrics Newsletter)。

1987 年，第一届文献计量学与情报检索理论国际研讨会在比利时举行，布鲁克斯在会上提议，应将 Informetrics 补充到拟于 1989 年在加拿大召开的第二届国际学术会议名称中去，得到了与会学者的普遍赞同和支持。此后，在第三届（1991 年，印度）、第四届（1993，德国）国际学术会议上，布鲁克斯的意见都在一定程度上被接受了。直到 1995 年 6 月，在美国芝加哥召开的第五届学术会议更名为“第五届科学计量学和信息计量学国际会议”，信息计量学替代文献计量学出现在会议名称中。现名为“国际科学计量学和信息计量学学会”（International Society for Scientometrics and Informetrics，ISSI）主办的两年一次的国际研讨会名称的变化也说明“信息（情报）计量学”得到了国际学术界的认可，并且其学科地位越来越突出了。由于自 1987 年以来的有关国际学术会议出版的论文集中都有 Informetrics 标题，所以，国外一些著名情报学家都把 1987 年看成是 Informetrics 被国际情报学界正式承认的一年。

我国学术界对 Informetrie（德文）和 Informetrics（英文）术语及其所代表的学科也及时地做出了反应，并给予了应有的关注和重视。早在 1981 年就有相关论文发表。1988 年正式出版的《文献计量学》不仅详细论述了“三计学”的关系，而且还较早系统地提出了情报（信息）计量学的内容框架。大家对 informetrics 一词的翻译是一致的，都把它译为“情报计量学”，作为对应于“情报学”的三级分支学科。只是到了 1992 年，我国有关部门将 Informetion 对应的译名“情报”改译为“信息”之后，对 Informetrics 的译名“情报计量学”也做了相应的改变，译成了“信息计量学”。“信息计量学”的名称由此而来[12-13]。

2. 信息计量学的研究对象与内容

信息计量学研究的基本目的，就是要引进量的概念和定量分析方法，进一步揭示信息单元（包括文献、数据、实物、消息、事件等）的体系结构和数量变化规律，从理论上提高情报学及信息管理学科的科学性和精确性，促使这些学科向定量阶段发展。同时，为改善情报信息系统提供定量依据，达到高效能科学管理的目的，使信息交流系统经常处于最佳运行状态，提供最优化的信息服务，以便更好地解决信息服务工作中的基本矛盾，克服“信息危机”，使信息管理工作更有效地为科学技术、经济和社会发展服务。

信息计量学的研究对象过去一直被笼统地包括在文献计量学和科学计量学的文献范畴内。20 世纪 90 年代中期，巴克兰（Buckland）对信息概念做了较全面的解释，他认为信息有三种含义[2]：信息作为过程（过程信息）、信息作为知识（知识信息）、信息作为事物（事物信息）。信息作为事物（Thing），即事物信息包括数据（Data）、文本（Text）、文献（Document）、实物（Object）、事件（Events）。根据这种解释，信息计量学的研究对象显然比文献计量学和科学计量学的研究对象都大得多，信息计量单元也比文献计量单元更丰富、更精细。

信息计量学的研究对象目前主要是各种事物信息数量方面的内容。其内容包括消息、数据、事件、实物/文本和文献等，其中既有正式交流的事物信息，也有非正式交流的事物信息。当然，从广义的信息计量学来看，它还包括过程信息和知识信息的数量方面的内容，信息科学家塔格·萨克利夫（Tange Sutcliffe）就认为，原来部分地被包括在信息论中的信息定义和测度也属于信息计量学的研究内容，即广义信息计量学的研究范围。

信息管理领域所说的“信息计量学”是指“狭义信息计量学”，其研究内容一般由理论、方法和应用三个部分构成，具体地说主要包括以下七个方面的内容[10]。

（1）信息计量学若干基本问题的探讨，包括信息概念的数学描述，学科研究的对象、内容、范围与相关学科的关系，以及学科的形成与发展等。

（2）信息的基本测度，建立“信息量”等一整套测度指标，确定信息计量的准绳，如关于比特、知识单元、信息熵、信息场、信息势等计量概念的讨论。

（3）几个基本定律的研究，包括信息增长定律、信息老化定律、信息分布定律（拉德福定律、洛特卡定律、齐普夫定律）等。

（4）信息流模型的研究，如文献增长、文献老化、文献离散、引文分布等模型的建立与评价。

（5）信息计量方法的探讨，如等级排序方法、对数透视原理及方法，以及模糊数学、信息论、集合论等的应用，信息利用和效益的定量评价等。

（6）计算机辅助信息计量研究，如聚类分析、相关分析、引文数据库、计量信息管理系统及词频统计等的计算机实现问题。

（7）信息计量学的应用问题研究，即在图书情报工作、信息资源管理、信息检索、信息分析与预测、科学学与科学评价等领域的应用。

3. 信息计量学的主要方法

信息计量学的主要方法有统计分析法、数学模型分析法、引文分析法、词频分析法、共现分析法、聚类分析法和计算机辅助信息计量分析法等[10-11]，大大突破了文献计量学的研究方法。下面主要介绍几种常用的方法。

（1）统计分析法。统计分析法包括两个部分，一是信息计量的一些专业统计术语，如馆藏量、流通量、引文量、时差系数和词频分析等；二是信息计量中的数量统计，主要包括随机样本、抽样分布、参数估计、假设检验、回归分析、方差分析和聚类分析等。概括起来，统计分析法主要研究两个方面的内容：

一是研究如何从总体中抽出样本，抽多少，怎样抽的问题，即抽样方法问题；二是研究如何对抽样的结果（样本数据）进行合理的分析，做出科学的推断，即统计推断问题。

（2）数学模型分析法。由于信息计量学具有定量学科的性质，担负着定量分析的任务，所以数学模型方法是信息计量学的最基本、最重要的方法之一，也是最常用的、最有效的信息量化分析方法。数学模型是用某种数学语言描述系统的结构和行为而构造出来的，除了从宏观的角度模拟出系统的结构和运动规律外，还从微观、量的方面描述出系统的结构、联系及运动规律。因此，数学模型具有精细和准确等特点。数学模型有多种类型，通常按表达形式划分为解析式和图像模型、方程组模型和图表模型三类。

（3）引文分析法。引文分析法是利用各种数学及统计学的方法，以及比较、归纳、抽象、概括等逻辑方法，对科学期刊、论文、著者等各种分析对象的引证与被引证现象进行分析，以揭示其数量特征和内在规律的一种文献计量分析方法。随着引文分析法的广泛应用，其技术方法不断丰富并逐渐完善。从目前情况来看，引文分析大致有三种基本类型：①从引文数量上进行研究；②从引文间的网状关系或链状关系进行研究（如共现分析）；③从引文反映出的主题相关性方面进行研究。此外，还可以从引文的语种、国别、年代、作者等特征进行引文分析。

（4）计算机辅助信息计量分析法。随着计算机技术和网络技术的应用和普及，信息计量学的研究手段逐步从手工统计分析向计算机辅助的统计分析过渡，出现了明显的自动化、网络化趋势。20 世纪 90 年代以来，计算机辅助信息计量分析研究不断增加，应用日益广泛。计算机辅助信息计量研究主要包括信息计量数据的自动采集、自动处理和分析、信息计量软件设计与开发、信息计量数据库开发与利用等，如 SCI、SSCI、CSCD、CSSCI、中国科技论文与引文数据库（CSTPCD）等为信息计量数据的自动化统计和分析提供了必要的工具。

4. 信息计量学与知识计量

信息计量学研究狭义的信息计量问题，广义的信息计量问题属于信息科学研究的范畴。因此，狭义的信息计量学是文献计量学的延伸和拓展。广义的信息计量学以比特为计量单元研究信息的测度问题，而狭义的信息计量学研究以信息单元（文献的特征信息）为基础的知识计量问题，超越了文献计量学以文献单元为基础的知识计量研究，在很大程度上深入文献内部，以文献的外部信息特征和内容信息特征为计量单元开展定量分析，拓宽了文献计量学的研究范围，从研究对象和内容上拓展了知识信息计量的研究空间。例如，词频统计分析、共现分析、聚类分析和计算机辅助分析等成为信息计量学研究的核心内容。

由于文献、信息（情报）和知识之间存在着难以分割的关系，加上信息（情报）与知识的直接计量方式较为困难，所以迄今为止的知识计量基本上是借助文献来进行的。但是，知识计量毕竟不能用文献来代替信息和知识本身的规律。因此，进入20世纪80年代以后，随着计算机技术的应用、定量研究的不断深入，文献计量的对象已经不仅仅局限于以篇、册、本、卷、张等文献载体单元的计量，而是深入文献的内部，开始对知识单元和文献的相关信息进行计量研究，如题名、主题、词汇、知识项、引文信息、著者、机构、基金项目、数据、文本、出版者、日期、语言、格式等都成为计量分析的对象[13-15]。因此，1979年，德国学者奥托·纳克提出信息计量学一词来囊括信息管理学界以信息单元为基础的计量研究，立即得到学界的普遍接受和认可。1989年，在加拿大召开的第二届“文献计量学和信息检索的理论问题国际研讨会”上，布鲁克斯指出，信息计量学这个术语是将其作为包罗文献计量学和科学计量学的一个全称术语，全面集中从事信息处理的计量研究[16-18]。随后召开的1995年ISSI第五届年会就以“第五届科学计量学和信息计量学国际会议”固定名称。此后，以“信息计量学”冠名的科学著作和学术论文纷纷涌现[13]，以信息单元为基础的知识计量研究蓬勃发展。

1.1.3　网络计量学与知识计量研究

网络计量学，也称网络信息计量学，英文为Webometrics或Cybermtrics，是随着网络的发展和网络信息资源激增而产生的一门新的计量分析学科。阿曼德（Almind）最先提出“网络计量学”（Webometrics）这一概念，并认为，网络计量学包括了所有使用信息计量和其他计量方法对网络通信有关问题的研究，“信息计量方法所使用的手段完全可以应用到万维网上，只不过是将万维网看作引文网络，传统的引文由Web页面所取代而已”[19]。可见，网络计量学是综合采用文献计量、信息计量、统计学方法、计算机技术和网络技术等对网络信息规律进行计量分析的一门科学[20]。也有学者认为，“网络计量学是借助信息计量学的方法、统计分析Web中以网页/网站为载体的信息，访问网页/网站的日志信息、网络学术数据库中的各种信息，旨在评价网络信息的质量并挖掘网络信息的数理量特征及内在规律的一门学科”[21]。从研究对象、方法、内容和目标等方面来看，网络计量学是采用数学、统计学等定量分析方法，对网上信息的组织、存储、分布、传递、相互引证和开发利用等进行定量描述和统计分析，以揭示其数量特征和内在规律的一门新兴分支学科[22-23]，是计量学学科群的一个新的发展方向和重要的研究领域，具有广阔的应用前景。

1. 网络计量学的产生与发展

网络计量学是在网络技术、网络管理、信息资源管理与信息计量学等相互融合、交叉渗透的基础上而形成的一门交叉性学科。网络计量学研究始于20世纪90年代后期，最初表现为文献计量学在网络中的应用，自1997年Almind等提出“Webometrics”这一概念以来，很快得到了国际学术界的积极响应，迅速掀起了网络计量学研究的热潮，并引起了社会各界的广泛关注。1997年，以研究网络计量学为核心的网络电子期刊Cybermetrics在西班牙马德里创刊，标志着网络计量学作为一门独立的新兴学科从传统的信息计量学研究中独立出来。随后，以Cybermetrics和Webometrics为主题的研究大量涌现。

早在1990年，Paisley就提出了将情报计量方法应用于电子通信领域的想法，“现在的书、期刊、报纸中的大部分文本信息将来都会被包含在电子数据库中，所收藏的大量电子信息将来都会成为文献计量学研究的主流”。1996年，Mckiernan根据文献计量学引文（Citation）的含义，提出了“Cited-Sites”的概念，用以研究网页之间的引用关系。1997年，Almind等在Journal of Documentation上发表《万维网上的信息计量分析：网络计量学的方法探讨》一文，首次提出了“Webometrics”一词[19]。1997年，Lawrence和Giles对商业搜索引擎的网络空间覆盖范围进行了全面而深入的研究，并首次引入了“可索引的万维网”（Indexable Web）的概念。1997年Almind和Ingwersen用多种文献计量学方法对北欧国家的网页的链接种类及类型做了研究。1998年，Ingwersen提出可以把文献计量学的期刊影响因子应用到网页的评价中去，提出了网络影响因子（Web Inpact Factor，WIF），用来描述某一类型的域名或网页被链接之和与有关域名或网页之和的比例，可以用来分析在一定的时期内相对关注的网页情况[24]。Rousseau认为对网页链接关系的研究与对发表文章的引文研究相似，但又不尽相同[25]。

之后，Website. net仿照SCI编制了“网页引用分析工具”（Web Citation Indexes，WCI），用来统计分析网页引用情况，研究网页链接之间的关系和规律，监测网页链接的变化情况等；Brin等提出了Pagerank算法，根据一个网页链接其他网页的数量和质量来判断一个网页的质量和权威性；Kleinberg提出了HITS算法，并做了进一步的改进；英国南安普敦大学的“开放期刊计划”（Open Journal Project）开发了一个网页自动链接工具，根据语义的相似性定量分析，可将与电子期刊有关的内容和有关的网页进行自动链接，并可以对其引证关系进行定量研究。网络计量学日益成熟和完善起来[26]。

我国关于网络计量学的研究开始较晚但发展很快，目前网络计量学已经成为信息管理领域的热点研究问题，发表了一系列研究论文，出版了一批研究著作[20-23,27-45]。

2. 网络计量学的研究对象与内容

网络计量学的研究对象是网络信息。作为网络计量学研究对象的网上信息，可以分为三个层次：第一层次是以“比特”形态存在的网络最基本的信息单元，其类型包括数字信息、文字信息，以及集文字、图像和声音于一体的多媒体信息等；第二层次是关于网上文献（如数字论文、电子期刊、电子图书等）的信息及其相关特征信息，以文献和文献特征信息为信息单元，网上文献既涉及一次文献，又包括二次、三次文献；第三层次是关于网络结构单元的信息，包括以网站、网页、链接、数据库等结构为信息单元的信息资源。在第一层次上，网络计量学通过对信息量和信息流量的计量分析，为人们掌握网络资源整体状况提供必要的数据。除了对网络资源整体规模进行计量分析外，还可对不同学科、不同地区、不同语种及多媒体信息等进行计量分析，从而让人们了解各类信息的数量特征和内在规律。在第二层次上，网络计量学将更具体深入地研究网络文献资源状况。通过对文献数量和内容变化的分析，能追踪某学科或技术领域的产生、发展及相互渗透等情况。不仅如此，通过对网络文献相关特征信息进行分析，还可以总结出网络文献资源潜在的规律。在第三层次上，网络计量学研究网站、网页、链接和数据库等的结构特征、数量特征和关联特征，为网站建设、数据库建设提供科学依据[22]。

网络计量学研究的主要内容有六个方面[20-23]。

（1）网络计量学的基本问题研究，包括网络信息的类型和特点、网络信息计量原理、网络信息计量方式、网络信息计量的意义和作用、网络信息计量研究的发展趋势等。

（2）网络计量学的基本规律研究，包括网络信息分布规律、网络信息增长规律、网络信息老化规律、网络信息关联规律、网络信息离散规律等。

（3）网络计量学的方法问题研究，包括基本测度指标、网络信息内容的测度、网络信息结构的测度、网站和网页链接分析、网络影响因子、网络信息使用规律测度、统计分析方法、数据挖掘方法等。

（4）网络计量学的技术问题研究，包括网络信息计量系统的机制与设计、文本信息计量技术、多媒体信息计量技术、多语言信息计量技术、智能代理（Agent）计量技术、网络信息计量评价系统、可扩展标记语言（XML）等环境下网络信息计量问题等。

（5）网络计量学的应用问题研究，包括网上数字论文、电子期刊、电子图书等的计量分析，数字图书馆信息的计量分析，网络站点的增长、分布、联系等的计量分析；网络经济信息的计量分析及其在电子商务中的应用，网上学科或技术领域的信息产生、发展及相互渗透规律的计量分析等。目前，网络计量学主要应用于以下领域：分析网络用户的特性及信息需求，对搜索引擎进行比较研究，指导网络信息资源的建设与组织管理，研究网络环境下的科学信息交流，研究网络信息资源的评价方法，应用于网站关系的计量分析，应用于网络信息增长和老化研究，应用于数字图书馆建设研究等。

(6) 网络信息资源管理的对策问题研究，包括网络信息资源配置计量问题、网络信息价值的定量评价、网络信息过滤的定量分析、网络信息服务的定量评价、网络信息共享效率的计量、网络信息的成本效益定量评价等。

其中网络媒体信息本身的计量分析、网络站点结构的计量分析、网上文献信息的计量分析、网络影响因子分析、网络数据库中的数据挖掘与知识发现等是目前网络计量学研究的重点问题。

3. 网络计量学的主要方法

网络计量学方法是在“三计学”研究的基础上拓展延伸而来的。网络计量学的方法来源于三个方面[22-23]。

(1) 源于“三计学”的方法。在“三计学”中得到广泛应用的文献信息统计分析法、数学模型分析法、引文分析法、书目分析法、系统分析法、关键词统计分析法、关联数据分析法（包括聚类分析、共词分析、同域分析等）、计算机辅助文献信息计量分析法等方法被广泛应用到网络计量学研究中。

(2) 基于网络的分析方法。网络环境和网络技术是网络计量学产生和发展的基础，基于网络的信息计量方法可分为两个方面：一是网络计量学研究的数据搜集方法，包括网上日志文件数据搜集方法（如 IP 地址访问确认、网站访问量指标度量方法、访问者特征指标及度量方法等）、网上信息数据调查收集方法（如网民监测、网站监测、在线调查、离线调查等）、搜索引擎和网络爬虫软件数据收集方法；二是网络计量分析方法，主要有网络链接分析法、域名分析法、相关分析法、内容分析法、统计分析法、可视化方法、数据挖掘方法等。例如，目前在网络计量学中广泛应用的网络链接分析法就源自于文献计量学中的引文分析法。

(3) 移植和借鉴的方法。网络计量学作为“网络技术、统计学、文献计量学理论三合一的产物”，涉及计算机、人工智能、拓扑学、社会学、图论等众多学科和研究领域，来自这些学科领域的研究方法和技术手段丰富了网络计量学方法体系，促进了网络计量研究工作的发展。例如，新闻传播领域的内容分析法（Content Analysis）、数据库技术领域的数据挖掘（Data Mining）方法、理论物理学领域的复杂网络理论（Complex Network Theory）、计算机科学领域的 Web 信息检索算法（Web Information Retrieval Algorithms）、社会学中的社会网络分析方法（Social Network Analysis）等都已经应用到网络计量研究中。将网络计量学研究工作的特殊性与一般方法相结合，把一般研究方法科学地、合理地、创造性地加以移植，是建立网络计量学的重要手段之一。例如，数学中的图论方法（Graph Theoretic Approaches）和拓扑学方法（Topology Approaches）就已经被应用到网络信息计量研究当中。

4. 网络计量学与知识计量

网络计量学涉及三个层次的知识计量问题：一是物理层次的知识计量问题，以比特、信息流量、网站、网页、链接等为知识计量单元，度量网上知识的数量和特征，如总量、增长量、结构和分布特征等；二是内容层次的知识计量问题，以主题、关键词、网络链接等为知识计量单元，度量网上知识的主题、内容和关联等，如主题结构、内容分析、链接关系、网站和网页关联等；三是综合层次的知识计量问题，以物理层次和内容层次的知识单元为基础，综合计量、分析和研究网络知识的特征和规律，如网络知识发现、网络数据挖掘、网络信息可视化展示、网站和网页影响因子分析等。网络计量学研究为信息技术和泛在知识背景下的知识计量综合研究提供了基础和思路。

1.2 知识计量研究的信息科学基础

众所周知，信息与物质、能量是构成客观世界的三个基本要素，成为社会和经济发展的三大支柱性战略资源。信息是物质的普遍属性，是一个系统通过感觉器官与外界交换的一切内容，它能够减少或消除系统的不确定性。正如1948年香农（Shannon）在《通信的数学理论》中所指出的，一个系统所接收的“信息是能够用来消除不确定性的东西”。所以，信息是可以度量（计量）的。如同物质、能量的度量一样，信息的计量关键在于对计量原理和方法的认识及相应计量标准的确定。信息科学中有关信息熵、信息量、知识量等问题的研究是知识计量研究的重要理论基础。

1.2.1　信息熵

1. 信息熵的提出

信息是一个抽象的概念。人们常常说信息很多，或者信息较少，但很难说清楚信息到底有多少。比如一本50万字的中文书到底有多少信息量。直到1948

年，信息论之父香农将热力学中的熵引入信息论，提出了“信息熵”（因此又被称为“香农熵”）的概念，才解决了对信息的量化度量问题。

在信息论中，熵是被用来衡量一个随机变量出现的期望值。它代表了在被接收之前，信号传输过程中损失的信息量，又被称为信息熵。信息熵也称信源熵、平均自信息量。

在香农 1948 年发表的论文《通信的数学理论》（A Mathematical Theory of Communication）中，他指出，任何信息都存在冗余，冗余大小与信息中每个符号（数字、字母或单词）的出现概率或说不确定性有关。他借鉴了热力学的概念，把信息中排除了冗余后的平均信息量称为信息熵，并给出了计算信息熵的数学表达式，第一次用数学语言阐明了概率与信息冗余度的关系。

2. 信息熵的概念

香农把信息（熵）定义为离散随机事件的出现概率。所谓信息熵，是一个数学上颇为抽象的概念，可以把信息熵理解成某种特定信息的出现概率。而信息熵和热力学熵是紧密相关的。根据本内特（Charles H. Bennett）对“麦克斯韦妖”（Maxwell's Demon）的重新解释，对信息的销毁是一个不可逆过程，所以销毁信息是符合热力学第二定律的。而产生信息，则是为系统引入负（热力学）熵的过程。所以信息熵的符号与热力学熵应该是相反的。一般而言，当一种信息出现概率更高的时候，表明它被传播得更广泛，或者说，被引用的程度更高。我们可以认为，从信息传播的角度来看，信息熵可以表示信息的价值。这样我们就有了一个衡量信息价值高低的标准，可以做出关于知识流通问题的更多推论。

3. 信息熵的度量

信息熵是信息论中用于度量信息量的一个概念。一个系统越是有序，信息熵就越低；反之，一个系统越是混乱，信息熵就越高。所以，信息熵也可以说是系统有序化程度的一个度量标准。一个 X 值域为 $\{x_1, \cdots, x_n\}$ 的随机变量的熵值 H 定义为

$$H(X)=E[I(X)]$$

更进一步：

$$H(x)=E[I(x_i)]=E\{\log_b[1/p(x_i)]\}=-\sum p(x_i)\log_b[p(x_i)](i=1, 2, \cdots, n)$$

变量的不确定性越大，熵也就越大，把它搞清楚所需要的信息量也就越大。式中，E 为期望函数；$I(X)$ 为 X 的信息量（又称为信息本体）。$I(X)$ 本身是个随机变量。如果 p 代表了 X 的概率质量函数（Probability Mass Function），则熵的公式可以表示为

$$H(X)=\sum_{i=1}^{n}p(x_i)I(x_i)=-\sum_{i=1}^{n}p(x_i)\log_b p(x_i)$$

式中，b 为对数所使用的底，通常是 2、自然常数 e 或 10。$b=2$，熵的单位是比特；$b=\mathrm{e}$，熵的单位是纳特；而 $b=10$，熵的单位是迪特。

$p_i=0$ 时，对于一些 i 值，对应的被加数 $0\log_b 0$ 的值将会是 0，这与极限一致。

$$\lim_{p\to 0+} p\log_b p=0$$

抛硬币的熵 H（X）（即期望自信息）以比特度量，与之相对的是硬币的公正度 Pr（$X=1$）。公正度的最大值取决于分布；在这里，要传达一个公正的抛硬币结果至多需要 1 比特信息，但要传达一个公正的抛骰子结果至多需要 $\log_2$（1/6）比特信息。

如果有一个系统 S 内存在多个事件 $S=\{E_1，\cdots，E_n\}$，每个事件的概率分布 $P=\{p_1，\cdots，p_n\}$，则每个事件本身的信息（信息本体）为

$$I_e=-\log_2 p_i\text{（对数以 2 为底，单位是比特）}$$

$$I_e=-\ln p_i\text{（对数以 e 为底，单位是纳特）}$$

例如，英语有 26 个字母，假如每个字母在文章中出现次数平均的话，每个字母的信息量为

$$I_e=-\log_2\frac{1}{26}=4.7$$

而汉字常用的有 2500 个，假如每个汉字在文章中出现次数平均的话，每个汉字的信息量为

$$I_e=-\log_2\frac{1}{2500}=11.3$$

熵是整个系统的平均消息量，即

$$H_s=\sum_{i=1}^{n}p_iI_{\mathrm{e}}=-\sum_{i=1}^{n}p_i\log_2 p_i$$

因为和热力学中描述热力学熵的玻耳兹曼公式形式一样，所以也称为“熵”。

如果两个系统具有同样大的信息量，如一篇用不同文字写的同一文章，由于是所有元素消息量的和，那么中文文章应用的汉字就比英文文章使用的字母要少。所以汉字印刷的文章要比其他应用总体数量少的字母印刷的文章要短。即使一个汉字占用两个字母的空间，汉字印刷的文章也要比英文字母印刷的用纸少。实际上每个字母和每个汉字在文章中出现的次数并不平均，因此上述计算只是一个总体概念，实际数值并不完全如此。使用书写单元越多的文字，每个单元所包含的信息量越大[46-47]。

1.2.2 信息量

1. 广义信息论的提出

目前，信息学界一般都是以系统不确定性的变化程度来度量信息的。美国的香农、维纳、费希尔（Fisher）3位数学家几乎同时提出了单位信息量的基本思想，并得出了几乎一致的结论。维纳在1948年发表的《控制论》和1950年的《人当作人来使用》的著作中，进一步拓宽了信息的概念，提出了信息量的定义和计算公式。费希尔则从古典统计理论的角度研究了信息量度问题。香农在1948发表的著名论文《通信的数学期论》和1949年的论文《噪声中的通信》中，集中阐述了他的研究成果。他把各类信息系统中的不同信号的共同特征抽象出来，略去其具体内容，当作抽象的随机事件处理，单纯从量的角度来描述信息，在语法和传输上进行定量研究，建立了统一的通信理论，解决了同一信息可用不同的信道传输或不同的信息可用同一信道传输的问题，并且提出了信息量的数学公式，定义信息量等于被消除的不确定性的数量，从而创立了作为一门独立学科的信息论（Information Theory）。

一般认为，信息论是采用数理统计方法来研究信息的度量、传输和变换规律的一门学科。由于香农信息论主要是关于统计信息的，也主要是在通信领域中形成和发展起来的。所以，对于广义信息计量学来说，它不可避免地存在着一定的局限性，主要是未能解决信息的语义、效用和模糊性问题。但可喜的是，随着信息技术的快速发展和信息领域研究的不断深入，信息论的研究出现了信息的量和质、语法和语义、传输和使用相统一的发展趋势。例如，1964年，卡尔纳普提出了语义信息问题；查德于1965年发表的论文《模糊集合》和1968年的《通信：模糊算法》，提出模糊数学可以用于信息处理，在模糊集合的基础上建立的信息论可以直接反映信息的语义等。1968年，贝里斯和高艾斯在统一考虑信息的量和质（即信息的效用性）基础上，首先提出了对信息的量和质进行统一量度的问题；1978年，夏尔马又把“量-质”统一量度信息推广为“广义有效信息”，等等。所有这些研究及进展都有助于克服香农信息论（狭义信息论）的局限，从而导致并推动广义信息论的形成和发展[48-49]。

2. 信息量的测度

信息量是关于信息多少的量度。1928年哈特莱首先提出信息定量化的初步设想，他将消息数的对数定义为信息量。若信源有 m 种消息，且每个消息是以相等可能性产生的，则该信源的信息量可表示为 $I=\log m$。但对信息量做深入而系统研究，还是从1948年香农的奠基性工作开始的。

信息量是指从 N 个相等可能事件中选出一个事件所需要的信息度量或含量，也就是在辨识 N 个事件中特定的一个事件的过程中所需要提问“是或否”的最少次数。

香农信息论应用概率来描述不确定性。信息是用不确定性的量度定义的．一个消息的可能性越小，其信息越多；而消息的可能性越大，则其信息越少。事件出现的概率小，不确定性越多，信息量就大，反之则少。

在信息论中，认为信源输出的消息是随机的，即在未收到消息之前，是不能肯定信源到底发送什么样的消息。而通信的目的也就是要使接收者在接收到消息后，尽可能多地解除接收者对信源所存在的疑义（不定度），因此这个被解除的不定度实际上就是在通信中所要传送的信息量。因此，接收的信息量在无干扰时，在数值上就等于信源的信息熵，以下式中 $P(x_i)$ 为信源取第 i 个符号的概率。但在概念上，信息熵与信息量是有区别的。信息熵是描述信源本身统计特性的一个物理量。它是信源平均不定度，是信源统计特性的一个客观表征量。不管是否有接收者它总是客观存在的。信息量则往往是针对接收者而言的，所谓接收者获得了信息，是指接收者收到消息后解除了对信源的平均不定度，它具有相对性。对信息量的说明需要引入互信息的概念。

在信息论中，互信息的定义是 $I(X;Y)=H(X)-H(X|Y)$，右边后一项 $H(X|Y)$ 称为条件熵，对离散消息可表示为

$$I(X;Y)=H(X)-H(X|Y)$$
$$=-\iint_{-\infty}^{\infty} p(x,y)\log_b \frac{p(x,y)}{p(x)p(y)}\mathrm{d}x\mathrm{d}y$$

表示已知 Y 后，对 X 仍存在不定度。因此，互信息 $I(X;Y)$ 是表示当收到 Y 以后所获得关于信源 X 的信息量。与互信息相对应，常称 $H(X)$ 为自信息。互信息具有三个基本性质。

(1) 非负性：$I(X;Y)\geqslant 0$，仅当收到的消息与发送的消息统计独立时，互信息才为0。

(2) 互信息不大于信源的熵：$I(X;Y)\leqslant H(X)$，即接收者从信源中所获得的信息必不大于信源本身的熵。仅当信道无噪声时，两者才相等。

$$H(X)=-\sum_{i}^{n} p(x_i)\log_b p(x_i)$$

(3) 对称性：$I(X;Y)=I(Y;X)$，即 Y 隐含 X 和 X 隐含 Y 的互信息是相等的。

对于连续信源的互信息，它仍表示两个熵的差值，所以也可直接从离散情况加以推广，并保持上述离散情况的一切特性，即实际信源是单个消息信源的组合，所以实际信源的互信息 $I(X;Y)$ 也可以直接从上述单个消息的互信息 $I(X;Y)$ 加以推广，即 $I(X;Y)=H(X)-H(X|Y)$。

1.2.3 信息度量

1938 年，信息论创始人香农首次使用比特（bit）概念：$1\text{bit}=\text{Log}_2\frac{1}{2}$。它相当于对两个可能结局所做的一次选择量。信息论采用对随机分布概率取对数的办法，解决了不定度的度量问题。

m 个对象集合中的第 i 个对象，按 n 个观控指标测度的状态集合的全信息量 $\text{TI}=\text{Log}_2 n$。

从实验后的结局得知实验前的不定度的减少，就是香农界定的信息量，即自由信息量

$$\text{FI}=-\sum p_i \text{Log}_2 p_i，(i=1，2，\cdots，n)$$

式中，p_i 是与随机变量 x_i 对应的观控权重，它趋近映射其实际状态的分布概率。由其内在分布构成引起的在实验前的不定度的减少，称为先验信息或约束信息量。风险是潜藏在随机变量尚未变之前的内在结构能（即形成该种结构的诸多作用中还在继续起作用的有效能量）中的。可以显示、映射这种作用的是约束信息量 BI＝TI－FI。

研究表明，m 个观控对象、按 n 个观控指标进行规范化控制的比较收益优选序，与其自由信息量 FI 之优选序趋近一致；而且各观控对象“越自由，风险越小”；约束信息量 BI 就是映射其风险的本征性测度，即风险熵。

把信息描述为信息熵，是状态量，其存在是绝对的；信息量是熵增，是过程量，是与信息传播行为有关的量，其存在是相对的。在考虑到系统性、统计性的基础上，香农认为：信息量是由具体信源和具体信宿范围决定的，描述信息潜在可能流动价值的统计量。

以上说法符合熵增原理所要求的条件。①“具体信源和具体信宿范围”构成孤立系统，信息量是系统行为而不仅仅是信源或信宿的单独行为。②界定了信息量是统计量。这一表述还说明，信息量并不依赖具体的传播行为而存在，是对“具体信源和具体信宿”的某信息潜在可能流动价值的评价，而不是针对已经实现了的信息流动的。由此，信息量实现了信息的度量。

如何计算信息量的多少？在日常生活中，极少发生的事件一旦发生是容易引起人们关注的，而司空见惯的事不会引起注意，也就是说，极少见的事件所带来的信息量多。如果用统计学的术语来描述，就是出现概率小的事件信息量多。因此，事件出现得概率越小，信息量越大，即信息量的多少是与事件发生频繁（即概率大小）成反比的[46-47,50-51]。

第一，如已知事件 X_i 已发生，则表示 X_i 所含有或所提供的信息量

$$H(X_i)=\log_b P(X_i)$$

若在一次国际象棋比赛中谢军获得冠军的可能性为 0.1（记为事件 A），而在另一次国际象棋比赛中她得到冠军的可能性为 0.9（记为事件 B）。试分别计算当你得知她获得冠军时，从这两个事件中获得的信息量各为多少？

$$H(A) = -\log_2 P(0.1) \approx 3.32(\text{比特})$$
$$H(B) = -\log_2 P(0.9) \approx 0.152(\text{比特})$$

第二，息量量的计算公式为

$$H(X) = -\sum_{i=1}^{n} P(X_i)\log_b P(X_i)$$

X_i 为第 i 个状态（总共有 n 种状态）；P（X_i）为第 i 个状态出现的概率；H（X）为用以消除这个事物的不确定性所需要的信息量。

向空中投掷硬币，落地后有两种可能的状态，一个是正面朝上，另一个是反面朝上，每个状态出现的概率为 1/2。例如，投掷均匀的正六面体的骰子，则可能会出现的状态有 6 个，每一个状态出现的概率均为 1/6。试通过计算来比较状态的不确定性与硬币状态的不确定性的大小。

$$\begin{aligned} H(\text{硬币}) &= -\sum_{i=1}^{n} P(X_i)\log_2 P(X_i) \\ &= -(2\times 1/2)\times\log_2 P(1/2) \approx 1(\text{比特}) \end{aligned}$$

$$\begin{aligned} H(\text{骰子}) &= -\sum_{i=1}^{n} P(X_i)\log_2 P(X_i) \\ &= -(1/6)\times\log_2 P(1/6) \approx 2.6(\text{比特}) \end{aligned}$$

由以上计算可以得出两个推论：

［推论 1］ 当且仅当某个 P（X_i）$=1$，其余的都等于 0 时，H（X）$=0$。

［推论 2］ 当且仅当某个 P（X_i）$=1/n$，$i=1$，2，…，n 时，H（X）有极大值 $\log_b n$。

1.2.4　知识度量

钟义信较早研究了知识的度量问题。他将知识的数量称为知识量。如同知识本身一样，知识量也可以进一步分为形态性知识量、内容性知识量、效用性知识量、综合内容性知识量和综合效用性知识量。其中，最具基础意义的知识量是形态性知识的知识量。研究知识度量的一个直观而合理的思路是：用“一个知识所能解决的问题量”来度量相应的“知识量”。因此，“知识量”的研究就转化为“问题量”的研究。为此，首先应当设计一种合理的“标准问题”。把它所包含的问题作为问题量的“单位”，然后，任何一个实际问题的问题量就可以同这个单位相比较，从而得出这个实际问题的问题量。他用奥特作为问题量的度量单位，用最小平均肯定度作为比较基准来度量一般问题量。因此，他引入一个重要的概念：某个观察者对某个事物是否拥有知识或拥有多少知识，可以用这个观察者对这事物所具有的平均肯定度的大小来判断，平均肯定度越大，拥有的知识越充分[52]。

1.3 知识计量研究的经济学基础

长期以来，经济学领域进行了知识计量的研究与探索，获得了丰富的研究成果，成为知识计量研究的重要理论来源之一。其中有关信息经济及其测度、知识经济及其测度、经济价值理论、知识资本与无形资产评估等的研究，形成了系统完整的理论和方法，是知识计量研究的重要组成部分。此外，经济学中有关知识价值理论、科技进步贡献率计算、知识生产方程、新经济增长理论等方面的研究已成体系，大大推动了知识计量研究的发展。

1.3.1 信息经济测度理论

1. 信息经济测度的产生与发展

最早开展信息经济及其测度研究的是美国经济学会前会长弗里兹·马克卢普，他在《美国的知识生产与分配》(1962 年出版）一书中，率先提出了“知识产业”的概念，以此为基础对美国知识产业的规模做了初步的测算，发现知识产业占 1958 年美国 GDP 的 29%，知识工作者占美国全部劳动力总量的 32%。

1971 年，澳大利亚经济学家 D. M. Lamberton 在《信息与知识经济学》一书中进一步扩展了马克卢普的理论。

1977 年，美国斯坦福大学的马克·波拉特在美国商务部的资助下，以“信息经济”为题完成博士论文，其九卷本著作《信息经济》的出版，进一步拓展了马克卢普的信息经济思想。

1995 年 J. R. Schement 等的《信息时代的趋势与强度：美国信息的生产与分配》和 1986 年 M. R. Rubin 等的《1960～1980 年美国的知识产业》先后对马克卢普和马克·波拉特的研究方法和结果进行了改进。

1977 年，经济合作与发展组织（OECD）成立了信息社会指标工作组，他们在信息社会测评方面做了大量开创性的工作。1981 年，OECD 对九个成员国的信息经济进行了测度，2002 年出版了《测度信息经济》，并于 2003 年提出了信息社会测度的分析框架。

1984 年，美国银泉智能网络公司（Silver Spring Networks Inc.）测度了委

内瑞拉的信息经济；1988 年，汉斯·恩格尔布雷希特对韩国信息经济进行了测度，贾斯瓦娜等对泰国、委内瑞拉、菲律宾、新加坡、新西兰、斐济、巴布亚新几内亚、马来西亚、澳大利亚、印度尼西亚等国的信息经济进行了测度；1994 年，布恩等对南非的信息经济进行了测度。

1986 年，中国科技促进发展研究中心对中国 1985 年的信息经济进行了测度；1987 年，上海科技情报研究所的郭沪玲等完成了上海 1980 年度、1982 年度、1985 年度信息经济的测度；1989 年，叶明完成江苏的信息经济测度；1989 年，贺铿等利用信息投入、产出分析法对湖南岳阳的信息经济发展规模进行测度；1989 年，刘建完成对北京地区信息经济的测算研究；1991 年，辽宁阜新市信息中心完成了阜新的信息化指数测算与预测；1992 年，中山大学卢泰宏等完成了广东、珠江三角洲地区 1988 年信息化指数的测算；1993 年，靖继鹏等对吉林省 1990 年、1991 年的信息产业进行了测度；1993 年，刘毅对香港地区的信息产业结构进行了分析。还有一些学者对广州、湖南等地的信息产业进行了测度，并进行了一般分析。

随着信息经济测度、社会信息化测度理论与方法研究的深入，以及信息经济测度、社会信息化测度实践的开展，信息经济测度理论、方法与应用日益完善和成熟[53-57]。

2. 信息经济测度理论与方法

在信息经济、信息产业和社会信息化测度方面比较著名的测度方法有美国马克卢普的信息经济测度方法、波拉特的信息产业测度方法、厄斯的经济—信息活动相关分析方法，日本的信息化指数模型方法 RITE、IUP（信息利用潜力指数）模型，OECD 的建筑模块方法，联合国教科文组织的信息利用潜力指数模型方法，我国钟义信等提出的信息化综合指数模型方法、靖继鹏等提出的综合信息产业力度法，以及国家信息化测评指标体系及测算方法等[53-57]。这些方法从宏观层面对国家信息经济、信息产业和社会信息化发展水平进行了测度，为开展宏观信息和知识计量研究提供了理论和方法基础。

1.3.2　知识经济测度理论

1996 年，OECD 在分析 OECD 各国经济发展中知识的作用的基础上，推出了 Knowledge-based Economy（即《以知识为基础的经济》）报告，标志着“知识经济”概念的正式确立和被广泛认可。随后，1997 年 6 月 23～25 日，由世界银行和加拿大政府主办的全球知识大会在多伦多隆重举行，进一步探讨知识与信息在经济、社会发展中的作用，并交流应用知识促进发展的策略、经验和手段。知识经济浪潮在全球兴起，国内外许多专家学者从不同角度、不同层次对知识经济及其测度问题展开了系统的研究[58-61]，如表 1-1 所示。

表 1-1　国内外知识经济测度理论与方法

	代表人物	主要观点
以 OECD 基本框架为基础的测度理论与方法	OECD	建立在知识投入、知识存量、知识流量、知识产出、知识网络及知识与学习六个基本概念基础上的测度知识经济的基本框架
	彼得·申汉等	改进了 OECD 某些环节的测度技术与方法，提出出口密集度等新指标
	黄顺基等	在 OECD 测度指标的基础上给出了知识经济测度的部分新指标
知识经济发展水平测度的指标体系法	罗宾·曼塞尔 尤它·韦恩	对不同国家知识经济发展状况进行了比较，提出了理想知识指数的概念和知识社会指标体系
	吴季松	提出了把知识经济置于与农业、工业经济的比较中加以衡量的综合指标体系
	柳卸林等	提出了综合指标和产业指标，对中国知识经济发展水平进行了测度与判断，并对产业的知识化水平进行了研究
	朱国宏、刘子馨等	提出了从社会宏观层面、经济单元的微观层面、国际层面对知识经济加以衡量的指标体系
	徐世龙	建立建设智能型城市的评价指标体系及标准
	隗斌贤	用从定性到定量的综合集成法建立一套把系统要素量化的指标体系
	李京文	建立社会知识化指数指标体系
	世界银行	对知识经济的测度提出了新见解：教育、贸易开放程度，传播知识的基础设施（如电话密度）等对经济增长的影响
	李正风、曾国屏等	提出对知识经济测度的几个新指标：科技经费/GDP、技术贸易指数、专利授权量、科技期刊载文数、技术贸易情况等
	胡鞍钢等	提出对知识经济测度的几个新指标，发现人均 GDP 的增长与电话普及率、百万人口公里程、投资增长率、人口增长率等联系密切
	巴贾恩·格列瓦尔、佛罗纳·桑等	研究中国各经济区知识经济特征，提出一些测度指标，如劳动人口中工程师数、新产品销售额、技术开发支出等
	格列哥·特卡特等	提出一些指标，如科学技术指标、GERD/GDP、产业构成、固定资产投资等
知识经济测度的模型法（函数法）	桑德拉·杰拉尔德和库尔德·孟	采用投入-产出技术测度不同知识密集度的经济增长贡献模型
	姜照华、肖洪钧	通过测度科技进步在知识经济增长中的贡献率来反映知识经济发展水平，用收益现值法对知识资产价值进行评估
	姜均露、史清琪等	通过技术进步对知识增长的贡献率测度来反映知识经济发展水平
	李京文	从知识的发明—传播—运用过程出发测度知识无形资产、教育投资收益率、知识应用（科技进步）对经济增长的贡献率
	湖南四达资产评估事务所等	用收益现值法对知识无形资产进行评估与测度，成功测度出“杂交水稻之父”袁隆平知识品牌价值为 1008.9 亿元
知识经济测度的基础理论	刘则渊	提出建设涵盖第一、第二、第三产业的国家知识经济体系，最早提出了基于劳动价值论的科学的知识经济学核心理论——知识价值论
	王久华	对知识价值论进行了探讨

1.3.3 经济价值理论

经济价值理论是资本主义经济理论体系的基础。古典政治经济学将经济学的研究从流通领域转向生产领域，包含经济价值理论的萌芽。此后，经济价值理论沿着两个不同的方向发展。一是马克思创立的科学的、彻底的劳动价值论。另一方向完全相反，是一种表层次的非本质的研究，即均衡价值理论，代表人物有马尔萨斯、萨伊、马歇尔等。目前经济学界存在三大价值理论体系[62-64]：马克思主义价值理论体系、新古典主义价值理论体系和斯拉法价格理论体系。

1. 劳动价值理论

劳动价值理论是关于商品价值由无差别的一般人类劳动，即抽象劳动所创造的理论。劳动决定价值这一思想最初由英国经济学家配第提出。亚当·斯密和大卫·李嘉图也对劳动价值论做出了巨大贡献。马克思继承了亚当·斯密、李嘉图理论的科学成分，用辩证法和历史唯物论从根本上改造了劳动价值论，论证了它的历史性质，并在劳动价值论基础上科学地创立了剩余价值理论，以及后来的利润、平均利润理论。

2. 均衡价值理论

在价值的决定问题上，马歇尔把传统经济的供给（生产费用）决定论和边际学派的需求（效用）决定论结合起来了。他认为，需求和供给二者都是价值决定的因素，二者相互作用，最终形成均衡价格，这样，马歇尔既否定了劳动价值论，又修改了边际效用价值论。这一价格理论至今仍然是西方经济学中价格理论的基础。

3. 一般价值理论

一般价值理论是把哲学价值（最一般的价值观念）、理论经济学价值（经济理论的价值观念）、应用经济学价值（经济计量使用的价值观念）相统一，把效用价值（物的功能）、需求价值（人的需求）、劳动价值（利益消耗）相统一，并实现这三个方面相统一的理论。揭示价值的本质和规律的根本目的，是要建立既适应于经济理论研究又适应于经济计量的统一的计量工具。

价值是物之于人所意味着的利益，也是人所追求的利益，是物的效用和人的需求的统一。效用是物存在和运动所形成的功能，需求是人生存和发展所依赖的条件。效用和需求是同一事物的两个方面，一个是提供者，一个是需要者，

本质都是人的利益。效用和需求的统一形成价值，可以表示为

价值＝效用×需求

如果我们把物能提供的利益定义为效用价值，把人所追求的利益定义为需求价值，把劳动过程支出或消耗的利益定义为劳动价值，那么

人造物的价值＝劳动价值＋效用价值×需求价值

自然物的价值＝0＋效用价值×需求价值

经济价值理论为我们衡量知识及其产品的价值与价格提供了重要的理论基础。

1.3.4 资产评估理论

知识是一种战略资源，也是企业的知识资产和知识资本，可以转化为企业的核心竞争力。因此，对企业知识资产和知识资本的计量可以借鉴资产评估，特别是无形资产评估的理论和方法[65-77]。

1. 资产评估

资产评估，即资产价值形态的评估，是指专门的机构或专门评估人员，遵循法定或公允的标准和程序，运用科学的方法，以货币作为计算权益的统一尺度，对一定时点上的资产进行评定估算的行为。

根据我国资产评估管理要求和国际资产评估惯例，资产评估中的价格标准有重置成本、现行市价、收益现值和清算价格等四种。对应的资产评估方法有收益现值法（又称收益还原法、收益资本金化法）、重置成本法、现行市价法和清算价格法四种。

收益现值法是将评估对象剩余寿命期间每年（或每月）的预期收益，用适当的折现率折现，累加得出评估基准日的现值，以此估算资产价值。收益现值法通常用于有收益企业的整体评估及无形资产评估等。

重置成本法是在现时条件下，用被评估资产全新状态的重置成本减去该项资产的实体性贬值、功能性贬值和经济性贬值，估算资产价值。用重置成本法进行资产评估的，应当根据该项资产在全新情况下的重置成本，减去按重置成本计算的已使用年限的累计折旧额，考虑功能变化、成新率（被评估资产的新旧程度，如八成新、六成新）等因素，评定重估价值；或者根据资产的使用期限，考虑资产功能变化等因素重新确定成新率，评定重估价值。

市场比较法是根据目前公开市场上与被评估对象相似的或可比的参照物的价格来确定被评估对象的价格。

清算价格法适用于依照《中华人民共和国企业破产法（试行）》的规定，经人民法院宣告破产的公司。公司在股份制改组中一般不使用这一办法。采用清算价格法评估资产，应当根据公司清算时其资产可变现的价值，评定重估价值。

2. 企业资产评估

企业价值评估是将一个企业作为一个有机整体，依据其拥有或占有的全部资产状况和整体获利能力，充分考虑影响企业获利能力的各种因素，结合企业所处的宏观经济环境及行业背景，对企业整体公允市场价值进行的综合性评估。它是建立在企业整体价值分析和价值管理的基础上，把企业作为一个经营整体来评估企业价值的评估活动。企业资产评估方法是实施企业资产评估工作的技术性手段。在长期的企业资产评估实践中，形成了企业资产评估的三种基本方法：市场法和收益法、成本法。

市场法是利用市场上同样或类似资产的近期交易价格，经过直接比较或类比分析以估测资产价值的各种评估技术方法的总称。市场法是根据替代原则，采用比较和类比的思路及其方法判断资产价值的评估技术规程。

收益法是通过估测被评估资产未来预期收益的现值来判断资产价值的各种评估方法的总称。采用收益法评估，基于效用价值论：收益决定资产的价值，收益越高，资产的价值越大。

成本法是指首先估测被评估资产的重置成本，然后估测被评估资产业已存在的各种贬损因素，并将其从重置成本中予以扣除而得到被评估资产价值的各种评估方法的总称。

3. 无形资产评估

无形资产是指特定主体所控制的，不具有实物形态，对生产经营长期发挥作用且能带来经济利益的资源。无形资产分为可辨认无形资产和不可辨认无形资产。可辨认无形资产包括专利权、专有技术、商标权、著作权、土地使用权、特许权等；不可辨认无形资产是指商誉。

无形资产评估，如品牌、商标等评估是根据特定目的，遵循公允、法定标准和规程，运用适当方法，对商标进行确认、计价和报告，为资产业务提供价值尺度的行为。

现行的无形资产计算方法主要有市场法、收益法和成本法三种。

（1）市场法：根据市场交易确定无形资产的价值，适用于专利、商标和版权等，一般是根据交易双方达成的协定以收入的百分比计算上述无形资产的许可使用费。该法存在的主要问题是：首先，由于大多数无形资产并不具有市场价格，有些无形资产是独一无二的，难以确定交易价格；其次，无形资产一般都与其他资产一起交易，很难单独分离其价值。

（2）收益法：根据无形资产的经济利益或未来现金流量的现值计算无形资产价值，诸如商誉、特许代理等。此法的关键是如何确定适当的折现率或资本化率。这种方法同样存在难以分离某种无形资产的经济收益问题。此外，当某种技术尚处于早期开发阶段时，其无形资产可能不存在经济收益，因此不能应用此法进行计算。

（3）成本法：计算替代或重建某类无形资产所需的成本。这种方法适用于那些能被替代的无形资产的价值计算，也可估算因无形资产使生产成本下降，原材料消耗减少或价格降低，浪费减少和更有效利用设备等所带来的经济收益，从而评估出这部分无形资产的价值。但受某种无形资产能否获得替代技术或开发替代技术的能力及产品生命周期等因素的影响，无形资产的经济收益很难确定，所以此法在应用上受到限制。

1.3.5 知识价值理论

关于知识价值论与劳动价值论的关系，有三种观点：第一种观点认为，科学技术变为主要的生产力，使马克思劳动价值论丧失了存在的基础，甚至宣称要用知识价值论来代替马克思“过时”的劳动价值论；第二种观点认为，知识价值论是一种庸俗的错误理论，因为知识本身并不能创造价值；第三种观点认为，知识价值论是马克思劳动价值论的新发展，在马克思的劳动价值论的基础上构建知识价值论的内涵，从而拓宽劳动价值论的适用范围，丰富和发展了劳动价值论。

所谓知识价值论，并不是说科学技术知识本身创造价值，或者无人工厂中科技水平高的自动化机器创造价值，而是说劳动还包括知识劳动或智力劳动的“共同劳动”，从事直接劳动的各个成员构成的“总体工人”或“劳动者的总体”共同创造价值。在工业经济时代，智力劳动在创造价值中的作用就已经不可低估。

马克思的劳动价值论认为，具有实物形式的商品价值是由生产商品的生产劳动创造的，凝结在商品中的价值就是商品生产上所耗费的社会必要劳动时间。知识价值论是基于劳动价值论之上的知识价值论，其内容是揭示智力劳动创造的商品的知识价值。物质资本中，物化智力转移和知识价值，知识资本转移的知识价值，智力资本创造的知识价值，三者之和便构成商品的知识价值。显然，物化智力和知识资本本身都不创造价值，而是由智力劳动把它们转移到商品中的，原来智力劳动凝结在物化智力和知识资本中的知识价值都是通过智力劳动者的劳动转移过去的。与传统经济不同，在知识经济活动中，知识资本与智力资本结合，往往不需新增多少投资，而是通过相互积累而增值，从而创造和转移更多的知识价值，这就是科学的现代知识价值论。它是建立在马克思劳动价值论的基础之上的理论，是对马克思劳动价值论的发展[65]。

1.3.6　新经济增长理论

20世纪80年代末期以后，随着在西方发达国家出现的新一轮、不同于以往经济增长周期的经济增长（被称为新经济增长），新经济增长理论在西方应运而生。由此，经济增长理论的发展进入第四个阶段。新经济增长理论是以特殊的知识与专业化的人力资本积累论为发展主体的，由美国经济学家罗默、卢卡斯等为代表的经济学家所建立。新经济增长理论将知识作为独立要素纳入增长模型，使经济增长理论的研究取得突破性进展。新经济增长理论提出了除资本、劳动力外的新的影响生产要素收益的因素，即知识的影响因素，测度知识作为生产要素在经济发展中的影响的生产力模型主要有罗默提出的罗默模型和和卢卡斯提出的卢卡斯模型，以及英国学者斯科特提出的斯科特模型[76]。中国有科技进步贡献率测度模型，不少学者对其进行了系统研究[59,78]。

1.4　知识计量研究的管理学基础

管理学是系统研究管理活动的基本规律和一般方法的科学。管理学是适应现代社会化大生产需要产生的一门科学学科。它的目的是研究：在现有的条件下，如何通过合理地组织和配置人、财、物、信息等资源，提高生产力的水平。管理学不可避免地涉及大量的知识计量问题，因为人、财、物、信息等都是知识资源。管理学中的知识计量研究主要包括人力资本计量、知识资本评估和知识测度等管理资源的计量问题。

1.4.1　人力资本计量

人力资本的价值是作为人力资本载体的人所具有的潜在的、创造性的劳动能力，这种能力的外在表现就是人在劳动中新创造出的价值。近年来，理论界对人力资本价值计量与测度的研究形成了多种观点，主要有三类[79-90]：以成本为基础的计量方法、以工资报酬为基础的计量方法和以收益为基础的计量方法。

1. 以成本为基础的计量方法

这类方法将企业为取得和开发人力资本所发生的支出作为人力资本价值，包括历史成本法和重置成本法。历史成本法将与招聘、挑选、雇佣、培训、安置与发展一个雇员有关的全部成本资本化，然后再将这些成本在这一资产的期望有效期限内摊销。重置成本法是估计重置一个企业现有人力资本的成本，包括与招聘、挑选、雇佣、培训、安置和发展新雇员直至他们达到现有雇员的能力所发生的全部成本。

2. 以工资报酬为基础的计量方法

该方法建立在工资是劳动力价格的货币表现的基础上，将企业支付给员工的工资报酬折算的现值作为人力资本价值，包括未来工资报酬折现法和调整后的未来工资报酬折现法。

（1）未来工资报酬折现法：用职工未来工资报酬的现值作为人力资本价值。计算公式为

$$V=\sum_{t=1}^{n}\frac{\omega_t}{(1+r)^t}$$

式中，V 为企业人力资本价值；ω_t 为 t 年的工资报酬；n 为计算年限；r 为折现率。

（2）调整后的未来工资报酬折现法：在计算出工资报酬折现值后再用效率系数进行调整，从而确定人力资本价值。所谓效率系数是对所选取的此前若干年度（m 年）全行业资产平均收益率与该企业在相应年度资产收益率的比值进行加权平均所得到的数值。该方法的计算公式为

$$V=\sum_{t=1}^{n}\frac{\omega_t}{(1+r)^t}\,\frac{\sum\limits_{t=0}^{m-1}(m-t)\dfrac{\mathrm{RF}_t}{\mathrm{RE}_t}}{\dfrac{m(m+1)}{2}}$$

式中，V 为企业人力资本价值；ω_t 为 t 年的工资报酬；n 为计算年限；r 为折现率；RF_t 为 t 年企业的资产收益率，RE_t 为 t 年全行业平均资产收益率。

3. 以收益为基础的计量方法

该方法以人力资本给企业带来的未来收益折算的现值为人力资本价值，包括随机报酬计价法和机会价值法。

（1）随机报酬计价法：一个人对于组织的价值与其未来在组织中所处的职

位相联系，而一个人在未来时期处于何种职位是不可能确切判定的，因此一个人未来为组织提供服务的过程是一个随机报偿过程。计算公式为

$$V=\sum_{t=1}^{n}\frac{\sum_{t=1}^{m}R_iP(R_i)}{(1+r)^t}$$

式中，V 为人力资本价值；R_i为该职工在职位 i 上时能够给组织带来的利益，即为组织创造的价值；P（R_i）为该职工取得职位 i 的概率；m 为该职工在企业服务的期望年限内可能担任的职位数；n 为该职工在企业的期望服务年限。

（2）机会价值法：按照有无特定人力资本情况下自由现金流量计量的企业价值之差确定人力资本价值，主要用于企业家人力资本价值计量。计算公式为

$$V_{人力资本}=\Delta V_{企业价值}=\frac{\mathrm{FCF}_0^*(1+g^*)}{r-g^*}-\frac{\mathrm{FCF}_0(1+g)}{r-g}$$

式中，FCF 为企业自由现金流量；g 为企业自由现金流量的稳定增长率；r 为贴现率；* 号项目为人力资本存在于企业时的各项财务指标。

对人力资本价值的评估是一种显性知识和隐性知识的综合计量，因为人力资本价值创造能力的高低主要取决于人力资本载体所拥有的知识和能力。人力资本掌握的知识分为显性知识和隐性知识。显性知识指可以用语言、文字或图形等有形的东西进行系统化处理和传播的各种传统和现代化知识，这一类知识可以用计算机进行编码和加工处理，因而也称为“可编码的知识”。人力资本载体的显性知识可借助于人力资本载体的受教育程度、工作阅历、技术技能等级等信号进行传递。隐性知识指深藏于人的头脑内部，属于经验、诀窍、灵感、创意等的那一部分知识，是一种只可意会不可言传的知识，这一部分知识不可能用计算机进行编码和加工处理，因而称为不可编码的知识。隐性知识具有隐藏性，其信息通常不能借助于一些表象特征来传递，因而人力资本的隐性知识往往难以观察和度量。但也正因为它的隐藏性、不可言传和不易模仿性，隐性知识成为企业核心竞争力的重要来源，在企业价值创造中发挥着不可替代的作用。也就是说，隐性知识作用的发挥往往表现为人力资本载体产出价值的增加，对于隐性知识，我们必须借助于人力资本的产出价值来度量。

1.4.2　知识资本评估

知识资本可以被看作公司所拥有的全部股本或以知识为基础的资产净值，也可以被看作转化为公司的知识产权和智力资产的知识本身。在知识资本中，这些财产是在会计结账中被正式认可的唯一形式。用知识的眼光来看待企业，企业的组织就被看成是一个对知识进行整合的机构，生产中的关键投资和价值的基本来源都是知识；人类的全部生产力都离不开知识，机器只不过是知识的体现而已。

知识资本是知识经济时代组织赖以生存和发展的根本动力，根据知识的内在特性可以将知识划分为显性知识和隐性知识两大类。所谓显性知识，是指可以通过正常的语言方式传播的知识。像以专利、科学发明和特殊技术等形式存在的知识，存在于书本、计算机数据库、CD-ROM之中的知识。所谓隐性知识或称为隐含经验类知识（Tacit Knowledge），往往是个人或组织经过长期积累而拥有的知识，通常不易用言语表达；也不可能传播给别人或传播起来非常困难。

一般来讲，一个企业的知识资本包括以下四类：人力资产、顾客资产、知识产权资产和基础结构资产。所谓人力资产就是企业员工所具有的技能、创造力、解决问题的能力、负责人能力、企业管理能力等一切才能。顾客资产是企业与顾客间的关系，包括品牌忠诚度、信誉度、顾客的消费习惯、顾客资料等。知识产权资产包括技能、商业秘密、商标、版权、专利和各种设计专利。基础结构资产是使企业得以运行的那些技术、工作方式和程序，这其中包括企业文化、评估风险的方式、管理方法、财政结构、市场或客户数据库等。

评价知识资本的方法最初源于对无形资产的评估，现在有些方法仍被用来评价知识资本。这些方法主要有8种[91-96]。

（1）市场价值与账面价值比较法。该方法就是埃德文森给知识资本下的定义，即知识资本＝市场价值－账面价值。其中市场价值＝企业股票的市价×流通股数；账面价值就是反映在会计报表上的价值。因此，一个企业如果市场价值是100亿元，账面价值是50亿元，那么它的知识资本就是50亿元。

（2）Tobin的q值法。该方法是诺贝尔经济学奖得主詹姆斯·托宾（James Tobin）最早提出的，计算公式为Tobin's q＝市场价值÷重置成本，目的是预测经济因素之外的企业投资决策。当$q<1$时，资产价值小于重置成本，企业将不会购买此项资产。当$q>1$时，资产价值大于重置成本，企业可以投资该项资产。当Tobin's q值相当高时，企业的投资行为就能得到超额利润，而超额利润的源泉正是知识资本。

（3）无形资产评价法。该方法由美国西北大学凯洛格商学院附属机构国家计算机工业公司（NCI）研究中心所提出，目的在于协助政府扶植知识密集型产业。无形资产评价法能够估算无形资产的价值，有利于银行对拥有较多无形资产的企业做出提供资金的决策，以及如何确定一家企业无形资产或其发展潜力的高低。无形资产评价法如下。①计算企业前3年的税前盈利。②计算资产负债表中3年的平均年终有形资产价值。③以资产除以盈利，计算企业的资产报酬率。④列出3年的行业平均资产报酬率。⑤计算盈余报酬，盈余报酬＝①－④×②，代表企业高于同业的平均资产报酬额。⑥计算前3年的平均所得税率，乘上盈余报酬，再从盈余报酬中扣除，即得到税后盈利。此盈利便是无形资产的报酬额，代表一家企业运用无形资产超过同行业的能力。

（4）VAIC法（智力资本增值系数法）。该方法是Ante Public开发的一种知识资本评价系统。该方法认为企业业绩取决于企业运用财务资本和知识资本的能力。因此，对业绩的评价包括对实物资本增值效率的评价及智力资本增值效率的评价两部分，两者分别用财务资本增值系数（VACA）和智力资本增值系数（VAIP）来表示。而将企业运用财务资本与知识资本进行增值的能力称为智力能力（VAIC）。

（5）无形资产监测器模型。该模型由斯维比教授提出，采用一种动态的指标来评估知识资本的价值。斯维比教授指出企业的市场价值由有形账面价值和无形资产两部分组成，而无形资产又有3个构成部分：①外部结构（External Structure），即商标、顾客和供应商关系等。②内部结构（Internal Structure），即管理，员工态度和R&D等。③员工个人能力（Individual Competence），即员工的受教育程度、工作经验等。无形资产分别对应3类评价指标：增长和创新、效率及稳定性指标。这3类指标还可以细分成数十个可衡量或可量化的指标。

（6）斯堪的亚导航器模型。该模型由埃德文森领导的工作小组提出，1991年，埃德文森受命分析和报告斯堪的亚企业的子企业——斯堪的亚保险财务企业的知识资本。它以顾客、财务、流程、人力因素、更新与发展5个方面为重点，对该公司的知识资本进行了分析和评价，形成了知识资本评价和管理模型，并在随后的实践中建立了较为完善的知识资本理论体系与指标体系。

（7）平衡计分卡模型（Balanced Score-Card）。该模型由哈佛大学的罗伯特·卡普兰和戴维·诺顿教授提出，平衡计分卡理论对企业的4个主要方面进行了业绩测量，这4个方面是财务状况、企业业务流程状况、客户状况、学习和提高状况。

（8）实物期权分析。该方法由金融期权理论演化而来，认为企业知识资本的投资很少是一步完成的，而是由许多小的知识资本投资系统集合而成的，每个小系统都可以在前一阶段结果的基础上被进一步开放和抛弃，每次改进都可以被看作是为了系统开放或扩展争取更多机会的一项期权投资。该方法将知识投资活动看作是进行投资组合的一系列阶段，而且样本没有进行行业分类，因此这几组样本的可分辨性都比较差，且不满足协方差条件。

1.4.3　知识测度

知识测度涉及知识总量、存量、流量、增长量、时空分布等。对知识和信息的内容及其本体进行测度和度量一直是人们关注的重点，不同领域的学者对此进行了大量研究与尝试，其中管理学领域的研究尤为引人关注[97-103]。

1986年，Debons最早提出把{When/Where/Who/What}作为人类的认知

元素中心，将信息以他所称的 Informs 为单位测度，也提出了把 {How/Why} 作为知识的解释和理解，将知识以 Knows 为单位测度[104]。钟义信在全信息度量的基础上给出了形态性知识量度量的方法和数学模型，并进行了推理和分析[52]。李顺才研究了知识存量与知识流量的测度问题[105]。文庭孝等从不同的层面系统研究了知识的增长问题[106]。

知识测度是一个综合性研究课题，根据层次可分为宏观知识测度和微观知识测度，宏观知识测度包括国家、产业知识测度，微观知识测度包括组织、企业、个人和产品知识测度。知识测度根据知识类型可分为显性知识测度和隐性知识测度。根据知识测度的类型又可分为知识载体测度和知识内容测度。

1.5 知识计量研究的科学学基础

科学学是关注知识计量问题的重要学科领域，科学学主要通过考察知识及其载体的数量特征、发展规律和结构关系来探索科学技术发展规律和科学研究活动规律，为科研管理和决策服务。其中科学计量学和科技统计学等研究领域与文献计量学、信息计量学有较大的交叉，分别从不同的角度研究了知识的计量问题。

1.5.1 科学计量学与知识计量

科学计量学是建立在数学、统计学、计算机科学、图书馆学、情报学等基础上的交叉学科。它把科学的本身作为自己的研究对象，运用统计分析、网络分析、图论和聚点分析等数学方法定量研究科学家人数、科学成果数、科学期刊数、科学论文数、科学文献引证频次等，为可靠地评价一个国家或地区、科研机构、个人或某个领域的科学活动水平、发展趋势，揭示科学发展兴衰涨落、科学前沿的进展等，为国家科学决策、科学管理、科学基金利用提供定量的科学依据。

1. 科学计量学的研究对象与内容

科学计量学是以科学本身作为对象进行定量研究的学科。科学计量学以社会环境为背景，运用数学方法计量科学研究的成果，描述科学的体系结构，分析科学系统的内在运行机制，揭示科学发展的时空特征，探索整个科学活动的定量规律性，被人们称为“科学的科学”。它在促进科学学理论研究和影响国家科学政策方面，已经初显身手，并且正在发挥着越来越大的作用。

科学计量学方法就是借助有关科学文献产生、传播和利用的定量数据，试图描述科学交流及研究活动的内在规律，运用数学的语言（数字、符号、图表或公式）和模型去阐述科学过程的理论和实践，经过数学和统计学处理，得出供人们进行分析、预报决策或管理控制的定量结果。

科学交流过程的复杂多变，以及影响因素众多，造成科学计量研究往往不可能用比较简单和统一的数学模型去描述事件的整个发展过程。通常要对变化的各个时段用不同的数学模型模拟，以期实现对客观现实的准确预测。我们可以把科学计量研究的类型，按照获取途径的不同，分为以下三类。

（1）根据多年累积的大量实际统计数据，归纳出文献分布规律，提出经验统计模型。例如，文献计量学中的布拉德福定律、洛特卡定律、齐普夫定律等，都是这一研究模式的范例。

（2）根据客观数据的发展趋势，提出合理的假设，建立数学模型，再去模拟和预测现实的发展变化。例如，普赖斯通过观察科技期刊的增长曲线，科学地提出科技文献指数增长规律，并成功地推广到科学交流的大部分领域。

（3）将其他领域的数学概念、定量模型移植到科学计量的研究中。例如，生物学中的“生长曲线”“传染病模型”，经济学中的“人口增长模型”“财产收入分布”，物理学中的半衰期等都被借鉴到科学计量研究中，并取得很好的结果。

在通过以上方法导出数学模型以后，通常还需根据理论知识和实践经验，以及统计检验，对数学模型的正确与否和优劣程度进行判断评价。同时，通过实践应用—修改完善—实践应用的多次反复，最终获得对科学发展规律最佳的定量描述和预测。

2. 科学计量学的主要方法

在进行科学计量研究和实际统计分析评价工作时，经常使用以下一些方法[107-118]。

（1）出版物数量计量方法。出版物的数量，几乎是所有科学计量指标体系中的基础性指标，无论在任何研究层上，如科学家、科学期刊、科学机构及国家等，出版物数量指标都具有非常重要的作用。出版物计量指标主要包括科技图书、科技期刊论文、会议报告、研究总结、专利标准等的数量。科学出版物数量是一种用途非常广泛的科学计量指标。出版物数量计量方法已成为科学计量研究中最基本和最成熟的方法之一，成为科学计量研究的主要部分。

（2）著者数量计量方法。著者数量的计量是科学计量研究中另一个主要部分，并取得很好的研究成果。洛特卡在研究了科研人员及其撰写的论著之间的数量关系的基础上提出了科学生产平方反比定律，即洛特卡定律。普赖斯在他的经典著作中，曾把不同国家的著者人数作为研究相应国家科学活动的指标。英哈伯（Inhaber）则根据发表过论文的科学家人数的地理分布，绘制出了科学潜力的世界分布地图。科瓦奇（kovach）甚至根据著者人数的变化，阐明了50个国家科学生产率的动态特点。

（3）引文分析方法。引文分析方法是科学计量研究中应用最普遍、涉及学科领域最广的科学计量方法，丰富了科学计量研究的内容。匈牙利著名科学计量学家布劳温认为，引文分析乃是当今世界上最富声望的科学计量技术。SCI的问世，对当代科学计量学研究的发展产生了举足轻重的影响。

（4）词频分析方法。词频分析方法是依靠统计语言学基础，研究词（字）在科学文献中出现的频率，据此建立频率词典。19世纪时，人们就开始研究应用这种特殊的计量技术。德国语言学家克丁（F. W. Kaeding）编写了世界上第一部频率词典《德语频率词典》。此后，这种独特的科学计量方法开始为人们所认识和重视，先后有300余部类似的词频词典问世。科学计量学研究的目的是，按学科领域建立词频词典，从而可对科学家的创造活动做出定量分析和比较。

（5）内容分析法。内容分析法是由美国社会学家创立的，其实质是符号数量分析法。它指的是，把所研究的文献与一套有限的用来进行计算的“单元”联系起来，这样就能算出大量的科学交流中各种符号出现的频率，并确定时间与空间的关系。这类方法广泛应用于信息检索的理论与实践之中。

（6）统计分析法。这里所说的统计分析法，主要是指对出版物数量、著者数量、引证次数和词频数量等的计量研究，以及其他一些科学指标的计量研究。除了前边所述的几类指标以外，现在常用的计量指标还有科学发现（成果）数、期刊数、科学机构数、获奖人数、科学家年龄等。

3. 科学计量学与知识计量

科学计量学原理与方法与文献计量学原理与方法存在很大的相似性，并且出现了相互融合的发展趋势。科学计量学在科学评价中的主要应用有科学发展规划、科学基金管理、科学结构、科研管理、科学预测、人才评价、科学发展优先领域选择、科技政策、科技实力评估、科学生产能力评价、科学地图绘制、科研绩效评估等[119-128]。

科学计量学主要是研究以文献为单元的间接知识计量问题。早在20世纪80年初，我国科学计量学和科学学学者赵红州就开始系统地研究知识单元，建立了“学科知识单元及表示法”[129-133]。

1.5.2　科技统计与知识计量

1. 科技统计的概念

科技统计是对一个国家科学技术活动的规模、布局、结构及其成果的推广应用和影响的定量测定，它能够为科技管理和决策提供数据支撑，因而受到各国政府高度重视。科技统计通过统一的统计标准和方法，对科技活动要素进行分门别类的定量测度，因此也是定量比较和评价的一种重要方式。其关键在于事先确定统一的统计标准和方法，使数据具有可比性。

2. 科技统计的产生与发展

科技统计活动开始于20世纪初，至今已有近百年历史。以OECD成员国为代表的国家，从60年代中期起逐步建立了比较完善和规范的科技指标和统计调查体系。我国政府的一些职能部门和不同系统从20世纪50年代起，曾根据各自管理的需要收集编辑了部分科技统计资料，但较为系统地提出科技指标并将其应用于常规科技统计调查，则是从80年代中期开始的。1985年，我国在借鉴UNESCO、OECD有关科技指标的基础上，实施了首次全国科技普查。在这次科技普查基础上，我国形成了以科技部、教育部、国家统计局为三大实施主体的基本科技统计调查框架体系[134]。

3. 科技统计的指标与标准

出于制定科技政策的需要，科技统计和科技指标已日益为世界各国和国际组织所重视。但科技统计必须有统一的标准和规范才能有效进行。自1963年以来，OECD相继编撰正式推出了5本手册，按出版时间顺序依次是《弗拉斯卡蒂手册》《TBP手册》《奥斯陆手册》《专利手册》及《科技人力资源手册》，统称为“弗拉斯卡蒂系列手册”。这些手册涉及科技统计的广泛领域。《弗拉斯卡蒂手册》和《科技人力资源手册》是计量投入研究与开发（R&D）的资源和投入科技活动的人力资源的标准和规范，《奥斯陆手册》是计量科技与经济结合的技术创新活动的标准和规范，而《TBP手册》和《专利手册》则是计量科技活动产出（技术国际收支和专利）的标准和规范。从功能上看，《弗拉斯卡蒂手册》和《奥斯陆手册》主要是为统计调查而制定的，而其他3本手册则是为从其他已有数据资源获取数据而制定的。这一系列手册为全球制定科技统计标准和规范奠定了基础[135]。

科技统计与分析涉及科技活动中的人、财、物等科技资源的定量分析，包括科技资源的投入和产出，其中包含大量的知识计量问题，如科技人力资源投入、科技活动产出（知识劳动成果及其影响的计量）等。

1.5.3 科研绩效评价与知识计量

科研绩效评价（Research Performance Evaluation），也称科研绩效评估，是指评价主体通过对科学研究活动或科技活动各主体的能力和绩效进行科学的评价，进而完善激励与奖惩制度，提高效率，实现政府有限科技资源的合理配置。

建立科学合理的科研绩效评价制度与体系是科研活动发展的必然要求：既是政府公共管理和政务公开的要求，又能在一定程度上有利于政府及科研主体科研经费安全使用，优化科研资源配置，提高资源使用效率；有利于规范管理，提高科研管理水平；有利于建立激励机制，促进科技创新；有利于强化监督，倡导实事求是的学风，减少学术腐败。总体上有利于提高主体科研活动的效率和产出[136-137]。

1. 科研绩效评价的兴起与发展

科研绩效评价的产生与发展是“大科学”时代科学研究活动健康发展的必然要求，科研绩效评价的兴起直接源于政府对科技政策环境发生重大变化所做的回应和调整。科研经费的分配、研究方向的选择、研究机构的调整、科研资源的配置等，在第二次世界大战后成为西方主要国家科学政策的重要内容，而对这些相关政策和计划的实施结果及其影响进行预测、分析和评估，是政策制定和改进科技决策的重要途径之一。自 20 世纪 60 年代起，OECD 中的一些国家就开始尝试对政府支持的科学研究活动的投入、产出、成果和影响力等方面进行评估。最近十年来，世界各国政府的科技政策环境经历了巨大变化，面对全球经济竞争的加剧和对科学投资的巨额增长，公众（即纳税人）要求政府和科学界说明公共资金使用效益和效率的呼声日益高涨。政府通过与科学界的磋商与合作，成功地将以目标-结果管理为中心的绩效管理和绩效评价这一新的模式引入科研资助及其管理活动中，又一次赢得公众的信任。政府资助科研机构通过公正合理的评价取信于科学界和公众，既推动了自身的发展，也为科学发展创造了良好的环境。应公众和国会的要求，1993 年美国政府率先出台了《政府绩效与结果法案》（Government Performance and Result Act，GPRA），目的在于对联邦政府支持的科学研究的影响进行评估和监督。GPRA 的出台对世界各国产生了巨大影响和冲击，引起了各国政府的高度重视。至此，对政府支持的科学研究实行绩效评估已成为一种国际化趋势[137-139]。绩效评价主要是从科学研究活动的效率和效益，即从科研管理的角度来评价科学研究活动。世界各国对科研绩效进行评价的方法和角度也各有不同，不同的领域和组织关注的侧重点也有差异。目前，各国主要是从学术影响（主要运用文献计量学和科学计量学指标）、经济影响（主要运用、财务、市场、科技转化等指标，其中经济投入、产出、效益等经济、财务指标使用最广泛）、社会影响（如能力、水平、人才培养等）和综合影响等角度出发来研究科研绩效。

2. 科研绩效评价的主要内容

科研绩效评价是从整体上对科研活动的效率和效益进行综合评价。由于科研绩效评价的对象主要是政府、科研机构和研究者三个层次，所以科研绩效评价也主要包括三个层次，即政府科研绩效评价、科研机构绩效评价和研究人员绩效评价。又由于科研绩效评价主要源自组织内部和外部，所以科研绩效评价有内部评价（由科研活动主体进行的自我评价）和外部评价（委托中介机构进行的评价）两类。

无论是何种类型的科研绩效评价，其主要内容都集中在科研管理绩效、科研能力绩效、科研水平绩效和科研经费绩效等方面。科研管理绩效主要是政府部门和科研机构对科研活动的组织管理形式及对科研活动的影响；科研能力主要是承担单位和个人的研究实力，包括科研条件和已取得的科研成果；科研水平绩效主要是承担单位和个人完成政府任务的情况，包括实现手段和技术水平；科研经费绩效主要是承担单位和个人使用经费的效率和合理性。

3. 科研绩效评价的主要方法

目前国内外广泛用于科研绩效评价的主要方法分为两类：一类是定性评价方法，主要有同行评议法、专家评议法、德尔菲法、案例研究法等；另一类是定量评价方法，主要有科学计量法、文献计量法、经济计量法（如成本效益分析法、边际成本效益分析、投入产出分析、生产功能函数）等。按照美国科学、工程与公共政策委员会（COSEPUP）的观点，目前，用于科研评价研究的定性和定量方法可分为同行评议法、案例研究法、回溯分析法和定标比超分析法、文献计量法（以出版物、出版物的引文和专利、专利的引文为对象）、经济计量法（主要与资金的测度有关，范围包括从成本/效益分析到 R&D 经费）、经济回报率测算等[140-143]。这些方法的成功应用对知识计量研究具有重要启示。

1.6 知识计量研究的计算机科学基础

1.6.1 人工智能

人工智能（artificial intelligence，AI），是研究、开发用于模拟、延伸和扩展人的智能的理论、方法、技术及应用系统的一门新的技术科学。“人工智能”一词最初是在1956年达特茅斯学会上提出的。从那以后，研究者们发展了众多理论和原理，人工智能的概念也随之扩展。人工智能是计算机科学的一个分支，它企图了解智能的实质，并生产出一种新的能以与人类智能相似的方式做出反应的智能机器，该领域的研究包括机器人、语言识别、图像识别、自然语言处理和专家系统等。

人工智能还涉及计算机科学、信息论、控制论、自动化、仿生学、生物学、心理学、数理逻辑、语言学、医学和哲学等多门学科。人工智能研究的主要内容包括知识表示、自动推理和搜索方法、机器学习和知识获取、知识处理系统、自然语言理解、计算机视觉、智能机器人、自动程序设计等方面。

人工智能是研究使计算机来模拟人的某些思维过程和智能行为（如学习、推理、思考、规划等）的学科，主要包括计算机实现智能的原理、制造类似于人脑智能的计算机，使计算机能实现更高层次的应用。人工智能主要应用于智能控制、机器人学、语言和图像理解和遗传编程等方面，在机器视觉、指纹识别、人脸识别、视网膜识别、虹膜识别、掌纹识别、专家系统、智能搜索、定理证明、博弈、自动程序设计、航天等领域已产生实际的应用。

1.6.2 知识工程

知识工程这个术语最早由美国人工智能专家E. A. 费根鲍姆提出。由于在建立专家系统时所要处理的主要是专家的或书本上的知识，正像在数据处理中数据是处理对象一样，所以它又被称为知识处理学。知识工程以知识本身为处理对象，研究如何运用人工智能和软件技术，设计、构造和维护知识系统。其研究内容主要包括知识的获取、知识的表示及知识的运用和处理等三大方面。主要应用领域有专家系统、智能搜索引擎、计算机视觉和图像处理、机器翻译和自然语言理解、数据挖掘和知识发现等。

知识分类是知识工程的基础问题。按知识的含义大体上可分为事实 、规则（或法则）、规律（或定律）、方法和理论等。方法又可分成推理、联想与类比、综合与分析、预测与外延、假设与验证、直觉与灵感，以及解题方法或算法等。而后者并不是知识工程所要研究的对象。在知识处理中，更复杂的一类知识被称为理论。理论是一种知识的体系，是由上述各种知识构成的更高一层的知识。理论也称知识空间，形式上，它由一组概念、若干条公理（事实）、若干条推理规则（法则）和一组解题方法和环境约束组成。因此，一个理论 T，不妨用一个五元组来表示：$T=\{C, A, R, M, E\}$。其中 C、A、R、M 和 E 分别表示一个概念的集合、一个公理的集合、一组推理规则、一组解题方法和一组环境约束。一般说，一个具体的理论总是面向一个特定领域的，因此，其中 5 个元素，特别是概念与解题方法，都应该反映该领域的特征。

按知识的应用范围，又可分为通用知识与专门知识（或领域知识）两种范畴。通用知识指一般人们共有的知识，适用于所有领域。例如，三段论演绎就属于通用知识范畴，更高一层的哲学知识也属于这一个范畴。专门知识指面向一个专门领域的知识，因而也称领域知识。它又可分成两大门类，即自然科学与社会科学（或人文科学）。哲学是自然科学与社会科学的更高一层的抽象。各种专门知识都不是知识工程所要研究的对象。

知识获取、知识表示和知识运用是知识工程的三大要素或主要研究内容。

（1）知识获取。在建立一个具体的专家系统时，人们往往要花很多人力和财力在知识获取上，它被公认为是知识处理的一个“瓶颈”。知识获取要研究的主要问题如下：对专家或书本知识的理解、认识、选择、抽取、汇集、分类和组织的方法；从已有的知识和实例中产生新知识，包括从外界学习新知识的机制和方法；检查或保持已获取知识集合的一致性（或无矛盾性）和完全性约束的方法；尽量保证已获取的知识集合无冗余的方法。知识获取分主动式或被动式两大类。主动式知识获取是知识处理系统根据领域专家给出的数据与资料利用诸如归纳程序之类软件工具直接自动获取或产生知识，并装入知识库中，或者称知识的直接获取。而被动式知识获取往往是间接通过一个中介人（知识工程师或用户）并采用知识编辑器之类的工具，把知识传授给知识处理系统，所以亦称知识的间接获取。按知识处理系统获取知识的工作方式，可以分成交互式和自主式（或非交互式）两种。交互式知识获取在获取过程中要不断与人进行交互，或者提供解释，或者要求输入信息，或者提问求答，或者请求验证等。交互式的知识获取，对用户或知识工程师有较大的透明度和控制能力，比较适合于从专家大脑中获取知识。自主式知识获取则在获取过程中完全由知识处理系统自主完成，如输入的是一段讲话，一本书或资料，输出的便是从中抽取出来的知识。这里即便不考虑诸如语声识别、文字识别、自然语言理解和认知科学等方面的许多难题，解决起来仍是十分困难的。按知识获取的策略或机制，可分为死记硬背式（或称机械照搬式）知识获取、条件反射式知识获取；教学式（或传授式）知识获取；演绎式知识获取、归纳式知识获取；解释式知识获取、猜想证实式知识获取、反馈修正式知识获取、类比和联想式知识获取、外延式知识获取等。

（2）知识表示。要将知识告诉计算机或在其间进行传递，必须将知识以某种形式逻辑地表示出来，并最终编码到计算机中去，这就是所谓的知识表示问题。不同的知识需要用不同的形式和方法来表示。它既应能表示事物间结构关系的静态知识，又应能表示如何对事物进行各种处理的动态知识；它既要能表示各种各样的客观存在着的事实，又要能表示各种客观规律和处理规则；它既要能表示各种精确的、确定的和完全的知识，还应能表示更加复杂的、模糊的、不确定的和不完全的知识。因此一个问题能否有合适的知识表示方法往往成为知识处理（解题）成败的关键。而且知识表示的好坏对知识处理的效率和应用范围影响很大，对知识获取和学习机制的研究也有直接的影响。知识表示的方法很多，如谓词逻辑表示、关系表示（或称特性表示）、框架表示、产生式表示、规则表示、语义网表示、与或图表示、过程表示、Petri 网表示、H 网表示、面向对象表示，以及包含以上多种方法的混合或集成表示等。这些表示方法各适用于表示各种不同的知识，从而被用于各种应用领域。对于“知识面”很窄的专家系统一类的应用，往往可以根据领域知识的特点，从中选择一种或若干种表示方法就可以解决问题。但是为了开发具有较宽领域知识的系统，如多专家系统的聚合系统（或称协同式专家系统）和分布式多功能知识处理系统等，仅用互不相干的知识表示方法便难以适应要求。

（3）知识运用和处理。为了让已有的知识产生各种效益（包括社会、经济、政治、军事和科学等方面的效益），使它对外部世界产生影响和作用，必须研究如何运用知识的问题。运用知识来设计机器、建造水坝、推断未来、探索未知、管理社会，乃至运用知识来作曲、绘画或写文章等都是用知识来解决问题和改造世界的活动。显然，知识处理学不能仅仅研究这些具体运用知识的过程或方法，而且要研究在上述各种具体的知识运用中都可能用到的一些方法（或模式）。它们主要包括推理、搜索、知识的管理及维护、匹配和识别。推理指各种推理的方法与模式的研究。研究前提与结论之间的各种逻辑关系及真度或置信度的传递规则等。搜索指各种搜索方式与方法的研究。研究如何从一个浩瀚的对象（包括知识本身）空间中搜索（或探索）满足给定条件或要求的特定对象。知识的管理及维护包括对知识库的各种操作（如检索、增加、修改或删除），以保证知识库中知识的一致性和完整性约束等的方法和技术。匹配和识别指在数据库或其他对象集合中，找出一个或多个与给定“模板”匹配的数据或对象的各种原理和方法，以及在仅有不完全的信息或知识的环境下，识别各种对象的原理与方法。

1.6.3 计算语言学

计算语言学（Computational Linguistics）有时也叫计量语言学（Measuring Linguistic）、数理语言学（Mathematical Linguistics）、自然语言理解（Natural Language Understanding）、自然语言处理（Natural Language Processing）、人类语言技术（Human Language Technology）。

计算语言学（Computational Linguistics）指的是这样一门学科，它通过建立形式化的数学模型，来分析、处理自然语言，并在计算机上用程序来实现分析和处理的过程，从而达到以机器来模拟人的部分乃至全部语言能力的目的。

计算语言学发展到今天，按其工作性质和复杂程度，可以归结为以下 3 个方面。①自动编排，这是计算机最擅长的工作，也是计算语言学中最成熟的部分，对各种语言素材进行统计、分类、排序，编辑各种词表、索引和词典，建立语料库、术语数据库等，已经得到广泛运用。由于这些技术已经相当成熟，所以已有现成的软件包提供服务。②自动分析，这是一种较复杂的语言自动处理。这种自动分析系统是根据事先存入计算机内的特定语言信息进行工作，目的在于得到预先规定的结论，如让计算机查词典或进行语法测试，均属此类。若结论有误，就证明词典或语法不够完备，需要对原先的数据或规则加以修订或补充。这类系统一般尚处于实验研究阶段。③自动研究，这是一种更复杂的语言自动处理。这种自动研究系统根据计算机内存储的一般语言信息进行工作，借助统计、比较、类推等手段，得出自己推断的结论。人工智能研究中的某些自然语言理解系统正在朝这方面努力，但目前还没有比较成熟的研究成果。

计算语言学的主要应用领域有机器翻译、自然语言理解、语音自动识别与合成、文字自动识别、计算机辅助教学、信息检索、文本自动分类、自动文摘，还有文本中的信息提取、互联网上的智能搜索，以及各种电子词典和术语数据库。

参考文献

[1] 邱均平．文献计量学．北京：科学技术文献出版社，1988

[2] 王崇德．文献计量学教程．天津：南开大学出版社，1990

[3] 丁学东．文献计量学基础．北京：北京大学出版社，1993

[4] 罗式胜．文献计量学概论．广州：中山大学出版社，1994

[5] 邱均平．信息计量学．武汉：武汉大学出版社，2007

[6] 邱均平，段宇锋，陈敬全，等．我国文献计量学发展的回顾与展望．科学学研究，2003，(2)：143－148

[7] 邱均平，文庭孝．评价学：理论、方法与实践．北京：科学出版社，2010

[8] 文庭孝，等．不同学科视野下的知识计量研究．情报理论与实践，2008，(5)：654－658

[9] 王子舟．图书馆学研究教程．武汉：武汉大学出版社，2003

[10] 邱均平．信息计量学．武汉：武汉大学出版社，2007：17－18

[11] 郭强，刘俊友．信息计量学导论．合肥：合肥工业大学出版社，2007：1

[12] 邱均平．信息计量学（一）第一讲：信息计量学的兴起和发展．情报理论与实践，2000，(1)：75－80

[13] 邱均平．信息计量学．武汉：武汉大学出版社，2007：1－3

[14] 马费成．情报学研究的进展与深化．情报学报，1996，(5)：338－344

[15] 王宏鑫．信息计量学研究．北京：中国民族摄影艺术出版社，2002

[16] 布鲁克斯 B C. 论广义计量学、科学计量学和信息计量的起源及其相互关系（1）．程焕文译．情报科学，1993，(3)：71－75

[17] 布鲁克斯 B C. 论广义计量学、科学计量学和信息计量的起源及其相互关系（2）．程焕文译．情报科学，1993，(4)：68－74

[18] 埃格希 L，鲁索 R. 情报计量学引论．田苍林，葛赵青译．北京：科学技术文献出版社，1992

[19] Almend T C，Ingwersen P. Informetrics analyses on the world wide web：methodological approaches to "webometrics". Journal of Documentation，1997，53（4）：404-426

[20] 邱均平．信息计量学．武汉：武汉大学出版社，2007：561

[21] 孙建军，李江．网络信息计量学理论、工具与应用．北京：科学出版社，2009：9

[22] 邱均平．网络计量学．北京：科学出版社，2010：9

[23] 张洋．网络信息计量学理论与实证研究．北京：科学出版社，2009：21

[24] Ingwersen P. The calculation of web impact factors. Journal of Documentation，1998，54（2）：236－243

[25] Rousseau R. Sitations：an exploratory study. Cybermetrics. http：//www. cindoccsic. es/cybermetrics/articles/vlicpl. html [2013－01－09]

[26] 迈克·塞沃尔．链接分析：信息科学的研究方法．孙建军，李江，张煦，等译．南京：东南大学出版社，2009

[27] 段宇峰．网络链接分析与网站评价研究，北京：北京图书馆出版社，2005

[28] 张洋．网络信息计量学的理论与实证研究．武汉：武汉大学博士学位论文，2006

[29] 查先进．信息分析．武汉：武汉大学出版社，2011：201－211

[30] 张洋．网络信息计量学综述．高校图书馆工作，2005，(1)：1－12

[31] 刘雁书，方平．利用链接关系评价网络信息的可行性研究．情报学报，2002，(4)：401－406

[32] 沙勇忠，牛春华．中国信息化优秀企业网站链接分析与网络影响因子测度．情报学报，2004，(4)：99－107

[33] 沙勇忠，欧阳霞．中国省级政府网站的影响力评价——网站链接分析及网络影响因子测度．兰州大学学报（社会科学版），2004，(6)：17－22

[34] 朱雷．中美两国医院网站网络影响力指标对比评测研究．现代图书情报技术，2006，(2)：64－81

[35] 姚湘中．我国 211 重点大学图书馆网站的链接分析．图书馆学刊，2007，(4)：138－140

[36] 马先皇．美国大学图书馆网站的链接分析——以 30 所美国大学图书馆网站为例．江西图书馆学刊，2008，(2)：119－123

[37] 邱均平，陈敬全，段宇锋．中国大学网站链接分析及网络影响因子探讨．中国软科学，2003，(6)：151－155

[38] 杨涛．网络信息计量学实证研究：对国内 20 个大学网站的分析．图书情报工作，2003，(9)：61－66

[39] 杨涛．中国 50 所大学网站的网络影响因子比较分析．图书情报工作，2004，(6)：

47－54

[40] 段宇锋，邱均平．网络信息计量学研究（Ⅴ）：链接分析在大学评价中的应用研究．情报学报，2005，(6)：735－741

[41] 段宇峰，邱均平．中美大学网站评价的比较研究．中国图书馆学报，2005，(5)：22－28

[42] 邱均平，于长福，马瑞敏．图林博客的社会网络分析．图书情报工作，2008，(11)：6－9

[43] 王晓光．博客社区内的非正式交流：基于网络链接的实证分析．情报学报，2009，(2)：248－256

[44] 张洋，邱均平，文庭孝．网络链接分析研究进展．图书情报知识，2004，(6)：3－7

[45] 黄奇，李伟．基于链接分析的学术性 WWW 网络资源评价与分类方法．情报学报，2001，(2)：186－192

[46] 钟义信．信息科学原理．第 3 版．北京：北京邮电大学出版社，2002：86－120

[47] 钟义信，周延泉，李蕾．信息科学教程．北京：北京邮电大学出版社，2005：46－63

[48] 邱均平．信息计量学．武汉：武汉大学出版社，2007：17－18

[49] 马费成，宋恩梅．信息管理学基础．武汉：武汉大学出版社，2011

[50] 邹志仁．信息学概论．南京：南京大学出版社，1996：27－48

[51] 何斌，张立厚．信息管理原理与方法．北京：清华大学出版社，2006：6－15

[52] 钟义信．信息科学原理．第 3 版．北京：北京邮电大学出版社，2002：189－193

[53] 王欣，靖继鹏，王钢．国内外信息产业测度方法综述．情报科学，2006，(12)：1903－1908

[54] 靖继鹏．应用信息经济学．北京：科学出版社，2002：236－257

[55] 靖继鹏．信息经济学．北京：清华大学出版社，2004：248－278

[56] 乌家培．信息经济学．北京：高等教育出版社，2002：148－168

[57] 马费成．信息经济学．武汉：武汉大学出版社，1998：75－109

[58] 郑刚．知识经济测度的理论与方法研究．大连：大连理工大学硕士学位论文，2000：17－18

[59] 陈禹，谢康．知识经济的测度理论与方法．北京：中国人民大学出版社，1998

[60] 李玉峰，梁正，李建标，等．知识经济学．天津：南开大学出版社，2004：20－34

[61] 高洪深，杨宏志．知识经济学教程．第二版．北京：中国人民大学出版社，2002：101－124

[62] 王诚军．价值理论和评估理论溯源．中国资产评估，2001，(2)：18－20

[63] 袁贵仁．价值学引论．北京：北京师范大学出版社，1991：66－69

[64] 马谦杰，于本海．信息资源评价理论与方法．北京：经济科学出版社，2002，11：68－69

[65] 邱均平．知识管理学概论．北京：高等教育出版社，2011：40－41

[66] 李金勇．知识资本及其评价方法评述．经济师，2006，(7)：254－255

[67] 梅小安，罗丽．知识资本评价方法比较研究．现代管理科学，2004，(12)：45－47

[68] 张炳发，万威武．知识资本评估研究述评．科学学研究，2001，(3)：66－70

[69] 李存金，甘仞初．国外知识资本理论研究的若干进展．北京理工大学学报（社会科学版），2000，(3)：85－87

[70] 高媛，杜健．浅谈无形资产的价值计量与分析．公共支出与采购，2011，(3)：50－51

[71] 张丽英．对无形资产评估问题的思考．经济师，2011，(9)：451－453

[72] 蔡泽民．对无形资产价值评估的影响因素分析．中国经济评论，2003，(8)：312－314

[73] 汪海粟．无形资产评估．北京：中国人民大学出版社，2002：33－45

[74] 中顾法律网．无形资产评估方法比较研究．http：//news.9ask.cn/rssh/bjtj/201010/903016.shtml [2013－01－09]

[75] 中华会计网校．无形资产价值评估之国际发展评析．http：//www.chinaacc.com/new/287/295/359/2008/6/xu4571452351716800225704-0.htm [2013－01－09]

[76] 朱勇，吴易风．技术进步与经济的内生增长——新增长理论发展述评．中国社会科学，1999，(1)：21－39

[77] 李家媛．无形资产评估理论及方法探讨．重庆：西南财经大学硕士学位论文，2002：20－41

[78] 俞立平，潘云涛，武夷山．知识与信息资源对经济增长贡献效率的测度模型．科技与经济，2010，(5)：3－7

[79] 约瑟夫·熊彼特．经济发展理论．北京：商务印书馆，1990

[80] 舒尔茨．论人力资本投资．北京：北京经济学院出版社，1990

[81] 贝克尔．人力资本．北京：北京大学出版社，1987

[82] 明塞尔．人力资本研究．北京：中国经济出版社，2003

[83] 李健民．人力资本通论．上海：上海三联书店，1999

[84] 王金营．人力资本与经济增长——理论与实证．北京：中国财政经济出版社，2001

[85] 谢良，曹裕，贺砾辉．创新型人力资本界定与测度研究综述．湖南科技学院学报，2008，(3)：98－101

[86] 胡永．远东地区人力资本投资理论研究新进展．经济学动态，2005，(1)：7－75

[87] 童勋．人力资本测度方法综述．现代管理科学，2004，(4)：79－80

[88] 张萍，许光红．人力资本理论及测度研究综述．法制与社会，2008，(2)：233－234

[89] 张文贤．谈人力资本的价值计量．财会月刊，2007，(26)：19－21

[90] 张文贤．人力资本．成都：四川人民出版社，2008

[91] 李金勇．知识资本及其评价方法评述．经济师，2006，(7)：254－255

[92] 梅小安，罗丽．知识资本评价方法比较研究．现代管理科学，2004，(12)：45－47

[93] 张炳发，万威武．知识资本评估研究述评．科学学研究，2001，(3)：66－70

[94] 李存金，甘仞初．国外知识资本理论研究的若干进展．北京理工大学学报（社会科学版），2000，(3)：85－87

[95] 韩经伦．增值知识资本．贵阳：贵州人民出版社，2003：167－181

[96] 刘炳瑛，等．知识资本论．北京：中共中央党校出版社，2001：162，248

[97] 魏和清．关于知识测度理论与方法的思考．当代财经，2005，(7)：120－123

[98] 贺卫，王浣成．知识经济中知识的测度问题初探．软科学，2001，(3)：10－12

[99] 高新亚，邹珊刚．知识测度的思考．自然辩证法研究．2000，(2)：54－57，72

[100] 埃利泽·盖斯勒．科学技术测度体系．周萍等译．北京：科学技术文献出版社，2003

[101] 陈志生．知识的测度及其经济学意义．南京师范大学学报（社会科学版），2000，(4)：10－15

[102] 杜冰．知识测量的层次问题．情报杂志，1993（2)：21－24

[103] 温有奎．知识元挖掘．西安：西安电子科技大学出版社，2004

[104] 温有奎，徐国华．“认知元”的三维结构理论．情报学报，2004，(2)：242－246

[105] 李顺才．基于知识经济的知识存量与流量的测度研究．武汉：华中科技大学博士学位论文，2002

[106] 文庭孝，刘晓英．知识增长及其评价研究．图书与情报，2008，(4)：12－17

[107] 谷兴荣．科学技术发展的计量研究．长沙：湖南科学技术出版社，1990

[108] 陈文化．科学技术与发展计量研究．长沙：中南工业大学出版社，1991

[109] 梁立明．科学计量学——指标·模型·应用．北京：科学出版社，1995

[110] 田夫，王兴成．科学学教程．北京：科学出版社，1983

[111] Price D. Little Science，Big Science. New York：Columbia University Press，1963

[112] 普赖斯 D. 科学的科学（科学学译文集）．北京：科学出版社，1980

[113] Kretschmer H. Quantity and quality in “science of science” . Scientometrics，1994，2 (2－3)：75－89

[114] Pritchard A. Statistical bibliography or bibliometrics? Journal of Documentation，1969，25 (4)：348－349

[115] 布鲁克斯 B C. 论文献计量学、科学计量学和信息计量学的起源及其相互关系．情报科学，1993，14 (3，4)：1－6

[116] 刘廷文．文献计量学、科学计量学和信息计量学的联系与区别．图书与情报，1994，(1)：19－24

[117] 庞景安．文献计量学的研究与发展．情报理论与实践，1994，(3)：46－50

[118] 庞景安．科学计量研究方法论．北京：科学技术文献出版社，1999，10：1－27

[119] 梁立明，谢彩霞．词频分析法用于我国纳米科技研究动向分析．科学学研究，2003，(3)：138－142

[120] 梁立明，李小宁．SPRU 科研选题的词频分析与计量研究．科研管理，2003，(3)：97－108

[121] 姜春林，刘则渊．述评我国的五部科学计量学著作．科学学研究，2002，(5)：557－560

[122] 马强，陈建新．科学计量学方法在科学基金项目管理中的应用．科学学研究，2001，(3)：78－83

[123] 梁立明，武夷山，商玉生．科学计量学在科学基金管理中的应用．科研管理，1997，(5)：56－61

[124] 蒋国华．科学计量学和情报计量学：今天和明天．科学学与科学技术管理，1997，(7)：26－29

[125] 樊龙江．科研管理中的定量分析方法浅析．农业科技管理，1997，(12)：11－13

[126] 梁立明，梁立华，李国亭，等．基金项目与项目支持环境的匹配合理性：国家自然科学基金项目同行评议效果的科学计量学评价（之一）．科研管理，1997，(1)：10-20

[127] 洛埃特·雷迭斯多夫．科研评价与科学计量学的研究纲领——二者关系的历史演变与重新定义．科学学研究，2004，(3)：225-232

[128] 梁立明．科学计量学：指标·模型·应用．北京：科学出版社，1995

[129] 赵红州．初论“潜科学”．潜科学，1980，(1)：31-35

[130] 赵红州，蒋国华．知识单元与指数规律．科学学与科学技术管理，1984，(9)：39-41

[131] 赵红州．科学能力学引论．北京：科学出版社，1984

[132] 赵红州，唐敬年，蒋国华，等．知识单元的静智荷及其在荷空间的表示问题．科学学与科学技术管理，1990，(1～2)：37-41

[133] 赵红州，唐敬年．论知识单元的智荷及其表示方法．知识工程，1991，(3)：1-11

[134] 成邦文．OECD 的科技统计与科技指标 http：//www.8sta.com/Article/art/inf/200411/138.html [2013-01-09]

[135] 邵武杰，王锦生，董素梅，等．中国科技统计面临的挑战和对策 http：//www.8sta.com/Article/art/inf/200411/138.html [2013-01-09]

[136] 刘莉．欧洲大学科研评价与拨款的相关度．复旦教育论坛，2004，(3)：70-74

[137] 赵红光．建立我国政府有组织科技活动绩效评价制度初探．中国软科学，2003，(5)：110-112

[138] 龚旭，夏文莉．美国联邦政府开展的基础研究绩效评估及其启示．科研管理，2003，(2)：1-8

[139] 龚旭，赵学文，李晓轩，等．关于国家自然科学基金绩效评估的思考．科研管理，2004，(4)：1-6

[140] Demeritt D. The New social contract for science：accountability，relevance，and value in US and UK science and research policy. Antipode，2000，32 (3)：308-329

[141] 丁福虎．科研绩效评估的理论与方法．科技管理研究，2000，(3)：45-48，51

[142] 刘作仪，陈晓田．科学研究评价的性质、作用、方法及程序．科研管理，2002，(2)：33-40

[143] 谈毅，仝允桓．面向公共决策技术评价范式演变及其在我国的发展．科学技术与辩证法，2004，(4)：86-91

第二章

知识计量学的学科构建

不同学科领域关于知识计量的研究为知识计量学的构建打下了坚实的理论基础。随着知识计量理论、方法、实践和应用研究的拓展，将零散的知识计量研究统一起来，以知识单元为基础构建系统的知识计量学学科，并深入研究其理论体系、内容体系和学科体系，成为新时期知识计量研究的必然趋势和主要任务。

2.1 知识计量学的构建背景

马克思主义哲学认为，科学与技术的发展是二者相互依赖、相互渗透的辩证统一过程。科学依赖于技术，科学只有依靠和运用先进的技术设备和技术手段才能进行。正如恩格斯所言，“技术在很大程度上依赖于科学状况，那么科学却在更大得多的程度上依赖于技术的状况和需要。社会一旦有技术上的需要，则这种需要就会比十所大学更能把科学推向前进”。20 世纪中叶以来，科学、技术、生产的相互关系发生革命性变革，科学成为“生产一技术一科学”这一系统中的主导环节，科学和技术之间的相互作用日益加强，科学和技术趋于一体化，形成了“科学技术”的新范畴。20 世纪 90 年代以来，随着科学技术的飞速发展，知识化已成为当前科技、经济和社会发展的重要因素和显著特征。知识经济和知识管理在全球范围内普遍兴起，知识作为社会竞争中一种重要的战略资源和经济资源受到了人类前所未有的重视和关注。从不同的角度和不同的层面出发对知识本身及各种知识活动进行广泛的研究成为知识社会关注的焦点，而其中有关知识及其影响的测度、计量也成为重要的研究课题。

2.1.1 理论背景

虽然各学科领域都从不同的角度出发间接或直接地对知识计量进行了研究，取得了一定的成果，并且近年来，文献计量学、科学计量学、信息计量学和经济计量学都表现出了学科不断拓展和扩散的趋势，它们之间在理论、方法和应用上正出现越来越多的交叉，并显示出合流的迹象。但由于研究的目的和意义各不相同，所以研究零碎、分散且不系统。创建知识计量这一相对独立的交叉研究领域，便可以集中各门学科的优秀研究成果，从“知识单元”这一共同的角度入手，对不同领域、不同形态的知识进行系统的研究和分析，从而在更深的层次上解决知识计量的难题。从基于知识载体的计量转移到对知识本身的计量，包括知识体系的宏观计量和知识内容本身的数量、质量、价值和关系的计量，应该引起我们足够的重视，也是发展的必然趋势[1]。

2.1.2 实践背景

依据历史唯物主义的基本原理，科学的产生一开始就是由生产决定的，生产的发展和技术的需求推动着古代和近代科学的前进。现代科学不仅在历史上源于社会生产，就现实情况来说，生产仍然是科学的基础，"生产一技术一科学"的关系仍然起着重要作用。正如科学史告诉我们的，任何科学的产生和发展都是由一定的科学背景和特定条件所决定的，社会实践需要是科学产生的根本动力，换言之，一门科学的产生和进化必须符合社会发展的需要，必须受其他学科解决不了的问题和任务的驱动。知识计量学的产生也必然遵循这样的规律，知识与知识活动作为一种知识体系和社会现象，不仅具有数量、质量、价值和关系等基本特征，而且具有科学、社会和经济属性。对知识本身及其在科技、经济和社会中所起的作用进行研究，包括对知识在科技和经济系统中的生产、传播、扩散等现象进行深入的研究，测定产品、企业、部门的知识含量，知识的价值和价格的评估，知识存量与流量的确定，以及确定互联网上知识传播带来的社会影响和经济效益等，都涉及一个问题，即需要从知识单元这一角度进行知识量化研究。因此，对知识进行计量是知识管理和知识经济中的核心问题，也是情报学、信息管理学、科学学、经济学、管理学和科研管理与决策等学科领域共同关注的重要课题。对知识活动和知识内容本身进行准确的计量是科研选题、科研管理与决策的基础，也是对知识进行科学管理和有效开发的起点[2]。

知识计量学研究经历了三个发展阶段[1-2]：以文献单元为基础的研究时期，以信息单元为基础的研究时期和以知识单元为基础的研究时期。知识计量涉及两个研究层次。一是宏观层次，从宏观上计量整个知识体系的知识投入与产出、知识存量与流量、知识生产与应用、知识的分配与转移，知识对国家经济的整体贡献，以及知识产业和知识产业链在整个国民经济体系中所占的比重等；二是微观层次，从微观上计量组织和个人的知识存量与知识成果的流量与价值、知识的数量与质量，以及知识的价格、价值与关联等。重点为四个方面的内容：知识计量包括知识量的计量、知识质量的评价、知识成果价值和价格的衡量，以及知识关系和知识网络的发现四个方面。由于各自研究切入的角度不同、研究基础和方法不同，没有形成统一的研究框架和体系。

2.1.3　科学背景

随着以计算机技术和网络技术为核心的现代信息技术的快速发展，我们的社会进入了信息时代。信息时代的重要特征是，计算机技术与网络技术迅猛发展，信息的表现形式已经不再是单一的纸质形式，数字化、电子化的信息充斥着整个世界，信息呈指数式增长。在这种形势下，文献计量学似乎完成了它的部分使命，台湾地区咨询学者蔡明月教授也不禁感慨："文献计量学似乎难逃被淘汰被取代的宿命。”[3]文献计量学的理论、技术方法被运用于信息中去，当然这里的运用并不仅仅是方法的单纯移植，而是与计算机技术、网络技术等结合起来，于是催生了一门新的学科，信息计量学取代文献计量学而兴起。可是人们越来越发现，由于信息的多样性、易变性等，很难找到恰当的定量方法对它进行计量，尤其是信息时代推进到知识时代，知识变为比信息更为重要的一种战略资源，知识的计量价值也远远超过对信息的计量，知识计量学作为一门学科被提了出来，国内外也相继出现了知识学（Knowledge Science）的研究。布鲁克斯曾指出：“情报学如果不实现定量化，它将是一堆支离破碎的技艺，而不是学科。”[4]这无疑肯定了信息计量学的学科地位及信息计量学对情报学的重要性。如果我们将布鲁克斯的言论推及知识学学科领域，我们就会得出这样的疑问：如果没有知识计量学的支撑，知识学将会何去何从？能否走下去？究竟能走多远？而且除了“五计学”为知识计量学提供了重要的理论与方法营养外，知识工程、人工智能、知识可视化等学科或研究领域的日新月异的发展也为知识计量学的产生与发展创造了必要的条件，尤其是知识管理学的发展。知识管理学是一个与知识计量学关系极为密切的学科。与知识计量学发展不同的是，知识管理学受到国内外学术界的广泛认可，不仅受到图书情报领域的学者的热烈追捧，也是企业管理领域的研究热点。我们认为，知识管理学发展到一定的阶段需要知识计量学为其提供发展的动力，而知识管理学的理论方法也可为知识计量学的产生与发展奠定基础。

在目前情况下，知识计量学必须建立自己的理论体系，才能引导知识计量的健康发展。知识计量学是一个交叉学科，它不仅要借鉴别的学科的理论知识、方法内容及具体实践，又要将这些理论、方法融会贯通于本学科内并使之上升到一个新的理论高度，从而形成一个相对完善的、符合内在逻辑的体系结构。更为重要的是，它还必须内生出一些新的、其他学科所不曾具备或不太完善的知识模块。否则，该学科是否可以独立成为一个学科及该学科是否有存在的必要性，就会受到学者们的质疑，从而沦为别的学科的附属研究。

针对这些情况，从知识管理、知识创新、知识开发和知识利用的需求出发，知识计量学及其应用研究以知识单元为研究对象，突破过去以知识的物理载体为研究对象的间接计量研究定式，建立以知识单元为研究对象的直接对知识内容本身进行计量的研究模式，构建基于知识单元的知识计量学理论和方法体系，提出可操作性的方法与模型，并开展不同层次的应用与实证研究，得出有价值的研究结论和政策建议，对知识管理、知识创新和科研资源的配置及提高资源利用效率，具有重大的理论价值、科学意义和现实作用。

2.2 知识计量学的研究现状

2.2.1 不同学科的研究

国外科学界很早就开始关注对知识本身及其价值的计量问题，并在各自的研究领域内形成了相对独立的理论和方法体系。近几十年来，文献计量学、科学计量学、经济计量学、知识经济学及知识管理学等方面的研究都直接或间接地涉及知识计量研究。目前关于知识计量的研究主要集中在五个学科领域[1-2]。①情报学和信息管理领域。例如，文献计量学在基于文献单元对核心期刊和学科核心主题的测定、信息计量学对网络上信息流量的计量，以及社会信息化指数、信息产业和知识经济测度、内容分析和引文分析等方面取得了较大进展，成为知识计量的重要研究领域。②科学学领域。例如，科学计量学对科研绩效的评价，在科学知识网络、科学知识地图和科学知识图谱等方面也取得了突破性进展。科技统计学和科技管理在科技活动的测度与科技成果的计量、分析、评价与管理等方面日益成熟。自 1992 年开始，OECD 就相继提出并完善了测度科学技术活动的系列手册——《弗拉斯卡蒂手册》，成为科技活动测度的世界标准。同时文献计量学和科学计量学在以文献为知识单元的计量方面也取得了较大的进展。20 世纪初以来，一大批文献计量学家的开拓性研究推动了文献计量学的快速发展，而 60～70 年代普赖斯在文献计量学理论和加菲尔德在 SCI 实践方面的开创性研究和贡献，为文献计量学的形成和发展奠定了科学基础。90 年代之后，随着信息技术的发展和应用，德国著名文献计量学家克鲁奇默在引文分析的基础上开展了关于科学合作的三维空间模型研究，将引文分析和信息可视化技术有机结合，推动了科学知识图谱的发展。③经济学领域。近年来经济计量学和知识经济学在知识经济理论和方法、知识经济和知识产业的测度，以及知识价值和价格等方面取得了大量研究成果。20 世纪 70 年代以来，以马克卢普和马克·波拉特提出的知识经济和知识产业测度理论为核心，在全球掀起了知识经济热潮，保罗·罗默把知识作为一种最活跃的、独立的生产要素引入新的经济增长模型，纳入生产过程加以分析和考察，引发了经济学的知识革命。1996 年，OECD 在《以知识为基础的经济》中提出了一套测度知识经济的基本框架，试图将知识经济的测度建立在知识投入、知识存量、知识流量、知识产出、知识网络及知识与学习等 6 个基本概念之上。以此为基础，1999 年，OECD 又提出了知识经济测度的系统指标，成为知识经济度量的全球标准。④管理学领域。在知识生产与分配、知识存量与流量、知识创新与转移、知识成本与效益、知识投入与产出等方面，特别是知识管理学对知识资产评估等研究方面取得了有益的进展，初步具备了进行知识计量研究的条件。20世纪90年代初，以彼得·德鲁克等提出的知识管理理论和托马斯·斯图尔特等提出的知识资本理论为核心，关于知识资源、知识资本、人力资本、智力资本、无形资产等的管理和研究开始席卷全球。由于知识分为显性知识（可编码知识）和隐性知识（不可编码知识），而关于显性知识的测度与计量问题已在文献计量学和科学计量学中形成了系统研究，关于隐性知识的测度和计量逐渐成为管理界关注的焦点。⑤计算机科学领域，在知识表达、自然语言理解、机器翻译、自动分词、自动文摘、专家系统与智能系统、知识发现、知识挖掘、语义网、搜索引擎、数据库、知识仓库等方面取得了重大突破，为知识计量研究提供了可靠的技术手段、工具和方法。除了以上学科领域的研究外，信息科学领域关于信息和知识的测度，以及教育学领域关于知识概念图和知识点网络的研究都对知识计量学研究具有较大的参考价值。此外，国内外有学者开始试图缩小学科差距，清除阻隔，开展跨学科的知识计量研究。

近年来，知识计量也开始引起我国学者的关注，在介绍国外研究成果的同时，也开展了大量研究。在情报学和科学学领域，文献计量学者邱均平于在20世纪80年代初就开始关注国外知识计量和知识网络方面的研究动向；科学计量学学者赵红州、蒋国华在1995年就曾指出：科学计量学和经济计量学两门姊妹学科问题，对于迎接知识经济时代，开展知识经济学研究具有特殊意义。看来很有必要将科学计量学拓展为“知识计量学”（Knownmetrics），并与经济计量学结合起来，从宏观和微观上对知识生产和应用、知识投入和产出、知识存量和流量、知识分配与转移、知识价值和价格等，进行广泛的、跨学科的综合研究。在2000年召开的国际科研评价与大学评价研讨会上，我国学者刘则渊又提出了创建“知识计量学”的设想，试图依此来综合和整合各学科领域正在进行的不同层面及不同视角的研究，得到了不少与会学者的赞同。2003年以来，温有奎等在国家自然科学基金的资助下，在“知识元链接和挖掘”方面取得了系列研究成果，在国内学术界产生了一定反响。与此同时，在引进国外研究的基础上，我国在经济学和管理学领域的知识计量研究也取得了同步进展。关于信息经济和信息化测度、知识经济和知识管理、知识产权和知识资本评估、无形资产和人力资本评估等的研究长时间成为信息管理学、经济学和管理学等领域关注的焦点和重要课题[2]。

国内外有关知识计量学的研究涉及面较广，取得了一定的成果。这些研究为知识计量学的构建与发展奠定了良好的基础。但是，无论是国内还是国外，知识计量学研究还处在起步阶段，缺乏整体上的系统综合研究，缺少普遍规律和方法意义的研究成果；相关理论、方法和应用的许多方面至今仍然是空白。可以认为，知识计量学学科发展的滞后制约着知识计量的研究与发展，应该是构建知识计量学学科的时候了，正如刘则渊教授所认为的那样，现在构建规范化的知识计量学学科的条件已经基本成熟[5]。

2.2.2 不同层次的研究

知识计量学有两个研究层次[1-2]。一是宏观层次，从宏观上计量整个知识体系的知识投入与产出、知识存量与流量、知识生产与应用、知识的分配与转移；知识对国家经济的整体贡献，以及知识产业和知识产业链在整个国民经济体系中所占的比重等。二是微观层次，从微观上计量组织和个人的知识存量与流量、知识成果的价值、知识的数量与质量，以及知识的价格与价值等。

宏观层次的知识计量与微观层次的知识计量之间有着密切的关系。微观层次的知识计量是宏观层次知识计量的基础，宏观层次的知识计量又可以为微观层次知识计量增添新的内容，也是微观知识计量活动得以顺利进行的必要条件，而且这两个层次的知识计量与社会管理、社会经济活动都有着密切的联系。首先，小到独立的个体（个人或组织）、大到整个社会都是知识的重要载体，我们需要从个体到整体、从单个知识模块到整个知识体系进行计量研究。而社会管理与社会经济活动需要我们既要有整体的宏观视角，又要注意微观的细枝末节。知识计量与知识管理本身也是社会管理的重要方面；同样，在人类的社会经济活动中需要对资源进行优化配置，尤其是在知识经济时代，知识资源成为一种战略性资源，同传统的物质、能量同等重要，要实现对知识资源的有效管理与利用，就必须实现对知识资源进行宏观层面与微观层面的定量化研究。再者，社会管理与社会经济活动本身就是一个整体，已经不再是单纯的个体行为，而日益呈现出相互联系、相互影响的整体特征。个人财富、家庭福利和企业利润的增加，已经不再单纯地取决于自身的努力，还必然要依赖于整体经济、管理状况，整个经济社会运行越来越表现出明显的总量、综合和全局性特征。这些都表明，在知识计量学中有宏观层次的知识计量与微观层次的知识计量，而且也需要我们在进行知识计量学的研究时既要把握微观的视角，又要不失宏观的整体思维。

2.3 知识计量学的研究内容

知识计量主要是指对知识载体、知识内容、知识活动及其影响进行测量。知识计量学以整个人类知识体系和知识活动作为研究对象，采用定量分析的方法进行计量分析的一个交叉研究领域。知识计量学的研究内容主要包括三个方面。

（1）知识计量学的理论问题研究，研究知识计量的基本原理、基本理论、一般规律和应用理论等内容。根据其理论研究深度及与实践的紧密程度不同，知识计量学理论可以再细分为知识计量学基础理论与知识计量学应用理论两个部分。前者包括知识计量单元的确定，知识链接、知识关联与知识网络研究，不同学科领域中的知识计量研究，知识计量学的学科构建研究等。

（2）知识计量学的工具与方法研究，包括基于知识单元的知识库的设计与开发，知识发现与知识挖掘软件的设计与开发，知识产品和研究成果中知识创新点检测与发现的软件设计与开发，知识单元间隐含知识关联的发现与挖掘工具的开发，文献计量学、科学计量学、信息计量学、网络计量学、经济学、管理学等学科领域中有关知识计量方法的比较与分析，知识计量学方法与模型的构建研究等。

（3）知识计量学的应用与实证研究，是将理论知识计量学、知识计量技术方法学及相关学科的原理与技术方法应用到某一方面的知识计量实践活动中而形成的知识计量学分支体系内容，包括知识计量学在知识管理、知识创新、知识组织与检索、科学评价、学术规范、科技管理与决策等领域的应用。

2.4 知识计量学的学科体系

在构建知识计量学的学科体系之前，首先要对知识计量学进行明确的定位。那就要辨析一下知识学、知识管理学、知识计量学这三个有着密切关系的学科。所谓知识学，就是以知识为具体研究对象的科学。对知识的内涵与外延、知识的实现（个体实现与社会实现）及人们知识获得的内在本能因素的研究是知识学的重要范畴。人们对知识的系统考察和科学认识是近几十年的事，尤其是以知识概念为研究对象的知识学到目前为止还未形成较完善的理论框架和基本内容。在我国，涉及知识学的研究日益兴旺，但人们主要集中于知识的经济价值，或者集中于有经济价值的知识（主要是自然科学知识与技术）的讨论。由此可见，知识学是一个极其宏观的学科，包含着众多研究层次与内容。邱均平等认为“知识管理”的概念可以从狭义的与广义的角度去理解[6]。所谓狭义的“知识管理”，主要是对知识本身的管理，包括对知识的创造、获取、加工、存储、传播和应用的管理，而广义的“知识管理”不仅包括对知识进行管理，而且还包括对与知识有关的各种资源和无形资产的管理，涉及知识组织、知识设施、知识资产、知识活动、知识人员等全方位和全过程的管理。他们还认为，前者往往是针对某一组织（如企业）而言的，而后者则一般是在全社会展开的；但两者的目的都是有利于知识的生产、传播和应用，从而提高知识主体的整体素质和竞争能力，最终促进经济和社会的发展。2002 年，刘则渊和刘凤朝在《关于知识计量学研究的方法论思考》一文中，为知识计量学做出了明晰的定义："知识计量学是以整个人类知识体系为对象，运用对象分析和计算技术对社会的知识（生产、流通、消费、累积和增殖等）能力和知识的社会关系（组织形式、协作网络、社会建制等）进行综合研究的一门交叉学科，是正在形成的知识科学中的一门方法性的分支学科。"[5]

根据定义，我们认为，知识计量学是从定量的角度出发对人类的整个知识体系及知识活动进行研究，其根本目的仍然是实现对知识的有效管理，这也就是说知识计量学在知识管理学的研究范畴之内。因此，知识计量学属于知识管理学，而知识管理学又从属于知识学的学科门类。我们同时还认为，这样的隶属关系跟信息学科是一致的。一般认为，信息计量学是信息管理学的分支学科，信息管理学在信息科学研究范围之内，信息科学包含了众多的研究内容，是一个比较宏大的学科门类。

明确了知识计量学的学科定位后，我们将从学科层次、学科结构、计量内容等三个维度构建知识计量学的学科体系，如图 2-1 所示。我们认为在知识计量学科内有着三个学科层次：广义知识计量学、狭义知识计量学，显性知识计量学、隐性知识计量学，宏观知识计量学、微观知识计量学。

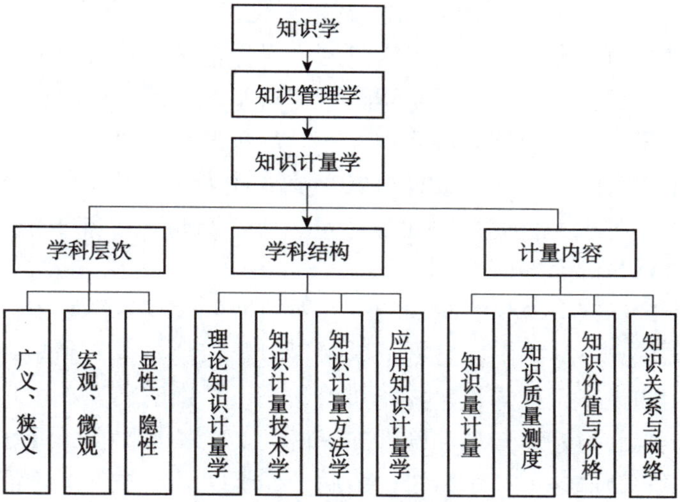

图 2-1　知识计量学的学科体系

邱均平教授曾指出，信息计量学应分为"广义信息计量学"与"狭义信息计量学"，前者主要探讨以广义信息论为基础的广义信息的计量问题，其范围非常广泛，而后者主要研究情报信息（或文献信息）的计量问题，即通常所讲的信息计量学（情报计量学），其主要内容是应用数学、统计学等定量方法来分析和处理信息过程中的种种矛盾，从定量的角度分析和研究信息的动态特性，并找出其中的内在规律[8]。鉴于信息计量学与知识计量学的亲缘关系，再者，信息与知识在很多时候都难以区分，它们在功能、特点、属性、应用方面有很多都是一样的，我们认为，将知识计量学分为“广义知识计量学”与“狭义知识计量学”是一种比较合理的做法。

我们构建宏观知识计量学与微观知识计量学，主要是基于知识计量学与经济学有着紧密的联系。经济学中向来有宏观经济学与微观经济学之分的传统；宏观经济学与微观经济学构成了经济学的整个体系。宏观经济学将整个国民经济活动作为考察对象，研究社会总体经济问题及相应的经济变量的总量是如何决定的及其相互关系。它需要解决三个问题：一是已经配置到各个生产部门和企业的经济资源总量的使用情况如何决定着一国的 GDP 或就业量；二是商品市场和货币市场的总供求如何决定着一国的国民收入水平和一般物价水平；三是国民收入水平和一般物价水平的变动与经济周期及经济增长的关系。微观经济学又称个体经济学、小经济学，主要以单个经济单位（单个生产者、单个消费者、单个市场经济活动）为研究对象，分析单个生产者如何将有限资源分配在各种商品的生产上以取得最大利润；单个消费者如何将有限收入分配在各种商品消费上以获得最大满足；单个生产者的产量、成本、使用的生产要素数量和利润如何确定；生产要素供应者的收入如何决定；单个商品的效用、供给量、需求量和价格如何确定等。而我们构建的宏观计量学是从宏观上计量和评价整个知识体系的知识投入与产出、知识存量与流量、知识生产与应用、知识的分配与转移，知识对国家经济的整体贡献，以及知识产业和知识产业链在整个国民经济体系中所占的比重等。微观知识计量学时从微观上计量与评价某个知识单元（如个人、组织、企业）的知识存量、流量与价值、知识的数量与质量，以及知识的价格与价值等。

在学科层次维度上，我们构建出显性知识计量学与隐性知识计量学。构建这一层次的知识计量学，主要是基于学术界对知识的定位而做出的。OECD 把知识分为事实知识、原理知识、技能知识和人力知识四大类，在此基础上可以进一步将知识划分为显性知识和隐性知识两大类。显性知识计量学包含三个方面：显性知识的物理计量、显性知识的质量计量、显性知识的价值计量。隐性知识计量学可以包含人力资本计量与隐性知识资本计量这两个主要方面。

从知识计量学的学科结构维度上，知识计量学又包含理论知识计量学、知识计量技术学、知识计量方法学、应用知识计量学。理论知识计量学是研究知识计量的基本原理、基本理论、一般规律和应用理论的分支。根据其理论研究深度及与实践的紧密程度不同，理论知识计量学可以再细分为知识计量学基础理论与知识计量学应用理论两个部分。知识计量学基础理论指的是，由知识活动实践及相关学科发展而来的关于知识计量的基本理论、基本原理和一般规律，又分为知识计量学学科理论研究和知识计量学基本理论研究。知识计量学应用理论指的是，利用知识计量学基本理论及借鉴其他相关学科的成果来研究知识计量某一方面的问题，其成果是形成一些与知识计量实践紧密结合且具有较大实用价值的理论。知识计量技术学主要研究现代科学技术，尤其是现代信息技术在知识计量过程中的应用范围、技术创新、系统开发、应用技能等问题，研究和开发知识计量的专门技术。知识计量方法学研究知识产生、传递、投入、产出、利用等的方法。应用知识计量学是将理论知识计量学、知识计量技术方法学及相关学科的原理与技术方法应用到某一方面的知识计量实践活动中而形成的知识计量学分支体系内容。

从计量内容维度上，知识计量学又可以细分为知识量计量、知识质量测度、知识价值与价格的计量、知识关系与网络计量。一是知识量的计量，包括知识总量、知识增长量、知识存量、知识流量、知识量的结构特征及知识量的时空分布等；二是知识质量的测度，采用不同的方法和指标对知识成果中知识的含量、水平、层次、创新度和影响度等进行测度。三是知识成果的价值和价格评价，包括知识和知识成果的经济价值和社会价值，知识成本和效益，知识投入和产出，知识生产和分配，知识创新和转移，知识产品或商品的价值和价格，知识产业和知识经济等。四是知识关系与知识网络的发现与构建，分析和研究知识主体和知识单元之间存在的各种复杂知识关联和知识网络关系[2]。

2.5 知识计量学的发展趋势

笔者利用 Web of Knowledge（涵盖 SCI、SSCI、艺术与人文科学引文索引 A & HCI 三大引文数据库），以主题检索项——“knowledge element” or “knowledge unit” or “Knowledge domain” or “knowledge visualization” or “knowledge measure” or “knowledge evaluation” 进行检索，这几个词汇都是与知识计量学密切相关的，即“知识元”“知识单元”“知识领域”“知识可视化”“知识测度”“知识评价”。检索时间为 2012 年 2 月 5 日，检索年份为所有年份，我们共得到 575 篇期刊论文（Articles）与会议论文（Proceedings）。选择软件 CiteSpace 为科学文献分析与知识图谱分析工具，它由长江学者、大连理工大学特聘教授、美国德雷塞尔大学信息科学与技术学院教授陈超美博士开发，是适合进行多元、分时、动态复杂网络分析的可视化知识分析工具[9]。该软件运行于 Java 平台，可以登录到 cluster. cis. drexel. edu/~ cchen/citespace 后免费使用。陈超美通过对科学文献题录数据（特别是引文数据和关键词数据）的分析和处理，以图谱展现出科学发展的演化趋势及科学发展的前沿领域。他利用 CiteSpace 软件，通过共被引分析与共词分析考察了 1990～2003 年“恐怖主义”研究的学科前沿和发展趋势，还考察了 1981～2003 年“物种灭绝”领域的研究进展和演进过程。CiteSpace 提供很多功能，方便我们对构建的网络及历史模式进行解释，这其中就包含查明快速增长的主题词。该功能主要是通过突变检测算法实现的，而这些主题词则被定义为研究前沿。基本原理就是统计相关领域论文的标题和摘要中词汇频率，根据这些词汇的增长率来确定哪些是研究前沿的热点词汇。它以时间分区的方式展现研究前沿随时间变化的过程，以此探析不同的时间段涌现出的不同的研究前沿。

在 CiteSpace 界面将时间区间调整为 1990～2012 年，探讨知识计量的演进情况及未来可能出现的发展趋势。设置每 2 年为一个时间分区。节点类型选择主题（Term）；主题来源依然选择题名（Title）、摘要（Abstract）、关键词（Descriptor）、标识符（Identifier）；阈值设置为（1，1，20），（2，2，20），（3，3，20）；主题选择设置为突变词（Burst Phases）；精简算法为默认为的无选择；可视化为默认的静态的聚类（Cluster View-Static），合并网络呈现（show merged network）。运用 CiteSpace 软件可以得到知识计量随时间变化的研究前沿与未来发展趋势图，如图 2-2 所示。

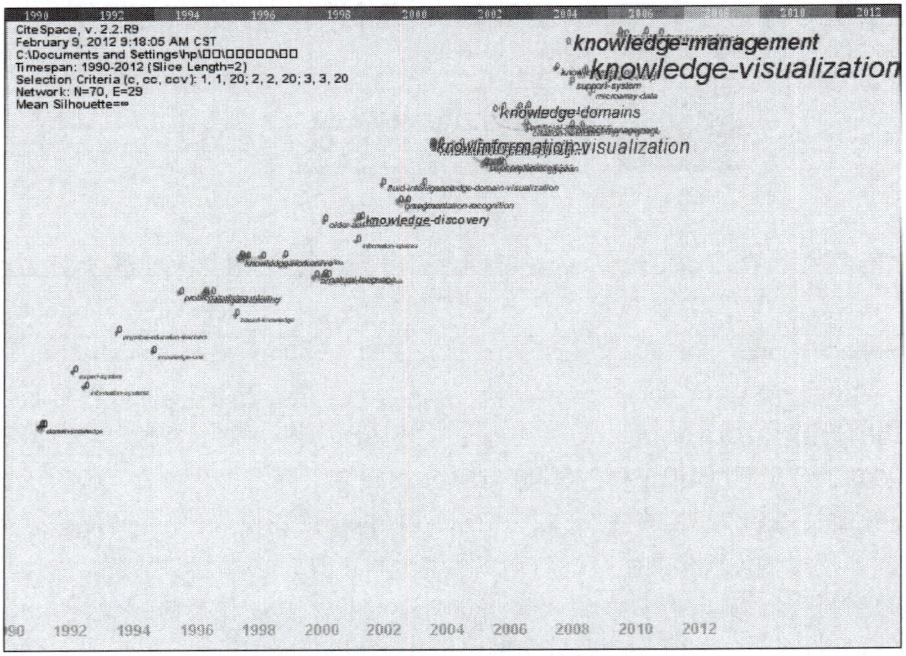

图 2-2 知识计量研究的前沿与趋势图

CiteSpace为我们提供了突变词检测算法，可以探测学科的研究前沿并显示未来可能的发展趋势。这主要是通过查明在一定时期内快速增长的主题词来实现的，而这些主题词则被定义为研究前沿。统计相关领域论文的标题和摘要中词汇频率，根据这些词汇的增长率来确定哪些是研究前沿的热点词汇。我们以时间分区的方式展现研究前沿随时间变化的过程，以此探析不同的时间段涌现出的不同的研究前沿，并根据近些年来涌现出的研究前沿词汇预测未来几年知识计量可能会出现的发展趋势。图谱显示，在知识计量研究的早期，并未出现明显的突变词，发展趋势不明朗。在2000年，即刚刚步入21世纪时，引文分析（Citation Analysis）、知识发现（Knowledge Discovery）研究广受追捧，这是知识计量的研究前沿，也为知识计量的未来发展奠定了基础；在2005年左右，信息可视化（Information Visualization）成为知识计量的前沿术语，很多学者都进行了深入细致的研究，而在最近的几年的时间内，知识可视化（Knowledge Visualization）、知识管理（Knowledge Management）、知识域（Knowledge Domain）开始受到学术界的热烈追捧，从图谱中我们也可以发现，知识管理与知识可视化是突变性最大的两个词汇，说明在近几年，知识可视化与知识管理的研究迅速发展了起来，促使了它们成为学科的最新研究前沿。我们认为，在未来的时间内，知识可视化的研究热度仍然会不减，而观察领域特征（Domain Feature）、领域结构（Domain Instruction）等前沿术语的涌现，知识域可视化极有可能成为知识计量研究的重要发展方向。另外，知识网络、知识工程等也有可能代表着知识计量的未来发展趋势。

以上是我们从国际角度出发，观测知识计量研究的发展动向，所采用的是Web of Science的数据。为更加充分地探析知识计量的研究动向，在本部分我们拟下载中国知网（CNKI）中的有关知识计量的数据来研究国内知识计量的发展动向，以便更为宏观地研究知识计量的未来发展趋向。这样做一方面是因为，相对于国外知识计量的研究，国内知识计量研究已经发展到了一定高度，知识计量学这一学科早就有学者提出，而且正在由前科学阶段走入正式科学阶段，越来越多的学者对知识计量学学科及其相关方面进行过探讨。对国内知识计量的研究予以揭示，再结合国际背景下的知识计量的研究状况，容易更为客观地发现知识计量的未来发展趋势。

在CNKI中，进入中国学术期刊网络出版总库，选择篇名检索项，以主题词“知识计量”进行模糊检索，时间范围、期刊年限不做限定，期刊类型为全部期刊。共检索到471篇知识计量的相关论文，通过人工辨别的方式剔除214篇如知识讲座等非知识计量的研究论文，共获得257篇知识计量研究论文。由于CiteSpace是面向英文数据库的可视化处理软件，要实现对我们下载的CNKI数据的处理，必须将中文数据做出相应处理，使之成为CiteSpace可以识别并可进行处理的数据，处理后的数据即可导入 CiteSpace 软件。

关键词是对一篇文章主旨的提炼与浓缩，它可以说明一定时期内的研究热点，并可进一步说明未来可能会出现的研究热点领域。我们对下载的这 257 篇论文的关键词进行频次统计，现将出现频次大于 3 次的关键词列出，如表 2-1 所示。从表 2-1 可以看出，知识经济是出现频次最多的关键词，知识经济体现了知识计量产生与发展的时代背景，正是知识经济时代的到来，知识作为一种无形资产，其巨大的价值被重新估量，也需要我们对知识资本进行有效的管理与计量。无形资产出现频次排名第三，这是因为知识本身就是一种无形资产。知识管理也是知识计量的研究热点，知识管理也是知识经济条件下涌起的一股研究热潮，它不仅是图书情报领域的研究热点，也是企业管理、知识科学等领域的研究热点，它跟知识计量具有密切的关系。知识管理是一个更为宏观的研究领域，而知识计量的研究则较细致，知识计量研究的目的归根到底是实现知识的有效管理，可以发展成为知识管理的一个分支学科，我们认为，知识计量之于知识管理正如信息计量之于信息管理。而文献计量、文献计量分析、科学计量学、文献计量学的关键词的频频出现则可以说明知识计量与这些计量学学科之间千丝万缕的联系。在一定时间范围内，关键词的出现频次体现了该时期内的研究热点，可间接表明学科的发展趋势。而在一定时间范围内，尤其是短时间内，关键词的爆发式增长则更能说明学科的发展动向，这样的关键词可称为突变词或涌现词语，CiteSpace 提供了突变词检测算法，能够将这些短时间内出现爆发式增长的主题词从大量涌现词中探测出来来说明学科的发展趋势。

表 2-1　国内知识计量研究论文关键词频次表

排序	关键词	频次	排序	关键词	频次
1	知识经济	49	18	文献计量分析	6
2	计量	24	19	计量属性	5
3	无形资产	20	20	知识共享	5
4	知识管理	19	21	知识图谱	5
5	测度	11	22	知识转移	5
6	会计计量	11	23	测量	4
7	知识计量	11	24	创新	4
8	知识	10	25	共词分析	4
9	知识产权	10	26	计量模式	4
10	知识资本	10	27	人力资本	4
11	人力资源会计	9	28	知识测量	4
12	知识溢出	9	29	知识存量	4
13	公允价值	8	30	知识评价	4
14	确认	8	31	知识资产	4
15	文献计量	8	32	指标体系	4
16	历史成本	7	33	会计	3
17	计量分析	6	34	会计确认	3

续表

排序	关键词	频次	排序	关键词	频次
35	计量单位	3	40	知识创造	3
36	计量方法	3	41	知识度量	3
37	科学计量学	3	42	知识工程	3
38	文献计量学	3	43	知识时空	3
39	知识测度	3	44	制造知识	3

将已经下载的CNKI中的数据导入CiteSpace软件，在CiteSpace界面进行相应的设置。选择时间为1990～2012年；设置每两年为一个时间分区。主题来源依然选择题名、摘要、关键词、标识符；调整阈值为（1，1，20），（2，2，20），（3，3，20）；精简算法为默认的无选择；可视化为默认的静态的聚类(Cluster View-Static)，合并网络呈现（Show Merged Network）。节点类型选择主题，通过运算得到250个主题词；接着设置主题类型为突变词，运行突变检测算法获得56个突变词语，经过计算发现1990～1997年并没有有效数据，检查我们下载的257篇论文发现仅仅在1984年与1993年各出现一篇知识计量论文，因此，为更好展示结果数据，调整时间区间为1998～2012年。运用CiteSpace软件可以得到知识计量的随时间变化的研究前沿与未来发展趋势图，如图2-3所示。

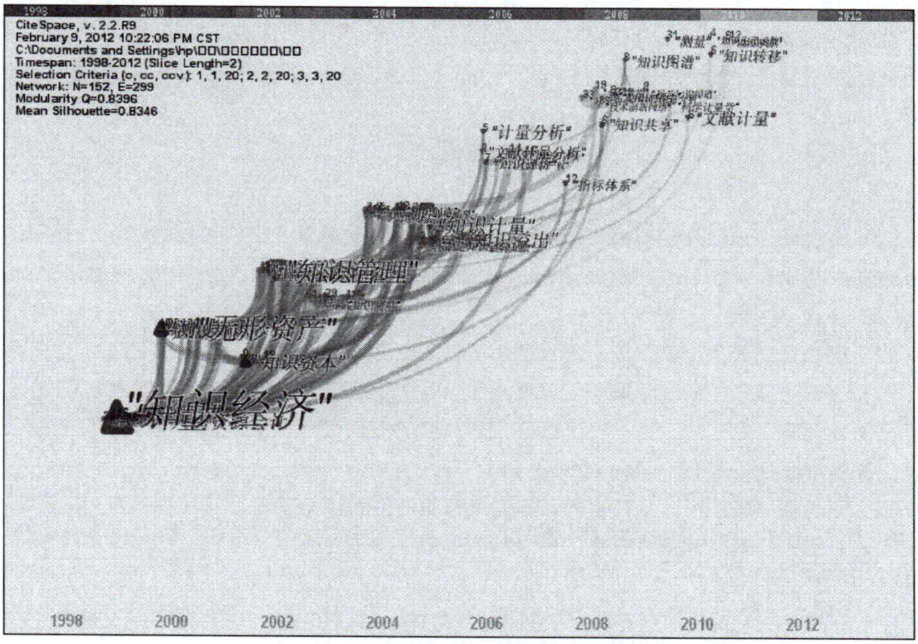

图2-3　知识计量研究前沿与发展趋势

图2-3显示，“知识经济”是突变性最大的主题词，大约发生在1998年。这

与20世纪90年代末知识经济的提出基本是一致的。在随后几年中，知识作为一种“知识资本”“无形资本”受到学术界的关注。而在最近几年，知识计量研究并没有极其明显的突变词，知识计量的发展趋势并不明朗。观察近几年出现的突变词可以发现“知识共享”“知识转移”等主题内容开始涌现，可能代表着未来知识计量研究的方向。另外，通过对国内的知识计量研究的探测，我们还发现了一个同国外知识计量研究的发展趋向一致的研究分支方向——知识域可视化，在图2-2中，表现为Knowledge Visualization（知识可视化）、Knowledge Domain（知识领域）等主题词；而在图2-3中则表现为“知识图谱”。实际上，国内学者一般将知识域可视化这一新兴的研究分支视为科学知识图谱，如大连理工大学的WISE LAB（网络-信息-科学-经济计量实验室）。

综合起来，在国内外的知识计量数据都出现的研究前沿主题是知识管理、知识域可视化，即图2-2中的Knowledge Management、Knowledge Visualization、Knowledge Domain，以及图2-3中的知识管理、知识图谱、科学知识图谱、知识域可视化等。因此，我们认为，知识管理、知识域可视化代表着知识计量的未来发展趋势，很有可能成为知识计量未来的研究热点。而文献计量、科学计量、信息计量等与知识计量具有密切亲缘关系的计量学科，将仍然会受到知识计量学者们的关注，因为这些计量学科已经发展到一个成熟的阶段，是知识计量发展的原动力和驱动力，而这些学科也需要在新的知识经济与知识计量的条件下推广、深化与发展。

参考文献

[1] 文庭孝．知识计量与知识评价研究．情报学报，2007，(5)：670－676

[2] 文庭孝，刘晓英，梁秀娟，等．知识计量研究综述．图书情报知识，2010，(1)：95－101

[3] 蔡明月．资讯计量学与网路计量学．新世纪图书馆，2003，(2)：8－16

[4] Bookes B C. Towards Informetrics. Journal of Documentation，1984，40 (2)：200－210

[5] 刘则渊，冷云生．关于创建知识计量学的初步构想//蒋国华．科研评价与大学评价．北京：红旗出版社，2001：401－405

[6] 邱均平，段宇锋．论知识管理与竞争情报．图书情报工作，2000，(4)：10－15

[7] 刘则渊，刘凤朝．关于知识计量学研究的方法论思考．科学学与科学技术管理，2002，23 (8)：5－8

[8] 邱均平．我国文献计量学的进展与发展方向．情报学报，1994，(6)：200－210

[9] 刘则渊，陈悦，侯海燕，等．科学知识图谱方法与应用．北京：人民出版社，2008：23－24

第三章

知识计量单元

知识单元是一切知识管理活动的基础，也是知识计量研究的基础。在计量学中，习惯于将用于计量的知识单元称为知识计量单元。知识获取、知识表达、知识生产、知识组织、知识存储、知识检索、知识计量、知识服务、知识提供、知识发现、知识挖掘、知识创造等全部知识管理活动的实现都是以知识单元为基础进行的。可以说，知识单元决定了知识管理的广度、深度和精度，知识单元的演变反映了知识管理的变化过程。因此，对知识单元展开研究，并确定知识控制与处理的基本单位，是当前情报学、图书馆学、知识管理学、教育学、知识工程等学科领域的核心课题。

3.1 知识计量单元的提出

人类早期的知识管理活动都是以文献单元为基础进行的，形成了完善的文献知识管理体系。但这种以知识载体——文献为单位的知识管理具有很大的局限性，它无法实现对知识内容本身的有效管理。国内外许多专家、学者们很早就敏锐地发现了这一点。1975 年，英国著名情报学家布鲁克斯最早提出了“认知地图”的设想，期望能直接对文献的逻辑内容进行知识分析和组织，以便找到知识创造过程中的连接点，从而深入揭示知识的有机结构[1-2]。20 世纪 70 年代后期，弗拉基米尔·斯拉麦卡曾指出，知识控制的单位将从文献深化到文献中的数据、公式、事实、结论等最小的独立的“知识元”（当时称为“数据元”）[3]；我国著名情报学专家马费成教授也睿智地指出，情报学要想取得突破性发展取决于两个关键问题：“一是知识信息的表达和组织必须从物理层次的文献单元向认知层次的知识单元或情报单元转换；二是知识信息的计量必须从语法层次向语义和语用层次发展。”[4-5]著名信息计量学者邱均平教授也有类似的发现：“从计量单元来说，文献计量学已经不仅仅停留在篇、册、本为单位的文献单元的计量上，而开始深入到文献内容对知识单元和文献的相关信息进行计量研究。”[6]另一位情报学者徐如镜先生也发现了这一问题：“知识的控制单位长期停留在文献一级，而人们对知识的需求一般不是以文献为单位。”[7]尽管这些学者都认识到了文献单元的局限性，也指出了知识单元的重要性，但是，除了文献单元之外，他们并没有说明知识单元究竟是什么，这不能不说是一种遗憾。因此，长期以来，知识单元已经成为制约图书情报学和知识管理活动深入发展的真正瓶颈。

3.2 知识计量单元的概念与演变

知识单元是一个复杂的概念，对知识单元的探索也必定是一个艰难的过程。从早期的文献单元，到后来的以文献特征单元、概念单元、主题词单元、关键词单元等为基础的信息单元，再到当前的知识元、知识因子、知识项、思想基因、知识基因等知识单元，展示了人类对知识单元研究的艰难探索和逐步深入过程。

知识单元是指在知识管理中可以对关联知识进行独立、自由、有效的识别、处理与组织的基本单元。知识单元是进行知识管理和知识计量的基础，知识管理就是要通过对确定有效的知识单元进行处理（包括知识标引、知识表达、知识存储、知识检索、知识计量、知识评价等）以达到知识服务、知识发现和知识创新的目的。知识单元是在知识管理和知识计量中可以对知识进行独立、自由、有效的识别、处理与组合的基本知识单位。人类知识处理经过了以文献物理载体为单位的文献（分离）处理时期，正在进行以数据库为单位的信息（集成）处理时期，将要进入以知识单元为单位的知识（无链接）处理时代[8]。

由于人类社会的知识管理活动大致经历了三个重要的发展阶段，即以文献（知识的载体）为基本单元的知识管理时期、以信息（知识的某些属性特征，如主题概念、关键词概念、数据等）为基本单元的知识管理时期和以知识本体（知识内容本身）为基本单元（即知识元）的知识管理时期。目前，随着知识经济和知识管理热潮的兴起，人们开始把知识管理的目光从文献单元和信息单元的管理推进到知识单元的管理上，并期望能实现从对知识载体和知识属性特征的管理过渡到对知识内容本身的管理，即从间接知识管理上升到直接知识管理。因此，知识单元的发展也经历了从文献单元到信息单元既而到知识单元的演变过程。

国内外的许多有识之士，早就对这种以文献为单元的管理方法提出了质疑，而把目标定位在知识管理上。早在20世纪70年代后期，有专家就指出，知识的控制单位将从文献深化到文献中的数据、公式、事实、结论等最小的独立的“知识元”。20世纪80年代初，英国著名情报学家布鲁克斯提出了绘制“认知地图”的任务。美国科学信息研究所研究员斯摩尔（H. Small）提出了用思想“网络图”揭示重大发现，用学术思想“网络图”来表述重大发现的来龙去脉。知识的控制单位一旦实现由文献深化到“知识元”，大量文献中所包含的“知识元”及相关信息间的链接，将产生极大的知识增值，从而大大推进人类对知识的利用，促进对新知识的创造，从而也将推动知识资源业的重大发展[9]。

文献［10］报道了文献处理技术的进展（表3-1），比较清晰地反映了知识单元在知识管理中的演变过程，即从文献单元到信息单元再到知识单元的转变过程。

表3-1　文献处理技术进展

功能	目的	技术	数据表示	自然语言处理	输出
文献查找	找出相关课题的相关数据	信息检索	字符串、关键词	关键词抽取（转换为库形式）	一组文献
文献组织	课题覆盖	聚类、分类	一组关键词（矢量空间模型）	关键词分布分析	一组（族）文献
知识发现	从内容中抽取感兴趣的信息	NLP、数据挖掘、可视化	语义概念	语义分析、意图分析	提炼过的信息（趋势模式、伙伴规则）

从上面的文献处理技术进展表，文献［9］归纳出了文献技术的进展有三个

特点。

（1）三个发展阶段：文献检索—信息检索—知识发现。

（2）两个趋势：①数据抽取更精细：关键词——一组关键词—语义概念；②输出质量更深层：文献——一族文献—提炼过的信息。

（3）一个目标：知识单元（知识元）的组织与链接。

这正好说明了知识单元的演变过程。

3.3 知识计量单元的特征与类型

3.3.1 知识计量单元的特征

知识单元的特征是相对于文献单元和信息单元而言的，是知识单元在使用中所具有的基本属性，是区别于文献单元和信息单元的基本特征。但并不是说，知识单元不具有文献单元和信息所具有的特征，而是在此基础上的延伸。我们很难将知识单元与文献单元、信息单元有效地分割清楚。

文献［11］认为知识单元不同于文献单元和物质单元，具有“多维性”“分合性”“重组性”和“再生性”特点。“知识单元的多维性或多向度性是指知识单元可以多向成族，即每一个知识单元都可以同其他知识单元通过多种多样的形象、属性、关系相连。”“知识单元的分合性是指知识单元的可分解性和可组合性，即较大容量的知识集合态可以分解成较小容量的集合态，直到分解成不再分解的基本知识单元。”“知识单元的分合性决定了其重组性，重组可分为知识元素重组和知识结构重组。”“知识单元的重组性又决定了其再生性，知识单元重组能够产生新知识，特别是知识结构和知识关联重组。”从本质上，这些特点算不上是知识单元的根本属性。文献单元也具有多向成族、可分解组合、可重组再生等特点，只是不具有知识单元在以上特点上的灵活多变。

文献［12］将知识单元与文献单元相比较得出：“从知识存在上看，知识单元具有‘软’性特点；从知识形态上看，知识单元更多的是‘知识点’；从知识性质上看，知识单元是演变的；从组织方法上看，由于知识单元的属性多种多样，组织起来比较复杂；从获取方式上看，知识单元相对困难，因为知识单元与文献单元具有不对称性。”

文献［13-14］论述了知识单元的层次性。在研究知识的增长时他们这样描述知识单元：“知识的增长有两个层次：一个是元知识，如概念、定律等是构成人类知识的最小单位，可以叫知识单元。知识单元含义明确、边界清楚，它的增加是知识的进步。知识单元内涵的扩展和深化也是知识的进步。另一个是学科和理论，是运用概念、定律等知识单元构筑的知识系统。一个学科也有自己独特的内容和结构，不是概念的人为堆砌。所以就人类知识总体看，学科也是一个独立的知识单元。只是它与概念并不处在同一个层次上。这样，考查知识的数量与知识的增长就可以在两个层次上进行，一个是学科，一个是科学概念与定律等知识单元。"知识单元的层次性由知识单元的分合性决定，只有知识单元可分解与可组合才体现出层次性。

3.3.2 知识计量单元的类型

知识单元形态多种多样，加上理解的差异和应用的不同，知识单元表现出多种类型。

从知识单元的演变过程来看，文献［15-16］认为：知识单元根据其发展阶段可分为三类，文献单元、信息单元和知识单元，文献单元和信息单元都是知识单元在发展演变过程中的不同表现形态，知识单元的表达和理解离不开文献单元和信息单元，但高于两者。文献［8-9］认为：知识单元可分为文献单元和知识单元两类，文献单元是知识单元的基础。文献单元是知识单元的一种，是知识单元的早期、初级形态。知识单元是文献单元的发展和高级形态。

从文献单元的构成要素来看，文献［11］认为文献就其单元形态来说有两种：一是物理载体形态；一是知识内容形态。文献［12］认为文献单元可分为知识载体单元、知识形式单元和知识内容单元等。载体单元是一种物理单元，以知识存储的物质载体为单位。形式单元是一种信息单元，即文献的外形特征所表现出的各种形式特征。内容单元是一种真正意义的知识单元，即文献所包含的知识内容的学科、主题等特征。

从知识计量的角度来看，知识单元有文献计量单元、信息计量单元和知识计量单元。文献［13］指出："文献计量学已经不仅仅停留在篇、册、本为单位的文献单元的计量上，而开始深入文献的内部对知识单元和文献的相关信息进行计量研究，如题名、主题词、关键词、词频、分类号、知识项、引文信息、著者、出版者、日期、语言、格式等都已成为计量的对象。"将"文献计量学"拓展为"信息计量学"。可见文献计量单元已开始向信息计量单元拓展。文献［17］认为："过去人们对知识的测度、计量与评价主要是通过间接方式来进行的。即通过知识的物化（文献）对物化的知识（文献知识）进行测度、计量与评价，如通过对知识产品（科研成果）的价值测度来间接地对知识的价值进行测度。信息计量学与科学计量学就是通过对知识载体（文献）的计量分析来间接测度、评价知识的价值的。”文献［18］指出：“普赖斯和加菲尔德等文献计量学家为此做出了卓越的贡献，构建了一套完整的以文献计量单元为基础的文献计量指标、方法和评价体系。随着知识经济、知识管理和知识创新活动的深入发展，对知识内容本身进行直接计量与评价的呼声越来越高，从知识载体的间接计量与评价转入知识内容的直接计量与评价研究成为发展的必然趋势”。可以看出，从“知识单元”（即知识计量单元）这一共同的角度入手，对不同领域、不同形态的知识进行系统的研究和分析，可以在更深的层次上解决知识计量与评价的难题。

从知识单元的表现形态来看，知识单元可以是“思想基因”“情报基因”“知识基因”“知识节点”“知识元素”“知识概念”“知识原子”“知识因子”“知识元”“知识点”“知识链接”“科学概念”“知识概念”“文献片断”“节点”等。虽然从表面上看，这只是名称的变化，但其所指各有不同。仔细分析，知识单元形态在内涵和外延上具有较大的区别，应用领域也各不相同。

一般来说，按照划分标准的不同，知识计量单元可以进行如下划分[15,19]。

（1）按知识计量对象划分，可分为文献计量单元、信息计量单元和知识计量单元；也可分为知识载体计量单元和知识本体计量单元，或者知识物理计量单元和知识内容计量单元。

（2）按知识计量方式划分，可分为直接计量单元（如知识元等知识内容计量单元）和间接计量单元（如文献计量单元）。

（3）按知识计量的层次划分，可分为宏观层次的知识计量单元和微观层次的知识计量单元。

（4）按知识计量的学科领域划分，可分为文献计量单元、科学计量单元、知识计量单元、经济计量单元。文献计量单元有外形特征计量单元和内容特征计量单元；知识计量单元有知识元和知识单元；经济计量有投入单元、产出单元、效率单元、效益计量单元等。

（5）按知识计量的内容划分，可分为知识的物理计量单元（包括知识的数量和质量）和知识的价值计量单元（知识的经济价值和社会价值）。

（6）按知识计量的载体类型划分，可分为纸质文献计量单元（主要是文本，如册、本、卷、期、篇、字数）、电子文献计量单元（如磁盘、光盘、网站、网页、链接数、节点数、点击数、下载量、浏览数、比特数、字节数等）、缩微文献计量单元（如卷、张、版等）、声像文献计量单元（如曲、首、帧、盘、盒、套、卷等）。

3.4 三种最基本的知识计量单元

尽管知识计量单元类型多样，但使用最广泛、最频繁的还是文献计量单元、信息计量单元和知识计量单元三种。

3.4.1 文献计量单元

关于知识单元的研究是从早期的文献单元开始的，对文献单元的研究也主要集中在文献组织、文献检索和文献计量等领域。由于文献单元是一种天然的、自然的知识管理单元，便于控制和处理，所以成为知识管理的初始单元，经过长期的发展，形成了完善的文献知识管理体系。

1）文献计量单元的概念

文献单元，即文献知识单元，是指以知识的载体——文献作为知识管理的基本处理单元，知识管理的全过程都以文献单元为核心。文献知识单元，也称为知识的物理单位，主要指图书的册、本、卷、套，论文的页、篇、期、卷，专利和标准的项、件，磁盘、光盘的张、盒或存储设备的个数，缩微胶片的卷、张，还有文献的字数、行数、页数、篇幅数等物理载体单位，有时尽管也涉及篇幅和词汇等单位，但目的是更好地处理和定位需要管理的目标文献。它们也主要是文本单元和以文本为核心的其他相关单元，如流通量、借阅量、发文量、引文量等。

国际文献工作标准化组织所批准的《文献工作用术语标准：情报与文献用术语（草案）》即ISO/DL5127对文献的解释为："Document，是指在存储、检索、利用或传递记录信息的过程中，可以作为一个单元处理的，在载体内、载体上或依附载体而存储有信息或数据的载体。"首次提出了"文献单元"的概念，即可以作为一个独立单元处理的文献整体或部分。文献单元划分的唯一要求就是要使之可以单独应用，能否单独应用是衡量文献单元的主要标准[20]。这一解释指出了文献的可分割性和衡量文献单元的标准，可见文献单元并不是一个十分固定的单位，但其大小可根据文献本身的特征和文献处理的需要来确定，是一个可以确定且容易确定的单元。文献是指记录知识的一切载体。随着人类社会的快速发展，特别是科学技术的迅猛发展，一方面文献的类型不断丰富和完善（从纸质文献到电子文献再到数字文献），另一方面对文献进行有效处理和管理的方法、技术与手段也日益先进和完善。

文献［11］指出："一般而言，单元是指整体中自成单位、系统，自为一组的一种单体形态。文献单元就是文献自成系统，自为一组的单体形态。从广义上说可以泛指任何相对独立的文献单位或某一种相对独立的文献集合。例如，某一篇文献，某一种图书，某一合订、汇编的图书，或者是由单篇文章汇辑而成的某一期刊、报纸等，其中最基本的单元形态是单篇文章、单本图书，而大型的单元形态则是丛书。”并进一步认为“文献单元是知识单元的一种形态”，“文献单元是知识单元的特例，或是知识单元的一种静态形式”。不仅确定了文献单元的基本形态，而且指出了文献单元与知识单元的关系。

文献［12］将文献重新定义为“专门记录和传递知识的人工载体”，而“文献单元就是专门记录和传递知识的人工载体单元”，“图书馆的文献组织通常就是把一个个独立的知识出版单位视为文献单元的”，“古代图书整理中的文献单元主要依据载体单元”，“现代图书馆学的文献单元根据文献自身的三要素（知识内容、记录符号、载体形态）往往还可以分解成若干个具体的单元形式，如知识内容单元、知识形式单元与知识载体单元等”。可见，文献单元不仅仅是载体单元，还可以是内容单元和形式单元等，文献单元中包含了知识单元。

2）文献计量单元的评价

从以上学者们的研究可以看出如下四方面内容。①文献单元是一个载体单元或物理单元，以一定形式的载体形态或物理形态表达和存储知识，如图书的册（卷、章或节）、期刊的期（册、卷或本）、报纸的份（张或版）、论文的篇、胶卷的卷（张或片）、光盘的张、磁盘的比特等。②文献单元由于受文献载体的限制，具有线性、固化、表态的特点，尽管具有一定程度的分合性，但不能对知识内容自由分解和组合。③文献单元是知识单元的一种形态，文献单元中包含着知识单元，知识单元最终附着在一定形式的文献单元中，体现为文献单元。因此，文献单元可以在一定程度上反映出知识单元的内容，如作为文献单元标志的题名、分类号、主题词、关键词等。④文献单元是一个确定的知识单元，可以作为一个独立的知识单元处理，可以在一定程度上进行分割和自由组合。文献单元的这些特点使得其具有极大的优越性，可以对其进行灵活控制和处理，因此，长期以来成为知识管理的基本单元，但同时也暴露出其明显的局限性，文献单元作为一种载体单元或物理单元不能直接、有效地反映文献单元所包含的知识内容，文献单元和知识单元表现出不一致，文献单元只是知识管理的一种间接单元。

3）文献计量单元的应用

人类生产和创造的知识最终都以不同的形式存储在不同类型的文献中，尽管新的文献类型仍有可能出现，但已有的文献都是以纸质文献格式的方式存在（如电子文献、数字文献和网络信息仍然是以纸质文献格式表现），因为长期以来人们已经习惯并接受了这种比较完善的知识表达和生产方式。因此，对知识单元和信息单元的处理离不开对文献单元的处理。所以知识的控制单位长期以来一直停留在文献这一级上，而人们对知识的需求一般不是以文献为单位的。

不可否认，对文献单元的有效管理，在过去很长一段时间内是人类对知识进行管理的最有效、最科学、最有影响的管理方式，并且形成了一整套完善的理论、方法和技术，如文献管理学、图书馆学、目录学、文献组织与检索、文献数据库、文献提供与服务等。直到今天，尽管我们在信息管理、知识管理等诸多领域取得了突破性进展，但在许多领域我们仍不能摆脱文献管理理论、方法和技术的影响，以文献为基本的知识管理单元仍然是最有效、最易实现和最易控制的手段和方法。目前，信息管理和知识管理领域的许多重大突破还是建立在过去文献管理系统和文献管理数据库的基础上，是在文献知识单元管理基础上的改进和创新。例如，增加和改进文献管理系统和文献数据库的信息管理（增加文献外形信息特征和内容信息特征项）与知识管理（增加基于引文的知识网络和知识关联网络等）功能，这些无非都是为了更好地实现对文献知识单元的处理和管理。

4）文献计量单元与知识计量

以文献单元为基础的知识计量，主要是通过对文献信息流的分布规律（如文献量的时间和空间分布）、文献主题分布（如词频统计分析、内容分析、结构分析、关联分析等）和引文分析（如被引量和被引率等）进行研究，用文献的数量与质量来间接反映知识量和知识的价值。但由于文献量与知识量并不等同，文献计量单元和知识计量单元是两个完全不同的计量单位，所以很难用文献量来准确反映知识量。同时，也因为文献的价值主要在学术价值、科学价值、精神价值和社会价值上，无法用文献本身的价值来准确衡量文献中知识的综合价值（学术价值、科学价值、精神价值、社会价值和经济价值等）。因为文献是有形的，文献的价值可以通过被使用次数（如被借阅次数、被引用次数）等文献计量指标较为准确地评价，而知识是无形的，也是无价的，其表现形式多种多样，作用的结果也是综合性的，目前还没有科学的方法和指标对知识量和知识的价值进行直接计量与评价。尽管如此，文献计量、科学计量同知识计量在一定程度上是同步的，目前还只能通过间接方式来对知识进行计量，文献计量与科学计量方法还是较为有效的用来衡量知识量与知识价值的方法之一。

文献单元之间并不是孤立和毫无联系的，而是通过各种文献单元、信息单元和知识单元之间的关系形成了各种复杂的知识网络关系。例如，文献单元之间可以通过主题词、关键词、分类号和引文等建立联系。因此，我们研究文献单元的计量和管理，并不只是关注单个独立的文献单元，还要研究和分析文献单元之间通过各种方式建立起来的关系链和关系网络（如学科关系、引文链、引文网络、共引和引文耦合等)。因而，文献计量学、科学计量学不仅研究知识载体的数量、质量和价值等特征，还要研究知识载体之间存在的各种关系（包括关系链和关系网络）及由此产生的各种数量特征与数量关系。

3.4.2 信息计量单元

1）信息单元的概念

信息单元是文献单元和知识单元研究中的一个过渡或中间概念，虽然存在的时间并不长，也没有得到学术界的普遍认同，但它仍具有一定的意义。随着1992年以来国内学术界将“情报”改为“信息”，“文献情报”“文献组织”“文献著录”“文献检索”“文献计量”等也相应变为“文献信息”“信息组织”“信息描述”“信息检索”“信息计量”，信息开始成为一个普遍和通用概念。文献单元也为信息单元所取代。

信息单元，也称信息知识单元（在我国有情报知识单元之称），是指以文献知识的某些属性特征（包括文献的外形特征信息和内容特征信息）作为知识管理的基本单元。我们通常把一部文献所包含的完整信息称为文献信息，文献信息主要包括文献外形特征信息（如题名、著者、出版社、出版时间、出版地和相关载体特征等）和内容特征信息（如摘要，提要，主题词，关键词，标题，文献中的字、词、句、段、篇幅、参考文献等）。信息单元的处理通常用信息熵，词频数，篇幅量，数据、信息和情报的比特量、字节量，图像、声音的帧、幅等来表示。信息单元既反映了文献单元的基本特征，也是知识的重要来源。信息单元往往通过提炼、加工、组合、转换等过程即可形成知识单元。可以说，信息单元是连接文献单元和知识单元的一座桥梁。

“文献是指记录有知识的一切形体，是形式和内容的统一。”任何一部文献都包括外形特征和内容特征两部分[21]。①文献的外形特征主要包括题名、机构、著者、主题词、关键词、分类号、出版社、出版地、价格、年代、开本、封面、版式设计、参考文献、文种、来源（刊载处所）、日期、基金、ISBD或ISBN号、格式等。②文献的内容特征主要有作品所属学科和论述的年代，论述的事物，事物的种类和特征，事物的组成部分及形态结构，事物构成的物质、因素、成分、结构，事物的过程、现象、状态、性质及其各部分之间的关系，该事物对其他事物的作用、影响及用途，事物与相关事物的关系（如研究角度、目的、手段、应用工艺设备）及其他因素（如地点、时间、评价、条件）。文献的外形特征及其标志即信息单元，它不是文献本身，也不能有效揭示文献的知识内容，只是我们控制和处理文献的信息标志，便于我们通过信息标志来组织管理文献。这些信息标志可以作为独立控制和处理文献的基本单元，即信息单元。《国际标准书目著录（总则）》《文献著录总则》等中的著录事项，MARC、DC等元数据中数据单元都可以视为信息单元。文献［3］认为：“文献信息的内涵是知识信息单元的有机结合，它构成了文献信息的基本骨架。”它表明信息单元（文献特征）可以组合形成文献单元。

著名信息计量学家邱均平教授最早从计量单元的角度来分析信息单元，他在文献［6，22—23］中同时指出：“文献计量学已经不仅仅停留在篇、册、本为单位的文献单元的计量上，而开始深入文献的内部对知识单元和文献的相关信息进行计量研究，如题名、主题词、关键词、词频、分类号、知识项、引文信息、著者、出版者、日期、语言、格式、数据、数值等都已成为计量的对象。”将“文献计量学”拓展为“信息计量学”。文献的相关信息即文献的外形特征，是表达和获取文献的重要信息线索，独立存在时没有实质性的价值和意义，只有同文献单元结合使用时才能发挥出特殊的作用。

2）信息计量单元的评价

通过研究，我们发现：①信息单元本身不具有独立的实质意义，不能脱离文献单元而单独存在；②信息单元是在对文献单元结构分解的基础上产生的，是文献单元的一部分，代表文献单元外形特征中的不同部分；③通过信息单元及其组合可以标志和表达文献单元，实现对文献单元的控制和处理；④部分信息单元也可以组合转化为知识单元，如由一篇文献单元的全部外形特征和内容特征组成的一条完整的信息记录可以系统地表达知识单元，主题词和关键词组合可以表达知识概念和知识主题。

3）信息计量单元的应用

随着计算机技术和网络技术的快速发展与广泛应用，电子信息资源和网络信息资源数量迅速增长，“信息”作为一个影响深远的重要概念在全球范围兴起，对各个学科领域的发展都造成了巨大的冲击。信息单元是文献单元的延伸和拓展，是对文献特征信息进行分割和组合而形成的。但信息单元既没有克服文献单元本身固有的缺陷，也没有实现对信息、知识内容本身计量与管理的目标，因而信息单元只是从文献单元到知识单元发展的一个过渡性的计量单元。传统的信息服务只提供文献的信息或提供作为知识素材的文献，并没有揭示文献中的知识和知识链。人们获取的也只是文献线索（文献信息），并不是知识。比如人们看到了题录摘要，从中未必可以看到知识。即使读完了一次文献，也许仍不能准确了解其中的知识。但文献信息或文献线索为我们提供了获取知识的途径。

4）信息计量单元与知识计量

随着现代信息技术的发展与应用，以及信息经济的产生，信息、情报作为一种重要的战略资源引起了人们的广泛关注，信息计量学、情报计量学随即兴起。但对信息、情报的直接计量与评价是一件十分困难的事情，因为在计量和评价中如果无法有效确定信息单元和情报单元，就无法实现对信息、情报进行直接计量与评价，只能通过间接方式进行。特别值得注意的是，信息、情报的价值同知识的价值一样，也是无形和无价的，而且具有多变性。所以早期的信息计量、情报计量与评价也主要是通过对信息、情报载体（如以各种文献、信息情报产品的计量与评价为基础）的计量来间接完成的。到后来，随着信息技术手段日益高明，对信息量的测度与评价不断精确化（如信息熵、比特量、字节量等），但对信息价值的测度与评价仍只能间接完成（如通过对信息产品价值、信息产业、信息经济等的测度与评价）。尽管信息、情报与知识之间的关系十分复杂，但它们在本质上具有很大的相似性，因此对信息、情报的计量与评价能有效地运用到对知识的计量与评价上。只是目前对信息、情报的准确计量与评价还没有取得突破性进展。

信息计量单元之间也不是独立的，同样也存在着各种复杂的关系。信息计量单元之间可以通过词频反映其在文献知识单元乃至整个知识体系中的重要程度，通过主题关联发现信息计量单元之间的学科关系、主题结构、关联程度（如主题词或关键词共现频次），通过信息计量单元的不同组合还能发现新的知识计量单元（如主题词或关键词链及其网络）。

3.4.3 知识计量单元

1. 知识单元的概念

尽管不少学者意识到了知识单元的重要意义，但并没有形成对知识单元的统一认识，知识单元在不同时期和不同学科领域的表现形态也各不相同，先后有“思想基因”“情报基因”“知识基因”“知识节点”“知识元素”“知识概念”“知识因子”“知识元”“知识点”“知识链接”“知识单元”等不同的说法。

知识单元，也称知识的内容单元，是指在知识管理中用来处理知识的最小的、不可割的、独立的基本单元。知识单元主要用主题知识单元、关键词知识单元、知识元、知识单元、知识基因、知识因子、知识项、知识本体、知识概念、概念地图等来表示，目前主要用知识元来表示。知识元是指文献中相对独立的、表征知识点的一个元素，它可以是一段文字、一幅图表、一个公式、一章或一节、一段动画、一个程序等。知识元也往往直指知识产品（图书、论文、专利等）中的概念、论点（观点）、论据（数据、资料）、论证（方法、模型）、结论等知识核心和知识创新点，也可称为元知识，是知识管理、知识计量与知识评价的最小单元。元知识为不可再分的知识，元知识是我们进行知识检索的依据，某一具体的元知识我们称它为知识元[2-7,11-12,20-21]。同时，知识元之间也不是相互独立的，而是相互之间存在着各种复杂的关系。因此，基于知识单元和知识元的知识管理不仅研究知识元的数量、质量和价值等特征，还要研究知识元之间存在的各种关系（包括关系链和关系网络）。

目前对知识元的粒度没有十分明确的规定，它既可以是一小段文本或一幅图像，也可以是一篇文献。知识元一般为一个概念、定义、公式、定理、模型、方法、事实、数据、图表、一段叙述或一组图解操作等，它是知识的基本单元，由不能再分割的框架结构表示。知识元之间可以分层次与嵌套，而它本身具有独立的描述元数据。知识元是具有独立的确定意义且不可再分的一个知识单元，在不同的应用中，对知识元的描述是不同的。知识元不仅可以直接表述知识的内容，也可以通过文献单元和信息单元将使用这一知识元的文献关联起来，将大量不断更新、不断出现的知识元建成知识元数据库，将会产生各种知识内容之间的内在网络化关联，体现出各学科专业交叉渗透的关系特征。

2. 知识单元的认识

近代英国著名哲学家波普尔在20世纪50年代深入研究了达尔文的进化论后发现，知识的发展与生产进化有着惊人的相似之处。他于1961年发表了题为“进化与知识之树”的重要论文，认为人类的知识是长期进化的产物，符合达尔文进化模式，知识进化中蕴含着“基因”[13]。1976年，英国著名遗传学家道金斯（Dowkins）提出了“思想基因”理论，他认为[24]：“人类的思想，随时间和空间的变化而移植、扩展、再现、繁衍，就像生物体一样，有其基本单位。”他把支配文化传播的基因起名为“mem”（觅母），称为“思想基因”。思想基因是科学思想的基本单元，具有稳定性和变异性，是人类文化的继承者和传递者。首次探讨了知识内核的构成单元。1981年，印度情报学家斯·科·森在“思想基因”的基础上提出了“情报基因”的概念[25]，并指出：“情报通过基因遗传、试错法检验、社会形态制约及变异思想逐渐稳定来实现增长”。他建议从基本概念开始，按“情报基因进化图谱”重建分类体系。我国学者刘植惠又在思想基因、情报基因的启发下提出了“知识基因”理论，从功能单元出发阐明了知识“遗传”与“变异”的机制和规律性。他认为知识基因理论主要由六个方面组成[26-30]：①科学概念是知识“遗传”与“变异”的基本单位——知识基因；②知识基因构成知识DNA，知识DNA是科学遗传和变异的基础结构——公式、法则、定律、规律；③知识DNA组成知识细胞，知识细胞是学科理论体系的基本单元；④知识细胞凝聚成理论体系，理论体系构成人类的科学大厦；⑤知识基因有学校教育、自学、科普活动三种遗传方式；⑥知识变异基本上有三种途径：实践、移植和综合；知识的变异方式有两种：渐进式演变和突变式演变。可见由科学概念构成的知识基因（知识DNA）是知识进化（遗传和变异）的基本单元，即知识单元。

文献［13］认为：“知识网络是由知识结点（知识因子）和结点间的联系（知识关联）两个基本要素组成的，而知识节点（Knowledge Node）是由在认识上可以相对独立存在的各种知识单体形态，即在认识上具有独立性的知识元素、知识单元构成。从定性的角度也可将知识节点称为‘概念’、‘事物’、‘规律’、‘规则’、‘学科’等”。同时认为：“知识因子（Knowledge Element），即构成知识的因素，是组成知识的最细微（基本）的成分，一个概念、一种事物（如‘图书馆’、‘文献’等）都是组成知识的一个因子。也就是说，知识是由一个或多个知识因子组成的，知识关联是为若干知识因子间建立起的联系”。可见，“知识结点”与“知识因子”同义，“知识元素”与“知识单元”一致，知识元素和知识单元是知识结点与知识因子的构成要素。而且“知识节点”和“知识因子”似乎并不固定，既可以是“概念”“事物”“规律”“规则”“学科”等，也可以是文献单元和文献机构（如图书馆）等。

文献［31］指出：“狭义地讲，知识组织是对具有独立意义的知识单元进行的组织，即对知识单元的构成——知识因子和知识关联进行组织，尤其是对知识因子和知识关联进行重组，以便形成新更有意义的知识。”“知识因子是组成知识单元的最细微的成分，一个概念、一种事物都是组成知识单元的一个知识因子。”“知识关联是知识因子间的联系。”由此可知，知识单元由知识因子和知识关联构成，与文献［13］的观点相反，并且两者都没有明确界定“知识节点”“知识因子”“知识单元”和“知识元素”。

文献［2-3，8-9，32-43］系统地提出了“知识元”理论：“假定文本内容的组织排列是由一个个独立知识元素的逻辑排序结构，这种独立的知识元素称为知识元，逻辑依存关系称为知识链。知识元是构造知识结构的基元。”“知识元是知识被分解成可独立使用的最小单位。知识元由名称、属性、操作和导航四个要素组成。”“知识元及其结构组成不同的知识单元。”从实质上来看，知识元是一组信息单元的集合，用来表达一个完整的知识概念或知识内容。只是与信息单元相比，知识元中可能包含了某些知识内容信息单元。文献［13］认为：“知识元（Knowledge Element）就是知识元素，是组成知识的基本单位和结构要素。知识元是最小的知识节点。”文献［44］认为：“知识元是表达知识内容的主题词或关键词集合。”知识元还可被称为知识元素、知识因子、知识原子、知识节点、概念或事物、知识基因、原知识点、关键词或关键词组、主题词或主题词组，它是构成知识单元的要素。将知识元视为关键词或关键词组、主题词或主题词组在知识管理领域并不陌生，主题词法就是以主题词（包括元词、关键词、标题词、叙词等）为知识单元，以主题词关联为链接的知识网络系统。

众多的文献对知识单元进行了系统的论述。国外对知识单元的讨论并不多，关于文献单元的研究已经成熟。因为英语等语言文字的表达和组织没有汉语这种象形文字复杂，知识单元可以直接建立在概念及与之对应的关键词或主题词及组合上，能够有效地实现知识管理。但由于汉语表达上的丰富性和多样性，知识单元的提取和表示十分复杂，概念及表达概念的关键词和自由词难以准确切分，造成了汉语自动理解上的极大困难。因而对确定知识单元的需求非常迫切，讨论也就异常热烈。具有代表性的观点如下。

1）知识单元是量化的科学概念

早在20世纪80年代初，我国科学学学者赵红州就开始系统地研究知识单元，建立了“学科知识单元及表示法”[45-49]。他将知识单元定义为“不再分解的量化科学概念”，“知识单元是已经获得科学共同体认同的、堪称‘粒子’形态的科学概念，它是科学的细胞、科学大厦的砖块。大量的知识单元经过重组，按一定思路可凝聚知识纤维，知识纤维又可在更高层次上组成复杂的知识系统”。在此基础上提出了“知识单元的智荷，以及动荷与静荷的概念，知识单元的智荷是其静荷与动荷之和，静荷值用其所包含的基本单元（长度、质量、时间）的数目来度量，动荷值为基本单元荷值及其历史增量的和”，并以物理学定律为知识单元作为实例进行了智荷测算。他所说的知识单元是定量化的科学概念，是指构成学科理论的一个个含有特定意义的基本单位，其中多数是科学概念。例如，定律，它是用特定规则连接若干科学概念构成的一个整体，不能再分。因为分割就会丢失意义，所以也是知识的构成单元。任何一个科学理论体系，都是由许多不同的原理、定理、定律、规则构成的，而这些不同的定理、定律或规则，又都是由一些用数学语言表达的科学概念组成的。这种以数学形式存在的科学概念（如物理量、化学量等），称为“知识单元”，可以对它们进行抽象化的描述、表示和度量。许多自然科学中都包含着大量的这些原理、定理、定律和规则，可以用科学概念这一知识单元来表达，但还有众多的学科，如人文科学、社会科学，没有这些明确的原理、定理、定律和规则，能否用这种知识单元来表达？其他普遍概念呢？作者没有提及，看来这一知识单元及其表示并不具有普适性。

2）广义知识单元和狭义知识单元

文献［11］在国内最早对知识单元进行系统总结，认为：“知识单元可分为广义知识单元和狭义知识单元。”“广义知识单元是知识不同层次的、自为一组的相对独立的单位，泛指知识的任何一种相对独立的单元内容和形式。”广义知识单元可以是“文献片断”，也可以是超文本和超链接中的节点[50-51]。这种“文献片断”和节点是文献内容中任何可以独立存在的部分。如果说信息单元是文献外形特征结构的分解，那么知识单元就是文献内容结构的分解。“狭义的知识单元是知识不再分解的基本单位，是构成系统知识的最小的、最基本的要素，也特指那种在思维中不再分解的最基本思维形式，即概念思维形式的知识。”狭义知识单元可以是“量化的科学概念”，也可以是“非量化的概念”，甚至就是指“概念”。文献［45-49］将知识单元定义为“不再分解的量化科学概念”，并对其进行了表示和测算。文献［28］认为：“知识单元应是知识不可再分解的独立单位，既包括量化概念，也包括非量化概念。”文献［52］在国内较早提出：“知识单元系指知识系列的一些基本概念。知识单元组成一个个的知识系列，一个个知识系列又组成整个知识体系。”文献［53］明确提出：“知识单元是构成学科知识最小单元，主要指概念。概念知识单元是构成学科知识的最小单元。”文献［54］也有同样的论述：“对知识进行的任何组织都必须建立在知识单元的基础上，而知识单元无非就是概念。”列宁也曾说过[55]：“自然科学的成果是概念。”由此可以理解，知识单元可以是定量化的科学概念，也可以是定性化的普通概念。文献［12］提出：“知识是客观知识系统中有实际意义的基本单位。所谓‘实际意义’是指知识单元或者是一个明确的语词概念、一个具体观点，或者是一个科学定理、一个数学公式，或者是一首歌中的某段旋律、一幅画上的局部构图等。”这种“实际意义”也是相对于知识获取和使用而言的，具有不确定性。文献［13］认为“知识单元（Knowledge Unit）是对概念、定律、学科和理论等知识个体或集合体的定量化称谓。知识单元具有不同的层次，比如概念、定律就是最小的知识单元，也有人称它为元知识；而学科和理论，是运用概念、定律等知识单元构筑的知识系统，也是一个独立的知识单元，只是它与概念并不处在同一个层次上”。文献［56］认为：“作为元知识的概念、定律等是构成人类知识的最小单位，可以叫知识单元。”文献［57］也持同样的观点：“作为知识单元的概念是由其内涵及外延组成的，即由三个密切相关、不可分割的要素构成：一是概念所反映的客体；二是客体自身的性质；三是与其他客体的联系方式。这三个要素，只要其中一个发生变化，科学概念就会相应地改变，亦即引起知识基因的变异。”文献［58］认为：“科学知识单元是科学劳动的产品，是在对事物、实物、现象、过程等零散信息基础上，经过系统归纳、分析、整理，能够反映其本质规律的概念、定理或定律。”文献［59］指出：“数据单元可称为知识单元，它是由各种事实、概念和数值等组成。”可以看出，可以将狭义的知识单元等同为概念及由概念构成的定律、学科和理论等。从整体来看，广义的知识单元是不确定的，其容量也是无限度的，只要具有相对独立性就可以成为知识单元。而狭义的知识单元就是概念，概念是可以用自然语言和人工语言表达的，因此是一个确定的知识单元。由此可以理解，任何一种科学创造过程，都是先把结晶的知识单元游离出来，然后再在全新的思维势场上重新结晶的过程。这种过程不是简单的重复，而是在重组中产生全新的知识系统、全新的知识单元。实际上，分类法和主题法在很大程度都是以概念知识单元为基础组织和管理知识的，在初级层面上解决了人类知识的管理问题。

在教育学领域，通常将知识单元称为“知识点”，不同的知识点根据其相关性组成知识体系。文献［60］认为：“知识点是教学活动过程中传递教学信息的基本单元，包括理论、原理、概念、定义、范例和结论等。知识点可进一步分解，在结构上不可分割为再分的知识点称为原子知识点。相关的一组知识点集成为知识单元。”知识点划分的基本原则是保证知识内容的局部完整性，而其大小可随需要而定，可能相差很悬殊。例如，一章可划为一个大的知识点，其中一节的内容又可细划为较小的知识点，一节中的定义、定理等还可以划为更小的知识点。文献［61］指出：“若干相关的知识点按其内在联系构成的网络称为知识点网络。网络的节点表示知识点，节点间的链接表示知识点间的联系。”在教育学中还用“概念图”或“概念地图”呈现思考的过程和知识的关联。概念图或概念地图一般由节点（由几何图形、图案、文字等表达某个概念，每个节点表示一个概念）和链接（表示节点关系）[62-63]组成。

在人工智能和知识工程领域，通常用“语义网”来表示知识单元。“语义网是一种表达能力很强且灵活的知识表达方法。语义网本质上是一个带标志的有向图。有向图的节点表示各种事物、概念、属性及知识实体等，有向边表示节点的关系。”[31,64]表示各种事物、概念、属性和知识实体等的知识节点和表示知识关联的边或链接构成语义网的基础。

3. 知识计量单元的评价

综上所述，以上概念大多都认为，知识单元是具有一定意义、可以独立控制和处理的知识单位，但这种知识单位似乎并不确定。尽管众多的文献都不同程度提到以上概念，但都未给出这些概念的明确、具体的定义，都很模糊。由此看出，知识单元研究还有很艰巨的任务。

从有关知识单元的研究我们可以得出如下结论。①知识单元尽管有不同的形式和称呼，但都是指一定单位的知识内容，即具有独立意义的知识单位，可以是文献，也可以是文献中的部分（文献片断），还可以是文献中的知识点（专指或特指部分），基本就是概念。②知识单元应该具有可表达性，可以独立控制与处理。除了指向科学概念或概念的知识单元外，其他知识单元都是不确定的，无法具体表达和衡量，缺乏普适性，难以应用。③无论何种形式的知识单元都有其内部结构，一般由知识因子（或知识节点、知识元素）和知识关联构成，如概念单元及其关系。④只有能够实现可表达、可操作、可控制、可衡量和可处理（如可分解、可组合）的知识单元才有实际意义，知识单元不应该是随意的、因人而异的、不确定的。从目前来看，只有基于逻辑划分的概念和概念体系才具有以上特征，而这些概念又必须有与之对应的专指和规范语词才能有效表达和理解。因为我们的思维是以概念为基础的，我们的表达和理解也是以概念为基础的。所以只能通过表达概念的规范语词、语词组合及其规则才能理解我们的思维产品——知识。

3.5 三种知识计量单元的比较与评价

3.5.1 知识计量单元间的关系

1. 文献计量单元、信息计量单元与知识计量单元间的关系

文献单元是有形的物理载体单元，信息单元和知识单元是无形的知识内容单元，但信息和知识最终都需要存储在一定的物质载体上。因此，可以说，文献单元是信息单元与知识单元的基础和来源，信息单元是连接文献单元和知识单元的桥梁与中介，知识单元源于文献单元和知识单元，是文献单元和信息单元深入发展的结果，通过文献单元和信息单元的不同组合能发现新的知识单元，知识单元能够更加精确有效地反映文献单元与信息单元之间的关系。它们之间的关系如图 3-1 所示。

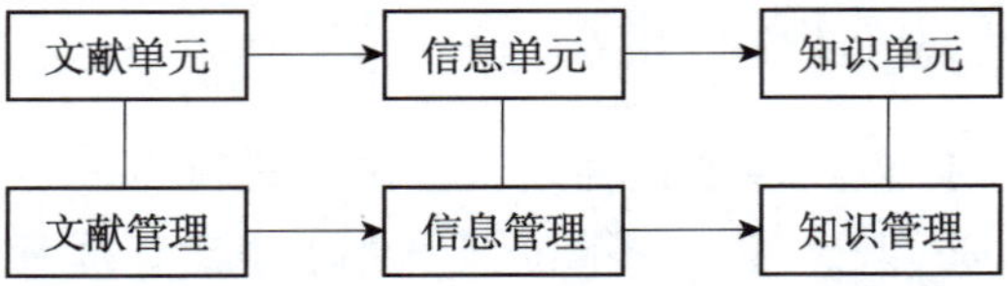

图 3-1　文献单元、信息单元和知识单元之间的关

2. 知识元与知识单元间的关系

知识元为知识管理的内容单元，而知识单元既可以是知识管理的物理单元也可以是知识管理的内容单元，因此知识单元可以是文献单元与信息单元，也可以是知识元；知识元是知识单元中最小的、不可分割的独立知识单元，一个知识元可以包含多个知识单元（如多篇文献中仅论述一个概念、观点、思想、理论、原理、方法、模型或数据等），一个知识单元可以包含多个知识元（如一篇文献中论述多个概念、观点、思想、理论、原理、方法、模型或数据等）。知

识单元由最小的知识元素——“知识元”组成，知识元的不同排列构成了不同知识单元之间的差异，知识元也是知识结构的最小元素，在知识结构中可以由知识元直接组成新的知识单元[65]。

3.5.2　三种知识计量单元的比较分析

知识单元与文献单元、信息单元既有区别又有联系，引起了学者们的关注，但比较的结论并不同，具体来说有以下三种。

（1）“发展观”。文献［15-16］通过比较认为，知识单元是文献单元、信息单元的发展和演变，文献单元、信息单元是知识单元的基础。“发展观”体现了知识单元发展的连续性，知识单元并不是凭空产生的，而是在文献单元、信息单元的基础上拓展、衍生和升华出来的。文献单元、信息单元是知识单元在不同发展阶段的表现形态，文献单元是知识单元的初级、早期形态，信息单元是知识单元的发展、过渡形态。

（2）“包含观”。文献［11］通过对知识单元与文献单元的比较认为，文献单元就认识层次上来说是知识单元的一种，是知识单元的一个特例，或者是知识单元的一种静态形式。这可以说，知识单元包含文献单元，文献单元可以看作是知识单元。这与“发展观”并不矛盾，但又不同。“包含观”忽视了知识单元与文献单元的本质差异。

（3）“差异观”。文献［12］通过比较认为，知识单元与文献单元在“知识存在”“知识形态”“知识性质”“组织方法”“获取方式”等几个方面存在明确的区别，也有密切的联系。“差异观”突现了知识单元与文献单元的本质差异。

3.5.3　知识计量单元的评价

现有的以文献——知识的物理单元为基础的知识组织与管理方式（如目录、题录、索引、文摘、文献数据库等）有两大缺陷[66]：其一，组织和管理的是知识载体——文献，而不是知识本身，尽管通过文献单元能反映和揭示知识的某些特征，但这只是表面的、粗糙的和不精确的特征，较难深入地揭示知识的内在特征与联系；其二，检出的文献只含已有的知识，未能揭示其间的内在联系，为产生新知识提供营养土壤。由于文献单元和知识单元在处理对象上存在差异，所以它们在反映知识的关系程度上相去甚远。虽然精确度不高，但文献单元也有其优越性：文献单元是一种有形的物理载体，易于识别、处理、控制和操作，所以长期以来成为知识管理的主要操作单元。

将完整的文献单元分解成单个的信息单元，用一组信息单元的集合来反映一个文献单元的特征是信息单元处理的特点。尽管信息单元的处理最终必须信赖文献单元，但信息单元在一定程度上反映了文献单元的知识内容及其关系，将处理对象从文献载体推进到文献内容本身，大大提高了知识管理的精度，可以说是知识管理的一次巨大的进步。但是信息资源虽然可以通过标题、主题词、关键词、作者、内容分类特征等信息单元进行组织、存储和关联检索，甚至可以进行简单的全文任意词检索，然而对于“求知者”所要解决的问题来说，并不能迅速而准确地提供全面、系统、针对性的知识信息。加之这些数据库在结构、信息加工标准和质量上的差异，数据库之间的信息关联、内容关联更加难以实现。在这个意义上，在现有数字化图书馆建设目标下开发的知识信息资源，本质上还只是一本一本“堆积”起来的数字化图书、期刊。除了信息量大、检索查询速度快等优点外，数字化图书馆使人们感受到的获取信息的手段与方式，依然类似于传统图书馆的“计算机书目检索”与“开架借书”，与在现代信息技术水平之下人们追求的知识管理所应当达到的境界还相距甚远。加上信息单元反映的是分解的文献信息和知识内容，而我们有时需要的是完整的信息、知识内容，因而使知识管理的精度受很大程度的影响。

以文献单元和信息单元为基础的知识组织与管理方式或只停留在以整篇文献为单元上，选取若干主题词，没有分离出构成知识的最小单位——知识元；或采用引文索引，但没有建立知识元之间的直接联系，或者只是采用文本知识发现提供文献中精细的信息和多篇关联的信息，但输出的仍是文献，难以提供脱离原始文献的独立知识元。从“知识元”层面研究知识管理，揭示单篇文献个体中的“知识元”信息与某领域共性中的“知识结构”的链接关系，从而找出信息与知识的导航链接的普遍规律，为用户提供直接获取有效知识元而不是大量文献的一种有效的知识管理方式。因此，知识元是知识管理的起点。知识检索是在知识结构中获取知识的过程，用户可以通过知识单元间接地获取知识，更可以通过知识元直接获取知识，而文献检索和信息检索只能通过间接地获取文献再获取知识[9,66]。

3.6 知识计量单元的构建

3.6.1 知识单元构建的提出

知识单元概念的提出源于知识经济和知识管理的兴起与展，以及信息技术的发展与普及。前者为知识单元概念的提出提供了理论准备。知识经济和知识管理的兴起与发展，使知识受到人类史无前例的关注和重视，对知识本身进行科学的管理和有效的利用并实现知识增值，成为知识时代知识管理的重要目标。而要实现这一目标，首先必须完成对知识管理对象，即知识本身进行自由切分、表达、存取、组织、检索、组合等操作，所有这些知识操作与管理最终又都归结为一点，那就是必须有一个恰当的知识操作与管理单元。以前以文献单元为基础进行的知识操作与管理存在很大的弊端和缺陷，就是不能直接准确反映知识内容本身，知识管理需要构建一个适合对知识内容进行操作与管理的知识单元，这是时代发展的需要。后者也为知识单元概念的提出和构建提供了技术条件。虽然计算机技术、网络技术和人工智能技术等现代信息技术的快速发展为文本的自动切分和自然语言理解提供了有利条件，但最终仍无法有效突破知识单元这一瓶颈和障碍。事实证明，需要将知识管理和现代信息技术有机结合起来，共同实现和完成对知识内容本身的自由操作和管理这一难题。正是沿着这样一条发展线索，人们从文献单元和信息单元逐渐发现了知识单元，即知识元用以操作和管理知识的知识基元。

知识单元应该是可以自由切分、表达、存取、组织、检索和利用知识的最小的、独立的知识单位。知识单元概念的提出经历了长期的演进过程，无数有识之士为此付出了艰辛的劳动。随着现代信息技术的发展和知识管理本身的推进，国内外的许多有识之士，早就对以文献为单元的知识管理方法提出了质疑，并提出应把目标定位在知识管理上[127]。20 世纪 80 年代初，英国著名情报学家布鲁克斯提出了绘制“认知地图”的任务[128]。美国科学信息研究所研究员斯摩尔（H. Small）提出用思想“网络图”揭示重大发现，用学术思想“网络图”来表述重大发现的来龙去脉[35,129]。我国学者也围绕知识单元和知识元相继提出了“知识基因”[29]“知识单元”[11-12,48]“知识地图”[130-131]“概念地图”[63,132-133]“知识元”[2-3,8-9,32-43,134-136]“元知识”“知识原子”和“知识因子”[137]等概念，并进行了深入系统的研究。其中以西安电子科技大学温有奎教授为代表对中文文本知识元进行的基础性研究尤为引人注目。知识元及其构建问题的一经提出，立刻引起了情报学、信息管理学等领域学者的高度关注和重视[134-136]。

3.6.2 知识单元构建的现实意义

早在 20 世纪 70 年代后期，弗拉基米尔·斯拉麦卡来华讲学时就曾指出，知识的控制单位将从文献深化到文献中的数据、公式、事实、结论等最小的独立的“知识单元”（当时他把这称为“数据元”）。一旦实现知识的控制单位由文献深化到“知识单元”，大量文献中所包含的“知识单元”及相关信息间的链接将产生极大的知识增值，从而大大推进人类对知识的利用，促进对新知识的创造，也将推动知识资源业的重大发展。

假如真正存在最小的不可分割的能够准确表达知识内容的知识构成单元，那么目前我们必然能够有效解决如下问题。

(1) 知识的自由切分与存取。如果存在构成知识的最小独立单元，那么我们应该能够脱离现有的文本，根据知识元对现有的知识进行自由切分，即将人类创造的知识体系分割成由知识单元构成的新的知识存取体系，而不是文献知识存取体系，这样就可以以知识单元为单位对知识内容体系进行自由操作。

(2) 知识的自由组织与检索。如果可以以知识单元为核心对知识体系进行自由切分和存取，那么当然也能够将切分出来的知识单元分门别类地组织和存储起来，以便需求者能够按照知识单元来检索和索取知识，并判断检索结果与所需知识是否相符。这可以说是人类历史上知识组织与知识检索的一次划时代革命。它脱离知识载体把知识组织成由知识单元构成的知识元网络体系，真正实现了人们对知识内容本身进行组织与检索的长期梦想。

(3) 知识的自由组合与创造。知识单元构建的最重大意义可能还在于，通过知识单元的自由切分与存取、自由组织与检索可以对知识本身进行自由组合与创造了。这无疑大大加速了知识增长和创造的步伐，我们现在举步维艰的知识创新就应该变得轻而易举了。目前知识创造和知识创新中的许多困难都是因无法准确定位有用知识而造成的，一旦可以自由准确定位科学研究工作所需要的知识，那么一方面能大大节省科研时间；另一方面只要将这些表达知识的知识元自由组合就能发现许多新的知识领域和研究领域，从而大大减轻了科研工作者的压力。

(4) 知识的准确计量与评价。知识单元构建的另外一个现实意义在于：我们可以以知识单元为单位对人类所拥有的全部知识进行准确计量与评价。因为到目前为止，我们仍然不知道全人类究竟拥有多少知识，又有多少知识是有用知识，有哪些知识是我们当前迫切需要的知识。用知识载体（文献或其他载体）不能准确对知识本身进行计量与评价，因为它无法避免知识的重复炮制和无用的知识混杂。如果确立了以知识单元为核心的新的知识内容体系，那么一项新创造的知识是否是新知识，质量有多高，价值有多大，应该是可以精确计量与评价的。

当然，知识单元构建的现实意义还远远不止这些，甚至影响更加深远和广大，但是如果能够真正实现这些，那么我们对知识的自由操作和管理就已经进入了“自由王国”。文献［20］和［24］对知识元构建的现实意义做了较好的描述，认为：“知识可分解成最小的独立单元，即知识元。知识元是构成知识结构的基元。知识元的不同排列组合可构成不同的知识单元，不同知识单元按照不同逻辑关系可组成不同的知识元链接。从知识元到知识单元，再到知识结构，形成不同属性的知识链。知识元之间的不同层次、不同属性、不同学科领域的链接，是实现新知识生产、知识传播及知识有效利用的核心。实现知识元自动链接是知识标引的核心。知识标引的目的是发现新知识。”

3.6.3　知识单元构建的困难

尽管知识单元的构建具有重大的现实意义，但是我们离真正实现这一目标还有很长的距离，面临的困难和挑战还十分艰巨，因为我们必须首先克服如下困难。

（1）知识单元的不确定性。虽然我们可以从语法上对知识载体进行分割（如可以有效将文本分割成字、词、句、段等知识单元），但往往会影响语义知识和语用知识的理解。通过知识载体来反映知识内容本身需要有一个基本假设，即知识载体单元（如文献、词汇等）能比较真实地反映和表达知识内容本身。但事实上用知识载体表达知识内容本身存在巨大的误差，因此人们正在努力寻找能够表达知识内容本身的最小的不可分割的独立单元，即知识单元。然而，由于知识是无形的，知识表达是自由的，知识自身存在的连续性和不可分割性，很难找到一个固定的“尺度”“标准”来衡量某一知识内容的大小。从所有语言本身的特征来看，目前能找到的表达知识内容本身的最小知识单元应该属于长度不等的词汇。

（2）知识本身具有不可分割性。由于任何知识都是一个完整的有机整体，长度大小不固定，没有稳定的、最小的构成单位，也没有像物质由分子或原子构成、生物体由细胞构成的那样清晰的系统结构，所以知识本身具有不可分割性。知识的不可分割性是因为：①知识之间没有明确的分割标志；②没有确定的表达知识的最小知识构成单元；③对知识强行进行分割会造成对知识的误读，破坏知识的整体结构。

（3）中文文本的不可分性。中文文本书写的连续性和非标志性特征，加上汉语语词表达内在的丰富性和多样性，导致目前中文文本自动切分成为一道不可逾越的屏障。中文文本的这种不可分性，严重阻碍和制约了中文信息自动标引、中文信息计算机理解和处理、知识组织、知识检索、知识表达、知识发现、知识管理和知识计量与评价等相关领域的发展。目前来看，对中文文本中所含知识的有效理解最终离不开对表达知识的词汇的理解，所以对汉语文本中词汇的理解是打开对中文文本自动理解的钥匙。因为在计算机人工智能技术还没有发展到可以完全模拟和理解人的思维时，知识元最终应该由数量不等的、最小单位的且具有独立表达意义的汉语词汇构成。

因此，目前我们能做的只是对知识的载体进行自由的分割，还不能按照知识的内在逻辑和知识结构对知识本身实现分割、识别、理解与操作。即便我们对知识进行了分割，但我们却破坏了知识内部间存在的隐性逻辑关系和外部网络结构，毕竟对知识的理解具有很强的环境依存性。知识隐含在语法信息中，特别是语法信息之间的联系和各种组合是新知识的来源。因此，新知识的发现，需要有知识辨别和发现能力，即一定量的知识储备或称为知识存量。知识单元只是提供一个辨别和发现新知识的平台，并不能替代知识主体发现新知识。知识本身不可分割，通常只能被分割成为信息单元，通过不同形式的信息单元组合来表达知识。这只是一种间接的知识表达与组合方式，离真正意义上的知识表达与组织还有很远的距离。

3.6.4 知识单元构建的方法

知识单元最核心和最关键的问题还在于：知识单元是什么和如何构建知识单元。如果能有效解决这两个问题，那么通过知识单元实现对知识内容本身的操作与管理也就不远了。温有奎教授在其著作《知识元挖掘》和有关知识元的系列论文中对知识元的概念、结构、特征、构建及标引等进行了系统分析与论述，并进行了初步的实证研究，得到许多专家学者的肯定。毫无疑问，其有关中文文本知识元构建的研究是开拓性的，但仍存在一些问题。首先，温有奎教授在其著作和论文中多次反复提出“知识元”这一概念，认为“知识可分解成最小的独立单元，即知识元。知识元是构成知识结构的基元”，但没有明确规定“知识元”究竟是什么。虽然有些地方提到了知识元由描述对象的特征、属性等构成，但没有说明这些特征和属性又该用什么表示，如何组合在一起呢？描述的似乎不太清楚，仍然是一个非常抽象和模糊的概念，给人一种似是而非的感觉，无法准确把握。其次，不管知识元怎样定义，其最终还要落实到知识元的内容上。知识元的内容由什么构成呢（即知识元的内在结构如何）？知识元本身可分吗？如果知识元不可再分，那么它理应成为知识的最小构成单元，但是如果知识元仍然可分，那就说明知识元还不是构成知识内容的最小知识单元，其本身是多变的、不稳定的。当然，尽管有时需要保持知识内容本身的完整性，需要构建不同内容层次的知识单元（如文献单元、知识单元、知识元、主题概念知识），但一个最稳定的、独立的、最小且不可分的知识单元才具有有效表达知识所需要的基本结构和功能。例如，我们都知道分子是构成物质的最基本单元，细胞是构成生命体的最基本单元，分子、细胞的数量及其不同的组合方式（即结构）形成了丰富多彩的物质世界和生物世界，决定了不同物质和生命体之间的差异。因此，在知识单元的构建上应该找到这样的“知识分子”“知识细胞”，以此为标准来衡量，但目前关于知识元的研究还没有实现这一点。

综上所述，我们认为知识单元最合适的表达方式应该是主题树/主题概念地图知识单元（因为中文文本不能自由切分，关键词不能自由提取和组合），而英文最合适的知识表达方式是关键词知识单元。主题树/主题概念地图知识单元表达方式能准确反映知识单元之间的各种隐含的有效关联（如等级种属关系、矛盾关系、并列同一关系、族类关系等），但主题树/主题概念地图知识单元反映的是静态的知识体系，而关键词知识单元反映是的动态知识体系，但不能有效反映知识单元之间存在的各种隐含关联。因此，从目前的现实出发（中文文本无法实现自由、有效、自动切分），既然无法突破汉语语词切分这一瓶颈，中文关键词又存在巨大缺陷，那么可以用汉语主题词来表达知识的最小构成单元，即知识单元。任何一个确定的知识单元最终都是由包含若干个主题词的主题概念组合而成的，可以说，知识单元是一个主题词集合，每个主题词都是所属知识单元集合中的一个元素，也是表达知识单元的特征词。只要将某学科领域或学科主题的所有知识单元用不同数量和具有不同关系的主题词完整表达出来，形成学科知识单元网络体系和主题知识单元网络体系，实现对知识单元的自由操作和管理也是十分有效的。如图 3-2 所示。学科知识单元集、主题知识单元集、类型知识单元和主题词知识单元构成了四个不同层次的知识单元，每种类型的知识单元都可以用一组主题词来完整表达，类型知识单元组合形成主题知识单元集合，主题知识单元集合组合形成学科知识单元集合，学科知识单元集合形成知识体系。将学科知识单元组合形成知识单元数据库或知识仓库，就形成了知识网络体系[44]。

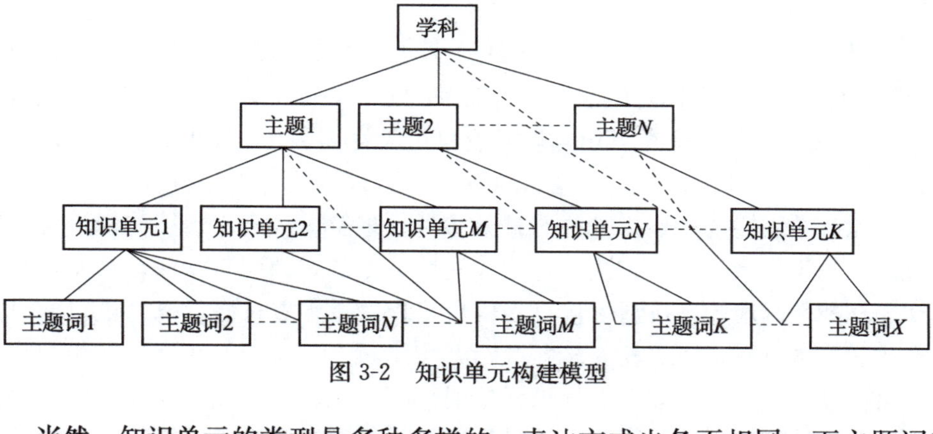

图 3-2　知识单元构建模型

当然，知识单元的类型是多种多样的，表达方式也各不相同，而主题词表达知识概念的成熟性和灵活性可以完全满足知识单元表达的需要。文献［2，8-9］将知识单元分成两大类型：①描述型，包括信息报道型、名词解释型、数值型、问题描述型、文献引证型；②过程型，包括步骤型、方法型、定义型、原理型、经验型等。也可分为理论与方法知识元、事实型知识元和数值型知识元。

而文献［43］将知识单元分为以下几种类型。①概念类知识元，是对事物性质、事物变化的认识，如“杠杆平衡”是一个概念；②原理类知识元，是对事物性质、事物变化规律的认识，如“杠杆平衡原理”是一个原理；③方法类知识元，解决同样的问题，方法可以多样，方法类知识元是指分析、解决问题的某种确定的方法，如“因式分解法”有配方法、十字相乘法、求根法等。④事实类知识元，反映一个事实，如历史事件、地理现象、社会现象等。⑤陈述类知识元，是用来表述两者之间的关系或为了表达某个观点，如生物学的基本特征、细胞中的种类和含量等。⑥数值类知识元，是用来表述对象或过程的数量特征和关系，如工业总产值、GDP、变化量、变化率等。⑦模型类知识元，用来描述事物或对象的数学或图形模型，如统计模型、DNA 双螺旋结构等。无论怎样划分知识单元，但有点必须明确，那就是知识单元是构成知识网络体系的最小和最底层“节点”，这个节点本身应具备独立性、稳定性和完整性。

3.7 知识计量单元的应用

知识单元是知识控制与处理的基本单位，是一切知识管理活动的前提。知识表达、知识生产、知识组织、知识存储、知识检索、知识获取、知识计量、知识服务、知识提供、知识发现、知识挖掘、知识创造等全部知识管理活动的实现都是以知识单元为基础进行的。

文献［3，22，35，64，67］详细论述了基于知识单元的知识表示方法。“所谓知识表示，是指把知识客体中的知识因子和知识关联表示出来，以便人们识别和理解知识。”知识单元由知识因子和知识关联构成，知识表示的本质就是确定知识因子及其关系。知识表示的方式很多，从语言学和教育学领域来看，知识表示的方法主要是词汇选择与概念表达、理解。从人工智能和知识工程领域来看，知识表示的常用方法有逻辑表示法、生产式规则表示法、语义网络表示法、框架表示法等。从图书情报和信息管理领域来看，基于概念逻辑的分类法和主题法本身就是知识表示方法。文献［3］展示了基于知识元的知识表示方法，将文献标引、主题标引和知识元标引进行了比较。文献［48，49］揭示了基于智荷、静荷和动荷知识单元的科学概念量化表示方法。知识管理的前提首先是知识表示，而知识表示的前提首先是确定知识单元。目前可以确定的知识单元主要是两类：一是文献知识单元，二是概念知识单元。其他知识单元都是在此基础上的组合或延伸，除此之外，还没有找到更科学、合理、合适的知识单元。

文献［12，31，34，59，68-73］系统研究了基于知识单元的知识组织方法。“依据知识单元的内部结构，知识组织可分为知识因子组织和知识关联组织。”将表示出来的知识依照知识单元有序地组织起来，是知识管理和利用的关键和核心。从目前的研究来看，知识组织系统主要分为三类：一是以文献单元为基础的知识组织系统（如分类与主题知识组织），二是以数据单元为基础的知识组织系统（如知识地图、知识图谱、数据库），三是以智能为基础的知识组织系统（如专家系统、知识仓库）。知识组织的形态也多种多样，广义地说，知识表示、知识重组、知识聚类、知识序化、知识检索、知识编辑、知识布局、知识监控等都可以称为知识组织。知识存储、知识检索、知识获取、知识提供与知识服务等知识管理活动都是以知识组织为基础的，是知识组织的相关和后续活动，与知识组织密不可分。狭义的知识组织特指知识分类和标引。

文献［17，18，23，48，49，74-88］初步探讨了基于知识单元的知识计量问题。知识单元是知识计量的基础。关于知识单元的知识计量研究大致经历了以文献单元为基础的文献计量时期、以信息单元为基础的信息计量时期和以知识单元为基础的知识计量时期。知识计量结果取决于知识计量单元的选取，以不同的知识计量单元为基础进行的知识计量研究会有不同的结果，以文献单元为基础进行的知识计量是一种以知识载体为对象的间接的知识测度，信息单元开始涉及知识内容，知识单元直接以知识内容本身为计量对象。以知识单元为基础的知识计量不仅包括知识物理计量（载体计量），还包括知识内容计量。总体来说，知识计量包括知识单元的数量、质量、价值和关系计量四个方面。尽管所使用的知识单元不同，图书情报、信息管理、管理学、科学学、经济学、人力资源、计算机科学等领域分别开展了不同程度的知识计量研究。

文献［2，3，34，36，89-123］系统展示了基于知识单元的知识挖掘与知识发现研究。基于文本、数据、信息、知识等的文本挖掘、数据挖掘、信息挖掘、知识挖掘与知识发现，基于文献的引文分析、共引分析、共现分析、相关文献与非相关文献发现、知识地图、知识图谱、知识关联等，一直都是图书情报、信息管理与计算机科学等领域的热门话题。有比较才有发现，知识挖掘和知识发现的基础既是知识单元中知识因子的匹配与发现，也是知识关联的比较与发现。

3.8　知识计量单元的发展趋势

3.8.1　知识单元发展的瓶颈与障碍

尽管在现有的一些文献中提出了“知识元”的概念及其在知识组织与管理

中的操作方式，确实是突破了以往的知识组织与管理模式，令人欢欣鼓舞。但仔细思索之后，笔者认为，形式并不容乐观。虽然我们有了一个好的开始，但这并不表示目标已经实现。在知识单元和知识元的处理上还存在大量的问题。首先，目前所提出的“知识元”这一概念仍然是一个抽象的、不确定的概念，即具有不确定性和不稳定性，还不能清楚地界定。其次，虽然在许多文献中已经对知识元的结构描述颇具特色，较为清楚，但知识元的长度、来源、识别、组合等依旧十分模糊，导致在知识元标引、组织、存储、检索、利用等方面尚不具有可操作性，特别是计算机自动处理。再次，知识元的基本构成单元目前最终还是要以字、词、句、段、全文中的主题知识概念等为基础。这仍然不能脱离文献单元和信息单元，也就是说，知识元应该是一个最小的表达一个完整知识概念的独立单元，它最终还是由一个或多个主题词、关键词等组合而成的。因此，知识元的明确界定、知识元的有效提取和对知识元的可操作性是目前仍然要解决的关键问题。最后，由于知识组织和管理的惯性，以知识元为知识单元的知识组织与管理还有相当长的路要走。首要问题是对人们习惯的挑战，我们在知识的组织与管理上已经形成了比较成熟的方法和体系，在技术上也得到了有效实现，正趋于完善。人们在思维、学习、知识获取、知识生产和知识利用等方面已经习惯于以文献单元为中心，在知识的组织与管理上也已经形成完整的知识体系。毫无疑问，要突然打破这种现存的、完善的知识组织体系，在知识管理和利用习惯、观念及社会成本方面都是一个巨大的挑战。可以说，知识单元的发展不仅面临着本身的缺陷和瓶颈，还要解决和克服来自知识利用习惯和社会成本等方面的压力。

3.8.2 知识单元未来研究的思路

1. 深入地研究文献单元、信息单元与知识单元的特征及其关系

知识单元的组织与管理离不开对文献单元和信息单元的处理。知识元、知识单元、知识结构都以文献单元和信息单元的方式表现，文献单元、信息单元转换为知识单元是实现知识组织与管理的关键。研究文献单元、信息单元的结构与内容特征，如何用文献单元和信息单元所包含的内容特征及其关系等为基础来分析和表达知识元，从文献单元和信息单元中有效识别和提取知识单元仍然是今后长时间内要研究的核心问题。一旦实现知识的控制单位由文献深化到“知识元”，大量文献中所包含的“知识元”及相关信息间的链接，将产生极大的知识增值，从而大大推进人类对知识的利用，促进对新知识的创造，从而也将推动知识产业的重大发展。现在的障碍在于，传统的图书馆学、情报学理论

与方法能否对人类迄今为止的全部知识成果进行全面的梳理与组织，构建起“知识体系”的框架，并确定各个知识单元之间的逻辑关系。因此，图书情报学已经发展到了一个新的转折点，应该突破传统的专业角色和视野来总结和发展图书馆学和情报学，朝着建立“知识体系科学”的目标发展[66]，有助于我们深入地研究知识单元的组织与管理。

2. 有效利用知识管理技术推进知识单元研究

如果说在手工操作时代，要想对海量的文献信息管理深化到“知识单元”层次只是一种无法实现的理想的话，那么，现代知识管理技术的发展，以计算技术和网络技术为核心的现代信息技术的迅猛发展，尤其是近年来知识网格技术的发展，已经从技术手段上为人类的这一梦想的实现提供了可能性。知识管理技术已经使人类实现了从知识的手工管理到自动化管理到数字化管理再到智能化管理的转变，将来的发展趋势依然是进一步利用知识管理技术的最新成果，将知识的智能化管理向前推进，真正地实现知识的集成、综合、推理与自由管理，实现知识自由组合、高效创新的目标。从目前信息技术的发展来看，将来能有效用于知识管理的新的信息技术可能主要有人工智能技术、网格技术、知识网格技术、知识挖掘技术、语义网络技术、知识仓库技术等，特别是综合集成知识资源的知识网格技术在全球范围内迅速发展，世界各国都纷纷制订了知识网格发展计划和规划[124]，以期在知识网格竞争中赢得先机。我国在知识网格的发展中也不甘示弱，1999 年 6 月我国就提出了名为“中国知识基础设施”的信息与知识服务模式。随后相继推出了网络发展计划，包括科技部的国家网络（CNGrid）、教育部的中国教育科研网络计划（ChinaGrid）、国家自然科学基金委员会的 E-Science 网络研究计划、上海交通信息网络、中国空间信息网络等[125]。

内容开发技术也取得了长足进步。内容开发深度从点（字、词）、线（字符串、全文文本）、面（数据库、关系数据库）、立体（信息流、物流、资金流的结合）、三维空间（A/V、数据挖掘）、万象空间（虚拟真实）到思维空间（知识表现、概念形式化、知识量化等），在不断突破传统界限。元数据，分布式数据库，数据格式，质量控制，可交换格式，自动转换，以及数据制备、整合、融合，数据挖掘，知识发现，内容检索，可视化等内容开发技术都取得实质性进展[126]。这为深入文献内部对知识进行直接管理、计量与评价提供了技术基础。

参考文献

[1] 严怡民．现代情报学理论．武汉：武汉大学出版社，1996：7

[2] 温有奎，温浩．隐含关联的知识单元挖掘研究．情报学报，2006，(5)：435－439

[3] 温有奎．知识元挖掘．西安：西安电子科技大学出版社，2004：2

[4] 马费成．情报学的进展与深化．情报学报，1996，(5)：338－344

[5] 马费成．在数字环境下实现知识的组织和提供．郑州大学学报（哲学社会科学版），2005，(1)：5－7

[6] 邱均平．信息计量学（一）：信息计量学的兴起和发展．情报理论与实践，2000，(1)：75－80

[7] 徐如镜．开发知识资源，发展知识产业，服务知识经济．在“2001 年数字化信息资源与知识仓库校准国际研讨会”上的讲话稿．http：//www. cnki. net/gycnki [2011－12－05]

[8] 温有奎．基于知识元语义网格平台的知识发现研究．计算机工程与应用，2006，(4)：4－7

[9] 温有奎，徐国华．知识元链接理论．情报学报，2003，(6)：666－671

[10] Nasukawa T，Nagano T. Text analysis and knowledge mining system. IBM system journal，2001，40 (3)：967－984

[11] 徐荣生．知识单元初论．图书馆杂志，2001，(7)：2－5

[12] 王子舟，王碧滢．知识的基本组分：文献单元和知识单元．中国图书馆学报，2003，(1)：5－11

[13] 赵蓉英．知识网络及其应用研究．武汉：武汉大学博士学位论文，2006：24－25，115－120

[14] 王万宗．知识测量指标问题．知识工程，1991，(1)：27－31

[15] 文庭孝．知识单元的演变及其评价研究．图书情报工作，2007，(10)：72－76

[16] 文庭孝．知识计量单元的比较与评价研究．情报理论与实践，2007，(6)：231－236

[17] 文庭孝．知识计量与知识评价研究．情报学报，2007，(5)：670－676

[18] 文庭孝，刘晓英，梁秀娟，等．知识计量研究综述．图书情报知识，2010，(1)：95－101

[19] 文庭孝，罗贤春，刘晓英，等．知识单元研究述评．中国图书馆学报，2011，(5)：75－86

[20] 贺巷超．论文献单元．图书馆学刊，1994 (1)：76

[21] 彭斐章．目录学教程．北京：高等教育出版社，2004：123

[22] 邱均平．我国情报学定量化研究的发展特点和趋势//马费成．知识信息管理研究进展．武汉：武汉大学出版社，1998：200－216

[23] 邱均平．信息计量学．武汉：武汉大学出版社，2007：9－10

[24] Dowkins R. Mems——The New Replicators. London：Oxford University Press，1976

[25] Sen S K. A note on the idea gene and its relevance to information science. Annals of Library Science and Documentation，1981，28 (1－4)：97－102

[26] 刘植惠．情报学基础理论研究动向．情报学报，1986，5 (3－4)：284－293

[27] 刘植惠．知识基因理论初探．知识工程，1990，(4)：1－6

[28] 刘植惠．知识基因探索（一～十二）．情报理论与实践，1998，(1～6) ～1999 (1～6)

[29] 刘植惠．知识基因理论的由来、基本内容及发展．情报理论与实践，1998，(2)：

71-76

[30] 刘植惠．知识基因理论研究．重庆图情研究，2003，(3)：4-10

[31] 王知津．知识组织理论与方法．北京：知识产权出版社，2009：18-19

[32] 温有奎，温浩．基于XML平台的知识元本体推理．情报学报，2004，(6)：643-648

[33] 温有奎．基于知识元的知识组织与检索．计算机工程与应用，2005，(1)：55-57，91

[34] 温有奎，温浩，徐端颐，等．基于创新点的知识元挖掘．情报学报，2005，(6):663-668

[35] 温有奎，温浩，徐端颐，等．基于知识元的文本知识标引．情报学报，2006，(3)：282-288

[36] 温有奎．基于知识元语义网格平台的知识发现研究．计算机工程与应用，2006，(4)：4-6，34

[37] 姜永常．基于知识元的知识仓库构建．图书与情报，2005，(6)：73-74，105

[38] 姜永常，杨宏岩，张丽波．基于知识元的知识组织及其系统服务功能研究．情报理论与实践，2007，(1)：37-40

[39] 原小玲．基于知识元的知识标引．图书馆学研究，2007，(6)：45-47

[40] 张卫群．知识服务中的知识元链接．情报探索，2006，(12)：56-58

[41] 郑邦坤．网络化知识元数据库建设研究．西华大学学报（哲学社会科学版），2004，(4)：96-97

[42] 陈守强，李东．知识元挖掘技术在军事信息处理中的应用．情报杂志，2006，(12)：75-76，79

[43] 张静，刘延申，卫金磊．论中小学多媒体知识元库的建设．现代教育技术，2005，(5)：68-71

[44] 文庭孝，侯经川，龚蛟腾，等．论中文知识元的构建及其现实意义．中国图书馆学报，2007，(6)：91-95

[45] 赵红州．初论“潜科学”．潜科学，1980，(1)：31-35

[46] 赵红州，蒋国华．知识单元与指数规律．科学学与科学技术管理，1984，(9)：39-41

[47] 赵红州．科学能力学引论．北京：科学出版社，1984

[48] 赵红州，唐敬年，蒋国华，等．知识单元的静智荷及其在荷空间的表示问题．科学学与科学技术管理，1990，(1～2)：37-41

[49] 赵红州，唐敬年．论知识单元的智荷及其表示方法．知识工程，1991，(3)：1-11

[50] 王崇德，李美．论超文本信息系统．中国图书馆学报，1996，(4)：30-35

[51] 左秀英．开发文献知识信息单元的方式和途径．江苏图书馆学报，1995，(3)：47-48

[52] 王通讯．论知识结构．北京：北京出版社，1986

[53] 陈志新．试论知识的测量．情报杂志，1999，(1)：21，27

[54] 王知津．知识组织的研究范围及其发展策略．中国图书馆学报，1998，(4)：3-8

[55] 列宁．哲学笔记．北京：人民出版社，1974：290

[56] 王万宗．知识测量指标问题．知识工程，1991，(1)：27-31

[57] 刘植惠．知识基因理论初探．知识工程，1990，(4)：1-6

[58] 张德芳．激发和活化凝固在文献中的知识：论图书馆改革．四川图书馆学报，1988，(6)：42－45

[59] 马费成．知识组织系统的演进与评价．知识工程，1989，(2)：39－43

[60] 施岳定，张树有，项春，等．网络课程中知识点的表示与关联技术研究．浙江大学学报（工学版），2003，37（5）：508－511

[61] 谢深泉．知识点及其网络的特性分析．软件学报，1998，(10)：785－795

[62] 齐伟．概念图呈现思考的过程和知识的关联．现代教学，2004，(3)：4－7

[63] 马费成，郝金星．概念地图在知识表示和知识评价中的应用（Ⅰ）：概念地图的基本内涵．中国图书馆学报，2006，(3)：5－9

[64] 陆汝钤．人工智能．北京：科学出版社，2000：130

[65] 温有奎，等．信息整流与知识增值服务．情报学报，2003，(3)：273－277

[66] 温有奎，赖伯年．网格技术将推动知识管理革命．情报学报，2004，(1)：125－129

[67] 蒋永福．论知识组织．图书情报工作，2000（6）：5－10

[68] 蒋永福，李景正．论知识组织方法．中国图书馆学报，2001，(1)：3－7

[69] 张彩虹，田建良，王小科．图书馆知识组织问题．图书馆杂志，2001，(5)：6－8

[70] 曹锦丹．基于文献知识单元的知识组织——文献知识库建设研究．情报科学，2002(11)：1187－1189

[71] 陈玉顺．知识单元服务与叙词语言．图书馆理论与实践，2005（4)：49－51

[72] 张琪玉．情报语言学基础（增订第二版）．武汉：武汉大学出版社，1997

[73] 俞君立，陈树年．文献分类学．武汉：武汉大学出版社，2001

[74] 王万宗．知识测量指标问题．知识工程，1991，(1)：27－31

[75] 梁立明．科学计量学：指标・模型・应用．北京：科学出版社，1995：序

[76] 刘则渊．赵红洲与科学计量学//蒋国华．科研评价与指标．北京：红旗出版社，2000：455－457

[77] Yoram R. Measuring the value of knowledge. Int. J. Human-computer Studies，1995，42：3－30

[78] Adelaide W K，Carl P Z. Measuring organizational knowledge：a conceptual and methodological framework. Strategic Management Journal，2003，124（8)：763－772

[79] 邹珊刚，苏子仪，李顺才．基于知识经济的知识测度研究——关于澳大利亚几种测度方法的评述．科研管理，2001，(4)：34－38

[80] Michael K F，William W C. Measuring the intensity of knowledge flow with patent statistics. Economics Letters，2002，174：353－358

[81] 陈禹，谢康．知识经济的测度理论与方法．北京：中国人民大学出版社，1998

[82] 埃利泽・盖斯勒．科学技术测度体系．周萍，等译．北京：科学技术文献出版社，2003：368

[83] 贺卫，王浣成．知识经济中知识的测度问题初探．软科学，2001，(3)：10－12

[84] 高新亚，邹珊刚．知识测度的思考．自然辩证法研究，2000，(2)：54－57，72

[85] 魏和清．关于知识测度理论与方法的思考．当代财经，2005，(7)：120－123

[86] 刘则渊，冷云生．关于创建知识计量学的初步构想//王战军，蒋国华．科研评价与

大学评价（国际会议论文集）. 北京：红旗出版社，2001：401－405

[87] 钟义信. 信息科学原理. 第3版. 北京：北京邮电大学出版社，2002

[88] 钟义信. 信息的综合测度. 1985年全国信息论及通信理论学术年会论文集，1985

[89] 文庭孝，汪全莉，王丙爽，等. 知识网络及其测度研究. 图书馆，2009，(1)：1－5

[90] Small H. Co-citation in the scientific literature：a new measure of the relationship between two documents. Journal of the American Society of Information Science，1973，24 (3)：265－269

[91] 崔雷. 专题文献高被引论文的连续同被引聚类分析. 情报理论与实践. 1996，(1)：46－48

[92] 冯璐，冷伏海. 共词分析方法理论进展. 中国图书馆学报，2006，(2)：88－92

[93] 崔雷，郑华川. 关于从MEDUNE数据库中进行知识抽取和挖掘的研究进展. 情报学报，2003，(4)

[94] 崔雷. 专题文献高被引主题词的共词聚类分析. 情报学报，1996，(1)：49－51

[95] 张晗，王晓瑜，崔雷，等. 共词分析法与文献被引次数结合研究专题领域的发展态势. 情报理论与实践，2007，(3)：378－381

[96] 王曰芬，宋爽，卢宁，等. 共现分析在文本知识挖掘中的应用研究. 中国图书馆学报，2007，(2)：59－64

[97] 安新颖，冷伏海. 基于非相关文献的知识发现原理研究. 情报学报，2006，(1)：87－93

[98] 张树良，冷伏海. 基于文献的知识发现的应用进展研究. 情报学报，2006，(6)：700－712

[99] 郝丽云，郭启煜. 非相关文献知识发现研究进展. 情报学报，2006，(3)：342－348

[100] 马明，武夷山. Don R. Swanson的情报学学术成就的方法论意义与启示. 情报学报，2003，(3)：260－266

[101] 马明，郑静展，许建阳. 基于MEDLINE的非相关文献知识发现. 中华医学图书情报杂志，2004，(5)：1－3

[102] Schubert A. The web of scientometrics：a statistical overview of the first 50 volumes of journal. Scientometrics，2002，53 (1)：3－20

[103] Butt B，Garg KC，Bali A. Scientometrics of the international journal scientometrics. Scientometrics，2003，56 (1)：81－93

[104] Newman M. The structure of scientific collaboration network. Proceedings of the national academy of sciences of USA，2001：404－409

[105] Otte E，Roussau R. Social network analysis：a powerful strategy，also for the information science. Journal of information science，2002，28 (6)：443－455

[106] 邓三鸿，金莹，杨建林. 学科知识地图的构建——以图书、情报学为例. 情报学报，2006，(1)：3－8

[107] 金莹，邓三鸿. 基于主题聚类的社会科学地图. 图书情报工作，2007，(4)：104－108

[108] 刘林青. 作品共被引分析与科学地图的绘制. 科学学研究，2005，(2)：155－159

[109] 侯海燕，刘则渊，陈悦，等. 当代国际科学学研究热点演进趋势知识图谱. 科学

学研究，2006，(3)：90-96

[110] 侯海燕．国际科学计量学核心期刊知识图谱．中国科技期刊研究，2007，(2)：240-243

[111] 刘则渊，尹丽春．国际科学学主题共词网络的可视化研究．情报学报，2006，(5)：634-640

[112] 罗龙艳．基于可视化技术的信息检索探讨．现代图书情报技术，2002，(4)：36-38

[113] 宋丽萍，徐引篪．基于可视化的作者同被引技术的发展．情报学报，2005，(2)：193-198

[114] 李运景，侯汉清．引文分析可视化研究．情报学报，2007，(2)：301-308

[115] 侯海燕．科学知识图谱：最有影响的50位科学计量学家．科学学研究，2007，(3)：404-406

[116] 侯海燕，刘则渊，陈悦，等．当代国际科学学主流学术群体及其代表人物．科学学研究，2006，(2)：161-165

[117] 陈悦，刘则渊．悄然兴起的科学知识图谱．科学学研究，2005，(2)：149-154

[118] 刘林青．范式可视化与共被引分析：以战略管理研究领域为例．情报学报，2005，(1)：20-25

[119] 陈定权．同引分析与可视化技术．情报科学，2005，(4)：532-537

[120] 陈悦，王续琨，郑刚．基于知识图谱的管理学理论前沿分析．科学学研究（增刊)，2007，(3)：22-28

[121] 刘则渊，许振亮，庞杰，等．现代工程前沿图谱与中国自主创新策略．科学学研究，2007，(2)：193-203

[122] 朱明．数据挖掘．合肥：中国科学技术大学出版社，2008：158-160

[123] 文庭孝，刘晓英．中文文本构建与知识发现研究．图书与情报，2009，(3)：86-88

[124] 诸葛海．知识网格．http：//jcst. ict. ac. cn/downloads/xsqy/qy1301 [2007-04-06]

[125] 金海．中国网格技术的发展及现状．http：//www. edu. cn/20031030/3093557. shtml [2007-04-06]

[126] 曾民族．构建知识服务的技术平台．情报理论与实践，2004，(2)：113-119

[127] 王知津．知识组织的目标与任务．情报理论与实践，1999，(2)：65-68

[128] 李荫涛．布鲁克斯认识地图初探．情报学报，1988，7 (4)：312-315

[129] 刘植惠．两种新型的情报产品——《超级杂志》和《科学地图册》．情报理论与实践，1994，(6)：47-48

[130] 刘春茂．从知识地图到数字地球——谈人类信息基础环境的演变．中国图书馆学报，2000，(5)：80-82

[131] 邓三鸿，金莹，杨建林，等．学科知识地图的构建——以图书、情报学为例．情报学报，2006，(1)：3-8

[132] 马费成，郝金星．概念地图在知识表示与知识评价中的应用（Ⅱ)：概念地图作为知识评价的工具及其研究框架．中国图书馆学报，2006，(4)：22-27

[133] 马费成，郝金星．概念地图及其结构分析在知识评价中的应用（Ⅲ)：实证研究．

中国图书馆学报，2006，(5)：9－17

［134］曾民族．向知识标引进军——阅读《知识元挖掘》的体会．情报学报，2006，(2)：255－257

［135］朱庆华．《知识元挖掘》评介——兼议情报学的理论研究．情报科学，2006，(12)：1899－1992

［136］马炳厚．《知识元挖掘》评介．图书馆理论与实践，2006，(5)：62－63

［137］温有奎．基于“知识元”的知识组织与检索．计算机工程与应用2005，(1)：55－59

第四章

知识计量的内容

知识计量的研究内容主要集中在四个方面。一是知识量的测度研究，包括知识总量、知识增长量、知识存量、知识流量、知识量的结构特征及知识量的时空分布等。二是知识质量的评价研究，对知识成果中知识的含量、水平、层次、创新度和影响度等进行计量。三是知识成果价值和价格的衡量研究，包括知识和知识成果的经济价值和社会价值，知识成本和效益，知识投入和产出，知识生产和分配，知识创新和转移，知识产品或商品的价值和价格等。四是知识关系与知识网络的发现和构建研究，分析知识主体和知识单元之间存在的各种知识关联和复杂的网络关系。

4.1 知识量的测度

知识量的测度取决于知识计量单元的选择和应用领域的需要。文献计量学和科学计量学以知识的物理载体——文献，作为知识计量单元，知识量的测度主要用于图书情报机构的管理、科学发展规律研究及科技管理。信息科学以信息的载体——信号，即概率信息的度量单位比特，作为知识计量单元，知识量的测度主要用于通信领域。传播领域将词汇（关键词和词频）作为知识计量单元，知识量的测度主要用于知识交流和传播。

4.1.1 知识总量与知识增长量

随着经济和科技的快速发展，特别是现代信息技术的迅猛发展，人类社会知识的生产、传播、组织、管理和利用能力大大增强，人类所拥有的知识也正以几何级数的速度增长。有人估计，全世界有用知识的翻番，1900 年是每 30 年翻一番，1970 年是每 7 年翻一番，1999 年是每 1 年半翻一番，而到 2010 年将是每 11 小时翻一番[1]。

目前，全世界信息资源的构成大致如下：纸质内容 240TB，胶片内容 427 216TB，磁介质1 693 000TB，电子邮件 11 285 TB（6100 亿封邮件），UseNet 73TB，Web 页 21TB，广播 788TB，电视 14 150 TB，电话 576 000TB。从以上统计看，目前信息资源以磁介质为主，纸介质仅为磁介质的 0.000 14%。更多的信息尚未开发利用，据估计非网页信息比网页信息大 500 倍，而且内容质量高 1000 多倍[1]。另据统计，20 世纪 90 年代初，全世界数据库总量约为 500 万个，而且数量以每 20 个月翻一番的速度增长[2]。

关于知识总量和知识增长量的研究源于文献总量和文献增长量的研究，因为文献是知识的载体，文献总量和文献增长量同知识总量和知识增长量是成正比的。又由于知识包含于信息，信息总量和增长量与知识总量和增长量也应该成正比。随着认识的发展，关于知识量的直接测度和计量问题引起了研究者们的关注。

1. 文献总量与文献增长量

文献总量是知识增长的累积量，是一定时期内文献量的总和。

文献是知识的载体，是人类记录知识的主要形式，文献数量的增长及其发展规律与人类知识的增长及其规律密切相关，对科学文献增长规律的认识，对揭示科学知识量的增长规律具有重要意义。早在100多年前，恩格斯就曾指出："科学的发展同前一代人遗留下来的知识量成正比。"1944年，美国的赖德（F. Ryder）发现美国主要大学图书馆的藏书量，平均每16年翻一番。最早系统研究文献增长规律的是美国科学家和文献学家普赖斯，他于1950年发表了关于"文献指数增长"的重要研究论文，并把赖德的这一发现推广到科学知识的全部领域。1961年，他在《巴比伦以来的科学》一书中，以科学杂志和学术论文作为知识量的重要指标，描述了科学发展的加速规律。这就是著名的普赖斯曲线和指数增长模型。之后，文献增长规律和文献增长模型的研究取得了长足的进展[3-7]。

（1）指数增长模型：$F(t)=ae^{bt}$

式中，$F(t)$ 为某年（t）的文献累积数量；b 为文献持续增长率；t 为时间（以年为单位）；a 为常数，指起始文献数量。

（2）分级滑动指数模型：$F(t)=(ae^{bt})^{\lambda}$

式中，λ 为文献质量等级指标；其他同上。

（3）超越函数模型：$\frac{\mathrm{d}F(t)}{\mathrm{d}t}=\sum_{n=1}^{N}f(n)V(n)$

式中，n 为期刊等级；N 为等级排列的期刊最末的等级；$V(n)$ 为第 n 级期刊增长率；$f(n)$ 为第 n 级期刊增长的影响因素。

（4）逻辑增长模型：$F(t)=\frac{k}{1+ae^{bt}}$

式中，$F(t)$ 为 t 年的文献累积量；k 为当 t 接近于无穷大时的文献累积量；a 为参数；b 为文献的年增长率。

（5）线性增长模型：$F(t)=a+bt$

式中，$F(t)$ 为 t 年的文献累积量；b 为文献的年增长率；a 为当 t 接近于0时的文献数量。

（6）舍-布增长模型：$F(t)=F(t)e^{t}\cdot q(t)\mathrm{d}t$

式中，$F(t)$ 为文献的累积总数；$q(t)$ 为文献的相对增长率。

（7）综合增长模型：$\frac{\mathrm{d}F(t)}{\mathrm{d}t}=qF(t)$

$$q=q(t)\text{ 或 }q=[F(t)]$$

此外，还有各种灰色增长模型。在这些文献增长描述模型中，已知某一初始时刻的文献量和文献增长率，就可以得出文献总量。反之，已知某一初始时刻的文献量和文献总量，则可计算文献增长量。指数增长模型为我们预测科学知识增长量和总量、了解科学发展趋势提供了科学依据。

由上述模型可知，科学文献增长的基本规律有三种：一是指数增长规律；

二是逻辑曲线增长规律；三是线性增长规律。文献增长大体可描述为4个阶段，即缓慢增长的初始阶段、指数增长阶段、线性增长阶段和缓慢增长阶段。但不同学科、同一学科的不同分支或各学科在不同时期内，文献增长并非都符合同一模式。通过对文献增长问题的研究，可以揭示文献系统的动态规律，为馆藏建设、情报服务等管理决策提供定量依据；又能确定文献数量与科学增长指标间的定量关系，判断和预测科学知识的增长情况，并进而探索整个科学的发展规律。

科学文献增长规律的变化是相当复杂的，科学文献的产生、增长与许多难以量化的因素有关。尽管科学文献增长规律和模型研究取得了巨大进展，但每一种模型都具有一定的局限性，反映了不同约束条件下科学文献增长的特征和规律。毕竟科学文献只是知识的载体，同知识本身有着巨大的差异，知识与科学文献的增长和计量并不完全遵循同一规律和模型。例如，重复炮制的文献并没有产生新知识，但在文献增长模型中却需要重复计量。另外，随着现代信息技术高速发展，电子信息资源所占比例日益提高，纸质文献所占比重逐步下降。因此，基于科学文献增长的科学知识增长和计量模型还有待深入的研究。

2. 信息总量与信息增长量

信息是知识的载体和来源，知识是信息的内容和核心，知识是信息提炼加工、浓缩转化的结果。因此，信息的增长能够比较真实地反映知识的增长过程。几乎所有学科领域都存在大量的信息问题，但是对信息问题最早进行系统的理论研究的是通信领域。这是毫不奇怪的，因为通信技术的本质就是传递信息，为了合理地设计通信系统，有效地发挥通信系统的作用，就必须能够对所传输的对象进行定量分析，进行数值度量，这就是信源信息的度量。最早在这方面取得进展的是哈特利（Hartley），但是他的结果是一种非常特殊的情况。真正取得重大意义结果的是香农，他对一类重要的信息，即概率性语法信息进行了深入的研究，给出了合理的度量。此后，许多人又对他的结果进行了进一步的提炼和改造[8]，并且关于语义信息和语用信息的度量与测度问题也引起了人们的极大关注，相关度量方法与测度模型也相继产生。随着计算机技术和网络技术的发展，电子信息资源和网络信息资源极速增长，对电子信息与网络信息进行有效的度量与管理也成为一个现实的重要问题。

（1）哈特利的信息度量方法。1928年，在《信息传输》一文中，Hartley提出了一种度量信源信息量的方法，这是最早的信息测度方法。$I(a_i)=-\log P(a_i)$，用x表示信源，a_i表某一事件，$P(a_i)$为a_i发生的先验概率。Hartley的信息量称自信息。虽然这种方法比较原始，在应用上有很大的局限性，但是比较简单直观，并且也在一定程度上触及了信息的本质，为香农的概率熵信息度量方法的提出与发展给出了重要启示。文献［8］对这一度量方法的原理、方法和数学模型进行了分析与评价。

(2) 香农的概率熵信息度量方法。香农继承和发展了 Hartley 关于排除语义等主观因素的思想，提出了概率熵信息度量方法。1948 年，香农定义自信息的数学期望为信源的平均信息量，即 $H(x)=E[-\log P(a_i)]=-\sum Pi(a_i)\log P(a_i)$，提出信息熵的概念，认为信息是减小不确定性的东西。香农等就把“信息”定义为“用来消除不定性的东西”，并从这一定义出发，运用非决定论的观点和统计方法，解决了一类重要信息——概率型语法信息——的定量描述问题。既然信息是用来消除不确定性的东西，那么信息的数量就可以用被消除掉的不确定性的大小来表示，而这种不确定性是由随机性引起的，因此可以用概率论方法来描述。这就是香农信息度量方法的基本思想。假设有随机事件的集合 x_1，x_2，…，x_n，它们的出现概率分别为 P_1，P_2，…，P_n，满足下述条件：

$$0\leqslant P_i\leqslant 1,\ i=1,\ 2,\ \cdots,\ N,\ \sum_{i=1}^{N}P_i=1$$

文献［8］对这一度量方法的条件、原理、方法和数学模型进行了较为详尽的分析与评价。香农的概率熵信息度量方法与模型奠定了“信息论”的理论基础，并围绕这一方法形成了一系列相关方法与模型，成为一个方法体系和集合，被上升成为一种“信息论方法”。香农的概率熵信息度量方法与模型在众多领域得到了推广和应用，并且被不断地改进和完善，由语法信息的度量继而推广到语义信息甚至语用信息的度量，许多领域的研究者为此做出了重要贡献。

(3) 全信息度量方法。我国著名学者钟义信在香农的概率熵信息度量方法与模型的基础上提出了全信息度量方法与模型[9-10]，将信息度量方法与模型推进到了一个新的高度。全信息度量方法与模型是对香农的概率熵信息度量方法与模型的改进与发展，使信息度量方法具有更好的适应性和更广的应用性。

(4) 摩尔斯定律。1965 年 4 月，美国《电子学》(Electronics) 杂志刊登了高登·摩尔 (Gordon Moore) 撰写的一篇 4 页文章。他在文中提出：“集成电路芯片上所集成的电路的数目，每隔 18 个月就翻一番，而成本将减半。”这就意味着，半导体的性能与容量将以指数级速度增长，并且这种增长趋势将继续延续下去。1975 年，摩尔又修正了摩尔定律，他认为，每隔 24 个月，晶体管的数量将翻番。这一预言即刻在全球引起巨大轰动和广泛争议。当年摩尔斯以这则简短的预言来描述了信息技术发展的趋势，也反映了全球信息量的剧增对芯片存储量的巨大需求。戈登·摩尔宣布摩尔定律 40 年之后，许多专家都开始对摩尔定律从技术及经济的角度产生了质疑。尽管如此，但摩尔定律带来的影响及人类为了验证摩尔定律所采取的积极应对措施，都直接或间接地促进了信息技术的发展。目前，其他信息技术领域的工程师正在以指数级速度推进技术创新。

比如，存储技术（应用于从 iPod 到企业数据库等各类产品中）的发展速度，已经使摩尔定律相形见绌。为此，网络设备制造商 3Com 公司的创始人罗伯特·麦特卡夫也提出了“麦特卡夫定律”（Metcalfe's law）。该定律指出，网络的有用性（价值）等于网络用户数的平方。根据这一观点，增加网络和其他通信技术的接入用户数量，将获得巨大效益[11-12]。

（5）网络信息增长模型。国内学者侯经川等对网络信息的增长机制进行了研究。他们在“信息转发假设”和“信息创新假设”的基础上，导出了网络信息增长的乘数扩张机制：网络信息总量 I_m 与网络节点的平均信息创新能力 A、网络的信息转发次数 m 呈线性函数关系，而与网络节点数 n 呈二次函数关系；网络上的真实信息量 I_r 与网络节点的信息创新能力 A、网络的信息转发次数 m 和网络节点数 n 均呈线性函数关系；网络信息总量 I_m 大约是网络真实信息量 I_r 的 n 倍，并运用这一理论模型对现有各种信息增长模型给出了统一的解释，并提出了“禁止信息转发，以控制网络重复信息泛滥”和“建立中央信息存储发布系统以促进网络信息的充分利用”等政策主张[13]。这无疑是对网络信息进行直接度量与测度的一次有益的尝试。信息是知识的来源，用信息增长模型来反映知识增长特征和规律具有一定的科学性，也取得了丰富的研究成果。但毕竟信息不是知识本身，其范围和数量远远大于知识，而且在信息计量的过程中，往往是通过信息的载体量来反映信息的数量特征（如比特量、字节量等），与文献增长计量模型一样也存在较大误差，并且这些模型都集中于计量语法信息量，忽视了语法信息量背后隐藏的语义信息量和语用信息量。

3. 知识总量与知识增长量

1978 年，美国匹兹堡大学的雷歇在其著作《科学进展》一书中援引 A. C. Doley 的话说：“知识能生产知识，就像金钱能生利息一样。”人类社会的知识正以几何级数的速度递增。知识的快速增长使人的思想不断丰富，使人想了解自然、社会和人生的愿望变得更加迫切。如何有效地度量人类所拥有的知识并加以科学管理和利用，促进人类社会自身的健康快速发展，是目前我们面临的巨大挑战。许多学者、仁人志士已为此付出了毕生精力，进行了有益的尝试，并且取得了令人瞩目的成绩。但对知识进行直接度量与测度是十分艰难的，以下方法与模型反映了人类期望度量知识的美好愿望和艰辛历程。

1）波普尔知识增长模式

波普尔对科学哲学的贡献集中到一点，在于他提出了一个前人虽有涉及但没有提得这样明确的问题，即他在《科学发现的逻辑》一书序言里写道的：“认识论的中心问题一直是也仍然是知识的增长问题。而研究知识的增长最好莫过于研究科学知识的增长。”科学哲学中称知识增长问题为“波普尔问题”[14]。

波普尔在论述知识增长时，把“知识”区别成两种：主观知识和客观知识。主观知识是由某些天生的动作意向及某些意向的获得改变组成的，它包括具体精神气质，尤其是期望的精神气质，波普尔把客观意义上的知识称作世界3。波普尔把整个“宇宙”或“世界”区分成三个世界或宇宙：世界1——物理客体或物理状态的世界；世界2——意识状态或精神状态的世界，关于行为活动的意向的世界；世界3——思想的客观内容的世界，尤其是科学思想、诗的思想及艺术作品的思想的世界。波普尔所说的科学知识的增长，实际上就是客观知识的增长，即世界3的扩充和丰富。波普尔认为科学知识的增长，首先要以知识的客观性为基础，世界3的客观性是知识增长的源泉。由于世界3是自主的，它可自主地创造出新的预想不到的事实、新的预想不到的问题，并且也常常创造出新的反驳。它们推动人类知识的增长。波普尔的知识增长模式图 P_1→TT→EE→P_2……向我们显示了这一点。波普尔认为，科学家们从某个问题 P_1 出发，进行思考；思考的结果是，做出大胆的尝试性猜想，即假说或理论 TT，它可能（在部分和整体上）是错误的；然后经受批判、讨论和实验检验消除错误的阶段 EE，产生新的问题 P_2。P_2 产生于我们自己的创造活动，但它们一般不是由我们有意识创造的，它们是自发地从新的关系领域中突现的，我们的一切行动都不能阻止这种关系的产生。波普尔对世界3的自主性的强调，显示出世界了在知识增长过程中的推动作用[15-17]。

2）布鲁克斯知识增长方程

英国著名情报学家布鲁克斯认为“知识增长是通过信息、情报的吸收来完成的”，并提出了著名的知识增长方程，即 Brookes 方程：$K(S)+\Delta I=K(S+\Delta S)$。这个公式以非常一般的算法把知识结构 $K(S)$ 叙述为通过信息 ΔI 使其改变成新的知识结构 $K(S+\Delta S)$，ΔS 象征改变的效果，即知识量的增长和知识结构的改变[18-19]。文献［18］在布鲁克斯知识方程的基础上提出了“信息与知识变换”理论，认为信息与知识是两个不同领域的实体，存在依存和变换关系。信息与知识变换正是物理世界和客观知识世界联系的纽带。知识是由信息对主观世界的人激励后，主观世界的人的认知结果。知识结构以知识谱方式存在和进化，即

$$I(S) * K(S) = K(S+\Delta S)$$

式中，$K(S)$ 为知识结构；$I(S)$ 为信息谱；$*$ 为信息谱与知识谱卷积变换。

3）知识测度

对知识和信息的内容及其本体进行测度和度量一直是人们关注的重点，不同领域的学者对此进行了大量研究与尝试。1986年，Debons 提出了把｛When/Where/Who/What｝作为人类的认知元素中心，将信息以他所称的 Informs 为单位测度，也提出了把｛How/Why｝作为知识的解释和理解，将知识以 Knows

为单位测度[18]。文献［8］在全信息度量的基础上给出了形态性知识量度量的方法和数学模型，并进行了推理和分析。

4）知识量增长的裂变模型

根据我国著名的知识学专家宋太庆的研究和测度，人类知识最基本的单位有 $4\times8=32$ 个知识元，未来的知识体系都由此辐射、衍生出来。如果每个知识元自我裂变，按序数运行，则有知识总量 $=4\times8\times n$（$n=1, 2, \cdots, \infty$），如果按照太极全息演化律裂变，则有知识总量 $=4\times8\times2^n$（$n=1, 2, \cdots, \infty$）。如果我们把知识元放在知识基元的反应堆内，用光速和创意去撞击，在知识扩大爆炸中实现可控的聚变，则有知识总量＝知识元×创意^n×光速^2$=M\cdot I^n\cdot C^2$。据测度，在公元 1600 年之前的 1 万年里，人类社会知识总量仅有 10 多个知识元，此后的 300 年里增为 30 多个知识元，到 20 世纪下半叶的 50 年里猛增为 5000 多个知识元，增长率等于爱因斯坦质量关系式 $E=MC^2$。可以预测，人类进入 21 世纪后知识总量将按照知识信息聚变公式无限地扩展、膨胀[20]。

5）知识量与问题量

我国学者钟义信较早研究了知识的度量问题，他通过将知识量转化为问题量进行测度的思路和方式来获得知识量。他用奥特作为问题量的度量单位，用最小平均肯定度作为比较基准来度量一般问题量的度量方法。因此，他引进一个重要的概念：某个观察者对某个事物是否拥有知识或拥有多少知识，可以用这个观察者对于这个事物所具有的平均肯定度的大小来判断，平均肯定度越大，拥有的知识越充分[8]。

对科学知识增长的研究离不开科学、稳定、可靠、独立的知识计量单元，目前在科学知识增长研究中所使用的计量单元不是过于庞大粗糙，难以有效操作和应用（如以学科、专业、主题、文献、篇幅等为知识计量单元），就是过于细小微妙，破坏了知识内容本身的结构和特征（如以字、关键词、主题词等为知识计量单元）。因此，知识计量研究，包括科学知识增长研究的基础仍然是寻找独立且最小不可分的最适合的知识计量单元，只有找到了合适的知识计量单元为基础才能对知识的存量、流量、增长量、总量等进行科学准确的度量。

4.1.2　知识存量与知识流量

1. 知识存量

1）知识存量的概念与特征

知识存量是指特定时点某个组织系统的知识总量，是依附于组织系统内部人员、设备和组织结构的所有知识的总和，是人们在生产和生活实践中知识的

积累，是“学习”的结果。它反映了组织系统生产知识的能力和潜力，体现了组织系统的竞争能力。知识存量是一个静态概念、空间概念，具有时间特性、非负特性、波动性，是时间的增函数。知识存量是由人力资源、科技文献、专利和知识产业等部分构成的知识总和[21]。

2）知识存量的增长机制

知识存量的增长通过学习机制、转化机制和创新机制来完成。任何组织系统的知识存量增长从本质上说是建立在学习的基础之上。学习的类型不仅影响知识存量的大小，而且影响知识存量的特点。日本学者野中郁次郎和竹内广隆依据隐性知识和明晰知识的交互作用，提出了知识转化的模式。他们认为，人类知识正是通过隐性知识和明晰知识之间的社会交互作用创造和增长的，这种交互作用的知识转化是螺旋上升的。美籍奥地利经济学家熊彼特（J. A. Schumpeter）于1912年在其名著《经济发展理论》中提出了技术创新的概念：创新就是生产函数的变化，或者说是把生产要素和生产条件的“新组合”引入生产体系。之后，曼斯菲尔德（M. Mansfield）、弗里曼（C. Freeman）、缪尔塞（R. Mueser）等人的研究表明，技术创新可以看作是知识的生产和转化过程，并且这一转化过程经历了从线性到网络的转变等不同发展阶段。

3）知识存量的增长模式

知识存量增长的基础条件是不同知识主体间的动态作用，包括个体、团队、顾客及其他外部知识主体之间的相互作用，其实质就是知识流的扩散与转移。研究者设计了基于知识流的知识存量增长的网络结构模式，如图4-1所示。

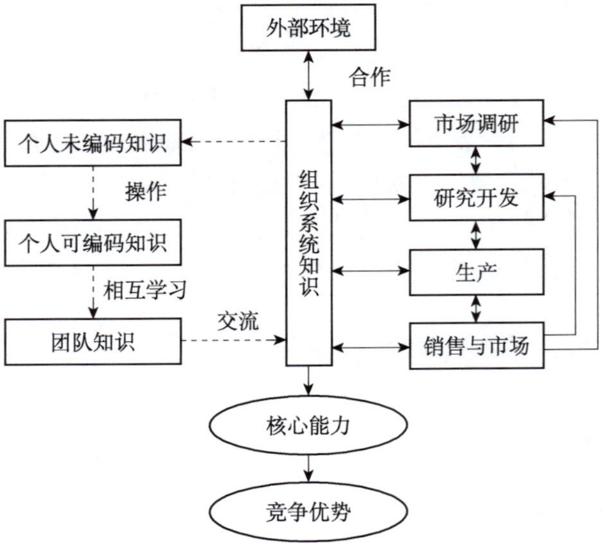

图4-1　基于知识流的知识存量增长的网络结构模式

4）知识存量增长的实现条件

知识生产具有高投入性、高风险性及溢出效应，知识创新主体是否有足够的动力和能力进行知识生产，取决于一系列的支持条件。这些条件既包括创新主体自身的能力要素（主要是资源能力，包括资源投入的数量和质量），又包括宏观环境要素（如知识产权制度和知识创新政策等）。

5）知识存量增长的实现途径

主体知识存量的增长主要是通过新知识的获得而实现的，新知识的获取途径主要有学习、社会实践、科学研究、知识溢出效应和知识许可等。

6）知识存量的测度方法

知识存量的测度方法目前主要有以下几种。

一是基于信息功能的知识量测度方法。在认为知识与信息功能等价的前提下，通过对信息量的测度来实现对知识存量的测度。

二是基于商品功能的知识价值量测度方法。将知识看成是一种商品，借鉴一般商品价值测度方法来测度知识商品的价值。知识商品的价值取决于生产成本（知识生产投入的人、财、物，即消耗的活劳动和物化劳动）、附加价值（如降低生产成本、提高产品品质和性能、增加新的品种等都产生新利润）、成熟程度、生命周期长短、供求关系等。

三是基于永续盘存的知识存量测度方法。关于知识存量的测度，国际上流行的做法是借用实物资本的永续盘存方法对R&D资本存量 t 进行测度。在确定初始知识存量和知识折旧率的条件下，任何时期R&D资本存量可用以下数学模型表示：

$$S_t=(1-\delta)S_{t-1}+R_{t-1}$$

式中，S_t 为 t 期的期初R&D资本存量（以不变价表示）；S_{t-1} 为 $t-1$ 期的期初R&D资本存量（以不变价表示）；R_{t-1} 为本期的R&D支出（以不变价表示）；S 为知识折旧率。

在永续盘存模型中，库存期初的R&D资本存量一般采用格瑞里斯（Griliches）推荐的方法来计算：

$$S_0=\frac{R_0}{g+\delta}$$

式中，S_0 为第一年开始时的R&D的资本存量，在此R&D支出（不变价）的数据是可以得到的；R_0 为第一年的R&D的支出（不变价）；g 为R&D支出（不变价）在R&D数据获得期内的平均年度对数增长率；δ 为知识折旧率，有的取10%，有的取5%。

将上述两式结合在一起，就可完整地计算出R&D资本在任何时期期初的存量价值 S_t。

上述模型能有效测度知识存量的前提是：R&D 经费与 R&D 成果价值相当，即投入经费=产出成果的价值；R&D 投入全部为有效投入，即 R&D 投入全部转化为知识资本。李顺才在充分考虑 R&D 投入的风险和滞后问题的条件下对该模型进行了改进，得出了测度知识存量的修正模型：

$$S_t=(1-\delta)S_{t-1}+\sum_{i=1}^{n}r_{t-\theta_i}R_{t-\theta_i}$$

式中，S_t为 t 期的期初 R&D 资本存量（以不变价表示）；S_{t-1}为 $t-1$ 期的期初 R&D 资本存量（以不变价表示）；$R_{t-\theta_i}$ 为考虑时滞的本期 R&D 支出（以不变价表示）；$r_{t-\theta_i}$ 为 i 行业（领域）在 $t-\theta_i$期内 R&D 成功率，取该行业的统计平均值，取值范围 $r_{t-\theta_i}\in[0, 1]$；θ_i为 i 行业（领域）R&D 产出的滞后期，$\theta_i\geqslant 0$；i 为 R&D 投资的行业（领域）数量；δ为知识折旧率。

四是基于知识增长规律的知识存量测度方法，主要是利用文献计量学中的文献指数增长模型和逻辑指数增长模型来测度知识存量。

五是知识老化和折旧率测度与分析方法，主要利用文献计量学中的负指数增长模型和文献老化半衰期来测度知识存量。利用法定年限法（如专利）和统计法计算知识折旧率。

六是基于灰色系统理论的知识存量测度方法。一个国家的知识存量与其经济增长水平和知识流量密切相关。因此，运用灰色系统的 GM（1，N）模型方法，以 GDP 和技术进口为影响因素来预测 R&D 资本存量的变化趋势具有可行性且意义重大。GM（1，N）模型的表达式为

$$X_1^{(0)}(k)+aZ_1^{(1)}(k)=\sum_{i=2}^{n}b_iX_i^{(1)}(k)$$

2. 知识流量

（1）知识流量的概念与特征。OECD 认为，知识流量是指某一段时间内进入经济系统的知识存量的比例。知识流量是一个动态概念，具有矢量特性、时空特性、非对称特性等。知识流量分析能够帮助测量国家创新体系中的知识分配率[21]。

（2）知识流量的成因。知识存量的生产、积累与知识资源（如教育与 R & D 投入）密切相关，而知识资源在不同系统之间的分布是不均匀的，即存在着非均衡性。知识资源分布的非均衡性是造成系统间知识差距的重要因素。此外，社会的专业化分工亦是不同行业的生产者之间产生知识差距的重要原因。有知识势差就会有知识流动，有知识流动就会产生知识流量。

（3）知识流动的渠道和方向。知识流动具有多种渠道和方向，包括个人间的知识流动、组织机构（企业、研究机构、大学、政府部门内部及相互）间的知识流动、国家间的知识流动。知识流动的方式有人员流动、教育、培训、传

播、技术扩散、技术贸易、技术转让等。

（4）知识流量的实现。知识流量得以实现的根源还在于专业化和社会分工能够带来效率的提高，专业化的实质是生产者知识结构的专业化，即生产者积累专业知识的过程。社会分工的高度专业化决定了不同知识主体之间存在知识结构差异的客观性。专业化分工产生了知识差距，导致了知识流动需求。知识的广泛传播和共享进一步推动了知识的流动，产生了知识流量。

（5）知识流量的测度方法。关于知识流量的测度，国内外目前没有固定的模式和统一的指标体系描述各创新系统间的知识流动，使用最多的是产业部门、研究部门和教育部门之间在科学研究及技术上的合作、技术成果的转让等指标，但在实际操作中，由于转移知识的数量难以全面获取，直接测度十分困难。

3. 知识存量与知识流量的关系

知识存量与知识流量密切相关，二者的关系如下[21]。

（1）知识存量和流量表征了知识的不同侧面。知识存量是知识的静态表征，是某一系统在特定时点的知识储备水平；知识流量是知识的动态表征，是某一系统在特定时段的知识流动总量，反映知识扩散的速度和水平。这两者缺一不可。没有知识的静态积累，经济系统就失去了发展的动力；没有知识的动态激活，就不能体现知识存在和应用的价值。

（2）知识流量是知识存量增长的重要来源。对于某一系统而言，系统引进新的技术工艺、新的管理方法、新的人才，可以增加系统的知识存量；系统在与外界交互作用的过程中，通过学习亦可增加知识存量。但是系统知识存量的增加，除知识流量的作用外，还可由系统自身来生产新的知识，也就是说，知识存量的增加不一定由知识流量引起。

（3）知识流出不一定减少知识存量。如果流出系统的是工艺技术、管理方法等编码化的知识，系统的知识存量并不会减少；如果流出的是拥有隐含经验类知识的人才，则系统的知识存量有可能减少。

（4）知识存量是知识流量得以实现的重要条件。知识流量的实现离不开知识基础的支持。系统的知识存量越大，吸收知识的能力越强；系统的知识存量越小，吸收知识的能力越弱。

4.2 知识质量的评价

知识质量的评价主要是对知识及其成果的学术质量和社会影响进行评价，

如对知识成果进行的鉴定、评审与评奖，论文评审等。目前知识质量评价的方法主要有定性评价法（如同行评议法）和定量评价法（如引文分析法）两种。在知识质量的评价实践中，同行评议法普遍推行，而引文分析法是一种重要的辅助性方法。随着计算机技术和网络技术的应用和普及，网络链接分析引起了人们的高度关注，成为网络环境下评价知识质量和影响的重要方法。

4.2.1 同行评议法

在科学共同体中，科学家同行是评价的主体，同行评议制度是科学共同体的主要评价制度。作为科学共同体内的民主决策形式，同行评议在科学评价中具有不可替代的作用。

1. 同行评议法的产生与发展

同行评议法最早可追溯到1416年威尼斯的专利审查办法。300多年前，英国皇家学会成立之初，明确地将同行评议方法用在论文评审中。20世纪30年代以来，美国的一些研究资助机构开始采用同行评议法资助大学的科学研究。1950年，美国国家科学基金会（NSF）成立，对当时的同行评议法进行了规范化处理，形成了几种用于项目评审的拥有固定模式的程序，这套程序被称为同行评议系统。作为一种区别于其他方法（如模型化或者定量化方法）的评价手段，同行评议法在英国的高等教育基金委员会（Higher Education Funding Council for England，HEFCE）的文件中也被强调。

在历史上，同行评议法也遭遇过几次“信任危机”。20世纪60年代末期，美国国会由于希望进一步加强国会和政府对科学研究中的项目和方向选择的发言权，曾经对NSF所采取的同行评议法的公正性提出了质疑，并且为此进行了详细的听证会，以确定同行评议法是否是科学基金管理中最好的方法。在经过详细的研究之后，同行评议法的公正性得到进一步的肯定，科学研究中的自主性及创新性也得到进一步的肯定。之后不久，从1975年7月始，美国科学院科学与公共政策委员会组织专家对美国国家科学基金进行了连续6年的调查，其结论是：“可以继续信任这种同行评议制度。”在我国，邹珊刚等同志曾对我国164位国家自然科学基金委员会学科评审组专家进行了问卷调查，90%的专家认为同行评议法是公正或较公正的。经过几十年的不断发展和完善，同行评议法目前已经被公认为是一种最基本的科研评价方法，普遍应用于科研立项评审、科研成果鉴定、学位和职称评定、学术期刊论文评审和科研机构绩效评估等科研评价活动中。

2. 同行评议法的内涵

同行评议在科学评价实践中有许多同义词，如专家鉴定（Refereeing）、价值评议（Merit Review）、同行评价（Peer Evaluation）、同行审查（Peer Censorship）、同行判断（Peer Judgment）等。由于同行评议法应用广泛，在评价实践中人们常常根据不同的应用场合对其给予不同的界定。1990 年，英国同行评议调查组给研究理事会咨询委员会的报告中，将同行评议定义为“由从事该领域或接近该领域的专家来评定一项工作的学术水平或重要性的一种机制”。NSF 在提交给国会的一个有关同行评议的报告里，将同行评议定义为“NSF 根据决策过程标准，确定应向哪些申请项目提供研究经费，因为 NSF 的负责官员在确定哪些申请者可以获得资助的根据是与申请者同一研究领域的其他研究人员的评议结果”。我国《国家自然科学基金项目管理规定（试行）》对同行评议的定义是：同行评议是指同行评议专家对申请项目的创新性、研究价值、研究目标、研究方案等做出独立的判断和评价，一般采取通讯评议方式。以上界定从不同方面反映了同行评议的某些特征和属性。如果对同行评议的不同应用背景进行抽象，可以考虑对同行评议做如下界定：所谓同行评议，是指由从事某领域（或该领域的相关领域）研究的专家根据一定的标准和程序对该领域的科学研究活动及其相关要素（如研究人员、研究机构、研究项目等）进行评价的一种方法。由此可见，同行评议是某一或若干领域的专家采用同一种评价标准，共同对涉及相关领域的某一事项进行评价的活动，因此同行评议是以专家定性判断为主的方法，其评价结果对有关部门的决策有重要的参考价值[22-23]。

3. 同行评议法的主要形式

同行评议法有许多的实施形式，从评价实施的形式上划分，可以分为通讯评议、会议评议、调查评议和组合评议。

（1）通讯评议，即评价机构把评估材料寄送给评议专家，专家独立做出书面判断，然后将评议意见反馈给评价机构。

（2）会议评议，即专家组评议，指评价机构事先把相关材料寄送给评议专家，并请专家按指定的时间和地点参加专家评审会，通过讨论和交流，形成集体评审意见。

（3）调查评议，如果评价机构和评审专家对评价对象的情况不太了解且相关材料缺乏，或者有关数据需调查取得，则可组织专家到现场调查、了解，然后给出评价意见。

（4）组合评议，是根据评价工作的需要，将上述三种方法中的某几种组合起来进行评价的方法。

总的来说，通讯评议、会议评议和调查评议由于组织形式的不同，各有其优缺点（表 4-1）。

表 4-1　通讯评议、会议评议和调查评议优缺点对照表

评议形式	优　点	缺　点
通讯评议	1. 匿名性和保密性好，可以避免人情干扰； 2. 专家考虑时间充裕，意见表达充分，无“从众心理”和“权威主义”的干扰； 3. 开支少，成本低	1. 不能对所有申请对象做比较； 2. 无法与申请人和其他同行交流； 3. 回收率无法保证； 4. 评审周期长，不利于及时决策
会议评议	1. 专家意见可以得到充分交流和讨论； 2. 同类的评议对象可以集中评议，效率高； 3. 必要时评议对象可以现场答辩和申诉； 4. 评审周期短，有利于及时决策	1. “从众心理”和权威的压力可能影响会议的民主； 2. 专家彼此见面，保密性相对减弱； 3. 评议费用较高； 4. 有的专家可能不能在指定时间、地点出席，从而影响代表性
调查评议	可以实地调查、现场评议，客观性强	需要花费较多时间和费用，成本较高

通讯评议几乎适用于所有的科研项目评审，也适用于文献形式的科研成果鉴定；会议评议较适用于项目的集中评审、重大项目和有争议项目的评审；调查评议则适用于研究机构的评估和资金投入较大的重大研究项目的评审等。在实践中，也常常根据需要采用组合评议，如先通讯评议，再会议评议；或者先调查评议，再会议评议等。

我国国家自然科学基金委员会的面上项目评审程序也与此相似，按“科学部初审—同行专家评议—专家评审组评审—委务会议审批”的程序进行。

4. 同行评议法的应用领域

同行评议作为评价事物的一种重要方法，在我国及欧美等国家和地区的科学评价中已被广泛采用。各国的科学基金机构都运用这种方法作为资源分配的辅助决策手段，优化选择申请项目，评价研究结果，从而推动和促进科学的繁荣与进步。实践证明，在科学评价中，尽管同行评议法由于其主观性，本身还有某些不足和缺陷[24]，并且引起了使用者的高度关注，但它不失为一种实用的好方法，目前尚无其他有效的方法可以取代。美国国会进行的一项调查报告中曾指出：“同行评议是被使用的最重要的方法，其他方法只是在进行打分评审中偶尔作为证实的手段而采用。”[25]

同行评议法作为目前世界各国在科学评价中使用最广泛的方法，对科学事务具有重要的调控功能，并产生了方方面面的影响。同行评议是由给定的科学领域的若干专家组成的评判委员会来评价科学活动或其结果（如研究、项目和科学出版物等）的一个过程，其目的主要在于：确定科研工作的质量和水平；

强调科研活动及其完成者应负的责任；提出科研资源分配的标准和评价体系；提出个人或组织科研绩效的评价标准与评价体系；提出科研政策的制定和评价标准与体系；对科研项目和计划的有效性和可靠性提供判断性评价；提出对科研执行者进行比较评价的标准和评价体系。它在科学评价中主要有5个方面的作用：①评审科研项目的申请；②评审科学出版物；③评定科研成果；④评定学位与职称；⑤评议研究机构的运作[26]。因为评价目标不同，同行评议应用的范围不同，因此，用于不同领域的同行评议其组织形式和方法、评价标准和评价体系也千差万别，难求一致，无法标准化，使用起来也非常灵活。

5. 同行评议法的优缺点

同行评议之所以能通行全球，成为一种评价科研潜力和结果的受人欢迎的方法，是因为它有两大显著优点。一是启用了科技界中那些可接受的、有专长的、受人尊敬的成员担任科学研究活动及其结果的鉴定人。这导致了一定程度的质量控制和科学责任，并有利于恪守廉政性准则。二是允许各学科、专业的同事们交流想法、意见、建议和反馈信息，这种交换促进了科学进步，并保持了科学交流渠道的畅通[27-32]。从这个意义上讲，同行评议是科学共同体内部价值承认和科学质量控制的主要方法之一。目前，科学界普遍认为，同行评议是合理判断研究绩效的最基本方法[33]。但由于同行评议是一个主观过程，它依赖于评议者的看法和过去的经验，所以在这种不完美的环境中，利用同行评议合理判断科学研究绩效不仅要遵循同行评议的运作机制、过程、方法与程序，而且更应该注重针对具体评价目标与对象，采用适当的评价战略，才能达到预期的目的和效果[34]。同行评价也有两大明显的缺点：第一是人类行为本身存在固有的弱点和偏见，并反映到同行评议之中，造成各种问题；第二是同行评议方法本身的特点，给予评议者非凡的权力同时又需要维持评价过程保密，这两者相结合产生了些问题[35]。

在英国的研究评估活动中，大多数的评审人员强调，在评价科研机构的研究收益时，他们的主要兴趣并不在于研究机构所提供的资料中的研究成果的总数上，而更多地关注该科研机构在同行中的声誉指标。这种强调充分反映了同行评议的主观、定性特征。由于具备了这种特征，同行评议的结果往往能够非常真实地“逼近”乃至“再现”大多数人对评价对象的主观印象。同时，同行评议能够有效克服量化评估中数据失真对评估结果的影响，避免量化评估的过度使用所造成的负面影响（如片面追求科研产出的短期行为）。实际上，前文所述的英国评估人员的声明和强调就是对英国科学家对科研评价中过度重视量化指标的批评的一种回应。不过，也正是由于同行评议本质上是一种主观、定性评估，所以不可避免有其自身的缺陷，如评议中的人情网、权威主义、马太效应、剽窃和泄密等，这些问题需要在科研评价实践中高度重视并加以研究解决。

6. 同行评议法的新发展

随着科学研究活动的变化和科学评价活动的发展，同行评议方法也在不断地发展和完善。同行评议方法根据评价对象的不同特点已演化出各种不同的评议形式（如通讯评议、会议评议、调查评议、网络评议和组合评议等），每种形式都有相应的组织方式。此外，由于科学研究活动的复杂化，同行评议已不能满足评价对象多学科化、综合化、跨学科的要求，开始朝专家评议的方向发展，即评议专家不仅仅是某一学科领域的专家，而是由多个学科领域、多个层次和多个方面的专家共同构成的。

网络技术的迅速发展和普及为同行评议活动的开展提供了新的技术手段，利用网络技术推进同行评议工作已经成为实践的客观需要，网络同行评议成为网络环境下同行评议的一种重要方式，受到世界各国的高度重视。例如，NSF 已经成为美国研究资助机构中唯一大规模受理网上申请的机构。NSF 网上申请的比例，1997 财年仅为 4.4%，1998 财年为 17.5%，1999 财年上升为 44%，2000 财年已达到 81%，其发展速度远远超过原定的目标。在这种情况下，为了提高评审效率，实现工作流程的全程网络化，实施网上同行评议已经成为一种必然选择。我国国家自然科学基金项目、教育部各类项目等都开始实行网上申报和评审。

在网络环境下开展同行评议活动具有以下优点。

（1）缩短评议周期，减少重复劳动，提高工作效率。

（2）突破了地理限制，专家不论是在家中还是在国外访问，均可通过网络进行评审，并且可以方便地请境外专家评审。

（3）有利于对评议过程全程监控，快速调整。例如，专家如果收到自己不熟悉或应该回避的项目或成果的评审，可以及时反馈，管理人员马上就能从专家库中挑选另一名专家进行改派。

（4）能够方便地实现评议过程和结果的网上查询，提高同行评议的公开、公正程度。

（5）便于实施评审意见的全文反馈（匿名），推动评审专家和评议对象之间的学术交流，同时，由于评审意见对评议对象是透明的，要求评审专家更加认真负责，从而有利于提高同行评议的客观公正性。

（6）有利于建立和完善评审专家数据库和评审专家的评估系统，从而有助于同行评议系统的进一步完善。

网上同行评议的实施有三种方式：①通过邮箱进行；②评价管理机构建立网上同行评议系统，专家获取个人密码后远程登录进行网上评审；③召开网络视频会议进行评审。前两种方式是“通讯评议”的网络化，后一种则是“会议评审”的网络化。例如，我国国家自然科学基金委员会的网上同行评议试点首先采用的就是第一种方式，现在正在酝酿向第二种方式过渡。比较而言，第一种方式简单易行，没有特殊的技术要求，安全性和保密性也有一定的保障，但管理人员工作量稍大；第二种方式可以实现信息的集中处理，但要求有较高的技术保障，以保证系统的安全性和保密性，并要求系统能承受大信息量处理。两种方式各有优缺点，实施时可以视具体情况而定[36]。

4.2.2　引文分析法

引文分析法，就是利用各种数学及统计学的方法进行比较、归纳、抽象、概括等的逻辑方法，对科学期刊、论文、著者等分析对象的引用和被引用现象进行分析，以揭示其数量特征和内在规律的一种信息计量研究方法。引文分析法中的一些评价指标被直接用于评价学术质量和水平，如总被引频次、他引率、影响因子、数据库和文摘刊物摘储量等，其他一些评价指标也或多或少地间接用于评价学术质量和水平[37-38]。

1. 引文分析法的类型

从不同的角度和标准来划分，引文分析方法有着不同的类型。如果从获取引文数据的方式来看，有直接法和间接法之分。前者是直接从来源期刊中统计原始论文所附的被引文献，从而取得数据并进行引文分析的方法；后者则是通过 SCI、“期刊引用报告”JCR 等引文分析工具，查得引文数据再进行分析的一种方法。若从文献引证的相关程度来看，则有自引分析、双引分析、三引分析等类型。如果从分析的出发点和内容来看，引文分析大致有三种基本类型。

（1）引文数量分析：主要用于评价期刊和论文，研究文献情报流的规律等。

（2）引文网状分析：主要用于揭示科学结构、学科相关程度和进行文献检索等。

（3）引文链状分析：科技论文间存在着一种“引文链”，如文献 A 被文献 B 引，文献 B 被文献 C 引，文献 C 又被文献 D 引，等等。对这种引文的链状结构进行研究可以揭示科学的发展过程并展望未来的前景。

2. 引文分析法的基本内容

从不同的角度或从各种基本要素出发，对科学引文的分布结构进行描述和分析，便形成引文分析的基本内容，一般包括如下六个方面。

（1）引文年代分析。一般来说，随着年度的由远及近，引文量呈增长趋势，即时间越近，被引用的文献越多；文献被利用的峰值是该文章发生以后的第二年。如果以引文年代为横轴，各年引文量为纵轴，在坐标图上描绘各年数据点，然后用一条线连接起来，便可得到一条引文年代分布曲线。通过对该曲线的分析，不仅可以了解被引文献的出版、传播和利用情况，而且可以研究科学发展的进程和规律，特别是在文献老化和科技史的研究中，引文年代分析更是一种广泛应用的有效方法。

（2）引文量分析。引文量是某一主体对象含有的参考文献数量。它是引文链的基本特征之一。通过引文数量的分析，不仅可以揭示文献引证与被引证双方的相互联系，而且还可以从定量的角度反映出主体之间的联系强度。如果两篇论文或两种期刊之间的引文数量大，就可以认为它们之间的引证强度大，说明其联系较紧密。引文量的分布规律可从下列几个方面分析。①引文量的理论分布：我们将一定量的论文的引文量数据进行分析比较，发现其变化规律表现为以平均数为中点，接近中点的频数最多，离平均数远的频数趋于减少，形成中间高两极低的正态理论分布。②引文篇数分布：每篇研究论文平均占有的引文篇数的分布。它不仅反映了论文作者引用文献的广度和深度，而且还能说明引文与被引文的学科内容之间的联系强度。

（3）引文的集中与离散规律分析。引文分布的集中性与离散性是相对于一定的测度指标而言的。引文按来源期刊的分布，引文篇数的频数以平均数为中心的分布，引文按年度、语种、文献类型等的分布，都表现出这种集中与离散的趋势。

（4）引文类型分析。科学研究中引用的文献很广，有期刊论文、图书和特种文献。对被引文献的类型进行分析，将有利于确定文献情报搜集的重点。

（5）引文语种分析。引用文献是由不同语种的文献构成的。某一语种的文献被引用量越大，则说明该语种越常用和重要。考察和分析引文语种的分布，对人们有计划地引进外文文献、译文选题、外语教育等，颇有参考价值。

（6）引文国别分析。对引文的国别分析，特别是各国文献互引情况的统计分析，可以探明各国互引文献的状况，弄清国际文献交流的数量和流向。

3. 引文分析法的特点

（1）广泛适用性。引文分析的素材是引文与被引文，而引文现象又是普遍存在的。以期刊论文为例，全世界范围内有 90％以上的科学论文附设了引用文献，平均每篇论文有引用文献 15 篇。我国目前 88％左右的重要科学论文带有引用文献，平均每篇中文科学论文有引用文献 8.9 篇，可以说，凡是有引用文献的地方，引文分析方法就有用武之地，所以，引文分析方法具有广泛适用性。

（2）简便易用性。由于引文分析不要求其他先决条件和辅助条件，不需要使用者具有十分专深的知识，研究的深度、广度可以由自己控制，所以一般的信息人员都可以借助于这种方法，完成一些有价值的研究课题，解决一些工作中的实际问题。总之，这种方法的使用限制极少，简便易用，值得在广大的信息人员中普及推广。

(3) 功能特异性。由于引文分析方法具有广泛适用性和简便易用性的特点，所以通过一些不太复杂的统计和分析，就可以确定核心期刊、研究文献老化规律、研究信息用户的需求特点，甚至可以研究学科结构、评价人才等，我们不能不为其功能而感叹。

4. 引文分析法的局限

著者引用文献是一个人为控制的思维和判断过程，而作为其表现形式的引用文献，仅仅是宏观的、表面的测度，受到许多限制因素的影响。

(1) 引文关系上假联系的影响。引用文献的原因多种多样，两篇论文可能出于完全不同的原因或从不同的角度引用同一篇早期文献，一篇可能是引用其方法，另一篇可能是引用其结果，那么这两篇文献在内容上的联系就有可能是虚假的。引文有些发生在前言和篇名中，有些发生在正文中，有些发生在结论或讨论中。在这些情况下，著者对原著的引用内容和程度是不相同的。引文对原著的关系和重要性也各不相同，但在目前的引文分析中，对它们都是同等看待，不加区分的。这样也容易造成假联系。新刊的论文得不到大量引用；小型期刊被引率往往低于大型期刊；引而未用或用而未引的情况也时有发生。文献引用中的这些现象都会影响引文分析方法的应用和效果。

(2) 文献被引用并不完全等于重要。例如，有些具有错误观点或结论的论文，后人出于批评商榷的需要，被引次数可能很多。另外，被引次数较少的文献也不能一概认为不重要。它受到许多因素的限制，如发表的时间、语种、学科专业等。被引次数上的微小差别也不能完全说明质量上的优劣，它有很大的随机性，只有当这一差别很大时，才能说明问题。

(3) 著者选用引文受到可获得性的影响。索普（M. E. Soper）研究指出，著者引用的文献，大部分是个人收藏的文献；少部分是本部门和就近图书馆的资料，而其他城市或其他国家的文献所占比例甚小。这说明著者选用参考文献以方便为准则，以占有为前提，同时还要受到著者语言能力、文献本身年龄和流通周期，以及二次出版物报道的影响。

(4) 马太效应的影响。有的研究者认为，在文献引用方面也存在着马太效应的影响。人们往往以“名著”“权威”作为选择引文的标准，有的确是出于需要；有的则是为了装饰门面，抬高自己论文的身价。一种期刊因为发表名人的文章而为众人所引用，以至于引起连锁反应，结果其引文率很高。这种马太效应，掩盖和影响着文献引用的真实性。

5. 引文分析法的测度指标

一般来说，对科学期刊进行分析时常用的测度指标有五种，即自引率、被自引率、影响因子、引证率与当年指标。在对专业和学科结构进行研究时，除用引证率外，还可用引文耦合和同被引等测度指标。

（1）自引率。在引用文献的过程中，限于主体本身范围内的引用称为“自引”，包括同一类学科文献的自引、同一期刊文献的自引、同一著者文献的自引、同一机构文献的自引、同一种文献的自引、同一时期文献的自引、同一地区文献的自引。自引率就是对主体本身范围内文献引用的次数与主体引用的文献总数的比值。

（2）被自引率。被自引率是被引用现象的一个测度，就是主体文献被自引的次数与主体被引用的总次数的比值，它反映出被引用中有多少是被自己引用的。

（3）影响因子。影响因子主要在研究科技期刊时使用，等于期刊在规定时间内（一般是两年）论文被引量与可引论文总数之比。

（4）引证率。引证率等于该刊中参考文献量除以期刊载文量，这是衡量吸收文献能力的一个相对指标。

（5）即时指标。即时指标是测度期刊被引用速度的指标，它是期刊某年发表的论文当年被引用的次数，除以该刊这一年所发表文章的总数，是衡量期刊重要性的一种依据。

（6）引文耦合。当两篇文章同时引用一篇或多篇相同的文献时，这种现象称引文耦合，这两篇文献就具有耦合关系。引文耦合的文献之间总存在着这样或那样的联系，其联系的程度称为耦合强度。

（7）同被引。当两篇（多篇）论文同时被别的论文引用时，则称这两篇论文具有“同被引”关系，引用它们的论文的多少，即同被引程度，称为同被引强度。

6. 引文分析法的应用领域

目前，引文分析技术日趋完善，应用不断扩大，已发展成为文献计量学的重要方法之一。引文分析方法的应用主要有以下几个方面。

（1）测定学科的影响和重要性。通过文献引用频率的分析研究可以测定某一学科的影响和某一国家某些学科的重要性。

（2）研究学科结构。通过引文聚类分析，特别是对引文间的网状关系进行研究，能够探明有关学科之间的亲缘关系和结构，划定某学科的作者集体；分析推测学科间的交叉、渗透和衍生趋势，还能对某一学科的产生背景、发展概貌、突破性成就、相互渗透和今后发展方向进行分析，从而揭示科学的动态结构和某些发展规律。

(3) 研究学科信息源分布。通过文献间的相互引证关系，分析某学科（或专业）文献的参考文献的来源和学科特性，不仅可以了解该学科与哪些学科有联系，而且还能探明其信息的来源及分布特征，从而为制订本学科的信息管理方案和发展规划提供依据。

(4) 确定核心期刊。引文分析方法是确定核心期刊的常用方法之一。这种方法的主要特点是从文献被利用的角度来评价和选择期刊，比较客观。加菲尔德通过引文分析，研究了文献的聚类规律。他将期刊按照期刊引用率的次序排列，发现每门学科的文献都包含其他学科的核心文献。这样，所有学科的文献加在一起就可构成一个整体的、多学科的核心文献，而刊载这些核心文献的期刊有 1000 种左右。利用期刊引文的这种集中性规律可以确定学科的核心期刊。

(5) 研究文献老化规律。目前，有关文献老化的研究一般是从文献被利用角度出发的。普赖斯曾利用引文分析探讨文献的老化规律。通过对“当年指标”和“期刊平均引用率”的分析，他认为期刊论文是由半衰期截然不同的两大类文献构成的，即档案性文献和有现时作用的文献。科学文献之间引文关系的一种基本形式是引文的时间序列。对引文的年代分布曲线进行分析，可以测定各学科期刊的“半衰期”和“最大引文年限”，从而为制定文献的最佳收藏年限、对文献利用进行定量分析提供依据。同时，一个学科的引文年代分布曲线与其老化曲线极为相似。这有力地说明文献引文分布反映了文献老化的规律性。因此，从文献引用的角度研究文献老化规律是一种有效的途径和方法。

(6) 研究信息用户的需求特点。利用引文分析方法进行信息用户研究是一种重要途径。根据科学文献的引文可以研究用户的信息需求特点。一般来说，附在论文末尾的被引用文献是用户（作者）所需要和利用的最有代表性的文献。因此，引文的特点可基本反映出用户利用正式渠道获得信息的主要特点，尤其是某信息中心对其所服务的用户所发表的论文的引文分析，更具有直接的指导意义。通过对同一专业的用户所发表的论文的大量引文统计，可以获得与信息需求有关的许多指标，如引文数量、引文的文献类型、引文的语种分布、引文的时间分布、引文出处等。

(7) 评价人才。在人才评价方面，常采用引文分析方法。这是因为某著者的论文被别人引用的程度可以是衡量该论文学术价值和影响的一种测度，同时，也从科研成果被利用的角度反映了该著者在本学科领域内的影响和地位。因此，引文数据为人才评价提供了定量依据。从对历年诺贝尔奖金获得者的论文被引用情况的统计来看，物理学、化学、医学领域中诺贝尔奖金获得者中，其论文被引次数最高者（L. D. Landan）为 1888 次；最低的也有 79 次

(J. H. D. Jensen)；只有六名低于 200 次。可见，这些科学界的精英的论文的被引用次数是很高的[37-38]。

4.2.3 链接分析法

1. 链接分析概述

网络链接以超链接（Hyperlink）和超文本（Hypertext）为基础，是超链接和超文本技术在网络领域的实现。超链接和超文本技术源于20世纪80年代末瑞士的欧洲核子研究中心（CERN）开发的 Web 技术，是为了实现实验室文档的网络共享。随后超文本标记语言（HTML）和纯文本浏览器被开发出来并成功用于互联网，促进了网络的飞速发展。

链接，简单地说就是声明两个或更多事物之间的关系。因此，网络链接就是利用超链接和超文本技术表现网络中两个或多个事物（服务器、网站、网页、地址、文件、程序、文字、图像、声音等）之间的关系[39]。网络链接的这种特征和价值很快引起了人们的极大兴趣和广泛关注，作为一种成熟的网络分析工具被有效用于多种领域开展研究，并且形成了一个重要研究领域，即网络链接分析。

网络链接分析（Link Analysis），也称链接分析或链接分析法、超链分析。从字面上看，可广义理解为以 Web 中页面间的超链接为研究对象的分析活动。从网络计量学的角度，可将其定义如下：链接分析是以链接解析软件、统计分析软件等为工具，用统计学、拓扑学、情报学的方法对链接数量、类型、链接集中与离散规律、共链现象等进行分析，以用于 Web 中的信息挖掘及质量评价的一种方法。

网络链接分析研究可以追溯到 1995～1996 年。早在 1996 年，Larson 就依照引文分析中共被引分析（Co-Citation Analysis）做了共链分析（Co-Link Analysis）。当时，网络链接分析研究在几个学科领域中同时出现，包括计算机科学领域中的搜索引擎开发、数学领域中的结构和复杂性分析、社会学领域的社会网络关系分析及信息管理领域中的网络信息计量研究等[40]，并且在各自的研究领域内都获得了广泛的应用。特别值得提出的是，在信息管理领域产生了“网络计量学”这一综合性的、新的学科领域，在早期网络链接分析研究的基础上，充分融合了搜索引擎、网络结构分析、社会网络分析、引文分析和信息计量学等各学科领域的研究方法，使得网络链接分析有了更丰富的研究内容和更为广阔的应用空间。

随着网络链接分析的不断发展，越来越多的相关理论和方法被引入网络链接分析，这不仅为网络链接分析研究提供了新的理论、方法、工具和手段，而且进一步促进了网络链接分析的应用。目前国内外主要将网络链接分析方法用于网络信息资源评价、网站网络影响力评价、大学评价、核心网络与核心作者发现、竞争情报与竞争对手分析、网站关联分析、期刊评价、网络社区发现（如博客群、虚拟社区等）及搜索引擎优化等方面，并且取得了丰硕的研究成果[39-43]。

2. 链接分析原理

1965 年，Ted Nelson 提出了术语“超文本”。1978 年，他在 *Dream Machines* 中提到了“链接”，并指出“链接”将带来文件的连通性。1981 年，他使用术语“超文本”描述了这一想法：创建一个全球化的大文档，文档的各个部分分布在不同的服务器中，通过激活其中的“链接”，如研究论文里的参考文献，就可以跳转到所引用的论文[44]。超文本是用超链接的方法，将不同空间的文字信息组织在一起的网状文本。超文本更是一种用户界面范式，用以显示文本及与文本之间相关的内容。当前，超文本普遍以电子文档方式存在，其中的文字包含可以链接到其他位置或文档的链接，允许从当前阅读位置直接切换到超文本链接所指向的位置。

链接分析基于搜索引擎对网页的排序。搜索引擎是如何进行网页的相关性排序的呢？除了看网页本身的关键词密度和关键词位置外，还要看一个更重要的要素，就是链接流行度（或称之为链接分析），几个方面结合起来就能让排序更加精确。链接流行度的原理是，一个网页拥有的反向链接越多，就越有可能是高质量网页，不然也不会有更多人愿意为其做链接。因此，在其他因数相同的条件下，反向链接越多的网页排名更靠前。

网页自己单方面并不能说明这个网页就是最好的，重要的是其他网页怎么评价——链接流行度。链接流行度分析并不是简单地将链接数相加，因为链接重要性各不相同，链接的网页越权威，效果就会越好。比如，PR7 的老站和 PR3 的新站，对站点的权威值贡献是有巨大差别的。那么搜索引擎又是如何判断是否是权威网站呢？被大量高权威值的网站链接着的站点就是权威网站，但链接本身还不足以让网页获得好的排名，因为这些链接可能并非与用户搜索的关键词相关。于是，链接的相关性便成为链接流行度分析的重要部分，除了网站主题是否相关之外，锚文本出现关键词也是非常重要的。

3. 链接分析指标

链接分析的指标有入链数、出链数、网络影响因子、网络使用因子、链接倾向[41,45]。

1）入链数

入链数源于引文分析中的被引次数，链接如同引用，代表一种推荐或认可，被链接的次数越多，则被认可的程度越高。被引次数中通常包括自引，同样，入链数中包括自链和外部链接数。Google、Alltheweb、Alltavista 等搜索引擎都可用于统计入链数，并且 Alltheweb、Alltavista 都可用于统计外部入链数。

2）出链数

出链数是指一个网页的出链总数量，类似于文献计量中的“引文数”。出链数反映了网页指向能力的大小，是一个纯粹的数量型概念，出链数越大，则该网页的指向能力越强。它可用于计算网络使用因子（Web Use Factor，WUF）、自动识别网络信息资源、反映网络信息资源开放程度、测定核心网络信息资源等。

3）网络影响因子

网络影响因子（Web Impact Factor，WIF）是由 Ingwerson 在 1998 年提出的利用网站获得的链接数计量网站影响力的计量指标[46]。他选择了包括七个国家域名、四个顶级域名和六个学术机构域名在内的网站，利用 AltaVista 的高级检索功能得到了各自的网站总网页数和网页链接数，在此基础上计算了各个网站的网络影响因子。网络影响因子的理论基础是链接与引文的相似性，它是文献计量学中的期刊影响因子（Journal Impact Factor，JIF）在网络上的应用。Ingwerson 将网络影响因子定义如下：指定时间内，指向某一国家或网站的外部入链和内部入链网页数的逻辑和与该国家或网站内部的网页数的比值。

最初，Ingwerson 提出的网络影响因子算法是

$$\mathrm{WIF}=\frac{\text{（某一国家或网站的）外部入链网页数}+\text{内部入链网页数}}{\text{（该国家或网站内部的）网页数}}$$

自网络影响因子被提出后，因其分母难以准确统计，又因语言、地域差异导致国家或网站网页数的客观差异，有些学者提出了网络影响因子的修正式，如 2002 年 Thelwall[47]将 WIF 算法修正为

$$\mathrm{WIF}=\frac{\text{属于指定 }S\text{ 但不属于 }U\text{ 的网页集合，包含至少一个指向 }U\text{ 的链接的网页数}}{\text{该大学全职科研人员数}}$$

式中，S 为网络空间；U 为大学网站。2006 年，Noruzi 和 Alireza[48]将 WIF 算法归纳为

$$\mathrm{WIF}=\frac{\text{外部入链总数}}{\text{搜索引擎索引到的该网站内的网页总数}}$$

WIF 测度了网站吸引链接的能力，是计量网站影响力的重要指标，可应用于评价网站和网页资源、网站建设和管理、评价电子核心期刊等方面。

4）网络使用因子

网络使用因子反映某一国家或网站的网页指向其他网页能力的分布情况，可以用来测度某一国家或网站的链接分布特征[48]。某一国家或网站的出链数除以网页数、科研人员数或科研生产率便得到了网页平均出链数、科研人员平均出链数或科研生产率的平均出链数，即 WUF。但如果一个国家的科研生产率数据很难获得，并且有理由相信该国的大学在研究能力上相似，或者因为商业搜索引擎和专业网络爬行工具覆盖范围的问题导致难以计算一个网站的网页数，则科研人员数就成为 WUF 的分母；但若科研人员数无法获得，仍然要用网页数做分母。

可以用某一国家或网站的出链数作为分子，分别用该国家或网站的网页数、科研人员数和科研生产率作为分母，得出 WUF 的不同算法[49]，即

$$\text{WUF}=\frac{\text{（某一国家或网站的）出链数}}{\text{该国家或网站的网页数}}$$

$$\text{或 WUF}=\frac{\text{（某一国家或网站的）出链数}}{\text{科研人员数}}$$

$$\text{或 WUF}=\frac{\text{（某一国家或网站的）出链数}}{\text{科研生产率}}$$

从概念和算法上看，WUF 反映了网站出链的平均量，得出网站链接的分布情况，通常 WUF 越高，说明网站利用其他网络信息资源的程度越高，相应地，该网站的信息数量和质量也就可能越高。

5）链接倾向

链接倾向（Link Propensity，LP）由 Smith 和 Thelwall 于 2002 年首次提出[50-51]。Smith 和 Thelwall 在研究澳大利亚大学网站的网络影响因子时，将其定义为某大学网站的外部入链数与来源网站和目标网站的全职科研人员乘积的比值。Smith 和 Thelwall 的研究发现，从英国和澳大利亚到新西兰网站的链接倾向是这三个国家中最低的，因此新西兰在这三个国家的网络中处于相对孤立的地位。

可以将某大学网站的外部入链数作为分子，分别将该国家或网站的网页数、全职科研人员数和科研生产率作为分母，得出 LP 的不同算法[51]，即

$$\text{LP}=\frac{\text{（某大学网站的）外部入链数}}{\text{（该大学网站的）全职科研人员数}}$$

$$\text{或 LP}=\frac{\text{（某大学网站的）外部入链数}}{\text{（该大学网站的）内部网页数}}$$

$$\text{或 LP}=\frac{\text{（某大学网站的）外部入链数}}{\text{（该大学网站的）科研生产率}}$$

链接倾向可被看作 WIF 的一个特例，反映了网站被链接的情况，同时可以

反映一个国家在网络利用中的地位，因而可以作为评价网站影响力的重要指标。LP有效地排除了来源网站和目标网站规模大小的影响，适于揭示两个网站之间相互链接的意愿，因而从理论上讲更具有科学性。例如，2003年Thelwall等使用“链接倾向”研究西欧国家与语言相关的网络链接模式，发现英语是西欧网络中居主导地位的语言，并且与使用不同语言的国家相比，使用相同语言的国家之间更倾向于互链。

4.3 知识价值的衡量

知识价值的衡量主要是对知识及知识产品的经济价值和经济影响进行评价。例如，知识价值评价、知识产品的价值和价格确定、无形资产评估、科技进步贡献率测算、知识经济测度等。

4.3.1 知识的价值

1. 知识价值的内涵

经济学领域中的知识价值指的是知识产品的价值，即知识生产中所凝结的人的劳动。知识是人的劳动，主要是脑力劳动的产物，所以，一般讲知识就是讲知识产品，讲知识价值也是指知识产品的价值。明确了知识是人的脑力劳动和体力劳动的结晶，这种结晶作为“一般人类劳动”，便是马克思所说的价值实体。换句话说，价值的唯一源泉是人的活劳动（抽象劳动），在这个根本点上，知识产品和其他商品是一致的。

但是，知识产品又和一般商品不一样，一般商品是有形产品，知识产品是无形产品。知识产品或说精神产品，表现为某种理论、观念、创意、技能等。这些无形的东西，必须通过有形（指人能直接或借助于仪器间接感觉到）的东西（如语言、声音、文字、符号、图形等信息形式）应用到生产或生活中去，才能转化为现实的生产力或消费功能，才能实现其价值。因此，严格地说，知识价值是一种“潜在的价值”，它要通过转化和交换才能变成现实的价值[52]。

2. 知识价值的构成

知识价值由三部分构成，这里讲构成，是对知识（产品）价值的“分解”，即从定性角度看知识价值包含着哪些“元素”，它是知识价值定量分析的基础[52-53]。

(1) 前人和他人积累劳动形成的价值。知识是在继承和积累基础上的创新。任何一种新理论和新发明，不仅凝结着其创立者的心血，而且包含着前人和他人的大量积累劳动。“积累劳动”内含的价值（用 A 表示），包括前人和他人在其知识生产中活劳动创造的价值（用 $\sum b_i$ 表示）和物化劳动转移的价值（用 $\sum c_j$ 表示）。这里讲的“积累劳动”和 19 世纪上半叶詹姆斯·穆勒所讲的“积累劳动”是不同的。穆勒认为“积累劳动”即资本，也可以创造知识价值，而这里所说的“积累劳动”是指价值可作为新知识价值的构成部分。

(2) 创新者的活劳动创造的价值，即在新知识生产过程中创新者所耗费的脑力劳动和体力劳动的凝结（应以社会必要劳动量为标尺），用 B 表示。

(3) 新知识生产过程中所耗费的物质资料（如科研设施、材料等），即物化劳动转移的价值（也应以社会平均耗费量为标尺），用 C 表示。

3. 知识价值的计量

知识价值的计量是一个巨大的难题，主要不在于 B 和 C，而在于 A。一种新知识生产究竟需要摄取多少积累知识（劳动），既与这种知识生产的复杂程度有关，又与创新者的认知能力相连。这两种关联因素，暂且统称为“需要相关因素”，它对新知识价值计量 A 部分时的影响力度用“需要相关系数” X_1 表示[53]。另外，知识的共享性使得原有知识在“专利权”失效后可以成为人类共有的财富，使用这些共有财富可以是免费的。但是，知识毕竟不像空气那样可以被任何人轻而易举地享用，也就是说，个人由于主客观条件的差别，所能享用到的知识财富的质量程度是不同的。因而，“可以”共有的财富并不是“真正”的共有，实际上还是存在着一个“占有权”的问题。

在“占有权”的作用下，积累知识的价值便可“失而复得”，在新知识的价值构成中再现。“再现”的程度与这种知识在人类普及的程度成反比。这种“再现”因素对计量新知识价值 A 部分的影响力度，暂且叫“再现相关系数”，用 X_2 表示。若用 AP 表示新知识生产中实际摄取的积累知识内含价值，则[53]：

$$\mathrm{AP}=X_1X_2A=X_1X_2(\sum b_i+\sum c_j)$$

同时，知识生产还有一个特性，即排他性或不可重复性。排他性是指不可照搬和重复原有知识，不是说不可摄取或消化原有知识。若新知识包含了重复性知识，其中的重复性部分不能“再现”价值，新知识的有效性价值便减少。所以，知识价值的计量还得考虑其有效性程度——暂且称为有效性系数，用 h 表示。这样，如果用 V 表示新知识价值总量，那么[53]：

$$V=h(Ap+B+C)\text{ 或 }=h\,X_1X_2(\sum b_i+\sum c_j)+B+C$$

可以看出，知识价值的计量确非易事。其中包含了好几个不确定值，这给实际操作带来很大困难。尽管如此，列出这样的公式是有意义的。首先，作为一种理论公式，它应客观地反映事物的状况及其变化关系，而不能限于人们操作上的困难就去随意简化它。其次，上述公式恰恰说明了知识生产像核聚变的连锁反应那样，具有难以估量的价值放大效应。有人出于操作上的方便，主张删除那些不确定性因素，殊不知正是由于这些不确定性因素的存在，才使知识价值有放大效应。最后，上述公式可给人们在知识价值计量时提供一种思路参考。许多事情只要思路对头，操作上的困难总是可以随着科技手段的进步而不断解决。当然，为了操作方便提出一些“简化”公式也是有意义的，但应明白它同样有缺陷。

4. 知识价值的实现

知识价值的实现，是指它转化为货币，即转化为知识价格的过程。在这个过程中，又增加了一个不确定性因素，即假定币值不变，供求关系变化是影响知识价格波动的主要因素。若用 K 表示求/供相关系数，V_n 表示知识价格，则 $V_n = KV$，即知识价格与求/供值成正比，这个道理无须多言。

知识产品也和普通商品一样，其价值的实现是通过市场进行的。市场会把知识价格中的多个不确定性因素转化为暂时的确定值，即其市场价格。所以，不管我们的理论计量多么困难，只要知识产品持有者愿意进入市场，知识价值的实现总可完成。实现的程度高低，与市场条件和知识产品持有者操纵市场的能力直接相关。因此，一方面知识劳动者要尽力学会一些市场经营本领，另一方面社会也有责任建立和完善知识产品的市场，从而使宝贵的知识财富“物尽其用，值尽其得”[53]。

4.3.2 知识产品的价值和价格

知识产品的价值决定问题是劳动价值论研究的核心问题之一，关于这一问题的深入讨论对坚持和发展马克思主义劳动价值论，科学认识科技创新劳动的巨大贡献，具有重要意义。

1. 知识产品的价值与使用价值

生产任何产品都需要或多或少的知识，而知识产品的生产则必须具有某种创新的知识。因此，知识产品是一种科技创新产品，它比社会普通技术更为先进。这种先进性集中表现在应用知识产品进行生产，或者能够节约活劳动，或者能够节约物化劳动和各种自然资源，或者两种节约兼备。大力发展知识产品，能够促使社会经济效益不断提高，推动产业结构优化升级，并对走新型工业化道路和实现国民经济可持续发展具有不可替代的决定性作用。

知识产品作为科技创新产品，它的生产在一定时期内处于某种垄断状态，因而它还缺乏成熟的社会价值，同时，它的个别价值的形成又具有某些特点。针对这些情况，研究知识产品的价值决定时，应着力研究它的个别价值，而要研究它的个别价值，就必须区分它的价值与使用价值，切勿以其使用价值去估量其价值。在这个问题上，马克思关于机器（当时的先进技术）的价值与使用价值的论述，具有重要的方法论意义。简要来说，马克思认为制造机器所耗费的劳动量就是它的价值，应用机器进行生产能够代替或节省人类劳动的功能就是机器的使用价值。他反复强调机器所费劳动与所可节省的劳动，在量上是悬殊的，后者远远大于前者。他还把两者之比称作“机器的生产率”，指出“机器的生产率是由它代替人类劳动力的程度来衡量的”[54]。

值得注意的是，马克思所说的机器的这种使用价值，不是指机器的各种具体的使用价值，而是指一切劳动资料共有的抽象的使用价值。与劳动力商品有某些相似之处，机器的这种使用价值与机器的价值在量上是可以互相比较的；而一般商品的价值与使用价值是无法进行量的比较的。正如不应把劳动力的使用价值当作它的价值一样，在分析知识产品的价值时也不能把它的使用价值当作它的价值。否则，不仅会过高估量它的价值，而且会抹杀知识产品对社会生产发展所起的不可替代的重大作用。

2. 知识产品价值决定的特点

有一种观点在指出马克思的社会必要劳动概念并不适用于知识产品的生产后，又认为知识产品的价值“取决于应用该知识产品引起的社会必要劳动时间的节约”。这就把知识产品的使用价值当作了它的价值，因而是不妥当的。

由于知识产品具有比一般技术更高的生产率，用它生产的商品的个别价值会比同类商品的社会价值要小，因此，说应用知识产品生产商品，能够引起社会必要劳动时间的节约当然是不错的。同时，还应该肯定这种社会必要劳动时间的节约可使单位商品较小的个别价值在市场上被默认为较大的社会价值，因而这种节约在用知识产品所生产的商品的价值关系中的确具有重要作用。然而，真理向前多跨一步就会变成谬误。就知识产品本身来说，它在应用中能够节约社会必要劳动量，只能说明它与一般技术相比具有更大的使用价值，但并不能说明它自身的价值。不要忘了知识产品的使用价值要比它本身的价值大得多。如果知识产品的价值真有它的使用价值这么大，那就会把它的生产率大大降低，以致从根本上抹杀用它来进行商品生产的必要性。

可见，对知识产品仍应从生产知识产品本身所耗费的劳动量去评估其价值。这样，我们会发现，创造知识产品所必要的劳动耗费，或者说知识产品的个别价值的形成又具有自己的特点。首先，知识产品与一般商品不同，它是某种创新劳动的成果，而创新劳动虽然也是复杂劳动，但又与一般复杂劳动有所不同，它以率先实现某种独创性突破为特点。其次，这种创新劳动不仅要求劳动者具有扎实的教育培训基础，而且更重要的是必须从事艰辛的高强度的创造性探索，并且能够率先取得创新成果。否则，他们付出的大量复杂劳动就难以形成价值而为市场所认可。因此，这种创新型复杂劳动在价值创造上必然要冒较大的风险。最后，他们在从事创造性探索过程中，为了少走弯路，必须尽可能地参考研究别人在相关问题上已有的成果与经验教训。因此，发明创造知识产品的创新劳动，作为一种为市场所承认的社会劳动，在量的耗费上还应该包含其他尚未成功的探索者所耗费的复杂劳动的一个合理的部分。如果缺乏这个部分，相关知识产品的诞生就势必相应推迟，所需要付出的创新劳动量反而会更多[54,55]。

根据这样的分析，可以说，发明创造知识产品的创新劳动，是一种倍加的复杂劳动；知识产品的个别价值总是比较高的。

3. 知识产品的价格

知识产品与社会平均技术相比，不仅具有更高的个别价值，而且具有更高的生产率。因此，如果某厂商按其个别价值率先买进它用于生产，就能够使所生产的商品的个别价值小于社会价值，其差额既是对生产该商品的社会必要劳动时间的节约，也是一笔可观的物质利益。知识产品出售价格的高低及应用它生产的商品出售价格的高低，对如何分享这种利益具有决定作用。

为了进一步分析这个问题，不妨参照马克思假定的例子①，先从垄断使用先进技术所生产的商品的出售价格谈起。现在假定该商品的社会价值为 10 元，某厂商垄断使用先进技术生产的商品的个别价值为 6 元。厂商为了把产量增多的商品尽快售出，决定售价为 9 元。于是，消费者每向他买 1 单位商品可少支付 1 元。马克思的例子到此止步了。现在的问题是该厂商能够独享其余 3 元的利益吗？显然很难。因为市场竞争的压力会迫使他不得不以比先进技术的个别价值更高的价格买进它。假定由于这一购买价格的提高，可使先进技术发明者从每一单位商品中得到比如说 2 元的额外收益（这是对科技创新劳动的重要激励），那么厂商仍可从每 1 单位商品的销售中得到 1 元的超额利润。知识产品的应用所

---

① 马克思，恩格斯．马克思恩格斯全集．北京：人民出版社，2008.

带来的利益，在初次分配中实现了多赢。

更重要的是，当这种先进技术的生产与应用走出垄断状态而逐步普及时，情况还会继续朝惠及全社会的方向发展。这时尽管先进技术的使用价值依然未变，但它在节约人力、物力方面的相对优势消失了，同时，它的再生产已经不再体现创新劳动的特点，它已经变成一般复杂劳动的产物，并且开始具有社会价值了。因此，这时它的社会价值就会比它原先作为创新劳动产物时的个别价值还要小些。于是，上述两种垄断价格都失去了继续存在的条件，发明者与厂商的超额收益也消失了，但全社会得到的实惠却大大增加了。随着知识产品的发展与普及，大批商品变得日益物美价廉，各种资源的利用更加节约和合理，国民经济的可持续发展有了切实的保障。这正是发明创造知识产品的创新劳动无偿惠及社会的生动体现。创新劳动之所以能够做出如此巨大的贡献，与它创造的知识产品具有越来越高的生产率密不可分。这意味着知识产品的使用价值（节约劳动）的增长总是快于它本身价值的增长。这也正是创新劳动能够无偿惠及社会的秘密所在[54]。

4.3.3　无形资产评估

知识是企业主要的无形资产是企业核心竞争力的来源。无形资产评估是衡量企业所拥有的知识资产价值的主要方法。

1. 无形资产评估的内涵

无形资产是指特定主体所控制的、不具有实物形态的、对生产经营长期发挥作用且能带来经济利益的资源。无形资产评估是根据特定目的，遵循公允、法定标准和规程，运用适当方法，对品牌、商标、专利等无形资产进行确认、计价和报告，为资产业务提供价值尺度的行为。

2. 无形资产的类型

根据不同的标准，无形资产的分类方法很多。评估界最常用的方法是根据无形资产是否独立存在，将无形资产分为可辨认无形资产和不可辨认无形资产。可辨认无形资产包括专利权、专有技术、商标权、著作权、土地使用权、特许权等；不可辨认无形资产是指商誉。根据无形资产进入企业的来源又可分为外购的无形资产和自创的无形资产。根据其使用年限还可以分为有限期的无形资产（专利等）和无限期的无形资产（商标、商誉等）。针对某些部门的需求，可能会分为技术型无形资产和非技术型无形资产。无形资产根据其价值特征可分为知识型无形资产和权利型无形资产。根据无形资产的特点可以把企业的无形资产分为十类[56-59]，如表 4-2 所示。

表 4-2 企业无形资产的类型

无形资产分类	举例
销售类	商标、网站、域名、品牌、标志、营销网络、老字号
技术类	发明专利、实用新型专利、外观设计专利、专有技术、技术方法、秘诀
艺术类	书籍版权、音乐版权、美术作品版权、影视作品版权、动漫版权
数据处理	软件所有权、软件版权、自动化数据库
工程类	工业设计、设计图、商业秘密、工程图纸、集成电路
客户类	客户名单、合同、未结订单
合同类	优惠供应合同、许可证、特许资格、独家协议
人力资源类	高素质配套员工队伍、雇佣合同或协议、管理团队、企业家个人价值
地理位置	租赁权、探矿权、采矿权、制空权、水面权利、路权、特殊景观、窖池
商誉类	企业商誉、机构商誉、专业人士个人商誉

3. 无形资产评估的方法

现行的无形资产计算方法主要有市场法、收益法和成本法三种[56-61]。

4. 无形资产评估存在的困难

知识经济条件下资源投入的无形化特征决定了无形资产计量的难度。无形资产评估的困难主要有以下三个方面[58,59]。

（1）无形资产的获取、投入、耗费等难以辨认和计量。这主要表现在：①企业给予管理人员和工程技术人员的劳动报酬及奖励数额常常不能真实反映这些人所拥有的知识和智力的价值，也不能反映这些人在培养和成长过程中的成本；②列入确认范围的人员界限划分无明确的标准；③智力产品创造中发生的耗费常常很难与企业日常经营活动的耗费相区分，人为的分配又往往缺乏客观的依据从而带有主观随意性；④智力产品形成过程中智力资源的使用具有非消耗性。如果可以计量其消耗，又该如何把握计量尺度以保证计量结果的可靠性呢?

（2）无形资产的未来收益能力和期限具有很大的不确定性。智力资源和智力产品成本确定的困难并不意味着对其无法计量，在会计的发展历史上，人们创造并使用了包括历史成本、现时成本、可变现价值和现值在内的多种计量属性，以便对会计要素依照不同的目的和要求进行计量。资产的重要特性在于其未来的收益性，所以可根据其提供未来收益的能力确定其价值。但对其产生的未来收益或现金流量的数额及期限进行确定，包含了太多的不确定因素，大大地增加了计量的难度和计量结果的不可靠性。

（3）对于企业拥有的无形资产再计价困难。在知识经济条件下，科学技术日新月异，新知识、新发明和新技术层出不穷，无形资产的种类不仅繁多，而且其更新换代速度的加快，导致无形资产价值易变性极大。在这种情况下，如何及时地反映企业拥有的无形资产的价值及其变动是一项新的课题。同时，由于无形资产的差异性大，计价时往往缺乏必要的参考依据，这又增大了其计量的难度。

无形资产计量中存在的诸多困难，对现行的计量方式和计量手段可能需要做革命性的变革，方能适应智力资源和智力产品计量的需要。

4.3.4　科技进步贡献率

科技进步贡献率是指科技进步对经济增长的贡献份额。它是衡量区域科技竞争实力和科技转化为现实生产力的综合性指标。对科技进步贡献率的测算，主要采用生产函数法。这是目前国内外理论界广泛采用的一种方法，如生产函数模拟法、索洛余值法、CES生产函数法、增长速度方法、丹尼森增长因素分析法等[62-80]。

一般根据C-D生产函数得出科技进步速率方程：

$$Y=A+\alpha K+\beta L$$

式中，Y为产出的年均增长速度；A为科技的年均增长速度；K为资本的年均增长速度；L为劳动的平均增长速度；α为资本产出弹性；β为劳动产出弹性。通常假定在一定时期内α、β为一常数，并且$\alpha+\beta=1$，即规模效应不变。令$E=A/Y\times 100\%$，即为科技进步贡献率。

由科技进步速率方程可导出科技进步贡献率测算的一般公式：

$$E=1-\alpha\frac{K}{Y}-\beta\frac{L}{Y}$$

根据测算，目前我国的科技进步贡献率为39%，而美国、日本等主要发达国家的科技贡献率现已达到80%左右。

由于科技进步贡献率牵涉的因素太多，而且还有很多人为估算的价值，所以意义不是很大，很多国家已经淡化这一概念。

4.3.5　知识经济测度

1. 知识经济概述

知识经济并不是一个严格的经济学概念，它的缘起大约与新经济增长理论有关。在世界经济增长主要依赖于知识的生产、扩散和应用的背景下，美国经济学家罗默和卢卡斯提出了新经济增长理论。罗默把知识积累看作经济增长的一个内生的独立因素，认为知识可以提高投资效益，知识积累是现代经济增长的源泉。卢卡斯的新经济增长理论则将技术进步和知识积累重点地投射到人力资本上。他认为，特殊的、专业化的、表现为劳动者技能的人力资本才是经济增长的真正源泉。这些研究，使人们对知识与经济的关系产生了全新的认识。

1996年，世界经合组织发表了题为“以知识为基础的经济”的报告。该报告将知识经济定义为建立在知识的生产、分配和使用（消费）之上的经济。其中所述的知识，包括人类迄今为止所创造的一切知识，最重要的部分是科学技术、管理及行为科学知识。从某种角度来讲，这份报告是人类面向21世纪的发展宣言——人类的发展将更加倚重自己的知识和智能、知识经济将取代工业经济成为时代的主流。

知识经济的兴起将对投资模式、产业结构、增长方式，以及教育的职能与形式产生深刻的影响。在投资模式方面，信息、教育、通信等知识密集型高科技产业的巨大产出和展现出的骤然增长的就业前景，将导致对无形资产的大规模投资。在产业结构方面：①电子贸易、网络经济、在线经济等新型产业将大规模兴起；②农业等传统产业将越来越知识化；③产业结构的变化和调整将以知识的学习积累和创新为前提，在变化的速度和跨度上将显现出跳跃式发展的特征。在增长方式方面，知识可以低成本地不断复制并实现报酬递增，使经济增长方式可能走出依赖资源的模式。这不仅使长期经济增长成为可能，还使经济活动都伴随着学习，教育融于经济活动的所有环节，同时，知识更新的加快使终生学习成为必要，受教育和学习成为人一生中最重要的活动。

2. 知识经济的测度指标与方法

美国经济学家马克卢普在1958年提出“知识产业”概念，半个世纪以来，包括经济学在内的各学科都致力于将这一新的经济形态做出完整、准确的诠释，并试图建立一套衡量各国发展水平的指标体系。

最早进行尝试的是美国经济学家马克卢普，他在“美国的知识生产与消费”(1962)中正式提出“知识产业”一词，并划分出知识产业的五个层次：①研究与发展；②所有层次的教育，即家庭教育、学校教育、职业教育、教会教育、军训、电视教育、自我教育和实践教育；③通信及中介媒介，如图书、杂志、无线电、电视、艺术创作、娱乐等；④信息设备或设施，包括计算机、电子数据处理、电信、办公设备及设施等；⑤信息机构或组织，包括图书馆，信息中心，与信息相关的政府、法律、财政、工程、医学等部门，这类机构也称为信息服务。知识产业及其五个层次上的构成是马克卢普知识经济理论的重要基础，也是其测度理论的核心之一。在这一理论的支撑下，马克卢普借助国民收入和国民生产核算账户，按照知识产业或信息部门构成的原则逐项挑选出信息部门，将信息部门的增加值从社会总增加值中划分出来，形成对信息经济的测度，并按最终需求法对美国信息经济做出详尽的测度。

按照马克卢普的测度：①1958年，美国知识生产已占当年国民生产总值（GNP）的28.5%，其中知识生产的44.1%来源于教育部门；②1947～1958年的美国GNP中，知识产业按10.68%的综合增长率扩散，知识生产的增长率是非知识生产部门的2.5倍，据此，马克卢普预言，在不久的将来美国知识生产的产值将接近或超过GNP50%；③1958年，美国从事知识生产的劳动力已占总就业人数的31.6%，如果将所有已达到工作年龄的全日制学生计算在内，这一数值将达到42.8%。

1977年，美国的马克·波拉特遵照国民经济核算账户体系，采用分类统计法创造性地通过建立第一次信息部门和第二次信息部门的概念而对美国的信息经济规模进行了测度。波拉特以信息产品或服务是否进入市场交易为标准，将国家信息部门划分为一级信息部门（如信息设备生产部门和专业性信息服务部门）和二级信息部门（如政府机构或企业内为政府或企业内部服务的信息部门）。其中一级信息部门由八类产业部门组成，它们是知识生产与发明产业、信息分配与传播产业、金融和保险等风险管理产业、市场调查与协调产业（如广告业等）、信息处理与传播产业、信息产品生产产业、邮政和教育等政府公共产业、信息设施（如教学楼等）建设产业。二级信息部门的识别比一级信息部门的识别更为困难，波拉特通过测度二级信息部门人员收入来计算二级信息部门的产值在GNP中的比重。波拉特据此采用增值法测度1967年美国信息经济的规模，计算结果表明，1967年美国GNP的46.2%与信息部门有关，其中25.1%来源于一级信息部门，21.1%来自于二级信息部门[81]。

1996年，OECD在其《以知识为基础的经济》的报告中提出了一套测度知识经济的基本框架：知识投入的测度、知识储备和流通的测度、知识产出的测度、知识网络的测度、知识学习的测度[82]，并认为其成员国的经济50%建立在知识的基础上，但没有给出具体的计算方法和各国测算结果。

1999年，OECD发布了作为“知识经济度量标准”的《1999年OECD科学、技术和产业公报》，采用了一套测度知识经济的简明数据和易于获取的系统指标。这套测度知识经济的系统指标由三部分构成，即知识对经济发展影响的指标、知识对经济全球化和科技国际化影响的指标、知识对经济增长与国际竞争力影响的指标，并以此为基础首次系统地对各成员国知识经济进行了系统的分析与评价[83]。其中知识对经济发展影响的指标如下：①经济环境，包括GDP、GDP增长率、就业率；②对固定资产和知识的投资，知识投资指R&D中的无形投资、教育支出、软件投资；③以知识为基础的制造业和服务业，包括航空航天、计算机、办公设备、电子通信、制药、科学仪器设备、电子机械、汽车、化学工业、非电机设备、通信、金融、保险、不动产、部分商业服务

（《国际标准产业分类》第二版 1—9）；④信息和通信技术（ICT）支出，包括ICT 强度（ICT 支出占 GDP 的比例）、IT 硬件、IT 服务和软件、电信（公共网络设备、私人网络设备、电信服务）；⑤计算机和互联网，包括计算机价格、计算机普及率、互联网主机数、互联网服务器数、顶级域名（如 com 和 net）、上网费用（电话费、互联网服务费）；⑥信息经济基础设施，包括固定电话网、移动电话网、有线上网电缆、移动上网电话、长途上网电话；⑦电子商务，包括用于电子商务的 Web 站点；⑧人力资本的存量和流量，分别按《国际标准职业分类》和《国际标准教育分类》统计；⑨R&D；⑩技术创新；⑪风险投资基金，包括原始资本、启动资金、扩展资金。

知识对经济全球化和科技国际化影响的指标如下：①国际交易，包括产品和服务的国际贸易额、外国直接投资和收益、外国间接投资和收益、技术国际收支；②高技术及中高技术制造业国际贸易额；③中间品的国际贸易额；④公司的跨国并购；⑤制造业中外资所占比重；⑥工业 R&D 中外资所占比重；⑦跨国公司的 R&D；⑧公司的国内和国际科技联盟；⑨专利和科技著作方面的国际合作。

知识对经济增长与国际竞争力影响的指标如下：①生产力和收益水平，包括劳动生产率、人均 GDP、人均收入、就业率、就业人口所占比重；②单位劳动成本；③科技著作；④专利；⑤信息和通信技术的创新；⑥创新产出项目数；⑦技术国际收支；⑧高技术产品的出口强度；⑨高技术产品的进、出口比较优势。

在 OECD 知识经济测度框架基础上，澳大利亚学者彼得·申汉等进一步改进了对知识经济某些环节的测度技术和方法。他们通过不限定系数来构造一个总量生产函数，以评估经济结构中国内知识存量的影响，或者知识存量对 GDP 长期增长的影响。这种方法涉及国外 R&D、人力资源、潜在发展趋势和国内外 R&D 的相互关系。与 OECD 测度体系不同的是，彼得·申汉等发展的框架除继续使用 R&D 密集度测度产业知识产出外，还加上了出口密集度指标[84]。

罗宾·曼塞尔和尤它·韦恩从信息技术扩散角度，借助于一种有趣的图示方法对不同国家知识经济发展状况进行了比较。他们给出了判断“知识社会”的八项指标，它们是个人计算机指标、电话指标、电子产品生产指标、电子产品消费指标、技术人员指标、识字率、互联网入网率、电视拥有率[85]。

我国学者吴季松在综合的基础上给出了用以说明知识经济特征的若干指标：科研的重要性（科研经费占 GDP 比重、科技进步对经济增长的贡献率）、教育的重要性（教育经费占 GDP 的比重、平均文化程度）、高技术产业结构、劳动力结构、人口增长率、城市化水平等，并预计人类将在 21 世纪下半叶全面进入知识经济时代[86]。赵国庆和杨健则从知识投入的度量、知识作为库存资本的度量、知识产出的度量等三大方面来测度知识经济形态[87]。柳卸林提出建立知识经济的综合指标和产业指标两大类，前者包括知识的生产、投入、激励、存量、流量等指标，后者包括知识产业发展度、三次产业比重[88]。孙敬水和蒋玉珉认为，知识经济的发展取决于三个最基本的条件，即完善的工业经济基础和信息基础设施、较高的社会知识化水平、较强的知识生产和技术创新能力，并给出相应的测度指标[89]。陈禹、谢康等系统研究了知识经济的测度理论与方法[90]。俞立平等研究了信息和知识对经济增长贡献效率的测度模型[91]。

4.4 知识关联的发现

知识单元（包括文献、人脑等知识载体，概念、词语等知识内容）间存在着各种关联，揭示和利用知识关联是知识组织、知识管理、知识发现和知识创造的起点。

4.4.1 知识关联的内涵

人们对关联有不同的理解。从通常的意义上来说，关联就是事物之间的联系。《现代汉语词典》中“关联”词条指出，“关联是指事物相互之间发生牵连和影响”，与“关系”“联系”词意相近，“关系是指人和事物之间的某种性质的联系”，“联系是指彼此接上关系或彼此间的关系”。三者在某程度上同意且通用。从认知的角度来说，关联性就是人们理解话语时在新出现的信息与语境假设之间寻求关联，关联就是指其中的认知与推理过程。从知识组织和检索的角度来说，关联就是通过甲找到乙，通过乙可以找到丙，通过丙找到丁等，如此层层递进，最终找到知识之源。

知识关联是指知识单元（包括文献、人脑等知识载体，概念、词语等知识内容）之间存在的各种关系的总和。具体地说，知识关联就是指大量的知识单元之间存在的知识序化的联系，以及所隐藏的、可理解的、最终可用的关联。由于知识是人的大脑思维活动的产物，大脑思维活动具有联想、跳跃、非线性等特点，所以人类的思维活动所产生的知识体系是一个复杂的网络系统。这个知识网络系统由知识节点（指各类知识单元）及节点之间的关联构成，如文献知识网络由文献（图书、期刊、报纸、论文等）和文献之间的关联（包括学科关联、主题关联、字顺关联等外形特征信息关联和知识内容特征关联）组成；隐性知识网络、人际知识网络由人（专家、学者等知识拥有者）及其相互关系构成。知识管理就是对知识网络系统的管理，是利用各种方法和技术对显性知识和隐性知识进行科学有效的管理。所以，知识关联是组成知识网络的基本要素之一，也是进行知识组织、知识检索和知识服务等知识管理活动的基础。随着知识关联的发展，它又超出了知识组织和检索的范畴，主要是揭示知识之间隐含的关联与寓意，发现更有价值的知识。甚至有学者直接提出，“知识即联系，知识即网络”[92]。

知识组织的研究者认为[93-94]，“知识是由众多结点（知识因子）及其相互之间的关联构成的语义网络。知识因子是组成知识单元的基本单位，符号、概念、词语、句群、文献、人等一切事物都可以看成知识因子；知识关联是知识因子之间的特定关系”，并且认为，“知识组织是对具有独立意义的知识单元进行的组织，即对知识单元的构成（知识因子）和知识关联进行组织，尤其是对知识因子和知识关联进行重新组织，以便形成新的更有意义的知识”。“知识组织的目的就是运用一定的方法，按照一定的标准揭示知识单元中的知识因子和知识关联，便于认识、学习、理解和接受，促进知识运用和知识创新。”从知识组织的角度来看，知识关联是若干个知识因子间建立起来的特定联系，因为知识是有机联系的网状结构，而不是各个因子的散乱分布。因此揭示知识因子之间的关联能够使知识网络化、有序化，能够有效地组织知识。由于知识空间是一个多维的概念和网络，这个多维的概念和网络就是通过知识关联这一纽带联系在一起的，所以知识关联是构成知识网络系统的重要因素。同时知识关联也是知识组织研究的重要对象，知识组织就是利用知识关联将知识单元组织成有序的知识网络系统。

知识网络的研究者认为[95]，人类社会所拥有的知识体系呈现网络关系，“知识网络就是由知识节点和知识关联（知识链）构成的网络知识体系”。知识节点可以是各种形式的物质，如人脑、组织、文献等。“具体来说，知识网络是以知识元素、知识点、知识单元、知识库等为节点，以知识间的关联为边或链所构成的网络。”典型的知识网络应该是以分类法和主题法为基础构建的知识概念网络，然后把知识资源按照它们的内容主题和类目组织到概念网络中相应的概念节点中，再辅以其他类型的知识链接方式。这样，就将抽象的概念网络（分类法＋词表）具体化为一个有序组织并相互关联的知识大厦（分类法＋词表＋知识资源＋引用链接等知识链接），以前孤立的文献通过分类法、知识概念网络和引用链接，相互间拥有了丰富的联系。用户在查询和浏览时，检出的不仅是一篇文献，还有该文献在整个知识体系中的位置及重要程度。如果把文献看成是一个知识点，用户能看到的不仅是这个点，还有该点所在的线和该线所在的面。这既是一个知识资源的组织框架，又是一个知识信息的浏览和检索的具体知识数据实体。在知识网络中，“知识关联”就是各个知识单元形态按照需要的因素、层次、结构和功能等关系组织成的有序知识系统。由此可知，知识关联是构成知识网络的核心要素，知识节点通过知识关联形成复杂的知识网络系统。为了表达知识间存在的各种关联，研究者发现并提出了用“引文网络”[96,97]、“认知地图”[98-100]、“知识地图”[101]、“科学知识图谱”[102]、“思想基因、情报基因和知识基因”[103-106]、

“概念地图”[107]、“语义网络”[108]、“知网”[109]等方式表达知识关联和知识网络。

人们很早就开始关注知识之间的关联，并用不同的方式表达知识之间的关联。最早关注和利用知识关联的领域是知识分类与知识组织，根据知识关联产生了“类”和“分类”思想。从我国出土的“甲骨文”和两河流域“泥板文献”的有序排列可以看出，从文献和文明产生开始，人们就开始注重利用文献和知识关联来管理知识，产生了文献和知识组织观念。我国春秋时期，孔子对殷商以来的文献进行了系统整理，形成了“六经”，并发现和利用知识关联对零散的知识进行了归类组织，使其系统化和有序化[110]。之后，西汉刘向、刘歆父子创立的“七分法”，魏晋以来的“甲乙丙丁四分法”，宋代郑樵创立的“十二分法”，以及“经历史子集四分法”，甚至近现代以来的“中国图书资料分类法”“主题词分类法”等，都是充分利用了知识关联对知识进行组织和管理，形成了完善的知识分类体系[111]。知识组织中体现的知识关联是通过概念划分所形成的概念之间的层次等级关系，并且这种关系是经由文献和文献信息之间的关联来间接反映知识关联的。对知识关联较早进行研究的另一个领域是知识检索领域。文献检索、信息检索就是利用文献、信息和知识间存在的相关性、相似性来揭示、组织、存储知识，并从大量文献、信息和知识中检索出相关文献、信息和知识[112]。目前在情报学、知识管理、教育学、人工智能、知识发现、计算机网络等研究领域都十分关注知识关联研究。

4.4.2　知识关联的特征

知识关联是知识间普遍存在的关系总和，它是联系知识单元、组织知识元素、构建知识网络、管理知识系统、发现和创造新知识所不可缺少的基本要素。因此，需要从多个角度、多种视野、多种层面来认识、发现知识关联。

知识关联具有一些显著的特征，是我们认识和利用知识关联的基础。

（1）知识关联的相互性。知识单元或知识因子之间的关系是双向的、互联的和对等的。例如，在概念知识网络中，概念间的等同关系、并列关系、矛盾关系、对立关系、交叉关系、种属关系等都是相互的。

（2）知识关联的传递性。知识单元间是可以传递的，不相邻的或不具有显在知识关联的知识单元可能通过中介知识单元间的关联而发生联系。“小世界现象”的存在、“引文链”关系及“非相关文献”中的知识发现等都说明知识单元间的知识关联是可以传递的。

（3）知识关联的普遍性。“世界普遍联系”的观点告诉我们，知识关联是广泛、普遍存在的，构成了知识单元间的复杂联系。知识关联的普遍性是我们研究知识、管理知识、创造知识的逻辑起点。我们所从事的一切知识活动都是为了发现知识关联，从而利用知识关联。

(4) 知识关联的多重性。知识单元间不是简单的、单一的关系，而是复杂的、多重的关系，常常是多种关系并存交织在一起，形成复杂的网络关系。知识关联的多重性正是我们研究知识、管理知识和创造知识的动力。

(5) 知识关联的隐含性。知识单元间的关联往往不是直接的、显在的、直观的，而是间接的、隐含的、难以直接和直观表达的。随着科学技术的迅猛发展、科学综合发展程度的不断增强、科研领域的不断细分和专业化程度的加深，以及科技知识的爆炸性增长，知识（概念、语义等）及其载体（如人脑、文献、组织等）中可能存在着被人们忽视的某种能导致新知识产生的潜在的关联。发现这种新的知识关联是知识创造的源泉。

(6) 知识关联的累积性和动态性。知识单元的关联不是静止和固定不变的，而是随着新知识的产生不断递增和累加的，处于动态变化之中。新知识的引入，会改变原有的知识结构和知识关联，并产生新的知识关联，这些新的知识关联又可产生新的知识。知识关联就是在这种动态循环变化中不断累积的，新知识也被源源不断地创造出来。

(7) 知识关联的可创造性。新的知识关联能通过不同方式产生和制造出来。为了研究知识、管理知识、利用知识并创造知识，人们采用了不同的方式对知识进行重组，不仅利用了知识间原有的知识关联，而且创造了大量的知识关联。长期以来，为了管理知识，人们创造了大量的知识组织和检索系统，产生了许多新的知识关联。典型的知识组织系统有分类法和主题法，典型的知识检索系统有书目、索引、文摘、数据库系统、搜索引擎等。这些人工知识系统通过对知识单元的重组，发现和创造了大量的知识关联。

(8) 知识关联的层次性和结构性。知识关联具有明显的层次性，并且从简单的、单一的知识关联向复杂的、多重的知识关联演变。例如，语法知识关联、语义知识关联和语用知识关联就体现了知识关联的层次性。知识关联还表现出一定的结构性，知识关联具有线性结构、非线性结构、链式结构、等级结构、网络结构等形式，通常这些结构形式会错综复杂地交织在一起。

4.4.3 知识关联的类型

知识关联是普遍存在的、多重的、复杂的、累积的、动态的知识关系，因此知识之间存在很多有用的关联。从不同的角度来看，知识关联有多种类型，其中显性知识关联、隐性知识关联、学科知识关联、主题知识关联、组合知识关联、知识载体关联和知识内容关联具有重要的意义。

(1) 显性知识关联与隐性知识关联。显性知识关联也称为直接知识关联，是指知识单元间表现出来的易于识别和发现的关系，如知识单元间的学科关系、主题关系等，都是基于概念逻辑的、固定的静态关系，并可用事先规定的知识符号系统来表达和反映知识关系，如分类法和主题法。隐性知识关联也称为间接知识关联或隐含知识关联，是指知识单元间潜在的、未表现出来的难以识别和发现的隐含关系，如共引关系、共词关系、组配关系等，都是基于不同知识单元的、变化的动态关系，无法用事先规定的知识符号系统来表达和反映知识关系，需要利用一些科学方法、信息技术和知识工具来挖掘这些潜在隐含的知识关联，如文献计量、知识计量等方法，数据库、搜索引擎、知识仓库、人工智能等技术和工具。目前在情报学、信息管理和计算机科学等领域，正在广泛展开着各种基于知识关联的知识发现和挖掘研究，并取得了可喜的研究成果。例如，相关文献与非相关文献知识发现[113-115]，隐性知识关联发现与挖掘[116-118]，基于关键词与主题词关联的知识关联挖掘[119-120]，共引分析与共词分析[121-123]，知识地图与科学知识图谱[124-127]等。

（2）学科知识关联、主题知识关联和组合知识关联。学科关联是指知识单元间的学科关系，这种学科关系主要通过学科分类体系，即分类法来表现和反映。主题关联是指知识单元间的主题关系，主题关系主要通过主题概念关系，即主题法来表现和反映。分类法和主题法是两种典型的表现知识关联的知识组织系统，当前这两种知识组织系统出现了一体化的趋势，即用两种知识组织系统组合来表达知识关联，如分类-主题一体化表，分类法的主题词索引，主题法的范畴索引等。在分类法和主题法的基础上衍生出了一系列新的知识组织系统和技术，如数据库系统、搜索引擎、wiki、DC 等。

（3）知识载体关联和知识内容关联。知识载体关联是指基于各类知识物质载体所形成的知识关联，如文献知识关联和非文献知识关联，文献知识关联中有文献学科关联、文献主题关联、引文关联等，这些知识关联都是基于文献外部特征和内容特征的关联，文献作为一个整体不仅包含反映文献主题的内容特征，如主题词、关键词、摘要等，也包含大量的外部特征，如分类号、作者、引文、标题、机构、期刊等。这些特征中隐藏着许多有意义的信息，通过分析文献内容的关联，可以发现该领域中的研究热点问题，而通过分析作者或机构的关联，可以发现该领域中的核心作者和核心机构。非文献知识关联有人际网络关联、社会网络关联、网站链接关系、字顺关联、编码关联、作者关联（如合著）、机构关联等。知识内容关联是指基于知识内容本身的各种知识关系，如概念关系、主题关联、学科关联等。基于内容的知识关联实质上反映的是概念之间的关联，概念化是现实世界中的抽象模型，要明确标志与现象相关的概念，研究关注概念之间的各种关系，这是知识组织与检索的基础。

此外，知识关联的形式还有语法知识关联、语义知识关联和语用知识关联，固定、静态知识关联（如学科与主题关系）和可变知识关联（如引文关系、字顺关系、编码关系），一维关联（如线性关系）、二维关联（如数据库）、三维关联（如知识地图和知识图谱）和多维关联，层次关联（等级关联）、网络关联、字顺关联、时序关联和地序关联，知识单元内部关联和外部关联等。这些知识关联交织在一起构成了复杂的知识网络。

4.4.4　知识关联的结构

知识关联是指构成知识系统的知识节点与节点之间的联系，即使各相关节点间形成意义系统的联系。这种联系表现为以一种拓扑结构形式存在的网络结构。知识关联表现出一定的结构特征，知识关联的结构形式有线性结构和非线性结构之分，其中链式结构和等级结构是典型的线性结构，网络结构是典型的非线性结构。由此可以看出，知识关联的结构主要有三种形式，即链式结构（称为知识关联链）、等级结构（称为知识关联树）、网络结构（称为知识关联网络）。知识关联链组合形成知识关联树，知识关联树组合形成知识关联网络。这三种结构在知识组织、知识检索和知识管理中具有广泛的应用，反映了知识单元间的基本关联方式。

1. 知识关联链

所谓知识关联链是指知识单元间通过单向或双向线性知识关联构成的链状结构，也可称为知识链接关系。单向线性知识关联链可称为开放链（图 4-2），开放链可无限扩展延伸。双向线性知识关联链可称为闭环链（图 4-3），闭环链结构稳定。典型的知识关联链有工具书的链式结构和引文链，形成了丰富的知识链接关系。

图 4-2　开放链示意图

图 4-3　闭环链示意图

(1) 工具书的链式结构。链式结构是目前文献知识管理中广泛应用的一种知识组织方式，工具书是文献知识组织和检索的基本形式，是文献知识管理的基础，工具书的链式结构具有代表性。工具书有检索型工具书（如书目、索引、文摘等）和参考型工具书（如字典、辞典、名录、手册等）两类。工具书一般是由知识单元（文献款目或知识项）和知识关联（组织编排系统）构成链式结构。组成工具书的知识单元可能是有关文献的全部信息，由文献的外部特征和内容特征构成，如书目款目和文献款目；也可能是文献中部分信息或文献中的知识项，如题名、著者、机构、分类号、关键词、主题词、期刊、书中人名或地名、专业术语等。知识关联，也称组织编排系统，是知识单元间的联系。知识组织编排系统主要有分类组织编排系统、主题组织编排系统、时序组织编排系统、地序组织编排系统和字顺组织编排系统五种[111]。知识单元通过知识关联序化形成知识系统，一环接一环，较少交叉、跳跃（有时也用参考系统反映知识单元间的非线性关系），具有稳定的结构和位置，利于存储、检索和管理。工具书采用的是文献目录的链式组织方式（一本书的目录就是一条知识关联链），数据库（如基于顺序文档各字段排序所形成的索引文档）又吸收了工具书链式组织方式的优点。

（2）引文链。引文链是由引证关系形成的科学文献之间的一种链状关系。例如，文献 B 引用了文献 A，文献 C 引用了文献 B，文献 D 引用了文献 C，则文献 A、B、C、D 由引证关系构成引文链：A→B→C→D[128]。引文链是文献引证关系的基本结构，众多错综复杂的引文链交织在一起就构成了引文网络。通过引文链可以将一批具有相关关系的文献联系在一起，如果将引文链中的知识单元——文献换成网站、网页、关键词、主题词、人、机构，甚至是文献中的知识项，那么也会形成相应的反映知识单元链接、引用关系的网站链、网页链、关键词链、主题词链、人际关系链、机构链、知识元链等。

（3）知识链接。知识链接是以知识关联为基础构成知识网络的一种技术措施、手段和行为。具体有知识元连接、引证链接、作者链接、机构链接、网站链接、网页链接、关键词链接等。这里，知识链接是指从一个知识单元链接到另一个知识单元，一般特指期刊文章、主题之间的链接关系。其发展与互联网的出现息息相关。知识链接是网络资源的核心，是实现从网络信息服务向知识服务转型的关键技术。相对于通过检索方式直接获取信息的信息服务方式而言，通过链接方式获取信息更符合人类通过“关联”获取信息的天性，更为直接和准确，更接近用户问题，因而逐步成为知识服务中的一个重要领域。

2. 知识关联树

知识关联树是指知识单元间呈现出树状关联结构。知识关联树是一种典型的线性、层次、等级、族性结构体系，表现出明显的树状结构（图 4-4）。问题

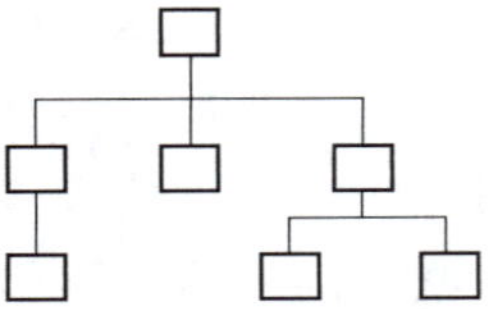

图 4-4　知识关联树结构示意图

树、层次结构分析、体系分类系统的等级结构、主题词的族性关系等是具有代表性的知识关联树。

（1）问题树。问题树是解决各类问题中最常用的分析工具之一。其基本方法是在问题解决过程中从最初的假设开始利用知识关联将母问题分岔为一系列子问题，然后对每一个子问题进行再分岔，最终形成一种树状图。在问题分析中，在确定了需要解决的问题之后，问题中涉及的因素往往会显得千头万绪，让人觉得无从下手。这时问题树和知识关联可以用来帮助梳理解决问题的思路，把最终要解决的问题一层一层地分解，把一个复杂的问题分解成一个个通过资料收集与分析便能论证（或推翻的）的问题[129]。问题树清晰地反映了母问题与子问题及子问题之间的相互关系，实质上是利用了知识单元间存在的各种关联来对母问题进行层层分解，是一种典型的知识关联树。

（2）层次结构分析。当我们对某个复杂现象的结构进行分析时，常常发现该结构中和各元素数目及它们之间的相互联系非常庞杂，超出了我们对全部信息清晰理解的能力。在这种情况下，我们往往将大系统分解为一些相互关联的子系统，这种问题分析方法称为层次结构分析。层次结构分析就是根据人类的辩证思维过程，将一个复杂的研究对象划分为递阶层次结构（图 4-5），同一层的各元素具有大致相等的地位（如并列关系），不同层次的元素间具有某种联系（如种属关系、整部关系等）[130]。层次结构分析模仿了人脑的思维方式，即将一个复杂的问题划分为多层次的树状结构，系统地反映了元素间的各种关系，是一种典型的知识关联树。

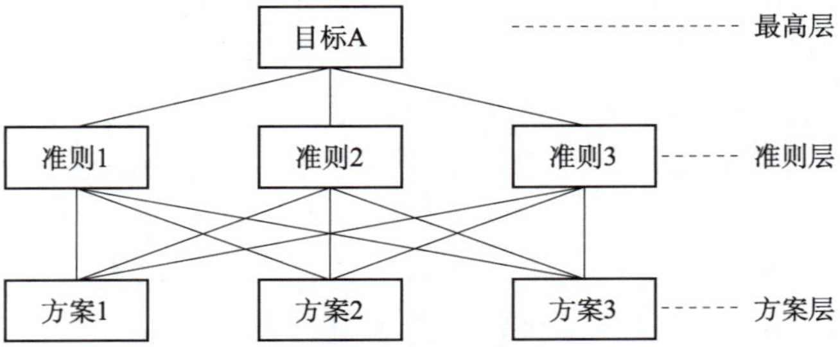

图 4-5　递阶层次结构模型

（3）体系分类系统的等级结构。体系分类系统是以科学分类为基础，依据概念的划分与概括原理，将所有类目组织成一个层层隶属的等级系统，并采用尽量详细列举的方式进行编制，从而将类目体系组织成一个树状结构。结构中的每次划分都使用一个特定的分类标准，按照划分的等级层次，依次列出专指类目。它利用概念划分与概括原理，将概括知识单元内容与事物的各种类目组成一个纵向为层层隶属、横向为并列列举、纵横交织的，既体现类目的从属关系，又体现类目的并列关系的等级结构体系，从而表达各种客观事物及其内容联系[131,132]。体系分类系统较为精细和系统地反映了知识单元间的知识关联，因而是目前知识分类、知识组织和知识检索中使用最为普遍的一种类型。著名的体系分类系统有美国的《杜威十进分类法》《美国国会图书馆分类法》和中国的《中国图书馆图书分类法》。例如，清华同方股份有限公司（简称清华同方）开发的中国期刊全文数据库和重庆维普资讯有限公司（简称重庆维普）开发的中文科技期刊全文数据库中的分类导航检索就是按照《中国图书馆图书分类法》的学科分类体系进行知识组织的。

（4）主题词的族性关系。显示概念和知识单元间的相互关系，使知识系统化，是任何知识组织方式和分类系统的基本目标。族性关系（包括属种关系、整部关系、包含关系三种）或称为从属关系、等级关系，是主题词和概念关系中最基本的知识关联形式。族性关系也是一种典型的树状结构，在主题词关系中广泛存在（图 4-6），因而主题分类体系也是一种使用非常普遍的知识组织和检索系统。树形结构可以准确地反映主题词间的族性关联，它将词间关系按其等级和联系以树形展开，族首词位于最上部，其下依次列出相关的子项，每个子项下依次列出下位概念。族性关系还可用环形图表示（图 4-7），这是一种变形的树状结构。用若干个同心圆展示词族，族首词位于中心位置，每一个圆代表词族的一个等级，相关词列于同心圆之外，用箭头将同心圆中的主题词与其连接[133-135]。在主题词的族性关系显示方面，2003 年，清华同方投资并组织专家队伍在原“中国医院知识仓库”的基础上自主研制了“清华同方主题词、分类号智能检索系统（医学专业）”（原称 KMC，现称为 MCI）。“清华同方主题词、分类号智能检索系统（医学专业）”是在原“中国医院知识仓库”引文链接基础上又实现了主题词、分类号和关键词的智能链接转换，是目前比较完善的知识网络。在主题词检索模式下，系统提供了较完善的主题词树状结构导航功能，使用户对相关专业知识结构一目了然，检索更精确、更有针对性（图 4-8）。

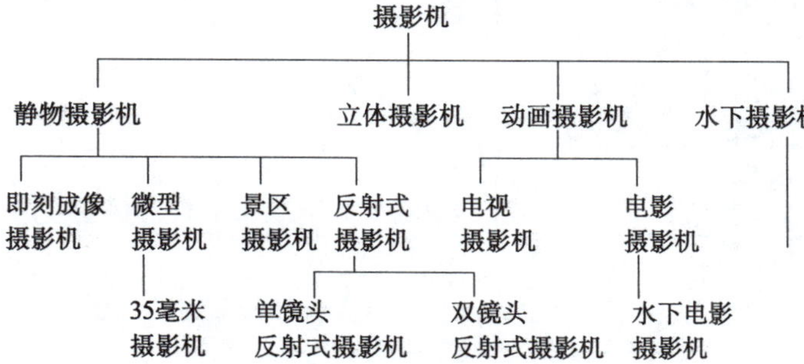

图 4-6　树形结构展示主题词间知识关联

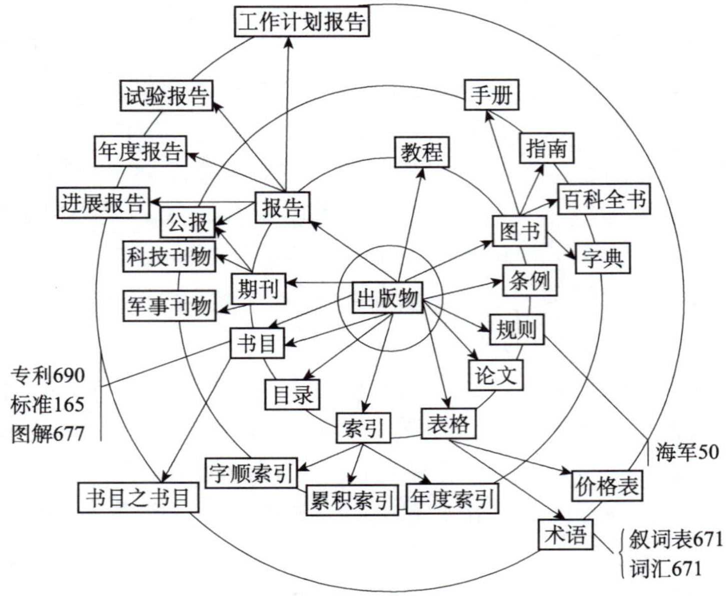

图 4-7　用环形图展示主题词间知识关联

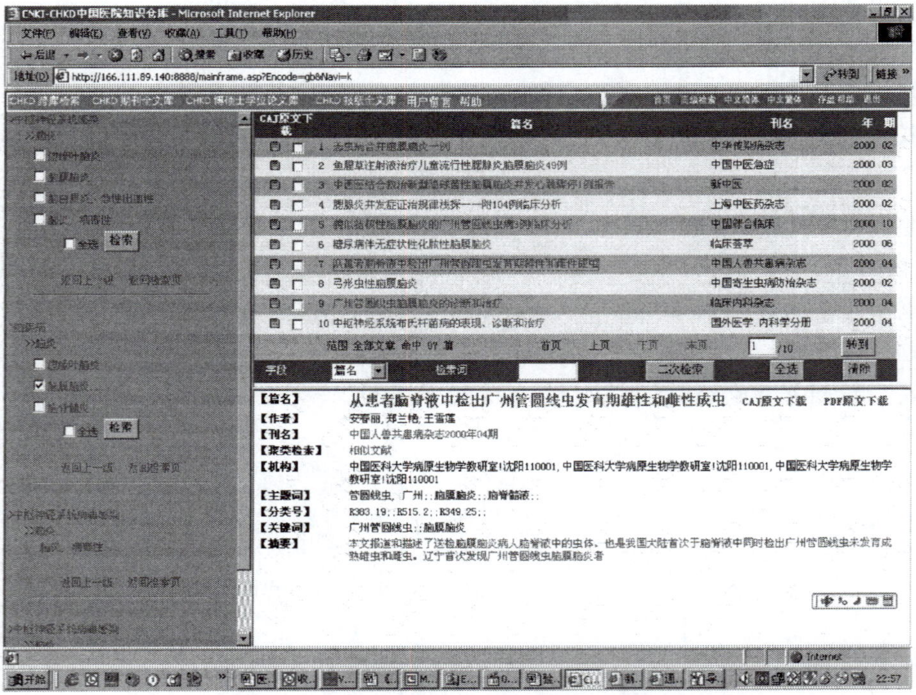

图 4-8　MCI 的主题词树状结构导航体系界面

3. 知识关联网络

知识关联网络是指知识单元间表现出复杂的、非线性的网络结构关系。知识单元间通过多重、多维、动态的知识关联错综复杂地交织在一起，形成一个庞大的网状知识体系（图 4-9）。典型的知识关联网络有引文网络、概念地图、语义网、知识地图、科学知识图谱、超文本链接网络、社会网络等。

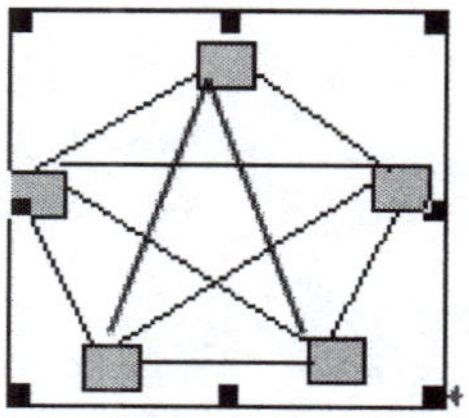

图 4-9　知识关联网络示意图

1）引文网络

引文网络是由引用关系形成的一种网状结构。引文网络是由无数引文链构成的引文关系网络。科学论文之间的引用与被引用现象，具体地、定量地体现了科学知识在纵向上的继承与发展关系，横向上的各学科知识之间的差别与联系。引文链和引文网络将某一学科或某一主题相关的文献，大致地按学科或主题联系在一起，使整个科学知识体系形成一个跨越时空的完整系统。如果用圆圈代表“结点”（引用文献与被引用文献），按照时间先后编以序位，用连线代表文献之间的引用关系，就可以绘制出引用时序网络图。加菲尔德等曾根据 15 篇核酸论文编制了一个引文时序网络图，清晰地反映了 1941～1960 年共 20 年里核酸领域发展的脉络（图 4-10）。普赖斯曾绘制了有关“基因代码”的时序网络图，图中所反映出的主题关系与这一学科的发展历程完全吻合[111,136]。20 世纪 60 年代早期，加菲尔德等就开始了基于引文数据的先锋性研究——在《应用引文数据撰写科学历史》(The use of citation data in writing the history of science) 中绘制了 DNA 研究领域发展的历史网络图；之后不久，普赖斯用相同的数据在他的一系列经典著作——《巴比伦以来的科学》《小科学，大科学》和《科学文献的网络》中，进行了引文网络绘制的开创性工作[137]。引文关联网络分析在尝试定义、解释科学结构方面，具有突出和卓有成效的作用。在科学发展前沿研究所证实的非数学科学模型的概念基础上，普赖斯使用引文方法探索了物理学和它的一个分支领域的结构。Narin 在更宽泛的层次上，采用期刊之间的引文模型定义和描述了科学的学科结构。Small 和 Goffith 的研究都表明：一个专业是由在其发展史上出现的为数不多且极其重要的论文所定义的。他们还以图形的方式显示了自然科学所有高度活跃的专业领域。Small 还独自扩展了这项研究，分别绘制了社会科学的结构图和反映生物医学专业胶原研究在 5 年里进展的系列结构图。其中影响最大的是 Small 和 Griffith 所进行的有关科学结构图（图 4-10）的研究[138-141]。

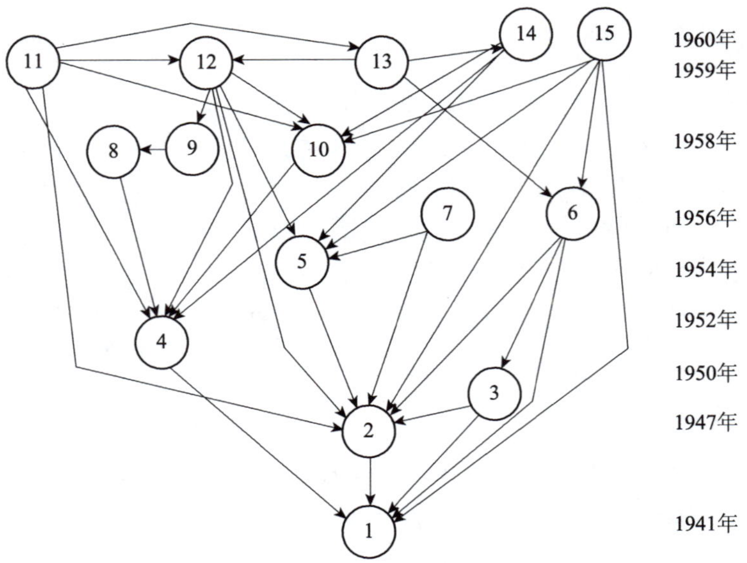

图 4-10　加菲尔德等绘制的引文时序网络图

2）概念地图

概念地图是一个概念完全集与概念关系网络图。概念地图最早是在 20 世纪 70 年代初由美国康奈尔大学的诺瓦克（J. D. Novak）教授提出的一种教学工具[142]。通常认为，概念地图是针对特定主题的个人结构化知识的一种图示方法[143]。可以说，概念地图是利用概念及概念之间的关系来表示某个主题的结构化知识的一种可视化图示方法。它用节点表示概念，用连线和连接语表示概念之间的关系；节点和连线按照宽泛概念在上、具体概念在下的顺序，形成等级结构，众多的概念连接和交织在一起就形成了一个概念网络。概念地图由概念（事件或对象所具有的规律性）、关系（由连接线和连接词组成，用于连接概念形成命题。该关系必须是有效的，而且是有意义的）、命题（由两个以上的概念及其关系构成的表达意义的命题）、连接线和连接语（连接线指概念间的连线，连接语指连接线的名称，用以标示概念之间的关系和意义）、等级（指概念地图中所呈现的层次。其中上级概念比下级概念广泛，而下级概念比上级概念具体）、交叉关系（由连接线和连接语组成，描述不同意群之间的关系）和示例（概念的具体例子）等要素构成（图 4-11）[144]。随着概念地图的发展，又相继衍生出“认知地图”“因果图”“思维导图”和“知识地图”等一系列知识网络图示方法。概念地图在概念检索、知识管理、教育与教学等方面具有广泛的应用。国内外大量的机构和学者正在尝试完成“概念地图”和“概念网”的创建，如美国普林斯顿大学的 Word-Net、微软公司的智网（Mind-Net）、加利福尼亚大学伯克利分校的框架网（Frame-Net），中国的知网（How-Net、Know-Net）、概念层次网络（HNC）和概念检索等[145]。

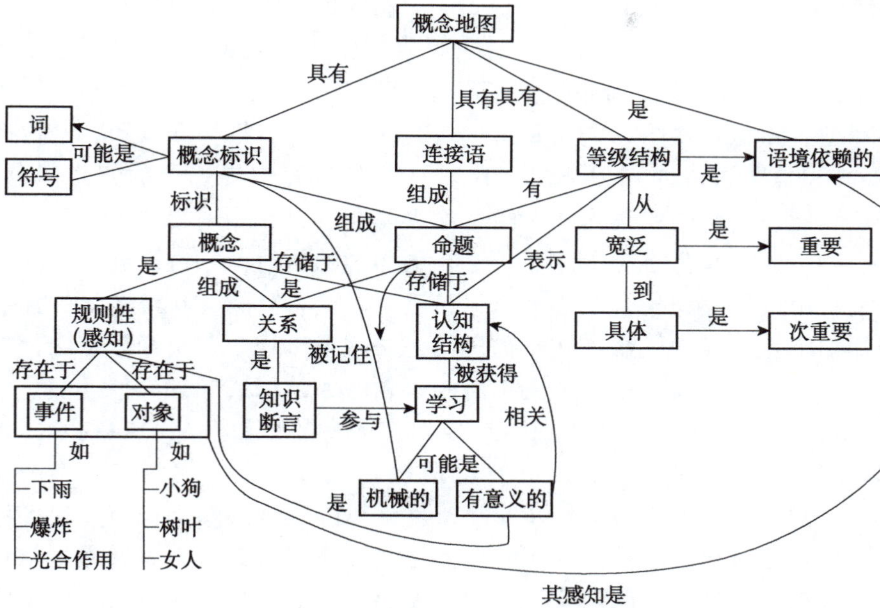

图 4-11　反映概念地图要素的概念地图

3）知识地图

知识地图起源于地理上的地图，美国捷运公司最早的知识地图是一张充满知识资源的美国地理地图。它带有索引号或表示层次关系的表格和文件，以及信息资源管理表和信息资源分布图，是知识地图的早期形式。它侧重于对信息资源与各相关部门或人员关系的揭示，但未揭示各信息资源款目之间的关系[146]。Gartner Group 认为知识地图（Knowledge Map）是一组概念及其关联关系的表述，并能帮助用户快速找到需要的概念，提供通向相关知识源（信息或人）的链接[147]。知识地图也称为知识分布图，本质上是由专家整理的一种知识索引。知识地图能够有效地为用户提供组织拥有的各种知识资源库的集成逻辑视图[148-150]，其所显示的知识来源可能是部门、小组、专家、相关人员、文件的名称，也可能是参考书目、事件代号、专利号码、知识库索引等，但不包含知识内容本身[151]。知识地图是对组织知识资源总体分布情况的可视化描述。知识地图的功能在于揭示知识节点之间，以及知识节点与人或特定事件相互之间的关系，如等级关系、相关关系、因果关系、逻辑关系、评价关系等，并试图通过揭示款目之间的关系实现知识的提取和共享。每个知识节点与其他存在关系的节点相连，与相关的人员相连，与相关的事件相连，这样就构成了一个知识网络。顺着这个网络，可以找到所有与节点相关的东西[152]。知识地图最初是作为一种认知工具出现的，它有不同种类，如概念图（Concept Map）、脑图（Mind Map）、语义图（Semantic Network）、组织图（Graphic Organizer）、推理图（Reasoning Map，Argument Map）等[153-154]。知识地图是一个概称，它实际上还可以包括知识进化循环图、组织知识范围图、社会知识流动图、知识迁移过程图、知识利益图、个人知识进化循环图、知识拓扑图、知识资源图等[155]。知识地图通常由知识节点（代表从业务过程中提炼出的知识对象。知识节点和知识对象的关系如同书的名称、简介、目录和内容的关系，一个知识节点还可以分解为多个子节点，进行更详细的描述。一组被连接的知识节点代表一个领域知识集合或一个知识流程）、知识关联（节点之间的连线说明了知识节点之间的联系。初步描述某一领域或流程中各个知识点之间的相互关系，用户可以通过知识关联了解知识领域的结构或知识的传递演化情况）、知识链接（提供知识的详细信息或知识本身的位置。用户在初步了解知识的内容、类型和使用方法后，可以通过知识链接直接找到知识本身位置，或者与知识提供者进行进一步交流）和知识描述（提供知识节点更详细的信息。通过图表层了解整个知识领域的结构和应用背景后，可以通过知识描述来了解单个知识节点的内容、结构、使用条件等信息）四个基本要素组成（图 4-12）[154]。常用的知识地图展现方式有档案总管型、思考管理型、树形地图、阶层地图、网状地图、星状地图、点状地图、条列地图、等高线地图等。其中树形知识地图、阶层式知识地图和网状知识地图最为常见[156]。知识地图覆盖的领域很多，如情报学中反映学科、关键词和作者关联的知识地图[157]、知识工程中的知识地图系统(图 4-13)[155]、知识管理中的企业知识资源地图（图 4-14）[158-159]等。

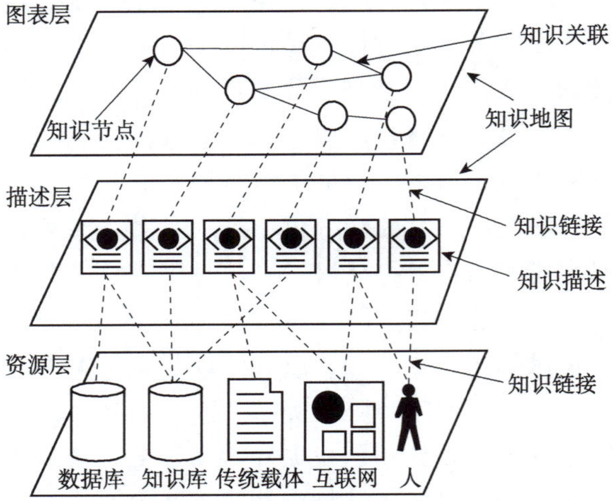

图 4-12　知识地图概念化模型

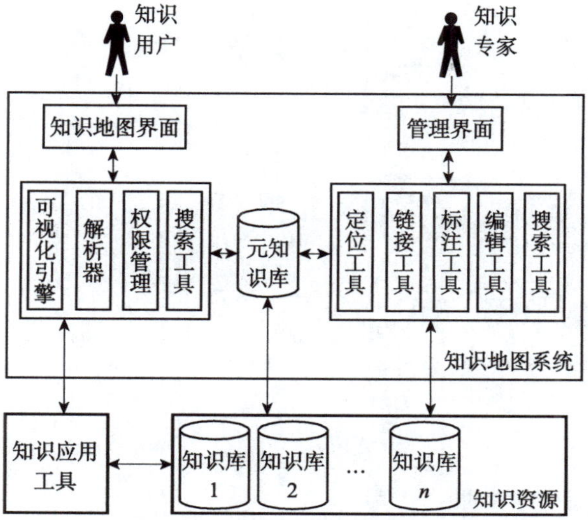

图 4-13　知识地图系统

4）语义网

语义网最早由奎廉（J. R. Quilian）于 1968 年提出，首先被用于自然语言理解方面。语义是指语言学的符号和表达式同它所描述的对象之间的关系，而语义网是以网络形式表示人类知识构造的一种形式。语义网是知识表示中最重要的方法之一，语义网络就是表现物体及它们之间彼此关系的图表。语义网络既可以作为人类联想记忆的心理学模型，又可以作为计算机内部表达知识的一种格式，是一种表达能力很强而且灵活的知识表达方法。从图论的观点来看，它其实就是“一个带标志的有向图”。有向图的结点表示各种事物、概念、属性及知识实体等。有向图的有向边表示各种语义联系，指明其所连接的结点之间的某种关系。一般地说，语义网络中的结点还可以再是一个更细致的语义子网络。可把它一层一层细化，到最基本的原子对象为止。一个语义网络 SN 可形式地描述为 SN= $\{N, E\}$；其中 N 是以元组或框架标志为结点的有限集；E 是连接 N 中结点的带标志的有向边的集合。结点上的元组或框架描述了该结点的各种属性值，有向边上的标志描述了该有向边所代表的语义联系的语义[160]。语义网络中语义联系的描述方式主要有 ISA 联系、AKO 联系、subset-of 联系、a-member-of 联系、a-part-of 联系、before 联系、have 联系、located-at 联系、similar-to 联系、infer 联系和 possible-reason 等。结点间的联系可能是线状、树状、网状或递归状结构，但最终形成一个网络系统。图 4-15 为一个典型的语义网络示例[161-162]。目前，XML（可扩展标记语言）和 RDF（资源描述框架）是两种可用于开发语义网的重要技术和本体语言，成为下一代 Web 网络信息组织和描述的发展方向。

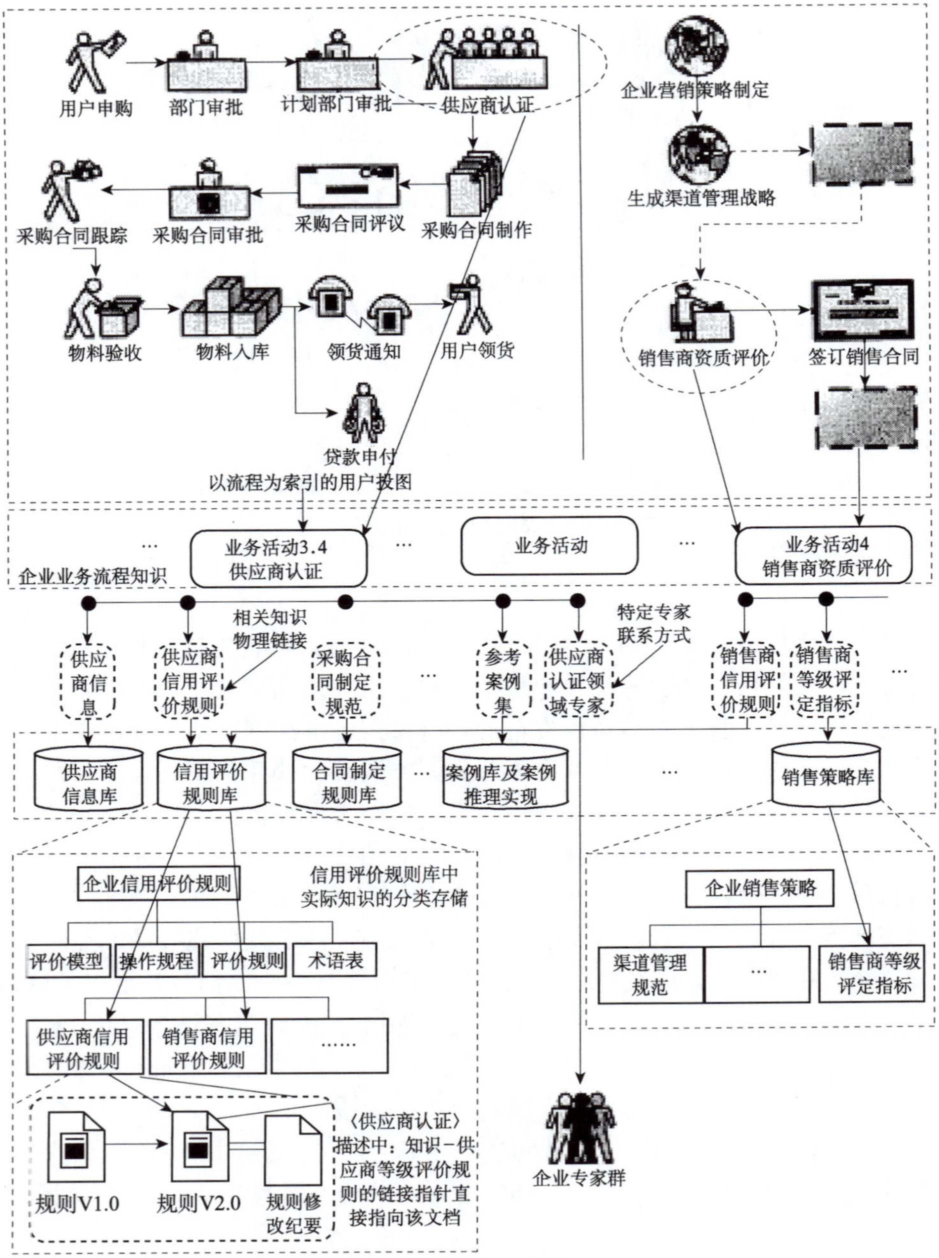

图 4-14 企业知识资源地图

5）科学知识图谱

科学知识图谱，是显示科学知识的发展进程与结构关系的一种图形[163]。科学知识图谱是引文分析和信息可视化相结合的产物。加菲尔德和普赖斯在科学

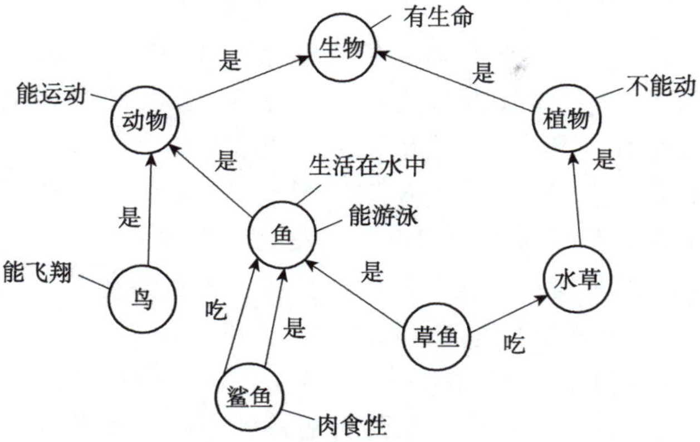

图 4-15　语义网络示例

知识图谱的研究和绘制上进行了开创性的工作。引文分析可视化研究始于 20 世纪 50 年代初，加菲尔德最早应用引文编年图法进行了引文时序可视化研究。1964 年，加菲尔德创立 SCI，为学者们利用引文分析法分析学科领域知识结构提供了强有力的工具。在众多文献计量学家的共同努力下，科学知识图谱发展日益成熟，相继衍生出包括共词分析、共引分析、共现分析、非相关文献分析、社会网络分析等一系列可视化分析方法在内的科学方法体系，成为一种揭示科学结构、研究科学史的发展规律、评价科研绩效、预测研究领域热点等的有效工具。例如，美国德雷塞尔大学的 Howard 分析了“情报科学”1972～1995 年的作者共引情况，用图表揭示了对情报科学影响比较大的机构和单位，学科发展结构及作者关系情况的变化等；1999 年，陈超美利用三维虚拟技术开发了一套把作者共引关系表示出来的图表，并分析了大型的引文网络结构；加拿大多伦多大学的 Yuan An 提出了研究计算机文献的相互联系的结构方法，通过数字图书馆检索到有关文献的引用情况，然后应用图表可视化的算法来展示它们之间的关系，并研究其中的一些规律；陈超美利用可视化技术分析了有关文献的共引情况图，为揭示其有关的规律提供依据；Steven Noel 根据文献的引文耦合提出了有关的可视化方法[164]；Small 利用引文方法分别绘制了社会科学的结构图和反映生物医学专业胶原研究在 5 年里进展的系列结构图[165]。西班牙的 Felix Moya-Anegon 通过搜集西班牙在 2000 年被 SCI、SSCI 及 A&HCI 收录的文献，并根据发表这些文献的期刊在 JCR 中所属的类别，对应到西班牙的分类法的 25 个大类中去，将大类的同被引分析转化为期刊类别的同被引分析，从而得到西班牙大科学结构分析的可视化图像[166]。陈超美把引文分析可视化应用于专利引文分析中，以组织工程学方面的专利为分析范围，通过分析这些专利对科技文献（除专利文献以外）的引用情况，利用 PFNET 绘制成可视化图，形象地表示出了在专利中多次被引用的论文及它们之间的关系，从而为追踪科学到技术的转化提供了一条途径[167]。德国著名科学计量学家赫尔德若·克里奇默(Hildrun Kretschmer)关于科学合作的三维空间模型研究，大大地推动了科学知识图谱的发展[168]。科学知识图谱以引文网络、概念网络、知识地图等为基础，其绘制方法如下：用不同颜色的圆圈代表节点，圆圈颜色表示节点属性值的分布状态，圆圈大小表示节点在网络中影响，节点间的距离或连线的粗细表示节点的关系强度。节点可以是学科、主题词、关键词、国家、机构、期刊和作者等研究对象。基于信息可视化和引文分析可视化的科学知识图谱可用于以下几个方面[163]。①分析学科进展及发展趋势，图 4-16 显示了国内知识管理研究热点演进趋势[169]。②分析学科核心作者群，图 4-17 显示了国际上最有影响力的 50 位科学计量学家共引图谱[170]。③分析学科核心期刊群体的结构，图 4-18 显示了科学计量学期刊的知识图谱[171]。④分析时空分布特征、主要热点领域、研究前沿、动态和发展趋势，图 4-19 显示了管理学研究论文的关键词的 K 核图谱[172]，图 4-20 显示了反映学科发展趋势的热点领域及关系[163]。⑤分析了论文产出的主要领域、国家、机构、科学家和期刊，图 4-21 显示了世界物理学领域 20 国合作网络图[173]。此外，科学知识图谱还可广泛作为制定科学决策的依据；确定研究的热点、方法、学科分布和应用领域；揭示相关文献所代表的特定领域内的研究主题、主题的层级及其关系，以及由研究主题所映射的具体研究方向之间的关系；揭示研究主题接近所属领域热点问题的程度；考察特定领域内科学研究主题的变迁；预测特定领域的知识发展趋势等方面。

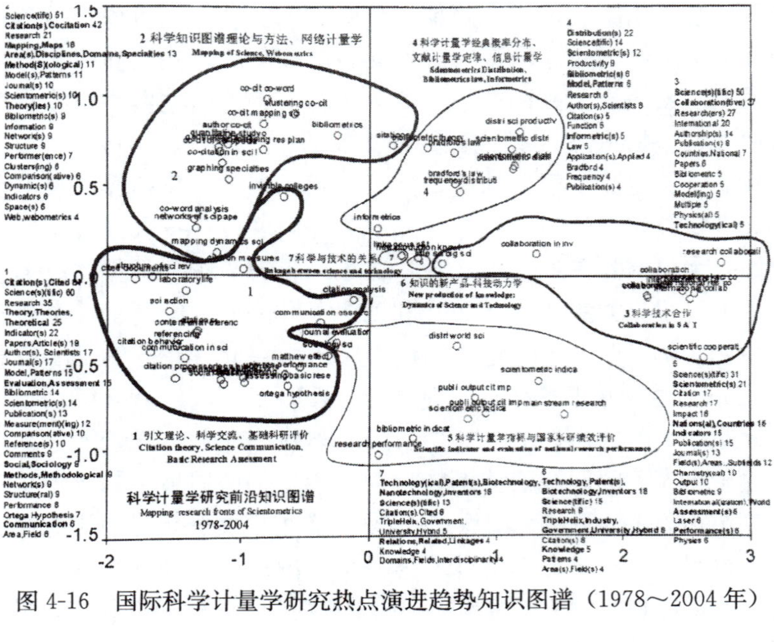

图 4-16　国际科学计量学研究热点演进趋势知识图谱（1978～2004 年）

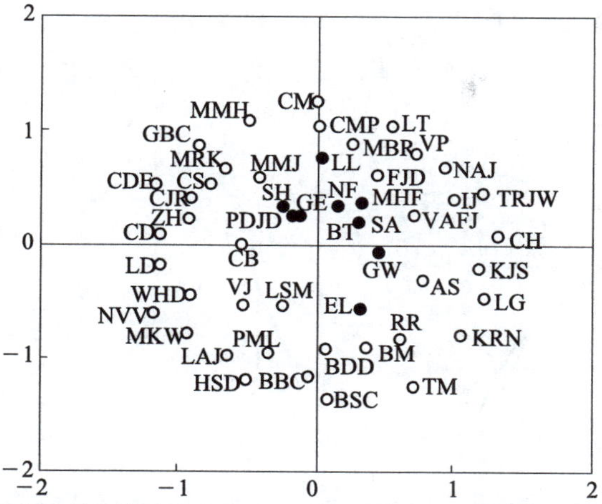

图 4-17　50 位最有影响力的科学计量学家共引图（深色圆点代表最有影响力的 10 位科学计量学家）

6）超文本链接网络

互联网由无数网站构成，而网站则由不可计数的网页构成，网页的基本单位是超文本。因此，互联网是一个由超文本及其链接关系构成的庞大的、复杂的信息关联网络。超文本链接是互联网最基本的特征之一，它能容易、方便地实现网络资源之间的跳转和浏览，使整个互联连接成一个网络整体。超文本则是由节点（信息单元，可以是网站、网页、数据库、关键词、概念、文件、图片、视频、音频等任何对象）和链（节点间的关系）组成的网络结构。用户在网站中浏览信息时，主要依靠超文本节点间的链来追踪目标信息，这种非线性的网状结构符合人类的思维联想和跳跃习惯。目前互联网上的 Web 网页主要是利用超文本标记语言（HTML）编制起来并利用超链接建立联系的一种网状信息组织方式。Web 页面只有通过与其他网页及其自身内容的链接，才能相互交换信息，扩大使用价值。网页的不同链接体现了不同的信息功能，具有不同的特征和规律[174-176]。

7）社会网络

社会网络是由各种人际关系网络组成的复杂网络系统，是一个隐性的知识关联网络。社会网络包括人际关系网络（如朋友关系、同学关系、同事关系、亲戚关系等）和组织关系网络（如企业的员工关系网络、客户关系网络等，商业合作关系网、企业联盟、高校联盟、图书馆联盟等，政府同盟、区域联盟等）。一个社会网络是一个人群的集合，其中的每一个人都与其中某个子群体的人相互熟悉。这样一个网络可以用点的集合来代表人，用线的连接来表示相识。从理论上来说，可以为任何一个共同体（如公司、企业、学校、大学、研究所、学会、社团、家族、政府部门等）构建一个社会网络，甚至可以包括整个世界[177]。社会网络分析源于“小世界现象”的研究，已经发展成为一种成熟的科学分析方法，被广泛用于新闻传播、信息交流、组织管理、科学合作网络研究等领域。

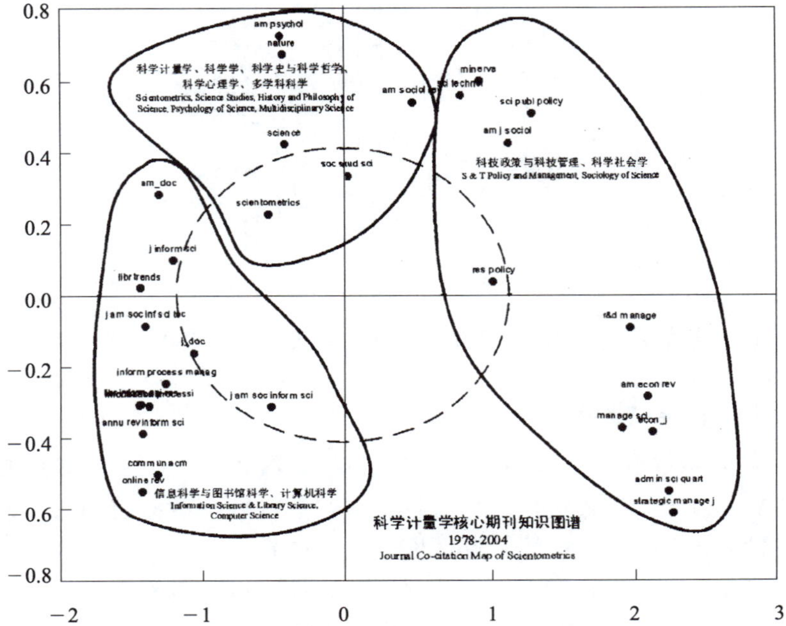

图 4-18 科学计量学核心期刊知识图谱

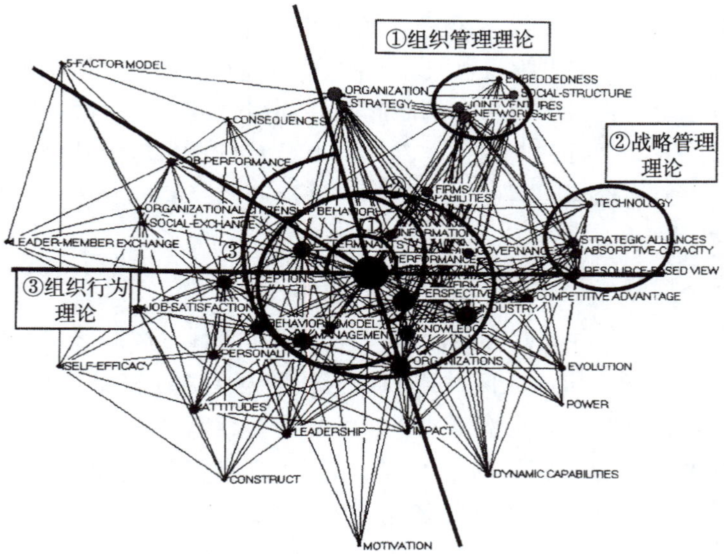

图 4-19 管理学论文关键词 K 核图谱（2004～2005 年）

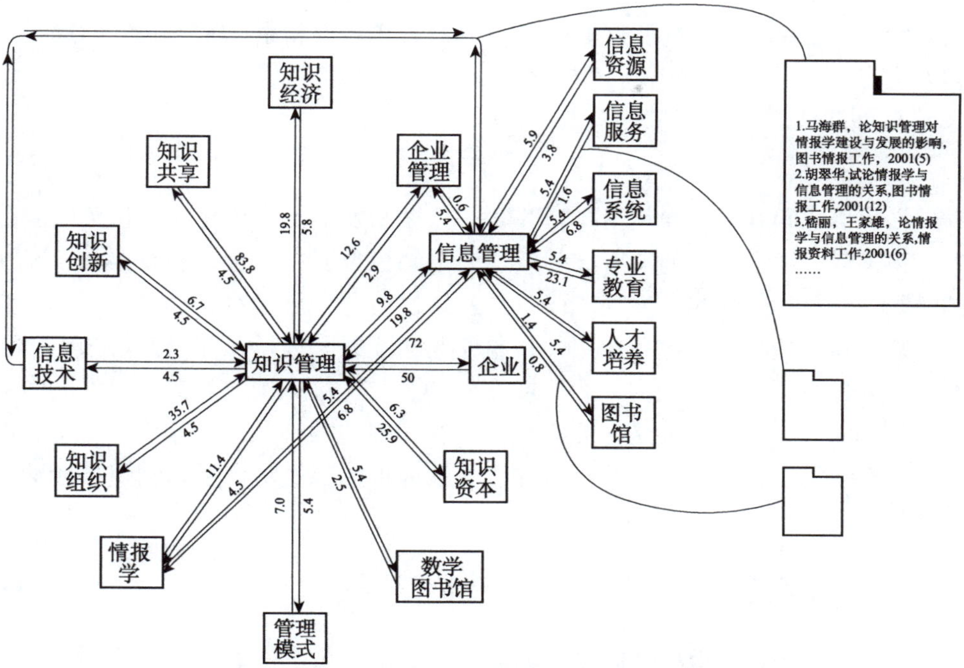

图 4-20　反映学科发展趋势的主题词网络图

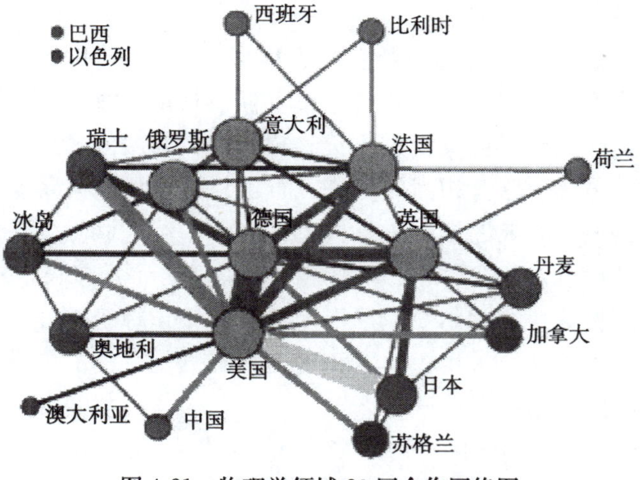

图 4-21　物理学领域 20 国合作网络图

涉及 20 个合作国家，合作论文共计 68 篇

4.4.5　知识关联的测度

知识关联的测度主要包括三个方面：一是有无关联的测度；二是关联强度

的测度；三是关联方式的测度。不同的知识关联结构和系统有不同的测度指标和方法。

1. 有无关联

知识单元间有无关联是指知识关联的挖掘和发现，包括显在知识关联和隐含知识关联。通常所说的“有无关联”是指知识单元是否存在着直接的、显在的关联，隐含的关联难以发现，而一旦发现之后即变成显在的关联。因此，有无关联在知识关联网络中一般用知识单元间的连线来表示。如果两个知识单元间存在某种联系，就是无向“线”或有向“边”连接。例如，引文间的共引关系、耦合关系、同被引关系，关键词和主题词间的共现关系，作者、机构、国家间的合作关系，网站、网页间的链接关系等指标都能明确反映知识单元的关联性。

2. 关联强度

关联强度是指知识单元间联系的紧密程度。在知识网络中，一般用知识节点间的距离、连线的长度、连线的粗细来表示。目前反映知识关联强度的主要指标有以下四种。

（1）相关度。相关度也称为相关性、相似性。在知识组织与检索系统中，相关度是指用户查询或提问表达式与系统存储文档的匹配程度。相关度越高则说明查询式或提问式与存储文档越相近。相关度作为对知识组织与检索系统相关性、相似度的量化，已有相当的研究，布尔检索模型、向量空间检索模型和概率检索模型是三种经典的知识检索模型，对知识组织和检索系统中相关度的计算进行了系统探讨，分别给出了知识单元相关度的计算方法和公式[178]。在知识组织系统中，相关度通常用知识标引网罗度和知识标引深度来表示，而在知识检索系统中，相关度通常用检全率和检准率来表示。相关度计算是知识组织和检索领域中的研究热点之一。

（2）耦合强度和共引强度。1961 年，美国的开斯勒提出了引文耦合的概念，之后在此基础上发展出引文耦合分析。他把共引一篇论文的两篇或多篇论文称为耦合论文，它们间的关系为引文耦合关系，并用耦合强度来定量表示耦合论文间的联系，耦合强度值即耦合论文共同的参考文献数。引文耦合关系是一种重要的引文关系网络，被大量用于研究科学学科结构和联系。1973 年，美国的斯莫尔又提出了共引的概念，并发展出共引分析。当两篇论文同时被第三篇论文所引用时，则这两篇论文间的关系为共引或同被引关系，并提出了定量测度论文之间共引或同被引程度的指标，即共引强度，指共同引证相同文献的论文数。共引关系也是一种重要的引文关系网络，被用于对学科的结构，以及学科间的联系和交流做定量的动态分析。由文献耦合和共引可以引申出作者、机构、期刊和学科耦合和共引等相似现象，这些相似现象从不同的角度共同反映了科学技术发展进程和学科专业主题结构及其关系。建立在耦合强度和共引强度基础上的文献聚类分析逐渐发展成为当前文献计量学、科学计量学最活跃的研究领域之一[179-182]。经常一起引用相同文献或经常被共同引用的文献（或国家、机构、期刊、学科等），则表示它们在研究主题的概念、理论或方法等方面是相关的。因此，文献耦合或文献共引的次数越多，它们之间的关系就越密切，“距离”也就越近。利用现代的多元统计技术，如因子分析、聚类分析和多维尺度分析等，就可以按“距离”将一个学科内的重要文献（或国家、机构、期刊、学科等）加以分类，从而鉴别学科内的科学共同体或无形学院[183]。

（3）共词和共现频次。共词分析（Co-word Analysis），也称词共现分析、共词聚类分析等，是一种内容分析方法，以词频统计分析为基础。它的基本原理主要是对一组词两两统计它们在同一篇文献中出现的次数，以此为基础对这些词进行聚类分析，从而反映出这些词之间的亲疏关系，进而分析这些词所代表的学科和主题的结构变化[184-185]。它利用大量文献中共同出现的关键词对有效地反映文本关键词之间的关联强度，减少了关键词的空间，用一套结构图有效地展示了关键词或主题词之间的关联[9]。因此通过共词分析和共现分析可以确认文本所代表的学科领域中相关主题的关系，进而探索科学学科的发展进程。通过对高频主题词的聚类，可以发现学科的研究热点。共词分析研究始于20世纪70年代中后期，最早由法国文献计量学家提出并得到详细描述，经过20多年的发展，共词分析方法已经日趋成熟，逐步形成了基于包容指数和临近指数、基于战略坐标和基于数据库内容结构分析的3类共词分析方法，被广泛应用于发现和寻找学科领域研究热点，分析领域学科的发展过程、特点及相互关系，反映某个学科专业的科学研究水平，以及发展历史和结构，拓展信息检索领域以求帮助用户检索信息等方面。共词分析是在词频统计分析基础上发展出来的主题词或关键词知识网络。词频统计分析关注的是词出现的频次和排列秩序，并没有有效反映主题词和关键词之间存在的关联和结构，而共词分析正是以词的频次和排列秩序为基础，重点分析词与词之间存在的结构和关联。因此，共词分析揭示的是以主题词或关键词为知识节点构成的知识网络，共现频次反映了词与词之间的关联强度。其基本原理如下：若两个词（或多个词）在一篇文献或多篇文章中共同出现，根据心理学的邻近联系法则、知识结构及映射原则，则这些词之间必然存在某种程度的联系或潜在关系。如果将分析对象进一步扩展，则可衍生和延伸出引文共现（如引文耦合和共引）、作者共现、机构共现、期刊共现等相似现象，形成以不同知识单元为知识节点的知识网络。例如，两个或多个作者共现的频次，可以反映出他们之间的合作关系和合作网络；某两个或多个学科领域的论文共同发表在同一期刊上，则可反映这些学科之间的关系；多个期刊共同刊载某一学科领域的论文，则这些期刊必然是相关期刊；若两篇（或多篇）科学文献有一个（或多个）相同的关键词，则这两篇（或多篇）文献或其相应著者间必然存在一种潜在的关系，这就是词共现分析的拓展，也是多种共现分析的组合。因此，可以说共现分析是一种更广泛的信息计量分析和知识网络分析方法，是将各种信息载体中的共现信息定量化的分析方法。通过共现分析，人们可以发现研究对象之间的亲疏关系，挖掘隐含的或潜在的有用的知识，并揭示研究对象所代表的学科或主体的结构与变化关系，在计算机技术的辅助下，利用信息可视化技术，可以清晰地用二维或三维图示反映出研究对象之间的网络关系，具有更广阔的应用价值和前景。共现分析在构建概念空间、语义检索、知识组织、信息检索、文献内容知识关联分析、知识挖掘和知识发现等方面彰显出独特的功能，正在成为支撑知识挖掘和知识服务的重要手段和工具[186-187]。

（4）知识关联广度和知识关联深度。知识关联广度是指知识网络中其他知识单元与某一知识单元（知识节点）链接数的多少，即有多少个其他知识节点与该知识节点有关联，也可以用两个知识节点间存在的链接路径数的多少来表示。知识关联广度在网络和图论研究中称为“节点的度”（与一个节点相关联的边的条数）。知识关联广度反映了某一知识单元在知识网络中的地位、作用或影响。知识关联深度是指具有相互联系的两个知识单元或知识节点之间所包含的中间节点个数，节点越多则关系深度越大。表明知识节点是否具有直接关联及间接关联的程度如何。知识关联深度在网络和图论研究中称为“距离或直径”（距离是指节点间最短路径的长度；直径是指一个网络中所有节点对之间最长的最短路径的长度）。所有节点间的最短路径长度的最大值称为网络的直径。网络直径体现了网络的规模，即告诉我们网络有多“大”。研究表明：网络中两点的平均距离 L 与网络中节点数 N 呈对数关系，这说明网络节点数量 N 增长很快时 L 变化相对较慢。对数增长的情况在很多网络模型中得到了证实，并在大量现实世界网络中也可观察到。例如，“六度分离”实验证明人际网络的平均传递约为 6 次，1999 年万维网的网络直径或特征路径长度约为 19 次链接（在这个网络中，要想达到任意一个网页，最多需要通过 19 次链接），具有 153 127 个节点的万维网的平均最短距离为 3.1，大肠杆菌的代谢网络的平均最短距离为 2.46[188-189]。此外，还可用网络的“族系数”（衡量网络集团化程度的参数）、“平均度”（反映网络的整体连接情况）、“密度”（表征网络中否具有紧密关系）、“中心度”（反映网络中节点的影响度，如果一个节点在网络中与许多其他节点有直接关联，该节点就处于网络的中心地位，可能拥有较大的影响力和支配力）[190]等指标来测度知识关联强度。

3. 关联方式

关联方式是指知识单元间关联的形式，通常指关系的类型，即关系的有向和无向、单向和多向。在知识网络中常用链接关系和链接方向来表示，如“有向边”或“有向线”。知识单元之间存在着等同关系、等价关系、层次关系、等级关系、包含关系、因果关系、先后关系、交叉关系、并列关系、矛盾关系等各种关系，链接方向有链入链出、单向链和双向链，链入是指向某个知识节点的链接，链出是从某个知识节点出发的链接。

4.4.6 知识关联的应用

知识关联的应用十分广泛，一切知识活动都离不开知识关联。我们目前所从事的所有知识活动都是为了发现知识关联、利用知识关联和建立知识关联，从而达到有效管理知识和创造新知识的目的。纵观国内外研究，目前知识关联的应用主要集中三个层面，沿着三条路径发展。

1. 知识关联在图书情报领域的应用

图书情报领域对知识关联的研究和应用由来已久，主要研究文献单元之间及知识单元之间的内在联系，从而更好地组织、导航、检索和利用文献知识网络和知识单元网络。利用知识关联管理知识和开展知识服务是图书情报领域研究知识关联的核心，主要集中在知识组织系统和知识检索系统的研究与实现两个方面，经历了手工管理、自动化管理和网络化管理三个阶段。

(1) 知识关联在知识组织系统中的应用。知识关联一直是知识组织研究的核心，从最早关于知识分类和文献分类的研究，到现代知识组织语言、知识分类组织系统、搜索引擎、网站网页（超文本、超链接就是典型的知识链接和知识组织方式）和知识地图的设计等，都是基于知识关联的应用的。在图书情报领域，知识关联的应用主要是对文献信息等显性知识进行组织、管理和优化，这一核心一直是每一代图书情报学人的梦想。1965 年，加菲尔德和普赖斯探讨了科学论文之间的引证与被引证关系，发现引文网络关系，开辟了知识组织的新途径[191]。引文网络为知识网络研究和科学知识图谱绘制开辟了新的研究空间。1980 年，布鲁克斯提出了“认知地图”的思想。他认为认知地图是分析文献间的逻辑联系，找出人们创造和思考的相互影响与联系的节点，像地图一样把它们直观地标示出来，描述知识联系的有机结构。在认知地图上，每个知识单元就像一个节点或地址，处于创造它们的逻辑位置上，通过相应的关系与其他节点联系，形成一个有机的整体。布鲁克斯的认知地图为后来组织知识管理中的知识地图等概念的出现提供了原型[192]。在国内，王知津等提出了“知识因子”说[193-194]，赵蓉英等提出了“知识网络”说[195]，刘植惠等提出了“知识基因”说[196]，温有奎等提出了“知识元”说[197-198]，王子舟等提出了“知识单元”说[199-200]，他们指出，知识由众多节点（即知识单元，如知识因子、知识基因、知识元等）和节点间的联系（知识关联）两个要素组成。知识单元中的知识因子、知识元和知识基因等是知识的最小单元，知识关联是若干知识单元间的联系。知识是有机联系的网状结构，不是各知识单元的散乱分布。这些学说和理论在知识组织和知识管理等研究领域得到广泛认可。近年来，图书情报领域对Ontology、主题词表、概念网络、元数据等有关语义网络的基础研究剧增，而这些研究与知识关联和知识网络在信息技术领域中的应用形成交叉研究[201-202]。

（2）知识关联在知识检索系统中的应用。基于知识关联研究和设计科学的知识检索系统是图书情报领域和信息技术领域长期以来共同的研究热点和交叉领域，任何知识检索系统都基于知识单元相关性、相似性的设计。从早期有关书目、索引、文摘等检索工具，以及百科全书、名录、字辞典、手册等参考工具的研究与编制，到现代数据库系统（各类书目、索引、文摘、数值、事实数据库等）、搜索引擎、网站系统、专业检索系统（如 CNKI 等全文数据库检索系统）的设计，都是充分考虑了知识单元间的关联而进行的。美国科学研究与发展管理局主管 V. Bush 博士关于“MEMEX”的设想，一直是图书情报学人追求的目标和梦想，这一设想随着计算机等现代信息技术的飞速发展正在不断实现。

2. 知识关联在信息技术领域的应用

知识关联在信息技术领域的应用，主要是以信息技术为基础，研究知识关联在知识表达与存储、知识发现、知识组织、知识检索、语义关系及虚拟网络等知识网络中的应用与实现。信息技术领域中关于知识关联的应用研究分为两部分：一部分是研究基于知识关联的知识网络系统的技术实现，主要集中在自然语言理解、人工智能和知识工程等方面，如自然语言理解和人工智能研究把知识网络作为扩展语言理解系统的一种方式，研究语义网中词与词之间的关系及其实现；知识工程中关于知识表达与存储方式、知识发现和语义网等的研究一直是这一领域的热点和难点。20 世纪 90 年代以后，随着计算机科学突飞猛进的发展和互联网的迅速普及，人们不仅加快了对神经网络、模型系统、知识表达、知识发现、知识挖掘、语义网、专家系统、知识网格等方面的研究[203-204]，而且对虚拟的、分布式的知识网络的构建等的研究也方兴未艾[205]，这些都是以知识关联为基础，聚焦于知识网络的技术实现与应用。还有一部分是基于信息技术与知识关联的交叉研究，主要集中在图书情报领域和信息管理领域，目前图书情报领域关于知识网络、知识组织系统、知识检索系统、认知地图、概念地图、语义网络、知网、科学知识地图与知识图谱、本体、专家系统、知识仓库、相关文献与非相关文献分析、共现分析、共词分析、共引分析等方面的研究，都是将信息技术和知识关联引入并有机结合，寻求新的知识组织、知识检索和知识服务方式。

3. 知识关联在社会经济领域的应用

知识关联在社会经济领域中的应用，主要是运用社会学、心理学、教育学和经济学等学科的理论与方法研究嵌入在社会、经济、组织活动中的知识网络现象及其相关问题，寻找和发现其中隐含的知识关联，或者在知识网络研究中利用知识关联进行知识发现。这主要集中在三个方面。一是知识关联在经济管理中的应用。例如，有的学者从宏观角度研究科学技术与经济社会发展的关联（如有关技术经济、知识经济和信息经济的研究）、区域经济和社会发展中的知识网络现象、知识网络与货币政策的关系及知识网络对某一产业的影响等；有的学者则从中观视角研究产业集群中知识网络在知识创新中的作用及某一产业中基于知识网络的学习机制等；还有学者从微观视角研究组织内部业务单位间、团队间知识共享及组织内多重网络的知识共享问题等[206-209]。这些都是从知识关联出发研究社会网络中知识资源特别是隐性知识的开发和利用问题，研究知识交流、共享和创新等知识管理核心环节的问题。二是知识关联在社会关系分析中的应用。例如，当前广泛兴起的社会网络分析、小世界现象研究、人际关系网络、机构联盟等[210-213]，都是基于隐含知识关联对正式和非正式人际交流网络的研究，产生了广泛的影响。三是知识关联在教育中的应用。概念地图、知识点网络、联想记忆[214]等研究都离不开知识关联的应用，知识关联成为知识学习和知识创新的基础。

4.5　知识网络的构建

世界上的每个人之间都存在着千丝万缕的联系。20 世纪 60 年代，美国社会心理学家米尔格伦提出了“六度分割”理论。他认为，只要通过六个人，你就能够与任何一个陌生个体建立联系。有时这种关联很强也很近，可是有时这种关联的“丝线”非常微弱且异常遥远，即使我们意识到对方的存在，但我们听不见对方的挣扎呼喊，就算听到依然无法理解也无法进行有意义的沟通。知识单元之间的关联也是如此，也存在着直接的、显在的关联和隐含的、潜在的关联，构成复杂的知识网络。

4.5.1 知识网络的内涵

知识关联是指知识单元之间存在的各种联系的总和。知识网络是指由知识节点（知识单元）和知识关联构成的知识体系，知识网络反映的是知识单元之间的关系网络，反映的是知识单元之间的时空变化关系和逻辑结构关系。

唯物辩证法认为事物是普遍联系的，客观事物都是相互联系而不是孤立存在的。任何事物之间都存在一定的联系，称为关联或关系。任何事物之间的关联不仅仅是单一的和单向的简单关系，而是一个复杂的和多向的网络关系。事物之间的关联有强有弱，称为关联强度；范围有大有小，称为关联网罗度（或广度）。知识单元和知识节点之间的关系也是如此，知识之间的关联最重要的形式是知识链和知识网络，而知识链是知识网络的一种特殊形式，因此可以说网络关系是知识关系最重要的表现形式。知识网络中的节点是分析对象（如文献、作者、机构、期刊、学科、主题词和关键词等知识单元），节点间的链接或连线是知识单元之间的关系，通常用节点间的距离或连线的粗细来表示知识单元之间关系的强度。以任何一种知识单元为节点，从任何一个知识节点向四周延伸，历时或跨越空间扩展，都会得到不同类型的知识网络。如果将这种知识网络用图形或图像显示出来，就形成了一张完整的知识地图或知识图谱，据此可以清晰地了解整个知识网络的结构，并可由此透视知识网络背后知识活动者间的关联，有助于知识的交流、管理、传播和利用。

4.5.2 知识网络的产生与发展

最早给予知识网络以直接关注的是企业管理界。据报道，国外关于“知识网络”的概念最早是由瑞典工业界提出的[178]，对“知识网络”的研究多集中在实际构建方面，同时也对知识网络的经济、市场结构模型进行了大量分析和研究，主要有两种认识。①知识网络的经济学模型，认为知识网络是进行科学知识生产和传播的机构和活动。②知识网络及市场结构模型[215-216]，认为公司是知识网络的节点，它通过 R&D 活动扩大其知识存储量。

1996 年，OECD 在题为“以知识为基础的经济”的报告中提出了知识网络及其测度问题，认为“知识经济像重视知识的创造那样注重信息和知识的扩散与使用。企业和国家经济成功的决定因素在于搜集和利用知识的效率。战略性的诀窍和能力相互作用而发展，它们在子系统和网络中（这里 Know-Who 的意义重大）得到共享。经济变成了网络体系，并为变化速率和学习速率的加速度所推动。它所创立的是一个网络社会，在此社会中，是否具备接触与介入知识以及掌握学习密集型关系的机会和能力，决定了个人和企业的社会经济地位。”“需要有新的指标来捕捉创新过程，以及知识在经济的关键参与者和机构中分配的情况。这实质上涉及测度‘国家创新体系’的问题，包括国家和相关系统在不同经济参与者和机构间分配知识的能力。”[217]

1999年，NSF在关于“知识网络”的一个课题中明确阐述了知识网络是一个社会网络，该网络能提供知识、信息的利用等[218]。

在情报学和信息管理领域，对知识网络的研究始于对文献关系网络的研究。知识网络源于普赖斯的一篇著名论文《科学论文的网络》。在这篇论文中，他详细而又创造性地研究了科学论文之间的引证与被引证关系，由此形成了“引证网络”。根据网络分析的原理，他进而提出了能指明科学研究前沿的定量模型。普赖斯最后强调指出，第一流的科学家都应密切注视他的同事和同代人的工作，因为科学研究前沿依赖近期的研究成果；在网络图上，必有密集分布的小条或小块，如果把这些小条和小块研究清楚，我们就可以绘制出当代科学的“地形图”(Topography)[219]。加菲尔德则在引文分析的基础上利用SCI使引文关系网络分析从理论研究走向实践和实际应用。

布鲁克斯在1980年发表了一组论文，首次提出了他关于知识网络的天才构想，即“认识地图”概念[220-221]。他认为：目前图书情报工作者利用分类法和索引法对文献的标引分类都不是组织知识，而是组织文献。按这种方式建立起来的系统只能向用户提供文献线索，用户通过这一线索获得原始文献，还需花大量的时间阅读分析才能获得所需要的那部分知识内容或情报。因此他提出按“认识地图”来组织知识。“认识地图”就是分析文献中的逻辑内容，找出人们进行创造和思考的相互影响和联系的结点，按知识的逻辑结构找出人们思维的相互影响的连接点，像地图一样把它们直观标示出来，展现知识的有机结构。

作为知识管理工具的知识地图思想来源于英国著名情报学家布鲁克斯“认识地图”的启发。知识地图是利用构造地图的方法将各类知识资源中的事关联起来，使之成为一个知识网络图。因此，知识地图的研究者首先在组织或数据库中寻找知识点，发现其中的关联，并为各类关联建立连接，以形成知识网络图，同时标以知识的流动和转移方向，就绘成了知识地图。NSF早在20世纪70年代就发布了关于科学基金的地理分布的报告，并论述了科技分布对地区经济的影响。由此，科学研究地理学、高技术地理学作为经济地理学分支在20世纪80年代得到发展[222]。最早的知识地图是美国捷运公司绘制的一张展示知识资源地理分布的美国地图[223]，这就是知识地图的雏形。之后，带有索引号或用其他方式表示层次关系的表格和文件，以及用来表示信息资源与各部门或人员之间关系的信息资源管理表和信息资源地理分布图，可以说都是知识地图的不同形式。

随着信息技术的迅速发展，知识地图进入了电子时代，在Internet和Intranet

上普遍使用的超文本链接和应用链接就是知识地图的简单形式。这时，很多绘制知识地图的工具也应运而生，如 IBM 的 LotusNotes 和 KnowledgeX，微软的 Visio 等，它们都基于数据库来绘制知识地图，有利于知识地图的动态更新和扩展，这就突破了局限于描述知识地理分布的知识地图界限，并逐渐演化为含义与内容更加广泛的知识图谱了。知识地图反映的是知识资源之间静态的二维关系，而知识图谱则体现了知识之间存在的多重复杂动态关联。著名德国科学计量学家赫尔德若·克里奇默（Hildnm Kretschmer）关于科学合作的三维空间模型研究[224-225]，大大地推动了科学知识图谱的发展。知识图谱绘制是科学计量学的发展与创新。科学知识图谱的出现和兴起，一方面是揭示科学知识及其活动规律的科学计量学从数学表达转向图形表达的产物，另一方面又是显示科学知识地理分布的知识地图转向以图像可视化地展现知识结构关系与演进规律的结果[226]。2001 年，纽曼开始应用社会网络分析方法（Social Network Analysis）构建科学家之间的科学合作网络[227]。将作者（或论文、机构、期刊）引证关系网络、合作关系网络等作为一种科学界广泛存在的社会网络来进行研究，并反映其相互关系、特征和规律，成为近年来文献计量学和科学计量学领域兴起的一个重要研究方向。

在计算机和信息科学领域，对知识网络的研究更引人注目。例如，关于数据库、知识库、知识仓库、知识挖掘、知识发现、搜索引擎、网络链接关系、语义网络等方面的研究，都广泛涉及知识网络，并且研究领域和应用范围不断拓展，正在同其他学科领域的研究结合、交叉、渗透和融合。与此同时，社会学、教育学和心理学等学科领域也都开展了有关知识网络的研究，如人际关系网络、专家网络、概念地图、概念网络等。

由此，知识网络开始引起人们的广泛关注，在知识组织、知识检索、知识挖掘、知识发现、文献计量学、科学计量、科研管理和知识管理等领域得到广泛应用。

4.5.3 知识网络的结构

一般来说，知识网络是由知识节点或知识元素和节点链接（知识关联）构成的一种网状结构，这种网状结构的表现形式多种多样，有树形结构、星状结构、辐射结构、环形结构、综合或混合结构、单向关系网络、多向交叉复合关系网络等。任何知识网络都由多个知识节点和节点之间的关系连线构成，知识节点的数量表示网络的大小，节点间的距离、连线密度或粗细表示节点间的关联强度。从一个知识节点出发探索知识节点间的单向关系就可以生成一个知识链，从多个知识节点出发探索它们之间的多向交叉关系便形成了一个知识网络。可以说，从任何一个知识节点出发向外延伸便可形成一个知识链，从多个知识单元出发向外延伸便可形成一个知识网络。知识网络是若干个知识链的组合。如果这个知识网络无限向外延伸，那么就会形成一个庞大的科学知识网络体系。知识网络是一个立体的动态网络结构，类似于银河系，甚至是整个宇宙的结构。

有学者认为，“知识就是由众多结点（即知识因子）和结点间联系（即知识关联）两个要素组成的”[228]。“知识因子是组成知识的最细微的成分，一个概念、一种事物（如图书馆、文献等）都是组成知识的一个因子，也就是说，知识由一个或多个知识因子组成。知识关联是为若干个知识因子间建立起的联系，因为知识是有机联系的网状结构，而不是各个因子的散乱分布。知识关联在产生新知识、形成新文献中起重要作用，是使知识有序化的必要条件[226]。”这里所说的知识单元是广义的概念，不仅包括知识内容本身，还包括各类知识载体及其集合。因此，知识网络中的知识节点可以是不同的知识单元，如文献、引文、作者、机构、期刊、国家、地区、学科、主题词和关键词等。

4.5.4　知识网络的类型

不同时代、不同领域和不同学科的学者，也就是说处在不同时空的人们对“知识网络”概念的内涵和外延具有不同的认识[226]。但从知识网络的起源来看，知识网络大概可以分五类。①在管理学界和企业知识管理中，知识网络主要是针对企业内部及企业外部知识的创造、利用与传播。有时也指企业知识联盟、专家知识网络和资源网络。因此，知识网络被界定为“是一批人、资源和它们之间的关系，为了知识的积累和利用，通过知识创造、知识转移，促进新的知识的利用”[229]。②在信息管理、情报学、文献计量学和科学计量学等研究领域，知识网络主要是针对科学研究活动中知识的组织、存储、检索与利用。所以，知识网络被认为是“知识节点及其结构与关系”。从科学论文的网络到认识地图、引文网络、知识地图、知识图谱等都是知识网络的不同类型。③在计算机科学和人工智能等研究领域，知识网络通常是语义网络、概念网络、神经网络、Wordnet、Knownet 和知网等概念的统称，反映知识和概念之间的逻辑关系，被广泛应用于数据信息可视化、知识挖掘、知识工程、知识表示、自然语言理解等众多领域。④在教育心理学领域，知识网络被视为一种学习中的记忆方法或工具。教育学与心理认知学专家认为，我们学过的知识可以分两大类：一类是陈述性知识，一类是程序性知识。这两类知识紧密联系，共同组成了人们头脑中的“知识网络”。以知识为内容的神经网络称为知识网络，它是各种知识在脑内系统化的储存方式。学习就是一个逐步建构和不断完善知识系统网络图的过程，学习的直接目的就是获得知识系统网络图[230]。知识网络也被称为概念网络或概念地图。⑤在社会学领域，知识网络被认为是一种普遍存在的“人际关系网络”，它是一种宝贵的财富。人与人之间存在着各种复杂的社会关系，这些社会关系就构成了“人际关系网络”。通过各种人际关系网络（如友谊网络、信任网络、工作网络和咨询网络等），人们可以广泛地获取、交换或交流所需的物质、能源、信息、知识和情报等[233-235]。尽管各学科领域对知识网络研究的侧重点不同，但这些知识网络之间存在着密切的联系，可以相互借鉴。

4.5.5 知识网络的测度

知识网络是知识关联和知识链接的集合，知识网络可以用 4 个基本指标来测度。一是知识网络广度，即指知识网络中与一个知识单元（知识节点）链接数的多少，即有多少个其他知识节点与该知识节点有关联。二是知识网络深度，即具有相互联系的两个知识单元或知识节点之间所包含的中间节点个数，节点越多则关系深度越大，表明知识节点是否具有直接关联及间接关联的程度如何。三是关联强度，即具有直接关联的知识节点间的联系密切程度，一般用知识节点间的距离、连线的长度、连线的粗细来表示。四是知识链接关系和链接方向，知识单元之间存在着各种链接关系，链接方向有链入链出，链入是指向某个知识节点的链接，链出是从某个知识节点出发的链接。

4.5.6 知识网络的应用

知识网络及其测度在图书情报领域的应用源于引文分析，主要集中在引文知识网络分析上。在引文知识网络分析的基础上又相继延伸出一系列新的知识网络分析方法，如共词分析、共现分析、相关文献分析、非相关文献分析、社会网络分析和科学知识图谱等，并在不同的学科领域得到了大量应用，获得了巨大的成功，引起了科学界、管理界的广泛关注和高度重视。

1. 引文知识网络

由文献耦合和共引可以引申出作者、机构、期刊和学科的耦合和共引等相似现象，这些相似现象从不同的角度共同反映了科学技术发展进程和学科专业主题结构及其关系。建立在耦合强度和共引强度基础上的文献聚类分析逐渐发展成为当前文献计量学、科学计量学最活跃的研究领域之一。共引聚类分析可以用来表示某一学科或专题的研究结构和状况。在此基础之上，对某学科和专题的高被引论文的连续共引聚类分析则可以动态地反映该学科和专题的变化情况。例如，Grimth 和 Henry Small 在 20 世纪 70 年代通过文献的同被引测度，将具有不同的同被引强度的文献聚合成族，以文献族代表不同的专业研究，把文献族以方框表示，方框之间的连线代表文献族之间的同被引强度，连线越多，同被引强度越大，从而对学科专业结构进行展示[180-183]。

2. 共词分析和共现分析

共词分析和共现分析是一种基于关键词网络或主题词网络的知识网络分析方法，经过 20 多年的发展，共词分析方法已经日趋成熟，逐步形成了基于包容指数和临近指数、基于战略坐标和基于数据库内容结构分析的 3 类共词分析方法，被广泛应用于发现和寻找学科领域研究热点，分析领域学科的发展过程、特点及相互关系，反映某个学科专业的科学研究水平，以及发展历史和结构，拓展信息检索领域以求帮助用户检索信息等方面，取得了大量令人瞩目的应用成果。这些应用研究成果主要集中在人工智能、科学计量学、信息检索、信息科学与信息系统研究和人文学科计算研究等学科领域[184]，并显示出扩散的趋势。

3. 相关文献和非相关文献分析

过去人们对文献的分析主要集中在相关文献的研究上，即一些文献之间彼此在形式和内容上总存在一定程度的关联，这些文献构成了相关文献，由此形成了较为完善的引文分析、共引分析、共词分析和共现分析等文献分析方法。近些年来，在相关文献分析的基础上，研究者们又发现了一种新的文献分析方法，即非相关文献分析法，大大丰富和发展了文献分析和研究的方法。1986 年，Swanson 和 Smalheiser 利用基于非相关文献的知识发现方法发现了隐藏于医学文献中的有价值的知识。在 Swanson 的研究方法的基础上，很多研究人员对基于非相关文献的知识发现方法进行了改进。Gordon 和 Lindsay 改进了 Swanson 的基于单词的词频统计方法，利用基于短语的词频统计方法，引入了四个参数来获得短语的最终词频，验证了 Raynaud 与 Fish Oil 之间的关联。Weeber 利用 UMLS 的语义类型实现了自然语言与 UMLS 概念的映射。这种语义筛选的机制能够产生概念的聚类，尤其是中间集合的概念聚类。Padmini Srinivasan 将 Weeber 的语义分析方法和 Gordon 的词频统计方法结合起来提出基于概念的词频统计方法，将自然语言通过 MeSH 与 UMLS 的语义类型联系起来，并利用 Gordon 的统计参数，计算概念之间的相关性。另外，一些研究人员也对这些方法进行了应用，如 Stapley、Benoit、Jenssen、Laegreid、Komorowski、Hovig 在生物医学文献中识别了基因符号，并用图形对共现的基因进行了组织。利用这个图形，他们能够对相关的基因符号进行聚类[236-239]。经过近 20 年的发展，基于非相关文献的分析与研究形成了词频统计方法、语义分析方法、词频与语义分析方法相结合的分析方法等一系列方法，无论是在基本方法的研究上，还是在应用领域的拓展上，都取得了重大进展。

相关文献是指文献在形式或内容上有直接关联。与相关文献对应，非相关文献是指文献之间彼此不引用、没有或极少被共引，并且也不共引其他文献[240]。也就是说，非相关文献就是指在文献特征上没有共现特征，即文献之间不具有共同的主题词、关键词等体现文献内容特征的成分，它们在内容上没有直接关联，即使有关联，这种关联也是内隐的，需要深入挖掘[237]。围绕相关文献和非相关文献形成了两类知识网络，即直接的、显现的相关文献知识网络，以及潜在的、隐含的非相关文献知识网络。有关相关文献知识网络的研究已较多，如关于引文网络、共引网络、共词网络、共现网络等的分析和研究都取得了重大进展。非相关文献知识网络正引起知识发现、知识挖掘等研究领域的高度关注，具有广阔的应用前景。

4. 社会网络分析

1998 年 Watts 和 Stragatz 在《自然》杂志上发表文章引入小世界性质（Small-World Property）的概念，在全世界范围内引发了复杂网络研究的浪潮，并标志着现代意义下复杂网络研究的开端。近年来复杂网络迅速成为科学界的一个研究热点，在与物理学、生物学、管理学、经济学、社会学等基础研究发生交叉的同时也迅速应用到信息通信、网络搜索和传染病控制等领域[241-243]。社会网络分析也被广泛应用到情报学、科学计量学和科研管理等领域，在竞争情报获取、知识管理、信息检索、科研合作网及其可视化、互联网可视化及其管理等方面获得了巨大的成功。普赖斯和多纳德·比沃在这方面进行了开创性的工作，他们率先开展了对科学合作的形式及科学家所扮演的角色的研究[244-245]。随后，Schubert 和杜特等分别从中观组织机构层面和宏观国家层面上研究了科学研究领域的合作网络[246-247]。2001 年，纽曼开始应用社会网络分析方法构建物理学、生物医学和计算机科学领域中科学家之间的科学合作网络[248]。2004 年科学计量学家克雷奇默呼吁在未来研究中应关注微观层面的科学合作。无论是应用于竞争情报和知识管理，还是应用于科研网络的社会网络分析，其本质都是构建知识网络，都是为了使处于社会网络结构中的行动者能够广泛有效地进行信息、情报、知识的交流与获取。

5. 知识地图和科学知识图谱

知识地图、科学地图和科学知识图谱是用可视化的图像直观地展示科学知识的发展进程和结构关系的一系列研究手段、方法，是知识网络的各种图形显示，是基于引文分析理论和信息科学与技术发展起来的、国际上新兴的可视化研究方法，目的是应用图示的方法揭示学科领域的发展及演进趋势、研究课题的扩散与传播、作者或机构间的关系等。具体方法包括引文分析、共引分析、多维尺度分析、因子分析、聚类分析、词频分析、社会网络分析等。主要应用领域如下：①明确主要研究领域、专家、机构、授权、出版物、期刊和特定研究领域的其他关键主题词，以及这些主题词之间的内部联系；②明确各研究领域之间的知识输入与知识输出；③科学研究领域的动态变化（如增长速度、多样化等）；④信息生产和传播中的经济因素；⑤科学社会网络，科学家、研究机构和国家之间的科研合作网络；⑥明确战略的作用和政府项目的应用研究；⑦科学论文引文分析、技术专利分析和引用论文专利与股票价值的联系。目前科学知识图谱在科学计量学和信息计量学中的研究热点主要集中在共引分析（包括文献共引、作者共引、机构共引、期刊、学科）、共词分析（包括主题词和关键词共现）、词频分析（统计分析和聚类分析）和社会网络分析（包括科学家、机构和国家三个层次的科研合作网络分析）三个方面[113,169-172,252-260]。

参考文献

[1] 曾民族．构建知识服务的技术平台．情报理论与实践，2004，(2)：113-119

[2] 温有奎，徐国华．知识元链接理论．情报学报，2003，(6)：666-671

[3] 邱均平．文献计量学．北京：科学技术文献出版社，1988

[4] 罗式胜．文献计量学概论．广州：中山大学出版社，1994

[5] 邱均平．信息计量学（二）第二讲：文献信息增长规律与应用．情报理论与实践，2000，(2)：153-157

[6] 孙洁．文献增长的机理分析．情报学报，1996，(4)：242-249

[7] 何荣利．关于科学文献增长模型的思考．情报杂志，1994，(6)：40-41，64

[8] 钟义信．信息科学原理．第3版．北京：北京邮电大学出版社，2002：10

[9] 钟义信．信息学漫谈．北京：科学普及出版社，1984

[10] 钟义信．信息的综合测度．北京邮电学院学报，1986（2)：12-19

[11] 百度百科．摩尔定律．http：//baike. baidu. com/view/17904. htm [2007-04-08]

[12] 百度知道．什么是摩尔定律．http：//zhidao. baidu. com/question/2796037. html? fr=qrl3 [2007-04-08]

[13] Hou LH，Wen TX，Qiu JP. The quantitative law of network information growth. Chinese Business Review，2004，4（2)：1-10

[14] 魏红霞．波普的知识增长理论与现代知识经济——卡尔·波普的世界3理论及其启示．经济问题探索，2002，(12)：109-112

[15] 卡尔·波普．科学发现的逻辑．查汝强，等译．北京：科学出版社，1986

[16] 卡尔·波普．客观知识——一个进化论的研究．上海：上海译文出版社，1987

[17] 卡尔·波普．猜想与反驳——科学知识增长．傅季重，等译．上海：上海译文出版社，1986

[18] 温有奎，徐国华．“认知元”的三维结构理论．情报学报，2004，(2)：242－246

[19] 温有奎，徐国华．信息与知识变换．情报学报，2002，(5)：613－617

[20] 马军．对知识经济测度的初步探讨．广西统计，2000，(3)：4－7

[21] 李顺才．基于知识经济的知识存量与流量的测度研究．武汉：华中科技大学博士学位论文，2002

[22] 埃利泽·盖斯勒．科学技术测度体系．周萍等译．北京：科学技术文献出版社，2003：42

[23] 陈敬全．科研评价方法与实证研究．武汉：武汉大学博士学位论文，2003：6

[24] 陈敬全．科研评价方法与实证研究．武汉：武汉大学博士学位论文，2003：20

[25] 王凭慧．科技项目评价方法．北京：科学出版社，2003：49

[26] 肖利．发达国家的科技评估方法及启示．科学对社会的影响，2001，(4)：18－21

[27] 吴述尧．同行评议方法论．北京：科学出版社，1996

[28] Grol R，Lawrence M. Quality Improvement by Peer Review. New York：Oxford Unversity Press，1995：26－38

[29] Benfield J. The anatomy of peer review. Journal of Thoracic and Cardiovascular Surgery，1991，101 (2)：190－195

[30] Kassirer J，Campion E. Peer review：crude and understand，but indispensable. Journal of the American Medical，1994，272 (2)：96－97

[31] Klein C. Benefits of peer-review publication. American Journal of Hospital Pharmacy，1991，48 (7)：1421－1426

[32] Kostoff R N. Peer review：the appropriate GPRA metric for research. Science，1997，(5326)：651，652，277

[33] 刘作仪，陈晓田．科学研究评价的性质、作用、方法及程序．科研管理，2002，(2)：33－40

[34] Moran G. Silencing Scientists and Scholars in Other Fields：Power Paradigm Controls，Peer View and Scholarly Communication. San Francisco：Ablex Publishing Corporation，1998

[35] Karl K. The art and science of 360 degree feedback. The Academy of Management Executive，1997，11 (3)：100－101

[36] 邱均平，文庭孝．评价学：理论·方法·实践．北京：科学出版社，2010：152

[37] 邱均平．信息计量学．武汉：武汉大学出版社，2007

[38] 邱均平．文献计量学．北京：科学技术文献出版社，1988

[39] 段宇峰．网络链接分析与网站评价研究，北京：北京图书馆出版社，2005

[40] 迈克·塞沃尔．链接分析：信息科学的研究方法．孙建军，李江，张煦，等译，南京：东南大学出版社，2009

[41] 张洋．网络信息计量学理论与实证研究，北京：科学出版社，2009

[42] 邱均平．网络计量学，北京：科学出版社，2010

[43] 孙建军，李江．网络信息计量学理论、工具与应用．北京：科学出版社，2009

[44] 佚名．超文本（hypertext）发展史．http：//www.softhouse.com.cn/html/200502/2005020110274700004283.html [2012－08－15]

[45] 张洋．网络影响因子研究综述．中国图书馆学报，2010，(1)：63－78

[46] Ingwersen P. The calculation of web impact factors. Journal of Documentation，1998，54 (2)：236－243

[47] Thelwall M. A comparison of sources of links for academic web impact factor calculations. Journal of Documentation，2002，(1)：66－78

[48] Noruzi A. The Web Impact Factor：a critical review. The Electronic Library. 2006，24 (4)：490－500

[49] 邓中华，孙建军，李江．国外链接指标研究综述．情报科学，2008 (7)：1116－1120

[50] Thelwall M. Link Analysis：an Information Science Approach. New York：Elsevier，2004：231

[51] Smith A G，Thelwall M. Web Impact Factors for Australasian universities. Scientometrics，2002，54 (3)，363－380.

[52] 艾德文．机器人与知识的价值．求实，1986，(43)：33－34

[53] 艾德文．知识价值的再探索．求实，2000，(3)：22－23

[54] 李定中．论知识产品的价值决定．人民日报，2005－07－08，第 15 版

[55] 邱均平．知识管理学概论．北京：高等教育出版社，2011

[56] 高媛，杜健．浅谈无形资产的价值计量与分析．公共支出与采购，2011，(3)：50-51

[57] 张丽英．对无形资产评估问题的思考．经济师，2011，(9)：451－453

[58] 蔡泽民．对无形资产价值评估的影响因素分析．中国经济评论，2003，(8)：312－314

[59] 汪海粟．无形资产评估．北京：中国人民大学出版社，2002：33－45

[60] 中顾法律网．无形资产评估方法比较研究 http：//news.9ask.cn/rssh/bjtj/201010/903016.shtml [2013－01－09]

[61] 中华会计网校．无形资产价值评估之国际发展评析 http：//www.chinaacc.com/new/287/295/359/2008/6/xu4571452351716800225704－0.htm [2013－01－09]

[62] 于洁，刘润生，曹燕，等．基于 DEA－Malmquist 方法的我国科技进步贡献率研究：1979～2004 年．软科学，2009 (2)：1－6

[63] 程国方，黎峰，石贵舟．提升科技进步贡献率的国际经验及启示．世界经济与政治论坛，2009，(6)：101－105

[64] 王天营．我国经济增长中科技进步贡献率的计量分析．生产力研究，2003，(5)：49－52

[65] 魏和清．科技进步贡献率测算中资本投入度量问题研究．当代财经，2004，(8)：122－123，126

[66] 王元地，潘雄峰，刘凤朝．科技进步贡献率测算及预测实证研究．商业研究，2005，(5)：28－31

[67] 章刚勇，阮陆宁．科技进步贡献率测算方法的比较研究——来自江西省的经验．江西社会科学，2006，(11)：244－247

[68] 庞智强．用增长速度方程测定科技进步贡献率的实践与思考．科技与经济，2007，

(6)：7－9

[69] 龚三乐．科技进步贡献率测算研究综述．怀化学院学报，2008，(11)：108－109

[70] 叶晓煌，张丽娜，吕莉．全面认识科技进步贡献率指标．安徽科技，2008，(2)：15－16

[71] 许平祥，唐敏，兰鹏飞．科技进步贡献率测算方法述评．现代商贸工业，2008，(8)：29－30

[72] 冯英浚，李成红．科技进步贡献率概念及测算方法的剖析与重建．中国软科学，1996，(9)：93－99

[73] 李兴国，张令保，黄闽．科技进步贡献率测算方法的研究与应用．运筹与管理，1996，(4)：41－44

[74] 朱锋峰，贺德化，杜延军．国民经济增长中科技进步贡献率的计量分析．华南理工大学学报（自然科学版），1998，(6)：138－143

[75] 尹慧英，解英男，李成红．科技进步贡献率概念的建立及测算方法．哈尔滨师范大学自然科学学报，1998，(3)：39－42

[76] 吴强．简评科技进步贡献率的两种主要算法在我国的应用．科学学与科学技术管理，2000，(3)：11－13，20

[77] 傅毓维，钟蔚扬．科技进步贡献率测度新方法的研究．技术经济，2000，(2)：25－27

[78] 邓国华．科技进步贡献率的测定误区与实证分析．当代财经，2001，(2)：8－11

[79] 杨少华，郑伟．科技进步贡献率测算方法的改进．统计与决策，2011，(8)：22－24

[80] 何锦义．关于科技进步贡献率的几点认识．统计研究，2012，(8)：91－98

[81] 雷声，田浩．知识经济测度理论评述．市场周刊，2006（10月下）：98－100

[82] OECD. 以知识为基础的经济．北京：机械工业出版社，1997

[83] 石林芬，杨峻．测度知识经济的系统指标——《1999年OECD科学、技术和产业公报：知识经济标准》指标分析．中国科技论坛，2000，(5)：51－53，72

[84] 彼得·申汉，等．澳大利亚与知识经济：对科技促进经济增长的一种评价．北京：机械工业出版社，1997

[85] Robin M，Vta W. Knowledge Societies. Information Technolology For Sustainable Development. London：Oxford University Press，1998

[86] 吴季松．知识经济．北京：北京科学技术出版社，1998

[87] 柳卸林．中国知识经济发展阶段的指标分析．中国软科学，1998，(12)：9－12

[88] 赵国庆，杨健．知识经济形态测度研究．教学与研究，1998，(12)：28－32

[89] 孙敬水，蒋玉珉．知识经济的测度方法及比较分析．统计研究，1999，(7)：21－25

[90] 陈禹，谢康．知识经济的测度理论与方法．北京：中国人民大学出版社，1998

[91] 俞立平，潘云涛，武夷山．知识与信息资源对经济增长贡献效率的测度模型．科技与经济，2010（5）：3－7

[92] 曾民族，等．E-knowledge 环境下的知识组织//中国国防科技信息学会．情报学进展（2006—2007年度评论）．第七卷．北京：国防工业出版社，2008：160

[93] 王知津．知识组织的理论与方法．北京：知识产权出版社，2009：18－20

[94] 王知津．文献演化及其级别划分——从知识组织角度进行探讨．图书情报工作，

1998，(1)：4－7

［95］赵蓉英．知识网络及其应用研究．武汉：武汉大学博士学位论文，2006：40－44，121－122

［96］赵红州，蒋国华．普莱斯与科学计量学．科学学与科学技术管理，1984，(9)：9－10

［97］Griffith B C. Derek price（1922—1983）and the social studies of science. Scientometrics，1984，6（1）：5－7

［98］Brookes B C. Foundations of information science（Part IV）. Journal of Information Science. 1981，3（1）：3－12

［99］布鲁克斯．情报学的基础（四）．王崇德，等译．情报科学，1983，5（1）：66－77

［100］马费城．论布鲁克斯情报学基本理论．情报学报，1983，2（4）：321－322

［101］邓三鸿．知识地图的构建与使用．南京：南京大学博士学位论文，2003：14－17

［102］陈悦．悄然兴起的科学知识图谱．科学学研究，2005，23（2）：149－154

［103］Sen S K. A note on the idea gene and its relevance to information science. Annals of Library Science and Documentation，1981，28（1－4）97－102

［104］刘植惠．情报学基础理论研究动向．情报学报，1986，5（3－4）：284－293

［105］刘植惠．知识基因理论初探．知识工程，1990，(4)：1－6

［106］马费成．知识组织系统的演进与评价．知识工程，1989，(2)：39－46

［107］赵蓉英．知识网络及其应用研究．武汉：武汉大学博士学位论文，2006：29－30

［108］李蕾，等．基于语义网络的概念检索的研究与实现．情报学报，2000，19（5）：525－531

［109］董振东．知网结构介绍．http：//www. how-net. com［2003－09－10］

［110］乔好勤．中国目录学史．武汉：武汉大学出版社，1992：12－17

［111］彭斐章．目录学教程．北京：高等教育出版社，2004：143

［112］王知津．知识组织理论与方法．北京：知识产权出版社，2009：18－19

［113］郝丽云，郭启煜．非相关文献知识发现研究进展．情报学报，2006，(3)：342－348

［114］安新颖，冷伏海．基于非相关文献的知识发现原理研究．情报学报，2006，(1)：87－93

［115］张云秋，冷伏海．基于非相关文献知识发现中的文本挖掘研究．情报理论与实践，2007，(2)：194－197

［116］温有奎，温浩．隐含关联的知识单元挖掘研究．情报学报，2006，(5)：435－439

［117］温有奎，成鹏．基于知识单元间隐含关联的知识发现．情报学报，2007，(5)：653－658

［118］赵艳枝．情报学界对“知识管理”的研究现状分析——基于关键词的关联规则挖掘．图书情报工作，2008，(7)：102－105

［119］崔雷，李丹，冯博．运用主题词/副主题词关联规则在医学文献检索系统中抽取知识的尝试．情报学报，2005，(6)：657－662

［120］苏娜．基于共词分析的数字图书馆领域研究主题及进展分析．情报杂志，2009，(6)：15－19

［121］陈颖，白淑琴，张学福．基于共词分析的中文信息检索可视化研究．情报科学，

2009，(2)：227 - 231

［122］耿海英，肖仙桃．国外共引分析研究进展及发展趋势．情报杂志，2006，(12)：68 - 70

［123］陈悦．悄然兴起的科学知识图谱．科学学研究，2005，23 (2)：149 - 154

［124］秦长江，侯汉清．知识图谱——信息管理与知识管理的新领域．大学图书馆学报，2009，(1)：30 - 38

［125］廖宇峰．国外知识地图研究现状和展望．新世纪图书馆，2009，(3)：80 - 83

［126］侯海燕，刘则渊，栾春娟．基于知识图谱的国际科学计量学研究前沿计量分析．科研管理，2009，(1)：164 - 170

［127］陈悦，王续琨，郑刚．基于知识图谱的管理学理论前沿分析．科学学研究，2007，6 (增)：22 - 28

［128］罗式胜．文献计量学概论．广州：中山大学出版社，1994：131 - 132

［129］文庭孝，罗贤春，张蕊，等．信息咨询与决策．北京：科学出版社，2008：223

［130］查先进．信息分析与预测．武汉：武汉大学出版社，2000：182 - 183

［131］王知津．知识组织理论与方法．北京：知识产权出版社，2009：63

［132］俞君立，陈树年．文献分类学．武汉：武汉大学出版社，2001：15 - 16

［134］张琪玉．情报检索语言．武汉：武汉大学出版社，1983：167 - 171

［135］马张华，侯汉清．文献分类法主题法导论．北京：北京图书馆出版社，1999：148 - 151

［136］邱均平．信息计量学．武汉：武汉大学出版社，2007：362

［137］陈悦，刘则渊．悄然兴起的科学知识图谱．科学学研究．2005，(2)：147 - 154

［138］尤金·加菲尔德．引文索引法的理论及应用．侯汉清，等译．北京：北京图书馆出版社，2004：83

［139］Garfield E，Sher I，Torpie R J. The use of citation data in writing the history of science. Philadelphia：Institute for Scientific Information，Report，1964，12，31

［140］Price D J D. Network of Scientific Papers. Science，1967，(149)：510 - 515

［141］Small H G，Griffith B C. The structure of scientific literature Ⅰ：identifying and graphing specialties. Science studies，1974，(4)：17 - 40

［142］Novak J D，Gowin D N. Learning How to Learn. Cambridge：Cambridge University Press，1984

［143］Dorough D K，Rye J A. Mapping for understanding：Using concept maps as windows to students minds. Science Teacher，1997，46 (1)：36 - 41

［144］马费成，郝金星．概念地图在知识表示和知识评价中的应用（Ⅰ）．中国图书馆学报，2006，(3)：5 - 10

［145］王永成．网络信息智能处理概述//中国国防科技信息学会．情报学进展（2002 - 2003 年度评论）．第五卷．北京：国防工业出版社，2003：212

［146］文庭孝，等．知识网络及其测度研究．图书馆，2009，(1)：1 - 5

［147］Gartner Group. The gartner glossary of information technology acronyms and terms. http：//www3. gartner. com/6 _ he1p/g1ossary/G1ossaryk. jsp［2004 - 02 - 13］

［148］Brian R G. Mildred L G S. Concept maps as hypermedia components. International Journal of

Human—Computer Studies, 1995, 43 (3): 323-361.

[149] Lehmann D J, Callaghan L, Shoham Y. Truth revelation in approximately efficient combinatorial auction//Proceedings of the 1 st ACM Conference on Electronic Commerce (EC-99). New York: ACM Press, 1999: 96-102

[150] Yokoo M, Sakuraiy Y. Matsubaras. Bundle design in robust combinatorial auction protocol against false— name bids//Proceedings of the 17th International Joint Conference on Artificial Intelligence (IJCAI-2001). San Francisco: Morgan Kaufmann Publishers, 2001: 1095-1101

[151] Li C, Sycara K. Algorithm for combinatorial coalition formation and payoff division in an electronic marketplace//Proceedings of AAMAS-O2. New York: ACM Press, 2002: 120-127

[152] 陈立娜．知识管理中企业知识地图的绘制．图书情报工作，2003，(8)：58-60，78

[153] Ye Y, Tu Y. Dynamics of coalition formation in combinatorial trading//Proceedings of the International Joint Conference on Artificial Intelligence. San Francisco: Morgan Koufmann, 2003: 625-630

[154] 苏海，蒋祖华，伍宏伟．面向产品开发的知识地图构建．上海交通大学学报，2005，(12)：2034-2039

[155] 苑忠磊，张成洪，张诚．面向流程的企业知识地图及其本体实现．计算机集成制造系统，2006，(9)：1524-1531

[156] 刘林青．绘制战略管理研究的知识地图：作者共被引分析．管理评论，2005，(3)：55-62

[157] 邓三鸿，金莹，杨建林．学科知识地图的构建——以图书、情报学为例．情报学报，2005，(1)：3-8

[158] 陈立娜．知识管理中企业知识地图的绘制．图书情报工作，2003，(8)：58-60，78

[159] 马大川，马越．知识地图技术的发展趋势及评价研究．情报科学，2006，(8)：1121-1124

[160] 王知津．知识组织理论与方法．北京：知识产权出版社，2009：158-161

[161] 李详生．基于对象的类语义网络知识表示．计算机工程，1998，(10)：68-71

[162] 刘柏嵩．面向语义网的本体表示．中国图书馆学报，2004，(2)：47-51

[163] 陈悦，刘则渊．悄然兴起的科学知识图谱．科学学研究．2005，(2)：147-154

[164] 黄晓斌．计算机引文分析的新发展．情报学报．2006，(3)：354-362

[165] 尤金·加菲尔德．引文索引法的理论及应用．北京：北京图书馆出版社，2004：83

[166] Small H G A. Co-Citation Model of a scientific specialty: a Longitudinal study of collagen research. Social Studies of Science, 1977, (7): 139-166

[167] Felix M. A new technique for science journals based on bi-connected graphs in Journal Citation Reports. Journal of Documentations, 2004, 60 (4): 371-427

[168] Chen C. Tracing knowledge diffusion. Scientometrics, 2004, 59 (2): 199-211

[169] 侯海燕，刘则渊，陈悦，等．当代国际科学学研究热点演进趋势知识图谱．科学

管理，2006，(3)：90-96

[170] 侯海燕．科学知识图谱：最有影响的50位科学计量学家．科学学研究，2007，(3)：404-406

[171] 侯海燕．国际科学计量学核心期刊知识图谱．中国科技期刊研究，2006，(2)：240-243

[172] 陈悦，王续琨，郑刚．基于知识图谱的管理学理论前沿分析．科学学研究，2007，6增刊：22-28

[173] 科技部基础司，中国科学院文献情报中心．世界科学中的中国（2004年系列研究报告之一）.2004.3

[174] 周宁．信息组织．武汉：武汉大学出版社，2001：199

[175] 荣虹毅，梁战平．论信息构建//中国国防科学技术信息学会．情报学进展（2002—2003年度评论）．第五卷．北京：国防工业出版社，2003：56

[176] 张洋．网络信息计量学理论与实证研究．武汉：武汉大学博士学位论文，2006：80

[177] 侯海燕．科学计量学知识图谱．大连：大连理工大学出版社，2008：46-49

[178] 焦玉英，温有奎，陆伟，等．信息检索新论．武汉：武汉大学出版社，2008：63-66

[179] 邱均平．信息计量学．武汉：武汉大学出版社，2007：397-418

[180] 尤金·加菲尔德．引文索引法的理论及应用．侯汉清，等译．北京：北京图书馆出版社，2004：75-92

[181] Small H. Co-citation in the scientific literature：a new measure of the relationship between two documents. Journal of the American Society of Information Science，1973，24（4）：265-269

[182] 崔雷．专题文献高被引论文的连续同被引聚类分析．情报理论与实践. 1996，(1)：46-48

[183] 侯海燕．科学计量学的知识图谱．大连：大连理工大学出版社，2007：41

[184] 崔雷，郑华川．关于从MEDUNE数据库中进行知识抽取和挖掘的研究进展．情报学报，2003，(4)：425-433

[185] 崔雷．专题文献高被引主题词的共词聚类分析．情报学报，1996，(1)：49-51

[186] 冯璐，冷伏海．共词分析方法理论进展．中国图书馆学报，2006，(2)：88-92

[187] 王曰芬，宋爽，卢宁，等．共现分析在文本知识挖掘中的应用研究．中国图书馆学报，2007，(2)：59-64

[188] 文庭孝，汪全莉，王丙炎，等．知识网络及其测度研究．图书馆，2009，(1)：1-5

[189] Huberman B A，Adamic L A. Growth dynamics of the world wide web. Nature，1999，401（6849）：131-132

[190] Wagner A，Fell D A. The small world inside large metabolic networks. Proc. Biol. Sli，2001，268（1478）：1803-1810

[191] 尹春丽．科学学知识图谱．大连：大连理工大学出版社，2008：33-52

[192] 赵红州，蒋国华．普赖斯与科学计量学．科学学与科学技术管理，1984，(9)：9-10

[193] 布鲁克斯．情报学基础（四）．王崇德，等译．情报科学，1983，(1)：66-77

[194] 王知津．文献演化及其级别划分——从知识组织角度进行探讨．图书情报工作，1998，(1)：4-7

[195] 王知津．知识组织理论与方法．北京：知识产权出版社，2009：61-65

[196] 赵蓉英．知识网络及其应用研究．武汉：武汉大学博士学位论文，2006

[197] 刘植惠．知识基因理论的由来、基本内容及发展．情报理论与实践，1998，(2)：71-76

[198] 温有奎，温浩，徐端颐，等．基于知识元的文本知识标引．情报学报，2006，(3)：282-288

[199] 温有奎．知识元挖掘．西安：西安电子科技大学出版社，2004

[200] 王子舟，王碧滢．知识的基本组分——文献单元和知识单元．中国图书馆学报，2003 (1)：5-11

[201] 徐荣生．知识单元初论．图书馆杂志，2001，(7)：2-5

[202] Wang J. A knowledge network constructed by integrating classification，thesaurus，and metadata in digital library. The International Information and Library Review，2003，35 (2-4)：383-397

[203] 赵丹群．信息检索中叙词与 Ontology 的比较研究．情报理论与实践，2006，(6)：738-741

[204] 席运江，党延忠．基于知识网络的专家领域知识发现及表示方法．系统工程，2005，(8)：110-115

[205] 彭锦．知识网络架构研究与原型系统设计．杭州：浙江大学博士学位论文，2005. 5

[206] Kasabov，Nikola K. Foundations of Neural Networks，Fuzzy Systems，and Knowledge Engineering. Cambridge：MIT Press，1996

[207] Cuzzocrea A，Bellas F. Distributed knowledge networks：towards a new paradigm for delivering knowledge，Proceedings of the international conference on information technology：coding and computing，2004

[208] 陈禹，谢康．知识经济测度的理论与方法．北京：中国人民大学出版社，1998

[209] 肖宏文，黄瑞华．陕西省信息产业的现状分析及知识网络发展模式初探．情报科学，1999，(4)：347-351

[210] 刘晓．基于知识网络的软件业集群技术学习机制研究．杭州：浙江大学博士学位论文，2003

[211] Collinson s. Knowledge networks for innovation in small Scottish software firms. Entrepreneurship & Regional Development，2000，(12)：27-244

[212] 马汀·奇达夫，蔡文彬．社会网络与组织．王凤彬，朱超威，等译．北京：中国人民大学出版社，2007

[213] 陈菲琼．企业知识联盟——理论与实证研究．北京：商务印书馆，2003

[214] 马费成，郝金星．概念地图在知识表示和知识评价中的应用（Ⅰ）．中国图书馆学报，2006，(3)：5-10

[215] Beckmann M J. Economic models of knowledge networks//Networks in Action. Berlin，Heidelberg，New York，Tokyo：Springer-Verlag，1995：159-174

[216] Kobayashi K. Knowledge newtwork and market structure：an analytical perspective//Battern D，Casti J. Networks in Action. Berlin，Heidelberg，New York，Tokyo：Springer-Verlag，1995：127-158

[217] 肖冬平．知识网络研究综述．重庆工商大学学报（自然科学版)，2006，(6)：617-623

[218] OECD. 以知识为基础的经济．杨宏进，薛澜译．北京：机械工业出版社，1997

[219] NSF. 知识网络．http：//www. nsf. gov [2006-05-18]

[220] 赵红州，蒋国华．普赖斯与科学计量学．科学学与科学技术管理，1984，(9)：9-10

[221] Brookes B C. Foundations of information science（Part Ⅳ）．Journal of Information Science，1981，3（1)：3-12

[222] 布鲁克斯，王崇德，等．情报学的基础（四）．情报科学，1983，(1)：66-77

[223] ScottA J，Storper M. High technology industry and regional development：a theoretical critique and reconstruction. International Social Science Journal，1987，112（1)：215-230

[224] 洛埃特・雷迭斯多夫．科学计量学的挑战：科学交流的发展、测度和自组织．北京：科学技术文献出版社，2003

[225] Kretsehmer H. Co-authorship networks of invisible colleges and institutionalized communities. Scientometrics，1994，30（1)：363-369

[226] Kretschmer H. Types of two-dimensional and three-dimensional collaboration patterns//Macias-Chapula. Proceedings of the Seventh Conference of the International Society for Scientometrics and Informetrics. Colima：Mexico University Press，1999：244-257

[227] 赵蓉英，邱均平．知识网络研究（Ⅰ)：知识网络概念演进之探究．情报学报，2007，(2)：198-209

[228] Newman M. The structure of scientific collaboration network. Proceeding of the National Academy of Sciences of USA，2001，404-409

[229] 王知津．文献演化及其级别划分——从知识组织角度进行探讨．图书情报工作，1998，(1)：4-7

[230] 肖冬平．知识网络研究综述．重庆工商大学学报（自然科学版)，2006，(6)：617-623

[231] Beckmann M J. Economic models of knowledge networks//Networks in Action. Berlin，Heidelberg，New York，Tokyo：Springer-Verlag，1995：159-174

[232] 包昌火，谢新洲，申宁．人际网络分析．情报学报，2003，(3)：366-374

[233] 席运江，党延忠．基于知识网络的专家领域知识发现及表示方法．系统工程，2005，(8)：124-126

[234] 赵蓉英．知识网络研究（Ⅱ)：知识网络的概念、内涵与特征．情报学报，2007，(3)：470-476

[235] 邱均平．信息计量学．武汉：武汉大学出版社，2007

[236] 安新颖，冷伏海．基于非相关文献的知识发现原理研究．情报学报，2006，（1)：87-93

[237] 张树良，冷伏海．基于文献的知识发现的应用进展研究．情报学报，2006，(6)：700-712

[238] 郝丽云，郭启煜．非相关文献知识发现研究进展．情报学报，2006，(3)：342-348

[239] 马明，武夷山．Don R. Swanson 的情报学学术成就的方法论意义与启示．情报学报，2003，(3)：260-266

[240] 马明，郑静展，许建阳．基于 MEDLINE 的非相关文献知识发现．中华医学图书情报杂志，2004，(5)：1-3

[241] 王小云，邓科，等．复杂网络研究进展．http：//www.qiji.cn/eprint/abs/2587.html [2011-09-15]

[242] Watts D J，Stragatz S H. Collective dynamics of small-world networks. Nature，1998，393 (6684)：409-419

[243] 张秀梅，吴巍．科研合作网络的可视化及其在文献检索服务中的应用．情报学报，2006，(1)：9-15

[244] Price DJD. Little Science，Big Science. New York：Columbia University Press，1963

[245] Beaver DD，Rosen R. Studies in Scientific Collaboration (1～3). Scientometrics，1979，1 (1)：65-84

[246] Schubert A. The web of scientometrics：a statistical overview of the first 50 volumes of journal. Scientometrics，2002，53 (1)：3-20

[247] Butt B，Garg KC，Bali A. Scientometrics of the international journal scientometrics. Scientometrics，2003，56 (1)：81-93

[248] Newman M. The structure of scientific collaboration network. Proceedings of the National Academy of Sciences of USA，2001：404-409

[249] Otte E，Roussau R. Social network analysis：a powerful strategy，also for the information science. Journal of Information Science，2002，28 (6)：441-453

[250] 邓三鸿，金莹，杨建林．学科知识地图的构建——以图书、情报学为例．情报学报，2006，(1)：3-8

[251] 金莹，邓三鸿．基于主题聚类的社会科学地图．图书情报工作，2007，(4)：104-108

[252] 刘林青．作品共被引分析与科学地图的绘制．科学学研究，2005，(2)：155-159

[253] 刘则渊，尹丽春．国际科学学主题共词网络的可视化研究．情报学报，2006，(5)：634-640

[254] 罗龙艳．基于可视化技术的信息检索探讨．现代图书情报技术，2002，(4)：36-38

[255] 宋丽萍，徐引篪．基于可视化的作者同被引技术的发展．情报学报，2005，(2)：193-198

[256] 李运景，侯汉清．引文分析可视化研究．情报学报，2007，(2)：301-308

[257] 陈悦，刘则渊．悄然兴起的科学知识图谱．科学学研究，2005，(2)：149-154

[258] 刘林青．范式可视化与共被引分析：以战略管理研究领域为例．情报学报，2005，(1)：20-25

[259] 陈定权．同引分析与可视化技术．情报科学，2005，(4)：532-537

[260] 刘则渊，许振亮，庞杰，等．现代工程前沿图谱与中国自主创新策略．科学学研究，2007，(2)：193-203

第五章

知识计量的方法

一个学科的兴起与人类活动需求是密切相关的，知识计量学的兴起也一样。随着人们对知识需求的加深和对知识研究的深入，迫切地需要一个评价标准，可以对知识进行有效的计量，进而进行评估。知识计量是以整个人类知识体系为对象，通过对象分析和计算技术对社会的知识（生产、流通、消费、累积和增值等）、能力和知识的社会关系（组织形式、协作网络、社会建制等）进行综合研究的一门交叉学科，是正在形成的知识科学中的一门方法性的分支学科[1]。知识计量以知识为研究对象，知识是无形的，无形的知识很难通过定量的工具和方法实现计量与分析。知识总是借助于一定的载体而存在。例如，当知识附着于出版物而存在时便形成文献，当知识存在于人脑时便成为人力资本。这些知识载体将无形的知识加以呈现，并且具备了可被计量的良好属性。通过知识载体的计量，也就实现了知识的计量。因此，在计量学的学科丛林中，知识计量学与文献计量学、科学计量学、信息计量学一脉相承，知识计量学继承了以往计量学的方法，在此基础之上又进行了一定的创新，形成了知识计量学的方法体系。

5.1 文献计量学方法

文献计量学的前身是统计书目学（Statistical Bibliography）。从计量数据来源和性质来看，文献计量学的研究对象主要是书目、文摘和索引；从其目的和意义来看，文献计量学主要是为了服务于图书情报学理论研究和文献情报工作。

5.1.1 文献计量学方法的产生

现代科学发展呈现出了显著的定量化特征，无论是自然科学，还是社会科学，定量化的趋势不断增强，随之产生了许多重要的定量化学科分支，如经济计量学、社会计量学等。在文献学领域，采用定量化的方法对文献及其所包含的各种特征项进行统计分析，揭示文献的数量规律，形成了文献计量学。作为科学发展的普遍模式，文献计量学的出现是现代文献发展的必然结果。从方法论角度分析，文献计量学方法经历了搜集与整理事实的描述、逻辑分析、定量与定性分析方法相结合等几个不同的发展阶段，形成了相对完善的方法体系。从学科性质角度分析，对于文献的某些可数性特征而言，文献计量学是一个主体学科；对于透过数量涉及文献的发展规律并总结规律的科学研究而言，它又是一种手段和方法[3]。由此可见，文献计量学方法在整个学科中都占据着重要的位置。通过总结和发现一些定量描述文献的经验公式和定律，使得无序的文献集合变成了有序的文献情报流。因此，文献计量学方法的研究，既为现代文献学的理论研究开辟了一个新的方向，也为现代文献学的研究提供了新的定量工具和方法。

5.1.2 文献计量学方法的特点

从方法论角度来分析，文献计量学方法的特点有三个。第一，以历史经验为起点，沿着经验—规律—应用的路径逐渐趋于成熟和完善。在文献计量学的发展历程中，先后出现了洛特卡定律、布拉德福定律、齐普夫定律、普赖斯定律等经验规律。文献计量学方法研究的先驱们积极地利用数学语言来描述研究经验与发现，试图通过数学的抽象，以定律的形式总结统计事实。之后文献计量学方法研究基本上是围绕着以上几个著名定律展开的，不断对其进行检验、修正和完善，与此同时，将其应用于文献开发、利用和管理工作当中。第二，具有自身独特的统计分析规律。文献计量学方法是在数学、统计学和文献学三者基础之上综合形成的，其中任何一个学科均是文献计量的必要条件，却并非充分条件。文献是一种精神产品，处处体现出人类行为的特征，远远超出了物理世界的范围。尽管在很多情况下，文献计量学方法都服从于一般的数学和统计学规律，但是一般的数学和统计学规律难以完全反映文献的特征。所以，文献计量学依据研究对象的特点和需要，构建出许多特殊的数学方法和统计规律；第三，测量对象比较集中。文献计量学方法多是借助于测量实现的，测量对象包括文献、作者、机构、时间等，测量通常不是对象本身的全部，而是对象所具有的某种特征（如标题、关键词、借阅量、引用频次等）。测量对象的集中，确保了文献计量学的研究内容具有较为集中的方向和范围。此外，文献计量学方法还具有明显的应用性特征，通过对原始数据资料进行统计分析、提炼规律、建立数学模型并估计参数，然后将规律和模型应用于实践，只有取得良好的应用效果之后，才具有方法论的意义。

5.1.3　文献计量学方法的分类

文献计量学方法从不同的角度可以划分为不同的类别，一种是按照研究所依据的数据资料来源划分，另一种是以研究目的、手段或应用类型划分。若从数据来源角度划分，主要有书目计量分析法和引文计量分析法。

（1）书目分析法：这里所指的书目是文献系统汇编的一般含义，包括目录、文摘、索引等检索工具。这种方法就是选用适合某一研究领域的书目、文摘或索引，按照一定的要求对相关款目的数量特征进行统计分析，从而引出一定的结果。许多文献计量研究都属于这种类型。例如，科尔、伊尔斯、休姆和洛特卡所进行的早期文献计量研究，都以书目数据为基础。

（2）引文分析法：在一个出版物中被引用的其他出版物目录是文献计量研究的主要数据来源之一。这种以被引文献数据为基础的文献计量称为引文分析。格罗斯是最早利用引文进行文献计量研究的学者，他利用引文分析法选择了化学教育方面的核心期刊。引文分析法区别于以书目为基础的文献计量研究。在SCI产生以前，文献计量研究所使用的引文数据通常是从选定的几种期刊中获得，非常繁杂，而且样本数量极其有限。自从SCI问世以来，极大地方便了引文数据的搜集，使得人们能够从大量期刊中获取较大规模的引文数据，如此一来，分析结果更加准确和全面，从而为文献计量学的研究和应用开拓了崭新的领域和更为广阔的前景。自此以后，SSCI、A&HCI及CSSCI等数据库相继出现，不仅扩大了引文分析法的应用范围，提高了引文分析法在文献计量学中的地位，而且在一定程度上推动了文献计量学的发展和完善。

5.1.4 文献计量学方法的应用

文献计量学方法主要具备描述、概括、评价、预测等功能，它的应用范围非常广泛。

（1）书刊评价和选择。为了从文献计量角度评价和鉴定出版物质量，为书刊采购工作提供科学依据，主要采用两种类型的方法：一是利用书目数据，二是利用引文数据。利用文献计量学方法选购图书，其方法是先依据某一学科的原始期刊或文摘索引杂志，统计其刊登的或被摘引的该学科的期刊论文；然后统计每篇文章后面图书的被引频次；最后按照图书被引频次的高低排序，排名靠前的几种图书即为该学科领域的最佳图书。利用文献计量学方法评价和选择期刊，主要采用书目分析法（如文摘法）和引文分析法来确定有关学科的核心期刊表，为科技期刊选购提供一定的科学依据和指南。核心期刊表既能作为图书情报单位的采购指南，也可以用来估计图书馆的收藏能力。引文分析法是评价和选择期刊时常用的方法，SCI 的出现为引文数据的收集提供了强有力的工具，在此基础之上 ISI 将引文分析数据汇编成为一个专门用于期刊评价和选择的连续出版物，即 JCR。它分别按照引文数量、影响因子等指标将期刊进行排序，还给出了每种期刊的具体引用情况，为期刊的评价和选择提供了极大的便利。

（2）馆藏和书目评价。利用文献计量学方法分析和评价馆藏，主要是利用已经存在的各学科核心期刊表和最佳图书目录与图书馆的馆藏目录逐一进行比较，借此对馆藏资源的完整性和质量做出评价。这样可以考察某一学校、城市、地区或国家的图书馆对某一学科或专业领域的书刊资料的收藏情况、重复收藏的范围和程度，以及未收藏书刊的特点和原因等。对书目进行评价的具体操作步骤是：首先利用布拉德福定律计算出某一学科的期刊总数及所发表的相关论文数；然后将计算得出的理论数量与文摘索引中实际的书目数量进行比较，就能发现文摘索引对期刊文献的摘录和索引是否全面，从而可以确定书目的完整性。

（3）评价学科文献的特点。利用文献计量学方法评价各个学科文献的特点，既包括引文分析，又包括原始文献的分析。书目数据分析能够描述各个专业领域产生的文献的特点，而引文分析能够使人们了解该领域研究者使用文献的情况。通常包括学科引文的出版国别、语种、出版年代、出版形式、引文、与其他学科的关系、文献分散的范围及老化情况等方面。

（4）在历史学、社会学方面的应用。对于科技发展史的研究来说，文献计量学已经成为一门重要的研究技术。不仅书目资料而且引文数据都能提供历史情报资料，特别是对引文间的网状关系进行研究，能够揭示某一学科的产生背景、发展概貌、突破性成就、相互渗透和今后发展的方向。文献计量学方法在社会科学方面的应用主要体现在以下几个方面：①在科学通讯中的应用；②评价出版物质量、科学家的名望及研究团体的威望；③研究科学著者的合作情况，计算合作指数，比较不同组织、不同学科、不同国家、不同作者的合作范围和合作趋势。

（5）在科学学和科技管理方面的应用。文献计量学方法被广泛地应用于科学学和科技政策研究等方面。例如，普赖斯在研究中发现：1967 年世界科学家的 90%居住在世界上最发达的 14 个国家；最发达的 40 个国家的科学家人数占全世界科学家总数的 99%；也就是说，分布在其他 100 多个发展中国家的科学家人数仅占全世界科学家总数的 1%。据此统计结果，普赖斯得出结论：科学家的分布与一个国家的发达与否有着密切的关系。

5.2 无形资产评估方法

在知识经济时代，技术、管理、商标、人力资源等无形资产成为主要的生产要素，在企业经营与管理中所发挥的作用日益显著。无形资产的评估与管理也引起了社会各界的广泛关注。我国的无形资产评估工作起步较晚，但是，随着我国社会主义市场经济的深入推进，无形资产在经济发展中的地位越来越高，无形资产评估成为我国实施资产重组、资本运营和建立现代企业制度的迫切需要。

5.2.1 无形资产评估的概念与功能

1. 无形资产的定义与分类

无形资产是指由特定主体所控制的，不具有实物形态，对生产经营发挥作用且能带来超额经济利润的资产。该定义首先强调了无形资产是一种生产经营要素，同时也体现出无形资产的超额收益特性和非实体性（郝净，2004）。

根据美国财务会计标准委员会的定义，无形资产有狭义和广义之分。狭义的无形资产是指企业所拥有或由企业所控制的具有市场价值和一定期限并且已经在交易中被购买，或者已经从企业内部分离出价格的对企业未来发展具有重要作用的非物质资产。广义的无形资产是指企业中除了金融资产和有形资产以外的对企业未来发展具有重要作用的非物质资产。

依据会计原则可将无形资产分为两类：一类是有一定期限的无形资产，即由法律规定或其内在特性具有一定期限的无形资产，如专利、版权、租约、许可权和固定期限的专买权等，该类无形资产可以使用分期摊销法对资产负债表进行平衡；另一类是没有一定期限的或在购买时未标明期限的无形资产，包括商誉、商品名称、商业秘密、长期专买权和开办费等。

国际评估准则委员会在其颁布的无形资产评估指南中，将无形资产分为权利型（如租赁权）、关系型（如顾客关系、客户名单）、组合型（如商誉）、知识型（如专利权、商标权和版权）。该种划分方法以无形资产的内容为依据，符合无形资产评估的方法体系。

2. 无形资产评估的概念

无形资产价值评估是指专业人员，按照国家法律法规和资产评估准则，根据特定的目的，遵循评估原则，依照相关程序，选择适当的价值类型，应用科学的方法，对无形资产的价值进行评定和估算的行为，这里的评估是指价值的评估。价值是一个交换价值的范围，它反映了可供交易的商品、服务买卖双方之间的货币数量关系。资产评估中的价值不是一个历史数据或事实，而是专业人员根据特定的价值定义在特定的时间内对资产价值的估计，是虚拟市场交易的一种行为。价值不同于价格，后者表现为一种历史的数据或事实。由其定义可知，资产评估由六大基本要素组成，分别是资产评估的目的、评估的对象、评估人、估价标准、评估规程和评估方法。

3. 无形资产评估的功能

无形资产评估既是国际范围内开展贸易与合作的惯例，也是我国建立社会主义市场经济及现代企业制度的客观需要，又是保护无形资产所有者权益，确保资产保值、增值的重要手段。概括来说，无形资产评估主要具备三大功能。①评价功能。无形资产评估具有评定估算资产价值的内在功效和能力。②公证功能。通过资产评估来证实资产及资产价值量需求，使得资产评估增添了公证的功能。③咨询功能。评估的咨询功能主要不是针对评估标的物价值的估计和判断，它更侧重于评估标的物的利用价值、利用方式、利用效果的分析和研究，以及与此相关的市场分析与可行性研究。具有评价、公证、咨询功能的无形资产评估在经济活动中得以广泛应用，并且发挥着重要的作用，具有重要价值。

5.2.2　通用的无形资产评估方法

我国财政部颁布的《资产评估准则——无形资产》指出无形资产的评估方法主要包括成本法、市场法和收益法。

1. 成本法

成本法是正确反映企业经济效益的基础。成本价格即无形资产的开发、设计、研制、购置过程中的全部费用，是准确计算无形财产价值的尺度，也是无形资产价值补偿的依据。

（1）历史成本法：依据无形资产购置或开发的全部原始价值估价，主要适用于新购置和新开发的无形资产。该方法可以准确地反映出企业各类资产的构成比重，反映出无形资产价值形成的全过程，也是计算无形资产摊销额和利润的依据。

（2）重置成本法：按照重新开发创造或购置一项全新无形资产的耗费减去其各项耗损价值来确定被评估无形资产价值。重置成本法的计算公式为无形资产评估值＝无形资产重置成本×成新率。

无形资产按照来源渠道分为企业自创无形资产和外购无形资产，两种资产的重置成本构成各不相同。自创无形资产由于财会制度的制约一般没有账面价值，只能按照成本的构成要素、材料费用、工时费用等估算得出。在估算时应该注意按照现行费用的标准计算，才能比较接近实际。外购无形资产的重置成本一般以无形资产的账面价值为依据，利用物价指数调整计算：

$$\text{无形资产重置成本} = \text{无形资产账面成本} \times \frac{\text{评估时的物价指数}}{\text{购置时的物价指数}} \tag{5-1}$$

成新率是评估对象的现行价值与全新状态重置价值的比值，一般采用专家鉴定法和剩余经济寿命预测法两种方法计算得出。所谓专家鉴定法就是邀请相关领域的专家对被评估无形资产的先进性、实用性做出判断，确定其成新率。专家鉴定法比较适用于技术类无形资产。剩余经济寿命预测法是由评估人员通过对被评估无形资产剩余经济寿命的预测来确定成新率。计算公式为

$$\text{无形资产成新率} = \frac{\text{剩余使用年限}}{\text{已使用年限} + \text{剩余使用年限}} \times 100\% \tag{5-2}$$

成本法在实际的无形资产评估应用中操作简便，评估人员有账可依，不必承担因主观判断出现偏差而产生的责任。但是成本法也存在着明显的局限性，该种方法只考虑了物化劳动和活劳动的耗费，未能考虑未来可能的增值，评估结果的准确性不高[4]。

2. 市场法

通过市场调查，选择一个或几个与评估对象相同或相似的无形资产作为参照对象，分析参照对象的成交价格和交易条件，进行差异调整，从而估算出被评估无形资产的价值。计算公式为

$$\text{无形资产的评估值} = \text{参照的无形资产价格} \times \text{功能系数} \times \text{调整系数} \tag{5-3}$$

式中，功能系数由被评估的无形资产与参照物功能差异而定，调整系数由被评估的无形资产与参照物的成交时间、成交地点及市场寿命周期等因素决定。

市场法的不足之处在于：无形资产的可比性较差，每项资产都是独特的，部分资产的可交易程度较低。另外，影响无形资产价值的要素很多而且比较复杂，不确定性价值难以界定。无形资产的个体差异性，使得在无形资产市场上难以找到完全相同或相似的全新资产，加上无形资产市场垄断性强、透明度较低，使得相关信息资料的获取十分困难，参照物的选取非常困难。以上原因导致市场法的可操作性较低，在无形资产评估工作中的应用也较少。

3. 收益法

收益法又称收益现值法，通过估算和评估得出未来的预期收益，并采用适宜的折现率折算成现值，然后累加求和，得出被评估无形资产的价值。预期收益的确定是比较复杂的工作，需要搜集大量信息，考虑多种方法。既要预计可能达到的最高水平，也要预计可能达到的一般水平和最低水平，然后将每年各个水平等级的收益额折成现值，再求平均值，最后计算出各年收益的总额。计算公式无形资产评估价值＝∑（预计年收益额×现值系数）。

除此之外，收益法还可以利用两个公式对无形资产的价值进行评估：

$$\text{无形资产评估值} = \sum_{i=1}^{n} \frac{KR_i}{(1+r)i} \tag{5-4}$$

$$\text{无形资产评估值} = \text{最低收益额} + \sum_{i=1}^{n} \frac{KR_i}{(1+r)i} \tag{5-5}$$

式中，K 为分成率；R_i 为分成基数、销售收入或销售利润；i 为收益期；r 为折现率。式（5-4）与式（5-5）的不同之处在于，式（5-5）中多了一项最低收费额。最低收费额是指无形资产转让入门费或转让最低价，也可视为无形资产拍卖的底价。

收益法以无形资产的未来收益作为评估的立足点，能够比较真实地反映出资产评估的本质意图，克服了成本法和市场法的明显缺陷。另外，由于以未来收益为基础进行无形资产评估，符合买卖双方交易的意图，评估的结果也更容易被买卖双方接受。收益法的不足之处主要体现在：在实际操作中要求能够科学合理地预测预期收益、折现率及持续获利时间等三个不确定的基本参数，评估者的主观评价可能会对评估结果造成很大的影响[5]。

以上几种评估方法不是彼此孤立的，在无形资产的评估活动中应该综合使用。采用收益法时，应该兼顾能否补偿其无形资产投资成本；采用成本法时，应该考虑无形资产已经创造及未来预计产生的收益。在实际的评估活动中，一般分别采用各种方法测算无形资产的价值，在对各种方案进行比较分析之后再加以调整，通过综合平衡来确定最后的评估价值。[6]

5.2.3 面向知识经济的无形资产评估方法

无形资产评估方法的选择与评估目的密切相关。在进行企业产权交易时，评估人员关心的是如何清产核资，计算出企业的资产数量。此时评估是为了算清无形资产的市场价格，可以采用财务会计方法进行评估。以上三种通用的无形资产评估方法都是以清产核资为目的、基于财务会计方法实现的。而在知识经济的时代背景之下，我们将更多地关注如何管理好企业的无形资产，资产评估的目的也随之从清产核资转移到知识管理，通过无形资产评估来提高企业知识管理的质量和水平，并推动企业为知识管理投资。在这样的时代背景之下，若继续采用传统的财务会计方法对无形资产进行评估，难以全面地、本质地反映知识管理在企业经营管理中的作用和机制。我们需要根据知识经济的特点和要求，采用新的思路和方法对企业的无形资产进行认识、分析和评估。瑞典管理专家 Karl Erik Sveiby 结合多年以来从事知识管理研究和实践的经验，在《新组织财富：基于知识资产的管理与评估》一书中，提出了基于知识管理的无形资产评估方法[7]。

1. 方法概述

根据对知识企业的特征分析，将企业的无形资产分为三种类型：专业人员能力、内部结构能力和外部结构能力，分别采用企业发展、效率和稳定性三个方面的特征来评估上述三种能力。专业人员能力是指专业人员在各种情况下创造有形资产和无形资产的能力；内部结构能力包括专利、概念、模型、计算机系统和行政管理体系等，是由员工创造而由企业所拥有的资产，企业文化和企业精神也属于内部结构能力；外部结构能力是指企业与客户和供应商的关系，以及商品名称、商标和企业声誉或形象等。[8]

该评估方法面向知识经济，根据对知识企业特征的分析，将员工视为企业中创造和传播知识的主体，将内部结构视为知识流动的企业内部支撑体系，将外部结构视为知识流动的企业外部支撑体系，紧紧抓住这三种对企业发展具有关键作用的力量，并统一采用发展、效率和稳定性特征对上述三种能力加以说明，不但较为全面地反映出企业无形资产的组成，而且还考虑了保证无形资产良好运作的内部和外部因素，为面向知识经济的无形资产评估带来了有益的启示。[9]

2. 评估指标及计算方法

1）专业人员能力

在实施能力评估之前，首先要将企业员工分为专业人员和非专业人员两类，非专业人员包括行政、管理、会计、人事等部门的工作人员。

(1) 企业发展

①从事专业领域的工作年数：用企业内全部专业人员从事专业工作的总年数衡量专业人员的总体技能和经验水平。

②受教育程度：专业人员受教育的程度一般分为初、中、高三种级别，也可以计算人均受教育的年数。

③培训和教育成本：以企业销售额的百分比或人均培训天数计算。

④能力等级：可对专业人员的能力进行评分，如五分制或三分制。

⑤能力周转率：可分别用离开和新聘专业人员从事专业总年数除以企业专业人员从事专业总年数计算，以反映专业人员技能和经验是增加还是减少。

(2) 效率

①专业人员比例：用专业人员数除以员工总数得到，反映专业人员对企业的重要程度。

②杠杆作用：度量专业人员为企业赢利的能力，可用专业人员人均利润额（效率指标）来衡量，计算公式为

$$专业人员人均利润额=\frac{利润}{总收入}\times\frac{总收入}{员工总数}\times\frac{员工总数}{专业人员数} \tag{5-6}$$

③专业人员人均附加值：反映专业人员创造经济价值的能力。

(3) 稳定性

①专业人员平均年龄：专业人员的技能和经验与年龄之间存在着一定的关系。通常情况下，企业专业人员平均年龄高，说明企业较为稳定，但是动力不足。

②相对工资水平：衡量企业相对成本水平的信息指标，亦可间接反映专业人员对工作的满意程度。

③专业人员周转率：专业人员调离本企业的比例。该指标值越低，说明企业越稳定，但相对缺乏动力；该指标值越高，说明越多的专业人员对现状不满意，企业不够稳定。

2) 内部结构能力

(1) 企业发展

①对内部结构的投资：投资设立新部门、对新技术和新方法的投资等，以销售额的百分比计算。

②对信息处理系统的投资：以销售额百分比计算，也可以用绝对值表示，还可统计人均拥有的计算机数量。

③对 R&D 的投资：以销售额的百分比计算。

(2) 效率

①支持人员的比例：以该类人员占员工总数的百分比计算，该指标值的变

化可以反映企业内部结构的效率改善情况。

②支持人员人均销售额：用支持人员销售总额除以支持人员数量计算得出。

③企业文化状况：主要调查员工对企业领域和企业的态度等，需要对调查结构进行定期分析。

（3）稳定性

①企业经营年数：一般而言，企业历史越长越稳定。

②非专业人员周转率：参见专业人员周转率指标。

③新员工比例：由于缺乏经验，新员工与企业的结合度不如老员工，所以，该指标值越高说明企业越不稳定。

3）外部结构能力

（1）企业成长

客户赢利率：按照传统方法，一般只计算产品或市场赢利率，此处强调企业外部结构中客户的重要性。

（2）效率

①满意客户指数：对原用于市场目的的客户对企业态度的调查结果，结合企业赢利率或效率指标进行交叉分析，以做出前后比较和趋势估计。

②不同客户销售额比较：该指标可以衡量企业现行客户网络的运行效率。

（3）稳定性

①重要客户比例：如果企业只对几家客户的依赖度过大，说明该企业的外部结构不够坚固。具体考察指标有两个：一是前五位客户所占销售额的总数；二是将客户销售额按照从大到小的顺利排列，销售额达到50%时的客户数量。

②客户年数：与企业建立关系客户的时间长短，时间越长，关系越好。

③）重复订单的频率：该指标值表示客户的满意度大小。

5.2.4 主要无形资产要素的评估方法

常见的无形资产主要包括专利权、商标权、著作权、技术秘密、特许经营权等多种要素，每种无形资产要素在评估过程中需要依据不同的标准和方法。本节将对主要无形资产要素的评估方法及其依据的标准进行介绍。

1. 专利权评估

（1）专利权的法律保护状况，包括专利权申请时间、专刊授权时间、专利号、专利证书颁发时间、专利公告文件、专利类型、专刊发明人、专利权人、专利有效期限。

（2）专利权的具体内容，包括专利的名称、类别、具体内容与适用领域，专利权的来源、维护、转让，专利技术的先进性、垄断程度、成熟程度等。

（3）专利权的适用情况，包括适用专利需要具备的经济、技术、设备、原材料、环境等方面的前提或基础条件，专利权实际使用时间和范围，专利对外实施许可的地域范围及被许可人的数量等。

（4）专利权的成本费用和历史收益情况，包括专利技术开发、权益申请费用，购买和维护专利的成本，实施专利、对外许可使用专利、转让专利所带来的历史收益。

（5）专利的收益期和预期收益额有关情况，包括专利的保护期，专利权人的经营管理能力，专利产品的技术寿命和经济寿命、售价、销售数量、市场占有率和利润情况，相同产品的售价情况，主要竞争对象的市场占有率及赢利情况。被评估专利的获利能力和收益水平。

（6）国外申请权益情况：被评估专利权是否在国外申请了权益，已经申请的国家或地区，已经授权的国家或地区。

（7）与其他无形资产的联系情况：被评估专利权与其他无形资产要素是否有关联，与技术秘密的关联情况，专利产品是否有商标、商标是否申请注册、是否获得商标权。

2. 商标权评估

（1）商标权的法律保护状况：商标权申请注册的售价、有关商标公告和批准文件，注册商标证书，商标权的批准时间及续展情况。

（2）商标权的具体内容，包括商标的名称、文字、图案，商标的适用范围，商标权的来源。

（3）商标权的使用情况，包括商标的实际使用时间，商标权的使用范围，商标权对外许可使用的情况、许可范围、被许可人的数量，商标权的使用范围和场所。

（4）商标权的成本费用和历史收益情况，包括商标开发设计、申请注册费用，外购商标的成本，商标使用、对外许可、转让所带来的收益。

（5）商标的知名度，广告宣传情况，同类产品的名牌商标情况。

（6）商标权的预期寿命和收益情况，包括使用该商标产品的预期寿命、售价、销售量、利润和市场占有率，同类产品的售价，主要竞争对手的市场占有率和赢利情况。

（7）国外申请权益状况，包括被评估商标权是否在国外申请商标权，已经申请的国家或地区，已经获得商标权的国家或地区。

（8）与其他无形资产的关联状况：被评估商标权与其他无形资产要素是否有关联，使用该商标权的商品是否含有专利权或技术秘密，商标权是否与外观设计、专利权、著作权形成联合保护。

3. 著作权评估

（1）著作权的法律保护状况：作品登记日期、登记机构与作品登记证书。

（2）著作权的具体内容：作品名称、类别、具体内容与应用领域。

（3）著作权的日期：作品创作的日期、作品完成的日期、法律保护期限。

（4）著作权的使用情况：著作权应用的范围、许可使用的区域、被许可人数量、许可的形式、转让情况。

（5）著作权的成本费用和历史收益：著作权的创作、设计或购买、维护的成本支出，著作权已经产生的历史收益。

（6）著作权的收益期和预期收益额情况：著作权的法律有效期，预期使用寿命，著作权的应用、许可使用、转让的收益，著作权的市场占有率、售价、销售数量、收益情况，同类产品的售价、收益情况，主要竞争对象的市场占有率和赢利情况。

（7）与其他无形资产的关联状况：该著作权与其他无形资产要素是否关联，是否有相关的专利权、商标权保护。

4. 技术秘密评估

（1）技术秘密的具体内容：名称、类别、技术内容，使用产品和领域，真实性、有效性、先进性、成熟程度、验证资料等。

（2）技术秘密被保持的原因及预计的保持时间，同领域改进技术、类似或相关技术情况，被评估技术秘密的来源，技术秘密存在的媒体、保护的形式、加密的程度。

（3）技术秘密的使用情况：使用技术秘密需具备的经济、技术、设备、原材料、环境等方面的前提和基础条件，技术秘密的使用时间与范围，对外学科使用和转让情况。

（4）技术秘密的成本费用和历史收益情况：技术秘密的开发或购买、保护、改进诸环节的支出成本，技术秘密使用、对外许可或转让所创造的收益。

（5）技术秘密的收益期和预期收益额有关情况：技术秘密持有人的经营管理能力、技术更新和新产品开发能力，技术秘密的获利能力和收益水平，技术秘密产品的技术寿命和经济寿命、售价和销售量、市场占有率和利润情况，同功能产品售价情况，主要竞争对手的市场占有率和赢利情况。

（6）与其他无形资产的关联状况：被评估技术秘密与其他无形资产要素是否关联，技术秘密产品有无注册商标，包装与装潢是否有专利权或著作权保护。

5. 特许经营权

（1）特许经营权的法律状况：特许经营权的授权人、授权法律文件、被授权人的资格要求、特许经营有效期限、使用范围、缓期和改变范围条件。特许经营权的原始所有人、法律法规对特许经营权的规定。

(2) 特许经营权的具体内容：名称、类别、具体内容，适用领域，使用、保持、转让、再次特许授权等权属。

(3) 特许经营权的使用情况：需要具备的法律、经济、市场、技术、设备、工艺、原材料、环境等方面的前提和基础条件，特许经营权的使用时间和范围，该经营权现有使用人的数量、分布范围、市场划分及市场占有率。

(4) 特许经营权的成本费用和历史收益情况：开发或购买、持有、维护、扩展等支出，收益、转让、再次特许授权所带来的历史收益。

(5) 特许经营权的收益期和预期收益额有关情况：特许经营权持有人的经营管理能力和预期业务量，经营对象的预期寿命、市场占有率和预期收益，主要竞争对象的市场占有率和赢利情况。

5.3 人力资本测度方法

随着人文主义影响的不断加深，对人的研究及对人在社会经济发展中所起作用的研究，受到了越来越多的关注。人们越来越认识到：人的全面可持续发展既是衡量社会进步与发展的重要尺度，又是人类文明与社会进步的目标所在，只有具备较高文化、技术和精神素质的人不断“再生”和备受重视，才是社会发展和人类自身完善的唯一动力源泉[10]。在此时代背景之下，源自于西方经济学领域的人力资本测度受到了多个国家和学科的共同关注，有关人力资本测度方法的探索也不断走向深入。

5.3.1 人力资本的概念及测度角度

在西方经济学中，劳动力要素研究的不断深入，导致人力资本概念的提出。无论在学术界，还是产业界，人力资本的重要价值已经获得广泛的认可，世界银行把人力资本作为衡量综合国力的一个重要方面。从其概念分析，人力资本是通过人力投资形成的体现于劳动者身上的以其数量和质量形式表示的资本，是各种教育支出和受教育放弃的工作收入等价值在劳动者身上的凝聚。

人力资本可以视为是活的资本、投资的结果、能够带来收益的资本。作为活的资本，它凝结于劳动者体内，表现为人的知识、技能、经验、健康、体能，其中，真正反映人力资本质量的是劳动者的智能，人力资本数量即拥有智能来创造价值的劳动力的数量[11]。但是智能本身是无形的，无法进行准确的度量，需要通过其他间接的途径进行测度。因此，人力资本测度通常从两个方面展开：一是人力资本的投入，即认为人力资本是由投入转化而来的，没有投入就不会形成人力资本，人力资本的大小可以通过人力资本投入费用的多少来衡量；二是人力资本的产出，即认为劳动力拥有的人力资本价值可以通过生产劳动的转移、交换及在此过程当中所实现的劳动力价值的增值而体现，对人力资本贡献程度的度量实际上也是对人力资本存量的测度。通常情况下，在构建人力资本测度方法和模型的过程当中，会综合考虑投入和产出两个角度的因素。

5.3.2 人力资本测度的方法与指标

人力资本测度包含两个方面：一是人力资本流量的测度，即人力资本投资与形成的状况，它构成人力资本积累的基础；二是人力资本存量的测度，即人力资本积累的状况。

人力资本流量的测度：人力资本通过每一年国家、社会、企业和个人的人力资本投资而形成，从流量角度来看，每一年全社会进行的人力资本投资产生人力资本的流量。当年的人力资本投资沉淀下来，同以往年份的人力资本积累，共同形成当年的人力资本存量。人力资本的流量即每一年全社会进行的人力资本投资。人力资本投资主要投向人力资本的生产部门，即教育部门，所以，可以分别从教育部门的教育经费和学生人数两个方面进行测度。

从教育部门的经费考虑，采用每年全社会教育经费对人力资本流量进行测度。教育经费可细分为每年国家的财政性教育经费（包括预算内教育经费），社会团体和公民个人办学经费，社会的捐资和集资办学经费，个人为受教育所支付的学杂费、住宿费及其他教育经费。

从教育部门的学生人数考虑，人力资本流量为每年从教育部门流向劳动力市场的所有学生人数，即每一年退出教育部门参加工作的学生人数（包括毕业和肄业、退学的学生）。

人力资本存量的测度：由于人力资本具有隐藏于人体中、体现市场交换价值的特性，对人力资本存量的测度，就包括对人力资本价值存量的测度和对人力资本实物量的测度。由于对人的知识、技能、健康的测量在个体层面上，可用一系列指标加以测度评价，所以要转化为一个全体总量，由于知识、技能、健康性质的个体差别，只能转化为间接的指数来比较，所以到目前为止，还没有一个行之有效的方法能够准确计算人力资本存量。为了便于操作，人们常常根据研究问题的需要和数据的可得性，计算所有个体人力资本的加总，一般转化为对人力资本载体——人的测度，即对一定数量的人口进行人力资本因素的加权，以最后的加权值代表人力资本总量。

目前对人力资本存量测度的方法大致可以分为以下三种：产出法（收益法）、投入法（成本法）和教育存量法[12]。

1. 产出法

产出法，又称收益法，基本思想是劳动者收入高低能够表征人力资本价值的大小，所以，我们可以利用劳动者收入来对人力资本进行测度。收益法的测度模型有很多，其中，能够获得广泛认可和应用的是杜布林和洛特卡的方法，该方法认为人力资本的价值等于其收入能力的现值，或者说等于未来净收入的现值。计算公式如下：

$$H=\sum \frac{Y_j}{(1+r)^j} \tag{5-7}$$

式中，Y_j 为进行人力资本投资在第 j 年后的纯收入；r 为贴现率；H 为人力资本。

从理论上讲，用劳动者收入来表征劳动者的人力资本，不仅精确明了，而且计算简便。成本法需要计算各种各样的成本，而产出法只需将收入加总。事实上，收益法也存在着诸多的不足：第一，贴现率难以确定；第二，劳动者身上所蕴藏的人力资本与其在生产中实际表现出的人力资本供给往往并不一致，如劳动者身上存在着没有发挥的潜能，或者劳动者学非所用、专业不对口等情况，使得劳动者报酬不能代表人力资本实际水平；第三，劳动者的报酬并不是劳动者的贡献的再现，实际情况是，劳动者在生产中实际供给的人力资本和他应得的报酬往往存在着很大差异，如同工不同酬、灰色收入等情况，如果从工资、奖金、红利等方面统计我国劳动者报酬，则往往会低估了劳动者的实际收入；第四，产出法需要准确及时的人口死亡率资料、不同年龄人的失业率、不同教育程度劳动者的收入数据，我国现有的统计资料难以满足要求。由于数据较难获取，产出法在进行人力资本测度时不具有普适性。

2. 投入法

投入法，又称成本法，主要体现经济学的成本核算原理，利用人力资本投资额来度量人力资本规模和水平，其基本思想是：人力资本价值等于人力资本主体获得知识、技能、经验等需要付出的一切支出的总和。

Engle 最早提出并运用成本法来估算人力资本价值，他认为收益法不可取，原因之一是收益法无法对一些杰出人物，如牛顿等人的人力资本价值进行测度。之后，学者们从投入要素方面运用成本法计算人力资本的价值。把投入要素从教育、培训扩展到劳动力流动、卫生保健、“干中学”投资等。其中，最重要的投入要素仍然是教育投资。因此，投入法通常从人力资本核算的角度测算受教育者的教育成本，即利用受教育者所花费的教育费用（教育投资）来衡量人力资本。基本思路是一个劳动者所拥有的人力资本是他接受教育过程中所消耗的教育经费之和。

培养劳动力的人力资本成本可分为公共支出和个人支出，其中个人支出又分为直接支出和间接支出。公共支出部分主要来源于财政支出中的公共教育经费，来源于其他渠道的非财政教育经费，以及企业和公共机构用于劳动力培训和人力资源教育方面的支出等。个人直接支出就是家庭和个人接受教育和培训所花的费用；间接支出是指接受教育和培训的人在接受教育或培训期间所损失的工资和其他收入。投入法一般采用每年国家投入的教育经费总量或国家教育经费与家庭的学杂费之和来度量。

成本法的优点是既可以反映教育质量随教育程度提高的变化，又可以反映不同程度的教育投资对增加人力资本的不同影响。其缺点也比较明显：第一，成本法忽略了天生的禀赋资质、家庭背景和社会环境对个人人力资本存量的影响；第二，有些投入要素很难估算，比如，个人可以通过一些不花钱的方式而使自身人力资本得以提高，此时，成本法就难以反映出人力资本的增加；第三，教育投资包括国家和个人两个方面的投入，对于国家投入一般能够获取到统计数据，但是个人投入部分却很难估算；第四，不同年代的成本价格很难折算，也就是说，不同教育程度人力资本的教育经费在各个时期是不同的，并且还受物价水平的影响；第五，无论是个人直接支出还是间接支出，其数据的统计很不完全，甚至没有统计，而且不同数据来源的资料统计口径存在着很大差异，可比性很差，由于数据可得性和准确性的限制，成本法难以准确估计人力资本存量。

3. 教育存量法

教育存量法是指用劳动者的受教育程度指标来代表人力资本存量，通过对劳动者所受教育年限或学历层次的不同来表征劳动者所蕴含的人力资本水平差异。该方法的理论依据在于，教育水平是人力资本的重要形式，而且教育年限是个易于观测的值。

受教育年限法可以分为简单受教育年限法和加权受教育年限法。简单的受教育年限法将不同教育程度人力资本分别采用各个层次学生受教育年限来衡量人力资本存量水平的高低，从小学、中学到大学，每接受一年的教育就增加一单位的人力资本。这种方法简便易行，但没有考虑到不同教育程度的差别，忽视了教育的知识累积效应，也忽略了学前教育和业余教育。因此，有必要对不同的教育水平进行调整，对不同的教育程度赋予不同的权重，这就是加权受教育年限法。该方法将劳动力分类，然后按照不同劳动力的人力资本权重对其进行加权求和，得到总的人力资本存量。计算公式如下：

$$H = \sum \mathrm{HE}_i \cdot h_i \tag{5-8}$$

式中，H 为某地区人力资本总量；HE_i 为该地区第 i 个层次的从业人员数量，此处层次可用学历、职称等形式来划分；h_i 为对第 i 个层次的从业人员所赋予的价值权重。

人力资本投资最直接的表现形式（收益、产出）就是劳动者教育层次的增加，从这一角度分析，教育存量法可以看作是产出法（收益法）。劳动者受教育年限或学历层次的不同是劳动者在教育方面投资的时间不同造成的，从这一角度分析，教育存量法又可以看作是投入法（成本法）。

教育存量法具有直观性和易操作性，是人力资本宏观测度常用的方法。教育存量法的另一个优点是，由于受教育年限与接受教育或培训的劳动者人力资本投资成本间存在着较强的正相关关系，它排除了用货币计算人力资本投资成本时存在的价格因素的影响[13]。

5.3.3　人力资本测度方法的发展趋势

人力资本测度方法是随着人力资本理论的发展而不断发展的，对人力资本理论的研究同时也伴随着对人力资本测度方法的研究。在西方古典经济学派和新古典经济学派的理论阐述中，可以找到有关人力资本测度的基本思想，劳动与产出的静态分析模型为 $L=G/q$，其中，L 为劳动力数量，G 为产出，q 为劳动生产率。虽然该模型并不否认劳动者技能的作用，但以经济增长中劳动投入要素为基准的测度模式，人力资本存量等同于劳动力的数量，这并非真正意义上的人力资本测度方法。

经济学家沃尔什和丹尼森提出了人力资本测度方法的雏形。1935 年，沃尔什在《人力资本观》一书中，通过比较个人教育费用和个人收益来计算教育的经济效益。丹尼森构建了劳动与经济增长模型，将各种投入要素划分得非常详细，就业、工作时间、教育程度、性别和年龄等因素都考虑在内，并利用各种不同特征的劳动/小时收益作为权重对劳动投入进行加权，得出投入指数。丹尼森运用该模型不仅测定了经济增长中的劳动投入贡献，而且还进一步度量了教育对经济增长的贡献。确立了经济增长关系中具有人力资本要素内涵的理论框架，也是西方学者有关教育与经济增长关系测度的首次尝试。

之所以称沃尔什和丹尼森的研究是人力资本测度方法的雏形，是因为他们没有将完整的人力资本要素引入测度模型，更重要的是他们还没有对人力资本的形成过程和投入产出比率进行深入的研究与测度。然而，这些不太成熟的理论思想和定量分析方法，却是人力资本测度体系形成和日益完善进程中所必不可少的阶梯。

随后，舒尔茨、贝克尔、卢卡斯、罗默等人分别从不同的角度提出了多种测度体系和模型，人力资本测度方法上的缺陷随着时间的推移都被不断出现的新方法完善。测度工作不可能永远停留在原有的高度，总在不断向前发展。目前，人力资本测度的各种方法和模型都存在一定的争议和不足，人力资本测度方法的探索和完善工作仍在继续。概括来说，以下几个方面既是人力资本测度方法的难点，也是未来发展的方向。

（1）对劳动者因为流动而带来的人力资本增值的测算。劳动力流动是人力资本动态配置的实现过程。流动可以促使人力资源与物质资源之间的组合不断优化，使潜在的资源转变为现实的生产力，实现人力资本的增值。对劳动力流动的经济合理性进行分析，不仅要考虑流动给劳动者带来的收益增加，还需要对因为流动而付出的直接成本、机会成本（流动可能有风险，再次找到工作存在一个概率计算问题）和心理成本做出分析。

（2）对隐性人力资本价值的测度。隐性人力资本是指存在于员工头脑或组织关系中的知识、工作诀窍、经验、创造力、价值体系等。与公开人力资本和半公开人力资本要素相比，隐性人力资本要素更具有本源性和基础性，是创新的源泉，是一切显性知识的基石。实际上对企业发展起关键性作用的因素是隐性人力资本。隐性人力资本的效应及其价值实现，一般通过隐性人力资本向显性人力资本的转化过程实现。隐性人力资本向显性人力资本的转化，在一定程度上类似于无形资本分摊、转化到物质资本上的计算方法。可以通过一个转换系数，把显性化了资本还原成隐性化。

（3）人力资本与社会经济发展关系的测度。从方法上看，由于人力资本投入的产出效益往往不直接表现为实物产值的增加，而总是表现为人的知识和技能的增加。只有把人力资本投入到具体的生产实践中时，人力资本的价值才间接地由经济活动的结果体现出来。教育、卫生保健、养育子女等生产性支出有多少形成了人力资本的增量，经济活动的结果增量中有多少可以归结为人力资本的作用，这些不确定性使人力资本价值必然存在难以精确估量的问题。因而，从宏观层次上衡量人力资本投资对实现经济社会目标的作用程度，虽然具有较高的必要性，但是可操作性及测度结果的准确性并不让人满意。

（4）人力资本的综合计量。单纯的人力资本投资在任何时候都不能单独形成生产能力，人类活动是人力资本与非人力资本综合产生的，是两者结合的过程。人们很难把人力资本与非人力资本的作用从这种“集体产品”中分离出来。与此同时，在现代社会生产中，不同的人力资本也必须结合在一起，才能对生产活动产生影响。这就存在不同质人力资本和不同产权人力资本如何综合计量的问题。应该说评价单个人力资本对集体生产的贡献必然涉及更多的研究领域。

（5）人力资本测度中的影响因素。人力资本与其他任何资本的区别正在于，其承担者是人，而不是实物。人具有思想、意识、个性、情感、社会交往和个体经验等。这些因素都会对个人的工作态度和状态产生显著的影响。现代激励理论早已证明，人力资本的激励水平将极大地影响其存量价值的体现，有时这种影响可能是决定性的。而现有的人力资本测度方法没有将这些影响因素考虑在内。除此之外，在一定经济体制条件下，制度、政策、体制运行对人力资本的影响也是不可忽视的，若忽略这些因素，理想化套用人力资本测度方法，测度结果很难与经济发展的实际相吻合。

5.4 知识资本评价方法

知识经济时代，知识从其他生产要素中分离出来，成为一种相对独立的要素，在现代经济运行中发挥着主导性作用。知识不仅是一种生产要素，更是能够为企业创造巨大价值和获取竞争优势的重要资本。知识向资本的转化，直接导致“知识资本”作为一种新型的资本形态而存在。知识资本成为企业在快速变化的环境中寻求发展所依赖的关键性资源，是知识型企业得以延续和创造价值的动力源泉。随着知识资本对社会经济和企业发展的重要性日益提升，如何评估和衡量知识资本成为产业界和学术界共同关注的重大课题。知识资本评价有利于企业更好地了解知识资本的运营状况，以便有效地对其进行开发、利用和管理。知识资本的评价与管理将会直接影响企业竞争力的提升。

5.4.1 知识资本的概念及特征

知识资本是以知识形态而存在的资本。知识资本的概念是革命性的，它拓展了物质资本与非物质资本的概念，将无形资产和有形资产结合在一起，将企业的基本活动整合在知识资本运动之中；它将企业信誉、商标、员工知识与忠诚、顾客满意、经营关系等这些被传统管理理论所忽视，但却日益成为企业重要资源的组成因素整合在一起，并与企业的组织结构、生产能力、技术创新能力、市场开拓及企业的财务状况紧密地结合在一起，事实上共同构成了企业的战略资产和核心能力[14]。

现代西方经济学理论中对知识资本概念的理解角度各不相同，对知识资本的构成也有不同的观点。1994 年，《财富》杂志编辑 Stewart 提出了知识资本的 H-S-C（人力—结构—客户）结构，指出知识资本的价值体现在人力资本、结构性资本和顾客资本三者之中[15]；1996 年，瑞典保险公司的 Edvinsson 从知识资本管理的实践出发，认为只是资本是企业真正的市场价值与账面价值之间的差距[16]；2000 年，国内学者范徵认为知识资本由人力资本、组织资本、技术资本、市场资本和社会资本五个方面构成；2002 年姚丽琼认为，知识资本是知识在一定条件下转化而成的，是企业在其生产经营及其管理活动中所积累起来的最具价值增量的预付价值，由人力资本、技术资本、管理资本、市场资本和顾客资本五部分构成。与传统资本相比，知识资本具有自身显著的特征。

（1）特殊的价值增值方式。传统资本以尽可能多地占有资源、物质财富为手段，以尽可能延长雇佣劳动者的剩余时间为契机，实现预付资本的最大增值。而知识资本则是通过知识的传播、应用，借助于知识价值复制与创新，完成由知识向价值的无限增值转化。

（2）评价体系的环境依赖性。传统的财务体系并不适合于评价知识资本的价值。即便是比较完善的知识资本评价体系模型，也不具有普适性。知识资本价值的确定高度依赖于企业所处的行业等环境特征。

（3）特有的资本运行规律。传统资本受利益驱动不断扩大投入，往往投资数量增加而产出效益递减。知识资本则追求知识创新与个人价值的全面实现。知识资本具有共享性和溢出性特征，易于传播且其价值不会随着传播而减损，反而在反复使用中产生知识积累和深化，导致自身价值随共享而增值。

（4）新型的劳资关系。传统劳资关系往往存在着尖锐的对立。而在知识经济社会，则形成了知识资本家、货币资本家、知识劳动者之间相互依赖与合作的新型劳资关系，缓和了传统劳资关系方面的对立。

（5）立体多维的资本存在形式。传统资本主要存在于资金、资产和自然资源中，表现为金融资产、物质财富及各种有形的生产要素。知识资本则以立体多维的结构形式存在于各种有形、无形资产中。例如，在企业资产结构中，知识资本既以知识、智力、技能等人力资本形态存在，又以商标品牌、工艺流程等无形资本形态存在。

5.4.2　知识资本的评价方法

知识资本的评价方法最初源于对无形资产的评估，现在一些无形资产评估方法仍被应用于知识资本评价中。随着知识经济的到来，知识资本从其他生产要素中脱离，成为一种独立的资本，知识资本所占的比重及其发挥的作用越来越大。在继承传统的无形资产评估方法的基础上，知识资本评价不断创新，出现了多种评价方法，它们分别从不同的角度对知识资本的各种构成要素进行度量和评估。目前，常用的知识资本评价方法主要包含以下几种。

1. 市场价值与账面价值比较法

该方法基于 Edvinsson 所提出的知识资本定义而产生。知识资本＝市场价值－账面价值。其中，账面价值就是反映在会计报表上的价值，市场价值＝企业股票的市价×流通股数。市场价值与账面价值比较法的优点是计算方法简单易行、容易理解，其缺点主要有两点：第一，证券市场变幻无常，存在很多资本炒作行为，导致股票价值并不能真实地反映出企业的市场价值；第二，账面价值可能与实际资产价值不符，如美国政府为了鼓励企业投资，允许企业申报资产折旧比率大于实际折旧的速度，这样就造成账面价值降低。改善的做法是通过比较比率的方式，与竞争者或同行业的平均数据进行对比，观察变化的趋势，这样才能提高市场价值与账面价值比较法的可靠性。

2. Tobin 的q值法

该法最早由诺贝尔经济学奖得主 James Tobin 提出，计算公式为 Tobin's q＝市场价值÷重置成本，目的是利用 q 值预测经济因素之外的企业投资决策。当 $q<1$ 时，表示资本价值小于重置成本，企业将不会购买此项资产；当 $q>1$ 时，表示资产价值大于重置成本，企业可以投资该项资产。若 q 值比较高，企业的投资行为就能得到超额利润，而超额利润的源泉正是知识资本。该方法的优点：一是不仅可以分析一家企业的资产价值，而且可以运用其对个别资产进行评价；二是账面价值不会因为折旧速度过快而被低估。该方法的缺点是会随着会计方法的变化而变化，它不能告诉企业哪些地方做错了，哪些地方需要加强，也无法告诉企业如何进一步创造价值，如何防止被模仿和替代，以及如何充分利用其知识资产获得可持续的竞争优势。

3. 无形资产评价法

该法由美国西北大学凯洛格商学院附属机构 NCI 研究中心提出，目的在于协助政府扶植知识密集型产业。无形资产法能够估算无形资产的价值，有利于银行对拥有较多无形资产的企业做出是否提供资金的决策，以及如何确定一家企业的无形资产及其发展潜力的高低。无形资产法的计算过程如下。

第一步，计算企业前三年的税前盈利。

第二步，计算资产负债表中三年的平均年终有形资产价值。

第三步，以资产除以盈利，计算企业的资产报酬率。

第四步，列出三年的行业平均资产报酬率。

第五步，计算盈余报酬，盈余报酬＝企业前三年的税前盈利－（三年的行业平均资产报酬率×三年的平均年终有形资产价值)，该指标反映出企业高于同业的平均资产报酬额。

第六步，计算前三年的平均所得税率，乘上盈余报酬，再从盈余报酬中扣除所得税，得到税后盈利，此盈利值便是企业无形资产的报酬额，代表该企业运用无形资产超过同行业的能力。

无形资产评价法的优点是：第一，可以通过核查财务资料，对同一行业的不同企业进行比较，也可以对同一企业内部不同部门进行比较；第二，无形资产法有利于企业判断无形资产投资的多少，如果所得终值很低或下跌，表明企业在有形资产方面的投资过多，而对研发、品牌、文化等无形资产的投资过少，如果终值上升则表示企业有更多流动现金用于未来生产；第三，当市价与账面比值偏低时，该方法还可以帮助投资者判断企业是否业绩衰退或隐藏大量价值。无形资产评价法的缺点主要如下：第一，计算过程较为烦琐冗长；第二，对财务资料要求较高，财务资料必须齐备才能计算；第三，当企业的资产报酬率低于同业平均值时，无形资产评价法将不再适用。

4. VAIC 法

VAIC 法由 Ante Public 开发设计，该方法认为企业业绩取决于企业运用财务资本和知识资本的能力。因此，对业绩的评价包括对实物资本增值效率的评价及智力潜力增值效率的评价，两者分别用财务资本增值系数和智力潜力增值系数来表示。而将企业运用财务资本与知识资本进行增值的能力称为“智力能力”，用“智力增值系数”（VAIC）来表示。VAIC 法的具体评价过程如下。

第一步，计算企业增值。企业增值＝企业产出－企业投入，其中，企业产出包括所有产品和服务，企业投入包括企业扣除人工费用后的所有费用。

第二步，计算财务资本增值系数。财务资本增值系数＝企业增值÷所有财务资本之和。

第三步，计算智力潜力增值系数。智力潜力增值系数＝企业增值÷企业智力潜力，其中，企业智力潜力以员工的工资总费用表示。

第四步，计算企业智力能力。企业智力能力＝财务资本增值系数＋智力潜力增值系数。

VAIC 法的优点：一是指标设置简单明了，原始数据容易获取；二是在知识型企业，劳动力市场能够准确反映人力资本价值的条件下，可以较好地反映企业知识资本的情况。其缺点是该方法为了追求计量的准确与客观而简单地将企业智力资本等同为企业员工的工资总费用，这一计算方法的科学性和准确性还有待商榷。

5.4.3　知识资本的评价模型

1. 无形资产监测器模型

由斯维彼教授参与的 Konrad 小组提出，无形资产监测器模型（Intangible Assets Monitor）采用一种动态的指标来评估知识资本的价值。斯维彼教授指出，企业的市场价值由有形净账面价值和无形资产两部分组成，而无形资产又有三个部分构成——个人能力、内部结构和外部结构，分别对应三类评价指标：增长和创新（Growth & Renewal）、效率（Efficiency）和稳定性（Stability），如图 5-1 所示，再细分为 10 个可衡量或可量化的指标[7]。个人能力即员工的受教育程度、工作经验等；内部结构即管理制度、员工态度、R&D 等；外部结构即商标、顾客和供应商关系等。

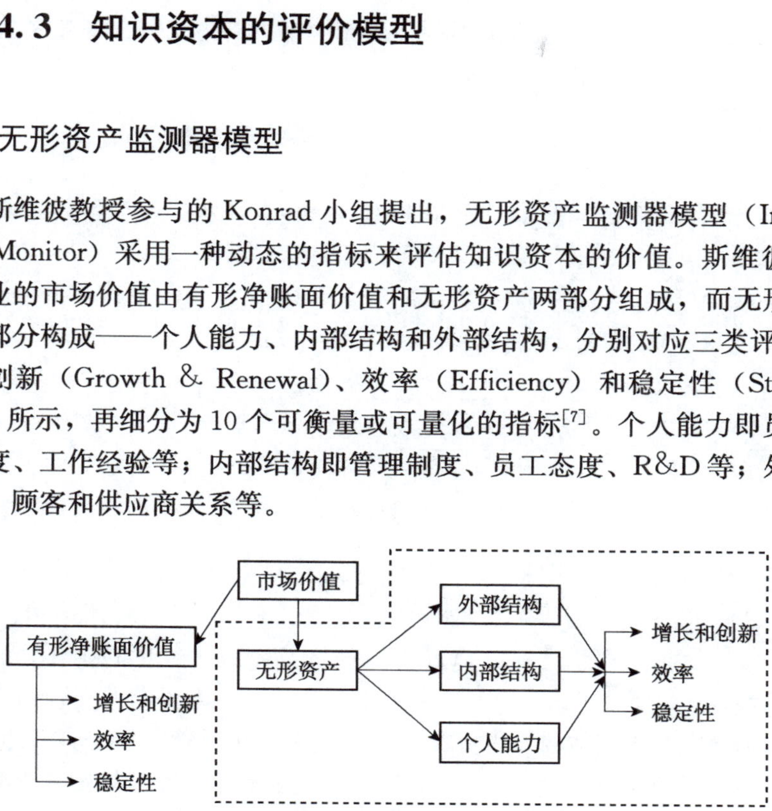

图 5-1　无形资产监测器示意图（虚线框内）

无形资产监测器不仅是评价无形资产的一种方法，也是一种汇报无形资产评价结果的简单方法。其优点主要有三点：第一，指标具有概括性，兼顾了无形资产形成的过程；第二，方法简单，便于把握和计算；第三，该模型将所有员工分为“专业人员”和“辅助人员”两类，便于突出无形资产形成的主要方面。其缺点主要有两点：一是指标仍然存在主观性，部分指标不易度量；二是该模型主要用来测量无形资产，用来评价知识资本，有些指标针对性不强。

2. 斯坎的亚导航器模型

斯坎的亚导航器模型（Skandia Navigator）由埃德文森领导的工作小组提出。1991 年，埃德文森受命分析和报告斯坎的亚公司的子公司——斯坎的亚保险财务服务公司的知识资本。它以顾客、财务、流程、人力因素、更新与发展等五个方面为重点，对该公司的知识资本进行了分析与评估，形成了知识资本评估和管理的模型，如图 5-2 所示，并在随后的实践中建立了较为完善的知识资本的理论体系与指标体系。指标体系的建立有两个作用，其一是评价作用，即反映一个组织的发展潜力情况；其二是导航作用，即指明组织的优缺点及将来的发展方向。因此，对于一个组织来讲，重要的不仅仅是建立评价体系本身，而是通过评价发现问题以利于今后更好的发展。

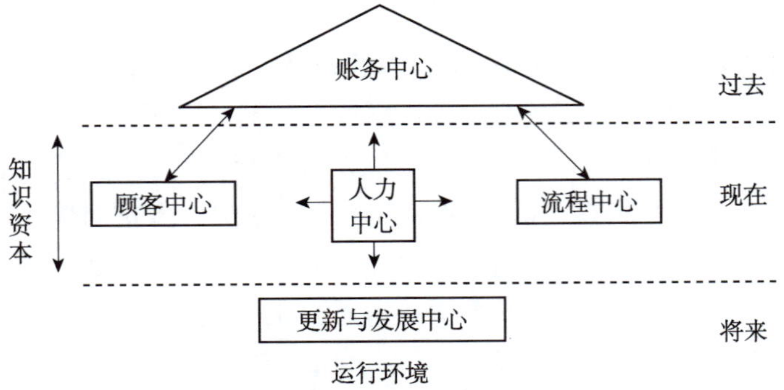

图 5-2　斯坎的亚导航器示意图

埃德文森认为这种知识资本评估和管理模型是一种具有普遍意义的知识资本评估方法，它不仅适用于一般的企业，而且也适用于非营利性组织。他还建立了一种较为简单的评估方法，以其为标准来快捷地比较不同企业之间的知识资本价值和企业绩效。在知识资本评估的基础上，他还形成了一种新的知识资本股票市场交换率。在他的知识资本评估实践中，知识资本报告具有重要地位。它不仅是一种新的会计工具，而且也是一种新的管理方法。斯坎的亚导航器模型的建立是知识资本量化评估研究领域的一个重要里程碑。

该模型的优点主要表现在三个方面：第一，指标较为全面，广泛涵盖了组织结构与过程要素；第二，认识到客户资本对组织价值创造的作用，而这些都是前人所没有揭示过的；第三，已经运用到实践中并取得一定效果。其缺点同样表现在三个方面：一是该模型在假设价值增加的前提下，仅选用衡量知识资本的替代性指标去预测趋势，而没有提供知识资本货币价值的衡量方法；二是该模型将计算机等作为价值的创造者且将其包括在结构性资本变量中，其科学性和合理性受到质疑；三是尽管埃德文森认为模型具有普遍意义，但指标的含糊性和公司的特殊性，使得该模型很难被绝大多数企业修改和采纳。

3. 平衡记分卡模型

平衡记分卡模型（Balanced Score-Card）由哈佛大学的卡普兰和诺顿提出，被视为美国知识资本评估理论研究开始的标志。如图 5-3 所示，平衡记分卡模型分别对企业的四个主要方面进行了业绩测量：财务角度（Financial Perspective）、顾客角度（Customer Perspective）、企业内部运作角度（Internal

Business Perspective)、革新与学习角度（Innovation and Learning Perspective)。平衡记分卡模型能够保持长期与短期目标之间的平衡、财务和非财务测算之间的平衡、落后指标与领先指标之间的平衡、内部和外部的平衡。

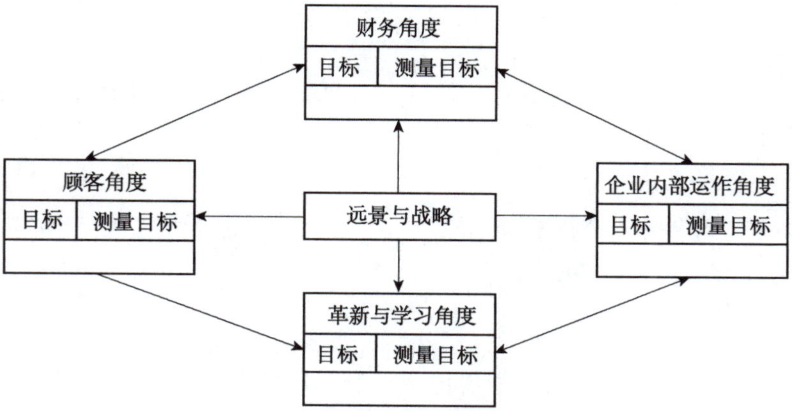

图 5-3　平衡记分卡模型示意图

该模型能够使企业管理者将有限的精力集中在几个对企业最为关键、最为重要的指标测量上，迅速全面地了解企业的情况。实践证明，平衡记分卡模型在一定条件下可以满足企业管理的一定需求。其优点主要表现为五个方面：第一，能够及时向公司提供任意时刻知识状况瞬态图；第二，能够将个人目标与企业整体知识战略挂钩，有利于将个人业务整合成为企业整体战略；第三，能够在企业长期知识和能力目标与年度预算之间建立直接联系；第四，能够就知识对无形资产的贡献实施客观的测算，如客户满意度、员工技能和组织能力，而这些又构成了企业的竞争优势；第五，能够将处于较高层次的企业远景解释为切实可行的、实际的、可管理的、具体的经营目标。其缺点包括两个方面：一是设计良好的平衡记分卡比较困难；二是通用性差，一般来说不可能直接采纳其他企业的平衡记分卡。

4. 圣特·昂格知识资本模型

圣特·昂格认为，在当前企业经营环境下，尤其是在知识资本计量出现之后，社会对什么是企业价值来源的理解已经发生了显著变化，无形资产被称为企业价值的重要源泉。企业知识资本管理工作的重点是无形资产的发展、维护、衡量和更新，圣特·昂格认为企业的知识资本是由人力资本、顾客资本和结构资本三个部分构成的。

另外，从系统论角度来看，知识资本三个构成部分都是存量，而它们之间的价值交流则属于流量，流量可以增减存量。在企业中，只有顾客资本可以影响财务资本，如果顾客资本存量下降，财务资本迟早也会减少；顾客资本受人力资本与结构资本流量的影响；结构资本不仅与顾客资本直接发生作用，而且为人力资本创造价值提供支持平台。

总的来说，圣特·昂格的研究主要集中在隐性知识及如何对隐性知识进行更为有效的更新与管理领域。因此，就知识资本而言，圣特·昂格的基本观点是：通过对企业隐性知识的研究，我们可以发现提高其内部动态凝聚力的方法，进而改善企业未来的绩效。

5.5 价值评估方法

企业价值评估是市场经济和现代企业制度相结合的产物。随着企业之间竞争的加剧，价值评估所发挥的价值和功能日益显著，它能够为投资分析、战略分析、价值管理、风险投资等活动提供必要的参考信息和决策依据。有关企业价值评估方法的研究引起了学术界和产业界的共同关注，并且已经形成了多种评估方法和模式。尽管如此，这些价值评估方法尚未达到成熟和完善的水平。在被广泛应用的同时，人们发现现有的价值评估理论和方法并不能给出一个客观、完整、唯一、量化的价值描述，使用不同的评估方法所得到的评估结果往往存在着显著的差异。为此，无论是发达国家还是处于经济转型期的发展中国家，都在结合自身的现实条件与需求不断地对企业价值评估方法进行修正和完善，希望得到更为科学、客观、公允的价值评估理论与方法。

5.5.1 企业价值评估的概念及意义

企业价值是指企业作为特定资产综合体在现实市场条件下的交换价值，由企业获利能力决定，是企业在现有基础上获利能力价值和潜在获利机会价值之和[18]。1958 年，美国学者莫迪格兰和米勒提出企业价值理论，半个多世纪以来，该理论在西方发达国家得到广泛应用，被认为是 21 世纪企业的共同语言，企业目标由利润最大化转变为价值最大化，企业管理由利润导向转变为价值导向。

企业价值评估是指评估者根据特定的目的，遵循特定的基本原则，依照法定的标准和规范，运用科学的程序和方法，对企业整体的经济价值进行判断、估计和测算的过程，是对持续经营中的企业的价值所进行的计量。在企业上市和股票定价，投资者进行理性投资，企业进行并购决策、财务决策、价值管理，衡量企业绩效和管理者的经营业绩时，企业价值评估都是不可或缺的[19]。企业价值评估的目的是分析和衡量企业及其内部经营单位、分支机构的公平市场价值，并提供有关信息，帮助投资人和管理者改善决策。

企业价值评估的过程，实际上是一个综合了企业能力、宏观经济形势及人的主观判断等多方面因素之后，对企业持续发展潜质的认识和评价过程。企业的持续发展，可以直接地增加投资者的财富，间接地增加整个社会的财富。正确地评估企业价值，不但对于投资公司的实物操作、投资者的理性投资和评估企业管理层业绩来说至关重要，而且对证券市场的规范建设也具有同样重要的意义。企业价值最大化是判断企业效率高低的最佳标准，在现代经济条件下，特别是在资本市场中，如何判断企业的效率并由此决定投资的流向，便是企业价值评估所要解决的核心问题。价值是价格的基础，企业价值评估的重要性就在于为投资者提供一个关于企业价值的合理评估，使投资者的投资决策有一个可靠的基准，指导证券分析师、投资者寻找被低估了价值的股票；投资银行家要利用它为公开销售的原始股定价；需要回购自己股票的公司可利用评估技巧选择购买时机；信用分析家为了解贷款的风险，也要考虑公司的权益价值等[20]。

5.5.2　企业价值评估的通用方法

企业价值评估在我国出现在20世纪80年代末，随着我国市场经济的不断发展，其越来越受到关注。现阶段，国内的市场经济环境与西方发达国家存在较大差异，因此，西方发达国家资本市场上的价值评估理论和方法并不完全适用于我国企业。2004年12月30日中国注册资产评估协会发布了《企业价值评估指导意见书（试行)》，并于2005年4月1日起施行。其中，对注册资产评估师开展企业价值评估业务提出了新的要求，明确提出成本法、市场法、收益法是企业价值评估的三种基本方法[21]。

1. 成本法

企业评估中的成本法也称资产基础法或加和法，是指在合理评估企业各项资产价值和负债的基础上确定企业价值的评估方法，具体是指将构成企业的各种要素资产的评估值加总求得企业价值的方法。主要有净资产账面价值法和重置成本法。

1）净资产账面价值法

对企业进行并购评估一个直接的方法就是对企业的财务报表资料进行确认，将企业的资产总额减去负债，也就是所有者权益部分的账面价值。基本计算公式是

目标企业价值＝目标公司的账面净资产×（1＋调整系数） (5-9)

账面净值评估方法的优点是其资料容易得到、客观性强、计算简单。常用在没有一个相对中立、专业和成熟的资产评估机构，缺乏完备的产权交易市场、资本市场的情况下，但它的缺点也同样显而易见：会计政策的弹性使得企业管理人员很容易以此操纵净资产的账面价值，这从根本上动摇了成本法评估的基础；忽视了一些无法由会计方法反映的企业的无形价值；目标企业资产价值无论大小，对于并购方而言都是一种沉没成本，与未来的赢利和成长相关性不大。

2）重置成本法

在现实条件下重新购置或建造一个全新状态的评估对象，用所需的全部成本减去评估对象的实体性陈旧贬值、功能性陈旧贬值和经济性陈旧贬值后的差额，以其作为评估对象现实价值的一种评估方法。

目标企业价值＝目标企业资产目前市场上价格－实体性陈旧贬值－功能性陈旧贬值－经济性陈旧贬值

重置成本法充分考虑了并购的机会成本，可以为并购方的管理层提供相当重要的决策依据，并以此来对目标企业的要价进行对比。但是仅从技术角度而言，无法重造一个与目标企业完全一样的企业；当并购方真正进行自建时，将不得不大量购买全新的设备，而不是与目标企业相同的价格、相对较低的设备，这会受到一定的预算约束。

成本法小结：以上两种方法都是以企业的历史成本为基础，利用企业现存的财务报表记录，对企业资产进行分项评估，然后加总的一种静态的评估方式，有操作熟练、易把握，便于进行账务处理及每项资产价值清晰的优点。但它也有很大的局限性：仅从历史投入的角度考虑企业价值，而没有从资产的实际效能和企业运行效率角度考虑；该法将一个企业有机体割裂开来，将某项资产脱离整体单独进行评估，其成本价格将和它给整体带来的边际收益相差甚远；忽略了无形资产在企业中的作用，不符合对目标企业全面评估的原则。该方法适用于新设企业或完工不久的企业，投资经营企业或控股公司或非持续经营的企业，如清算中的公司等。此外，使用成本法对目标企业进行估价，经常是一个必要的步骤，它可以为企业并购决策提供重要信息，为企业真实价值提供一个基准参数。

2. 市场法

市场法是在市场上找出一个或几个与被评估公司相似的参照企业，分析比较被评估公司及合适的价值乘数，在此基础上，通过修正、调整参照企业市场价值，最后确定被评估企业的价值的方法。

目标企业价值＝可比企业基本财务比率×目标企业相关指标

在实际中经常采用的基本财务比率有价格与收益比、市场价格和账面价值比及价格与销售额比。

第一，价格与收益比，即市盈率。

目标企业每股价值=可比企业平均市盈率×目标企业的每股净利

该模型的优点是：数据易得并且计算简单；直观反映投入产出关系；市盈率涵盖了风险补偿率、增长率和股利支付率的影响，具有很高的综合性。缺点在于如果收益为负，市盈率就失去意义。因此，该模型适用于连续赢利且风险与整个市场平均风险接近的企业。

第二，市场价格和账面价值比，即市净率

目标企业股权价值=可比企业平均市净率×目标企业的净资产

该模型的优点是：净资产账面价值数据容易取得并且容易理解，其稳定性高于净利，也不像利润那样易被人操纵。局限性表现为账面价值受会计政策选择的影响，而且在固定资产很少的服务型企业或高科技企业，净资产与企业价值关联不大，市净率并没有太大意义。所以，该模型适用于拥有大量资产且净资产为正的企业。

第三，价格与销售额比，即收入乘数。

目标企业股权价值=可比企业平均收入乘数×目标企业的销售收入

该模型的优点是：收入不受折旧、存货所采用的会计政策的影响，较难被操纵，而且它不会像市盈率或市净率那样因为分母为负而失去意义；其缺点主要表现在它不能反映成本的变化。所以，该模型适用于销售成本较低的服务类企业。

市场法小结：在用市场法评估企业价值时，最关键的问题是选择可比企业和可比指标。在产权市场尚不发达、企业交易案例难以收集的情况下，存在着可比企业选择上的难度。即便选择了非常相似的企业，由于市场的多样性，其发展的背景、内在质量也存在着相当大的差别。这种方法缺少实质的理论基础作为支撑，这就是运用市场法确定目标企业最终评估值的局限性所在。因此，市场法仅作为一种单纯的计算技术对其他两种方法起到补充作用。

3. 收益法

收益法通过将被评估企业预期收益资本化或折现至某特定日期以确定评估对象价值。其主要方法包括现金流量折现法（DCF 模型）、内部收益率法（IRR 模型）、资本资产定价模型（CAPM）和经济价值分析法（EVA 模型）等。本节将论述最为常用的 DCF 模型及在我国发展迅速的 EVA 模型。

1）现金流量折现法

该方法遵循财务中增量现金流量和资金时间价值两条原则，是享有信息和富有理性的买卖双方在预期企业产生的自由现金流量基础上通过折现的方法得出企业价值的过程。

DCF 模型的基本计算公式为

$$企业价值=\sum_{t=1}^{\infty}\frac{自由现金流量}{(1+资本成本)t} \tag{5-10}$$

第一步，计算自由现金流量，即 FCF。它是指企业经营所产生的税后现金流量总额，它是可以提供给企业资本的供应者，包括债权人和股东的现金流量。选用这一参数充分考虑了目标公司未来的创造现金流量的能力。

第二步，确定折现率。要想准确计算企业价值，在尽可能精确预测企业未来自由现金流量后就要开始确定合适的折现率。为了与现金流量定义相一致，用于现金净流量折现的折现率应反映所有资本提供者按照各自对企业总资本的相对贡献而加权的资本机会成本，即加权平均资本成本（WACC）。由于个别资本成本的高低取决于投资者从其他同等风险投资中可望得到的报酬率，所以折现率的高低必须能准确反映现金净流量的风险程度。

加权平均资本成本＝平均股权资本成本×股权资本＋平均负债资本成本×负债资本

第三步，利用贴现率对企业现金流量进行贴现。在确定了现金流量和贴现率后，下一步就是利用计算出的贴现率对现金流量进行贴现。例如，我们用加权平均资本成本法对目标企业进行评估：

$$PV=\sum\frac{FCFt}{(1+WACC)t}+\frac{Vt}{(1+WACC)t} \tag{5-11}$$

DCF 模型的应用前提是企业的持续经营和未来现金流的可预测性。不适用于当前及近一段时间内不产生现金流却有潜力创造价值的企业，如初创期的企业等。其局限性在于只能估算已经公开的投资机会和现有业务未来的增长所能产生的现金流的价值，没有考虑在不确定性环境下的各种投资机会，而这种投资机会在很大程度上决定和影响着企业的价值。

2）经济价值分析法

根据创始人斯腾·斯特的解释，经济价值分析法（EVA）是指企业资本收益与资本机会成本之间的差额。资本收益是指经过调整后的营业净利润，资本成本是指全部投入资本的成本。计算公式为

$$\begin{aligned}EVA&=税后营业净利润-资本总成本\\&=投资资本\times(投资资本回报率-加权平均资本成本率)\end{aligned} \tag{5-12}$$

以经济利润为基础的评估方法比现金流量折现法优越的地方在于：经济利润可以了解公司在单一时期内所创造的价值，其将价值驱动因素、投资资本回报率和增长率转化为一个数字。EVA 法说明公司价值是投资资本和预计经济利润的限制之和。只有当公司利润多于或少于加权平均的资本成本时，公司价值

才多于或少于其投资成本。它与现金流量法的区别在于折现的是预计的经济利润而不是现金流量。

收益法小结：收益法能够比较科学合理地反映企业价值，是现阶段进行企业价值评估的最佳方法：收益法以企业整体获利能力为基础，克服了成本法将企业有机体割裂开的弊端。其评估结果综合了企业资产总量、资本结构、行业前景、管理水平、组织效率、人力资源、商誉等一系列的衡量要素，全面体现了公司的整体素质；收益法从整体性或说系统性角度来测算评估企业价值，出发点是企业未来收益的折现，这符合企业的整体效用最优化要求，体现了企业的劳动价值。收益法的局限性体现在其主要参数收益额、折现率的预测难度较大，受较强的主观判断和未来收益不可预见因素的影响。因此在市场经济不发达的国家，其大范围的推广应用有待时日。

通过前文分析，我们可以看出三种评估方法各有利弊。成本法是一种相对落后和原始的评估方式，但它仍有着存在的理由和价值，特别是在目前我国资本市场整体不发达的情况下，以成本法为基础的评估方法大量使用是必然的。收益法更能够反映企业价值的本质，特别是在持续经营的前提之下的企业价值评估，收益法无疑是现阶段进行企业价值评估的核心方法。与以上两种方法比较，市场法的魅力在于简单而且易使用，尤其是当金融市场上有大量可比资产进行交易并且市场在平均水平上对这些资产的定价是正确的情况之下，此时市场法是较为理想的价值评估方法。在价值评估实践中，应该从不同的角度对以上三种方法进行比较分析，明确各种方法之间的差异性，结合被评估企业的现实条件和需求，选择真正适合于目标企业价值评估的方法。

5.5.3　企业价值评估方法的发展趋势

近年来，企业价值评估受到了日益广泛的关注，新理论、新模型不断涌现，但在实际操作过程当中，每种评估方法都存在着不同程度的局限性，使那些想依靠价值评估结果进行科学管理和决策的人员无所适从。规避和消除价值评估方法的局限、改进和修正价值评估方法、建立和完善科学的评估体系成为业界十分关心的问题，也在一定程度上影响着企业价值评估方法的发展趋势。总的来说，未来价值评估方法将呈现出以下几个方面的特征[22]。

1. 评估方法与指标体系趋于简单化

目前，各类方法都有较为复杂的计算手段和评估体系。从应用角度来看，大企业集团、上市公司或许可以接受高额的评估成本、复杂的评估程序、较长的评估周期，但是，对于数以万计的中小企业、科技型创新企业、创业型企业、个人企业来说，过于复杂的评估模型便仅仅是评估机构赚钱的工具，成为常人难懂的所谓专业技术壁垒。多数中小企业不得不敬而远之。同时，过程复杂、计算链条过长、需要的数据和信息太多，导致评估方法的应用受到局限，必然导致最终结果失真，不利于直接反映企业的即时状态和价值，其局限性也更难以克服。所以，企业价值评估应在正确理论的基础上，朝简单化的、通俗化的方向发展，提高其可操作性和实用性，以求在更加广阔的应用领域内有所发展。

2. 更多倚重于现实的数据和指标

多数价值评估方法都有对未来的预测或对持续经营的预期，这种判断本身并没有多大的意义，在众多不确定因素中，未来趋势、增长预期是最不可靠的判断，虽然有些看似有充分依据，但还是加入了很多臆想的成分。作为实际操作层面的具体方法，需要更多以现实数据作为支撑。依靠真实数据和信息的价值评估，可操作性必然增强。以目前时点和现实条件来确定的企业价值，客观性必然增强。其结果具有更为确定和可靠的现实意义和参考价值。针对同一现实数据的价值计算，会使不同机构、不同算法产生可比性。

3. 将现实价值与未来价值分离

折现现金流法、自由现金流量折现法、经济增加值法等都有“折现率”的思想，将未来价值折现为现有企业价值，看似公允，给出了一个可比的数量概念，但不同的企业、同一企业不同年限的折现比率确定都隐藏了不确定性和人为操作因素。对于贴现现金流量的确定，关键在于对未来现金流和贴现率的确定。为了使评估结果更加客观合理，应将企业现实价值与未来价值分裂开来，分别讨论评估，避免理想与现实混为一谈的混乱逻辑影响企业的可比性，误导投资者对企业资产价值与投资价值判定，避免监管数据被粉饰。

4. 指标体系趋于分类化和专业化

各类评估方法各有特色，都希望能够解决企业全面价值问题，这本身并不现实。各种不同的理论，应在其适应的领域和范围内做出更为专业化的演绎，解释更为具体和有针对性的问题。所以，应朝评估指标分类化、理论专业化方向发展，分成若干小类，增加企业在某个具体方面的比较，可以使企业的具体问题得到具体的量化比较。这样，既增加了投资人获取评估结果的可选择性，又有利于决策管理与监管机构考核指标选择性的参照。用专业的模型解释专门的问题，既克服了在其他问题上的局限性，又解决了结果比较的背景一致性。

5. 减少人为因素对指标的干扰和影响

价值评估过程中不可避免地需要面对定性与定量问题。诸多评估方法操作中都存在需要调整财务科目、需要估算未来增长率、参照行业标杆企业的选择、比例权重的界定等问题。人为因素的影响存在很大的差异，对同一事物不同的人会有不同的选择和判断。这些要素应纳入定性分析范畴去考虑，而不应把定性与定量的两种逻辑关系在一个算式中体现，当增加人为的主观判断，在同一算式中出现的准确数学关系会因人为因素的介入而变得模糊和似是而非，这必然削弱量化数据的可靠性。

6. 将决策管理层的作用纳入评估体系

目前的评估方法都是以量化体系的建立为目标，希望通过数学的、量化的方法产生比较概念，以利于区分、鉴别和判断。但企业是有“生命”的有机体，忽略人的因素，当风险和危机来临时，一台无生命的机器是无法应对和调整的。定量分析与定性分析在这里需要得到辩证看待和高度协调。对企业的整体判断，必须考虑决策者、团队、人才的因素，离开了人的因素企业也就不存在。对于任何类别、任何规模、任何阶段的企业，人的因素都应该是首位的，因此，应该尝试将决策管理层的作用纳入评估体系。

7. 假定条件的一致性和标准化

由于数据条件的限制及信息的不完整，经常会造成评估价值的结果出现较大的出入，这种现象在实际过程中时有发生。所以，要注重研究方法应用的环境、条件问题。避开局限性很强的情况，严格限定该方法的适用范围。同时，对于不同条件下的理论应用，给出修正模型，针对不同数值区间给予细化的分析，即将假定条件分段量化，使得假定条件趋于一致，计算结果在标准化环境里生成，这样就增加了企业价值分析的可比性。

8. 评估方法要规范化和准则化

参照国际通行做法，1996 年，中国资产评估协会发布了《资产评估操作规范意见》，2004 年，财政部颁发《资产评估准则——基本准则》，在一定程度上奠定了国内资产评估准则体系的基础。尽管如此，在观念上、理论上、方法上、操作实践指导上，由于环境与形势的变化，原有的准则已不能适应目前企业价值评估工作的要求和实际业务的需要。建立新的“准则”将有助于单一理论和方法的局限性规避，也会为行业操作行为与操作标准的一致性奠定新的基础。根据分类适用的原则，不同的应用范围采用法定的一致的方法，可以避免口径不一致造成的分歧与数据的人为放大或隐藏。但新准则的推出，必须随着市场条件的变化，以及新的理论、方法、模型不断推出，适时地加以更新和调整。以适应企业价值评估的业务需要，这样才能成为规范价值评估的纲领性、具有法律效力的准则。

综上所述，企业价值理论和评估方法正处在蓬勃发展阶段。一方面，价值评估在现代市场经济中的地位和功能日益显著，学术界和产业界对价值评估方法的关注也不断提升；另一方面，目前已有的价值评估方法仍然存在种种局限，尚不能满足现代企业价值评估的需要。在这种时代背景之下，广大从事企业价值评估理论研究和实践操作的机构与个人，应该深入分析企业价值评估的新发展与新趋势，以为市场交易和管理决策提供公允客观、标准一致的企业价值评估结果为目的，不断对企业价值评估理论及方法加以修正、完善和创新，推动价值评估方法朝着更为科学、实用、客观、简便的方向发展。

5.6 内容分析方法

内容分析法是一种以研究人类传播的信息内容为主的社会科学研究方法。内容分析法产生于新闻传播领域，随后被广泛应用于各领域的信息内容分析。

5.6.1 内容分析法的起源与发展

尽管内容分析法作为专门的科研方法的历史还不长，但是对传播内容的研究却古已有之，可以说是源远流长。例如，中国古代统治者采用了很多了解社情民意的方法，有古代君臣的“微服私访”，设置“谏鼓谤木”，重视“乡议”，奖励“进谏”，派人巡视采风。其实，内容分析是属于文献分析的一种，我国旧时的考据学即文献研究法。只是19世纪之后，应用了计算工具和统计理论，使其不再停留于文献分析的层次。

在国外，对媒体传播的信息内容进行定量分析则可追溯到17世纪后期，当时教会十分关心非宗教思想在报纸上的传播，于是由神学家进行了相关的研究。18世纪中叶，瑞典宗教界与学术界也曾以词语类目的定量分析方法对当时引起争议的宗教赞美诗集《锡安哥集》进行剖析。这是历史上有关内容分析法个案的最早记载。

可以说，内容分析法作为一种科学调查方式已经存在几个世纪了，但其发展和推广主要是由19世纪的大众传播媒介和20世纪的电子传播媒介激发和推动的。而且，在古人所进行的大量内容分析实践活动中，理论的研究都是点滴的、零散的，远远没能形成系统的专著。只有进入20世纪以后，内容分析法的研究才取得了飞跃式的进步。长久以来，不断有人尝试运用定量分析的方法考察传播信息的内容，但是直到第二次世界大战以前，这种方式的研究仅处于零散的实验阶段。内容分析作为一种正式研究方法诞生于第二次世界大战期间，至今已经历了以下几个发展阶段。

（1）实践探索期。第二次世界大战期间，盟军为了获取有关德国社会、经济、政治等方面的动态情报，曾动用了庞大的间谍网。但严密的消息封锁和帝国的反间谍活动使得这一工作很难开展。在著名传播学家保罗·拉扎斯菲尔德和哈罗德·拉斯韦尔的倡导下，美国情报部门决定从公开的文献情报中发掘所要的信息。他们选择了德国公开发行的报纸为目标，通过对其内容的分析和研究，出乎意料地摸清了德国社会的基本情况。很快，这一新的方法又运用于太平洋战区，在对日情报战中立下了汗马功劳。

（2）理论研究期。第二次世界大战后，美国政府组织传播学、政治学、图书馆学、社会学等领域的专家学者与军事情报机构一道对内容分析方法进行多学科的研究。到1955年，有关这一方法的内容与步骤，如分析单元、定性与定量的比较、频度的测定与用法、相关性和强度的衡量及信息量的测度等问题都得到了不同程度的研究，并提出了初步的模型和理论。

（3）基本成形期。20世纪60年代初，内容分析方法开始在美国情报部门推广，特别是用于对社会主义国家的情报分析中，美国在中国香港就派驻了近300名观察员收集我国的各种报刊，进行内容分析。此后不久，内容分析方法进入美国大学的传播学、政治学和社会学课堂。20世纪60年代末，西方图书馆学情报学将内容分析引入自己的方法论体系。20世纪70年代，这一方法在北美、西欧的社会科学各学科中开始应用，而且在社会学和比较政治学中成效显著。1971年，哈佛大学的卡尔·多伊奇等人将内容分析列为1900～1965年62项社会科学的重大进展之一。

（4）发展完善期。20世纪80年代以来，内容分析方法不断吸收当代科学发展的养料，用系统论、信息论、符号学、语义学、统计学等新兴学科的成果充实自己，在社会发展和国际政治等领域中业绩显赫。美国未来学家约翰·奈斯比特依据这一方法创办了著名的《趋势报告》季刊，推出了被誉为“能够准确地把握时代发展脉搏”的论著《大趋势》，成功预见了网络和全球经济一体化等概念，全球畅销1400万册，从而使这一方法受到世人瞩目。

5.6.2　内容分析法的概念与分类

内容分析法（Content Analysis）也称为资讯分析（Informational Analysis）

或文献分析（Documentary Analysis），是一种具有半定量化色彩的研究方法。更具体地说，内容分析法便是针对文章或媒体的特殊属性，如思想、主题、片语、人物角色或词语等东西，做系统化和客观化的分析，以探寻文件内容背后的真正意图。

在内容分析法的形成发展过程中，众多研究者从各自不同的角度进入内容分析研究领域，做出了杰出的贡献。20世纪50年代以来，产生了许多关于内容分析的定义。

1952年，美国传播学家伯纳德·贝雷尔森（Bernard Berelson）将内容分析法定义为“一种对具有明确特性的传播内容进行的客观、系统和定量的描述的研究技术”。

霍尔斯蒂（Holsti）在对包括书面和口头在内的所有交流方式进行深入研究后，对内容分析法做出一个广泛的定义：“内容分析法是系统地、客观地指出信息的特征。”同时为内容分析确定了三个主要目标：描述传播特征、推导传播者意图及推断传播效果。

另一位内容分析研究者克里本道夫（Krippendorf）将内容分析定义为系统、客观和定量地研究传播信息并对信息及其环境之间的关系做出推断的方法。

此外，华里泽（Waliger）和韦尼（Wienir）把内容分析定义为用来检查资料内容的系统程序。柯林杰（Kerliger）的定义也很具有代表性：内容分析是以测量变量为目的，对传播进行系统、客观和定量分析研究的一种方法。

在这里，我们采用被学界广泛引用的贝雷尔森的经典定义，因为它简明扼要地揭示了内容分析的研究对象、研究方法及其特征。正确理解该概念应把握以下几个方面。

第一，内容分析的研究对象是“具有明确特性的传播内容”。明确意味着所要计量的传播内容必须是明白、显而易见的，而不能是隐晦的、含糊不清的或没有明确表达出来的意思。如果对传播内容的理解在研究者之间、研究者与受众之间很难达成共识，则不宜作为内容分析的对象，因为对这类内容进行计量非常困难。

第二，内容分析方法的特征是“客观”（Objective）、“系统”（Systematic）和“定量”（Quantitative），大多数定义都表达出这三项特征。

第三，结果表述的特征是“描述性的”（Descriptive）。内容分析的结果常常表现为大量的数据表格、数字及其分析。这是“客观”“系统”和“定量”研究的必然结果。

内容分析法作为一种研究社会现实的科学方法，经过了不断的理论探讨和实践应用才逐步趋于成熟与完善。在此过程中，通过对该方法究竟是定性研究还是定量研究的激烈争论，研究者先后提出了以下几种方法，从中可以看到内容分析法的演变轨迹及技术进步对其发展的推动作用。

1. 解读式内容分析法

解读式内容分析法（Hermeneutic content analysis）源于 20 世纪 70 年代的人类学研究，是一种通过精读、理解并阐释文本内容来传达作者的意图的方法。“解读”的含义不只停留在对事实进行简单解说的层面上，而是从整体和更高的层次上把握文本内容的复杂背景和思想结构，从而发掘文本内容的真正意义。这种高层次的理解不是线性的，而是具有循环结构的：单项内容只有在整体的背景环境下才能被理解，而对整体内容的理解反过来则是对各个单项内容理解的综合结果。这种方法强调真实、客观、全面地反映文本内容的本来意义，具有一定的深度，适用于以描述事实为目的的个案研究。但因其解读过程中不可避免会出现主观性和研究对象的单一性，其分析结果往往被认为是随机的、难以证实的，因而缺乏普遍性。

2. 实验式内容分析法

实验式内容分析法（Empirical content analysis）主要指定量内容分析和定性内容分析相结合。首先，定量形式的内容分析法是 20 世纪 20 年代末在新闻界首次运用的。它将文本内容划分为特定类目，计算每类内容元素出现的频率，描述明显的内容特征。该方法具有三个基本要素，即客观、系统、定量。用来作为计数单元的文本内容可以是单词、符号、主题、句子、段落或其他语法单元，也可以是一个笼统的“项目”或“时空”的概念。这些计数单元在文本中客观存在，其出现频率也是明显可查的，但这并不能保证分析结果的有效性和可靠性。一方面是因为，统计变量的制定和对内容的评价与分类仍由分析人员主观判定，难以制定标准，操作难度较大；另一方面是因为计数对象也仅限于文本中明显的内容特征，而不能从潜在含义、写作动机、背景环境、对读者的影响等方面展开来进行推导，这无疑限制了该方法的应用价值。而定性形式的内容分析法主要是对文本中各概念要素之间的联系及组织结构进行描述和推理性分析。与定量方法直观的数据化所不同的是，定性方法强调通过全面深刻的理解和严密的逻辑推理，来传达文本内容。

一般认为，任何一种科研方法都包含一定的定性步骤。比如，研究开始阶段要确定主题和调查对象，明确相关概念，制订研究计划；最后阶段还要针对研究的问题，解释实验结果。但是单纯的定性方法缺乏必要的客观依据，存在一定的主观性和不确定性，说服力有限。因此，很多学者倡导将定性方法和定量方法结合起来，取长补短，相得益彰。定性定量相结合的实验式内容分析法具备以下几个要点：①对问题有必要的认识基础和理论推导；②客观地选择样本并进行复核；③在整理资料过程中开发一个可靠而有效的分类体系；④定量的分析实验数据，并做出正确的理解。

3. 计算机内容分析法

计算机技术的应用极大地推进了内容分析法的发展。计算机作为一种数据管理工具，在数据的搜集、存储、编辑和排序等过程中具有手工方法不可比拟的速度和准确度的优势。无论是在定性内容分析法中出现的半自动内容分析（Computer-aided content analysis），还是在定量内容分析法中出现的计算机辅助内容分析（Computer-assisted content analysis），都只存在术语名称上的差别，而实质上，正是计算机技术将各种定性和定量研究方法有效地结合起来，博采众长，使内容分析法取得了迅速推广和飞跃发展。

5.6.3 内容分析法的目的与意义

当今，社会、政治和经济环境的变化十分迅速，人口老龄化、伦理多元化、经济全球化，以及计算机和网络技术的快速发展令我们的生活环境日新月异，在这样的环境中，决策者的工作就变得越来越复杂。当今的决策者面临着两个难题：其一，要想在不断变化的环境中有效地管理各类组织，需要对社会环境中的相关趋势进行持续的监测和评价，但是传统的社会环境监测方法，如民意调查进展很慢，调查结果又往往滞后一段时间，不能及时满足需要；其二，在日益信息化的社会中，决策者需要依赖更加准确可靠的信息做出决定，但是从浩如烟海的数据中提取出有用的信息变得越来越困难。因此，阿尔万·德尼（Alvan Tenney）提出“需要的是连续分析大量期刊，这样通过对数据的研究，可能会发现媒体关注的焦点和公众行为之间的实际关系。数据记录本身构成一系列对社会气候的观察，其准确程度可与国家气象局的统计数字相媲美”。

技术的进步使这类信息研究成为可能。例如，近年来可以从在线商业数据库和互联网上获取大量信息文本资料，并进行有效的分析，而且随着自动抽取有用信息的计算机程序的开发，构建一种新型的社会信息系统以实现高效决策、计划和管理也更具可行性，这类信息系统可以跟踪一段时间内重要政策问题的进展，并监测公众对于各类问题的态度、信念和价值观的变化。因此，利用计算机技术对新闻报道、网络资料和其他文献信息进行内容分析，有助于及时把握社会舆论的走向，反映社会广泛关注的问题，并预测未来社会环境状况，对决策和管理工作十分有益。

从内容分析法的研究对象来看，大众媒体传播的信息在很大程度上既反映也影响了公众的判断和信念，一方面媒体记录报道了当前的社会舆论信息，另一方面新闻也是大多数人获取信息的主要来源。因此，分析新闻媒体报道的信息是间接的衡量公众态度、信念及价值观的有效方法。可能有人会认为媒体报道存在偏差，但这不是问题的关键。媒体扮演了一个影响公众态度和信念的重要角色，尽管偏差是不可避免的，但公众仍将受到媒体的影响。而通过内容分析，可以及时、客观地反映出这种影响。

从内容分析法的研究方式来看，所谓“温故而知新”，如果研究人员只是一味埋头做自己的研究，既不回顾前人的成果，也不理会当前的发展情况和未来可能的趋势，那只会导致盲目和重复工作，对科学发展无益。因此，利用内容分析法纵观已有成果并做分析，一来有助于理清研究思路，掌握社会需求和发展趋势；二来可以找到学科内新的空白点，做出科学创新，这也是内容分析法被广泛采用的重要原因。内容分析的研究目的也可概括为以下几个方面。

（1）比较研究：首先是为了将传播信息内容与社会现实进行比较。研究者在从事这类研究时，一般暗含着一种假设，即传播内容的倾向与社会现实（或现代社会价值观）不相符。研究者开始一项内容分析项目时，常常是基于对某种传播内容的不满，认为它歪曲了社会现实或不符合现代社会的价值观念或科学观念等。研究者试图通过系统的计量分析，揭示其内容所蕴含的社会性质。仅仅分析某种内容倾向的百分比是没有意义的，只有将这种百分比与社会现实、社会观念联系起来时，才能对数据做出价值判断，在这个基础上，内容分析才有意义。也就是说，内容分析的价值不仅是描述内容趋势，更重要的是它能帮助我们理解和解释社会现实。其次，内容分析也可通过对同一中心问题但对象或来源不同的样本量化结果的对比，来得出一些有意义的结论。例如，比较两个学术流派学术观点的异同，比较不同国家和地区科学技术的发展现状等。

（2）倾向研究：从信息内容推论信息传播者的态度。研究者的假定是：在大多数情况下，媒介信息在相当程度上自然而然表现了媒介或传播者的态度。例如：比较两家报纸对某个暴力事件的不同报道，可以看出它们对这个暴力事件持有不同的看法。当然，也有个别的情况，如为了某种利益，媒介发表与其态度相反的内容。这时，推论研究者态度的研究效果将会大大降低。

（3）效果研究：从媒介内容推论传播效果。研究者的假定是：人们长期接触某种媒介内容，就会受到某种媒介内容的影响。这一假定已得到传播学理论的支持。其理论主要是：李普曼的报刊意义构成功能、格伯纳的培养论、肖和麦考姆的议程安排功能，德弗勒和普莱克斯的媒介影响语言的功能。但传播学的其他理论指出：媒介内容对受众的影响不是直接的，而是有条件的。受众接触媒介内容的动机、态度，原有认知结构及其他因素也将决定媒介内容的影响。当受众大量接触与其原有态度一致、符合原有认知结构的内容时，才有可能增加受众认同媒介内容的机会，进而影响受众。在现代社会中，与广告有关的效果研究应用得尤其普遍。

(4) 趋势研究：描述传播内容的变化趋势。可利用同一对象在不同时期内容资料量化结果的比较，分析某种现象或思想观点的发展过程、演变规律及今后趋势。例如，1973 年，美国中央情报局运用指示词词频分析法，从苏联政界人物在公开演说或著作中对领袖的称呼和提法中抽取指示词，以此分析勃列日涅夫 70 年代在苏联的政治地位。

(5) 风格研究：通过内容分析研究某些作者的文字风格、报纸版面风格、艺术作品风格等。

(6) 来源研究：通过内容分析来比较、鉴别不同的信息来源。每个信息生产者，不论是个人还是组织，所发布的信息都有自身独特的风格和特征，通过内容可以明确生产者与信息特征之间的关联性。譬如，源于 A 的信息具有 M、N 特征，源于 B 的信息具有 X、Y 特征，我们在明确这些关系后，就能够通过分析信息的这些特征追溯信息的来源。

(7) 其他目的：随着互联网的发展，内容分析法从概念到形式、方法、工具都在发生不同程度的改变，以此来适应一些新的应用要求，如利用内容分析来进行网络监控、反垃圾邮件、改进搜索引擎的搜索效率、多媒体数据的标引与检索等。

5.6.4 内容分析法的实施步骤

来自不同学科的研究者带着各自的知识背景和实用目的开展了多种多样的内容分析研究。随着计算机技术的应用，各种研究方法开始逐渐融合、相互补充，在遵循内容分析法基本原理的基础上，研究程序基本一致。综合看来，要实现内容分析法的目标，必须在掌握大量事实资料的基础上，仔细研读，分门别类，推理比较，由表及里，由特殊到一般，从而归纳总结出一定的规律或预测未来发展趋势，最后还要对分析结果的有效性和可信度进行验证。如图 5-4 所示，内容分析法的实施过程通常包含以下几个阶段。

1. 提出研究问题或假设

由于要具体问题具体分析，所以构建一个研究大纲对指导方法的实施是十分重要的。在研究大纲中需要确定研究目的、划定研究范围并提出假设。主要注意以下两点。

第一，将研究目标加以清楚明白的陈述。内容分析要避免为研究而研究的毛病，不能因资料现成、便于列表显示等就进行所谓的研究。为此，确定研究的最终目标并加以清晰的表述是十分必要的。这将有助于使资料收集围绕确定

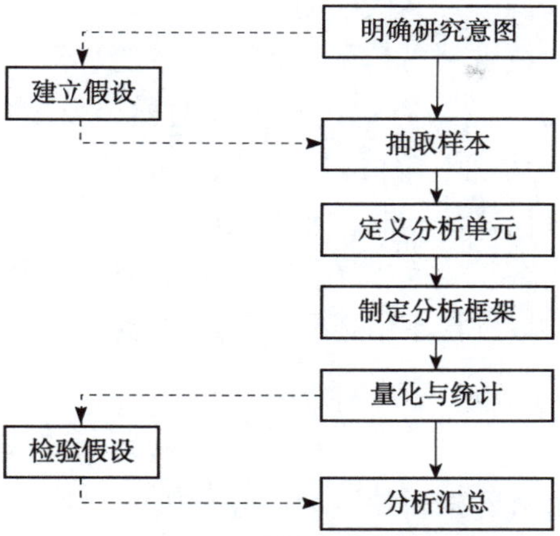

图 5-4　内容分析法的实施步骤

主题而进行，尽量减少收集那些对研究无用的资料。

第二，研究工作要以研究主题为指导。研究主题可由现存理论、以前的研究或实际的问题中提炼出来，或者是从对社会变化的反应中提出。设计得较好的研究主题或假设，能提高内容分析类目的准确性和灵敏性，也有助于产生更具价值的资料。

2. 确定研究范围

确定研究范围就是要详细说明所分析内容的界限，明确研究对象的操作性定义。操作性定义必须包括两个方面：指定主题领域、确定时间段。指定主题领域应与研究的问题保持逻辑上的一致，并与研究的目的相连贯。确定的时间段要足够长，以保证研究现象有充分的发生机会。指定主题领域和确定时间段后，研究者要对研究中的有关参数进行清楚的叙述。

3. 抽样

在不可能研究整个文献信息的总体时，就需要进行抽样。样本选择的标准是符合研究目的、信息含量大、具有连续性、内容体系基本一致，简言之，应能从样本的性质中推断与总体性质有关的结论。这个过程主要包括以下三个阶段。

第一阶段，一般是对内容的原始资料进行抽样。如果分析样本的任务太重，也可以进行随机抽样或分层抽样。

第二阶段，选择分析样本的起止时间。当原始研究材料确定后，就可以选择分析样本的起止时间。确定起止时间应根据研究的最终目的来确定。一般来说，样本数在合理的情况下，越大越好。如果选择样本太少，研究结果就可能不具有代表性。如果随机选择的样本量较大，尽管一般很少出现不具有代表性的结果，但会造成任务太重。究竟选择多大的样本数量，并没有统一的标准，具体依据研究的目的和研究对象而定。如果研究对象发生的频率越低，则选取的样本数就应该越多；反之，选取的样本数就可相对较少。

第三阶段，选择内容。当确定了原始资料和日期以后，便进入抽样的下一个阶段，研究者从已抽取的样本中选择分析的内容。

4. 选择分析单元

分析单元是指实际计算的对象，为内容分析中最重要同时也是最小的元素。在文字内容中，分析单元可以是独立的字、词、符号、主题（对某个客观事物独立的观点）、整篇文章或新闻报道。在电视或电影分析中，分析单元可能是动作或整个节目。

分析单元的选定主要取决于为了实现研究目标需要哪些信息。如果研究目的是考察国外新闻在报纸上占据多大篇幅，那么用单词作为分析单元来计算每个提到外国的词频就不太明智了，计算文章数量则可以了解到充分的信息而且也更容易实现。相反，如果我们关心的是布什和克林顿在任期间谁更受欢迎，这就可能要用单词进行计量。因此，分析单元的选择必须与研究目的联系起来。分析单元的操作性定义应该明确具体，其标准应该便于操作。例如，在对音乐录影带中的种族和性别问题进行研究时，可以用每一段影片的主要表演者和影片的主旋律为分析单元。

5. 建立分析的类目

内容分析的核心问题在于建立媒体内容的类目体系。这种体系的构成随着研究主题不同而变化。正如贝雷尔森所言："特定的研究必须建立起明确的类目并使之适用于问题和内容。"因此，在构建类目体系时，要注意三个问题。

第一，设立的类目必须与研究目标紧密相关，可以通过检查类目信息是否回答了研究问题或检验了研究假设的正确性来判断。多数情况下，要知道某个特定类目是否与研究目的相关，只要仔细考虑一下研究假设就可以判断了。

第二，设立的类目应具有相应的功能，即内容分析研究应能说明信息传播过程中的一些问题。这里，我们假设可以通过内容分析法，来推测记者、摄影师、编辑等媒体工作者的主观态度。

第三，类目体系应方便管理，主要是指类目数量应有一定的限制。在建立类目的过程中，要防止两个极端的做法：类目过少或类目过多。如果类目太少，基本的差异容易被忽略；如果类目太多，每一个类目中仅有少量的内容，就会大大限制研究的推理性。一个有效的类目体系中，所有的类目都应具备互斥性、完备性和信度。①互斥性：如果一个分析单位可以而且只可以放在一个类目中，那么这个类目体系就具有互斥性。否则，类目的定义就需要进行修改。②完备性：类目中必须有适合于每一个分析单位的位置，如果发现一个或几个不正常的例子，可以用“其他”或“混合”类目来解决问题，但有10%或更多的内容属于“其他”或“混合”类目时，就需要重新检查当初的类目。另外，还有一种确保完备性的方法，就是把内容分成两部分或三部分：如解决问题的态度可以分为积极性和消极性；陈述可以分为正面的、中性的和负面的三种。③信度：信度在内容分析中是关键性因素。不同的编码者对分析单元所属类目的意见应有一致性。这种一致性在内容分析中以数量表示，称为“编码者间信度”。

6. 建立量化系统

内容分析中的量化方法一般用于类目、等距和等比三种尺度。

在类目尺度中，研究者只需简单地分析单元在每个类目中出现的频率。例如，报纸社论的标题、电视节目播出的情况等问题，都可以通过类目测量的方法来完成。

等距尺度可以构造量表供研究者探讨人物和现象的特性。这种量表能增进内容分析的深度，使结构优化，比类目测量获得的表面资料更有意义。

等比尺度适应于一些空间和时间的问题。例如，在印刷媒介研究中，通过计算栏数来分析涉及一些特定事件或现象的社论、广告和新闻报道的特征；在广播电视研究中，等比尺度通常测量与时间有关的问题，如广告时间、播出的节目类型及一天中各类节目的总量等。

7. 进行内容编码

将分析单元置于内容类目称作编码，这是内容分析中最费时同时也是最有意义的部分。进行内容编码时应做好如下几点。

第一，训练编码员，改进编码计划。实施编码的人称为编码员。在研究中，研究者需安排一定的时间训练编码员，这一方面有助于编码员准确了解类目的界限，另一方面可以改进不合理的编码计划，直至编码计划合理，编码员能熟练掌握类目界限和编码程序。

第二，进行实验性研究，检查编码员间的信度。实验性研究应在新进的编码员间进行。以确保他们准确掌握编码的技巧和方法，从而提高编码员间的信度。

第三，使用标准化表格，简化编码工作。为了简化编码工作，一般需要使用标准化表格。编码员在进行编码工作中，可以将资料记录在标准化表格的空格中，既可简化编码工作，又便于以后统计。此外，利用电脑进行编码和统计工作，也是一种非常理想的方法。

8. 分析数据资料

内容分析中常使用描述性统计方法，如百分比、平均值、众数和中位数，也使用推理的统计方法，如方差分析、卡方分析、相关分析和回归分析。如果分析的是等距尺度和等比尺度类型的数据，则需用 t 检验、ANOVA 或皮尔逊 r 检验。此外，有些研究者还应用其他一些统计分析方法，如判别分析、聚类分析和结构分析。

这一阶段的工作包括三个部分：①描述统计结果，一般采用图表描述，以平均值和百分比表达；②推断统计分析，即根据样本所得数据推断出总体的状况，对总体做出准确的评估；③相关分析和因果分析，即根据所得数据探讨两个现象之间是否有某种必然的联系。

9. 解释结论

如果研究者要检验变量之间关系的假设，其解释将很明确。但是，如果研究是描述性的，就需要对研究结果的含义及重要性进行解释。

10. 信度和效度检验

作为一种通过所掌握的信息资料推断社会、历史、文化等方面实际情况的研究工具，内容分析法的信度和效度问题十分关键。为保证研究结果的客观性和真实性，对信度和效度进行验证是必不可少的。

（1）信度检验。信度是对文献编码一致性、分类准确性和方法稳定性的检验。如果要保证内容分析的客观性，测量和程序必须具有信度，即多次测量同样的原材料而能得到类似的结论。为了达到可接受的信度水平，首先，应做出精确的类目定义，其次与编码员一起检查这些定义，可以进行试操作，然后再进行评估研究。再次，要识别意见分歧的编码员。如果绝大多数编码员对类目的划分是一致的，而与个别编码员存在严重的不一致，则说明类目的划分并没有问题，可能是个别编码员对类目和概念不熟所致。最后，应用一定的统计方法计算编码结果的信度，看是否达到了预期标准。

（2）效度检验：效度是指结论与事实的相符程度，以及理论研究结果的适用性。效度包括概念效度，即类目的定义是否准确反映实际情况；实验效度，即是否有更多的外部依据来证实内容分析的结论；现象效度，即研究人员是否真正理解了研究内容所表达的意思及方式。效度通常由对测量内容的实际测量程度而定。检验内容分析的效度有许多种方法，如同时效度、建构效度和预测效度等，但最常使用的还是表面效度。表面效度用来检视测量工具是否能有效地测量研究内容，类目是否严谨且符合要求，分析的程度是否适当。

5.7　知识可视化方法

人类已经步入知识经济的时代，知识的数量急剧增长、形式日益繁多，而个体的时间、精力和能力却是有限的，知识的传递、交流、获取和利用变得越来越困难，如何从浩如烟海的知识海洋中获得有用的知识，是所有知识工作者必须面临的一项重要课题。在此时代背景之下，知识可视化的思想和技术应运而生，并且在短期之内就获得了快速的发展，相关的理论、方法、工具和模型被广泛地应用于医学、教育、工程、管理等多个领域。

5.7.1　知识可视化的起源与发展

众所周知，人类主要依赖于视觉来获得和感知外界信息。实验心理学家关于人类获取信息来源的心理实验证实，人类获取的外界信息中有 83%是通过视觉获取的。经过漫长的进化，人类处理视觉信息的能力逐渐提高，一般比处理文字信息快 6000 倍，使用视觉辅助能够将学习效率提高 400%[23]。因此，研究人类知识的视觉表征形式，即将知识以可视化形式进行标示，显然能够提高人类获取、评估和管理知识的能力，以及知识交流和知识管理的水平。

可视化技术的研究由来已久，早在 20 世纪初，人们已经将图表和统计等原始的可视化技术应用于科学数据分析当中，但可视化作为专业术语出现始于 1987 年。当时 NSF 召开的专题研讨会给出了“科学计算可视化”（Visualization in Scientific Computing）的定义、覆盖的领域及发展的方向。这标志着科学计算可视化作为一门学科在国际范围内得以正式确立。科学计算可视化的基本含义是指运用计算机图形学，或者一般图形学的原理和方法，将科学与工程计算等产生的大规模数据转换为图形和图像，以直观生动的形式呈现出来[24]。

数据可视化（Data Visualization）的概念源于科学计算可视化，科学家们不仅需要通过图形图像分析计算机算出的数据，而且需要了解计算过程中数据的变化情况。随着计算机技术的发展，数据可视化的概念得到了极大的扩展，不仅包括科学计算数据的可视化，而且包括工程数据和测量数据的可视化。现代的数据可视化技术指的是运用计算机图形学和图像处理技术，将数据转换为图形或图像在屏幕上显示出来，并进行交互处理的理论、方法和技术。它涉及计算机图形学、图像处理、计算机辅助设计、计算机视觉及人机交互技术等多个领域。

科学计算可视化是指空间数据场的可视化，而信息可视化（Information vi-Sualization）则是指非空间数据的可视化，它可以被定义为：利用计算机支持的、交互性的视觉表示方法，对抽象数据进行表示以增强认知。随着社会信息化的推进和网络应用的日益广泛，信息源越来越庞大。除了需要对海量数据进行存储、传输、检索及分类等操作以外，更加迫切需要了解数据之间的相互关系及发展趋势。实际上，在海量的数据背后隐藏着许多重要的信息，人们希望对其进行更深层次的分析，以便能够更好地利用这些数据。

知识可视化（Knowledge Visualization）是在科学计算可视化、数据可视化、信息可视化基础之上发展起来的。Eppler 和 Burkard 在一篇题为“Knowledge Visualization-Towards a New Discipline and its Fields of Application”的文章中给出了知识可视化的正式定义，在一定程度上标志着知识可视化正式成为一个新的研究领域。文中指出知识可视化是指所有可以用来建构和传递复杂见解的图解手段，知识可视化的研究内容是视觉表征在改善两个及以上的个体之间知识创造和传递中的应用，知识可视化的目标在于通过提供比信息可视化更加丰富的表达用户所知道内容的方式，以提高人们之间的知识传播和创新[25]。

由此可见，可视化经历了从科学计算可视化到数据可视化，再到信息可视化，最后是知识可视化的发展历程。如表 5-1 所示，以上四个概念既相互关联，又存在着本质的区别。知识可视化是可视化技术发展到高级阶段的产物，它的可视化方式更加高级化和多样化，可视化的目的是通过提供更为丰富的知识内容表达方式，以提高人与人之间知识传播、交流与创新的效率与水平。

表 5-1　四种可视化概念的比较

	科学计算可视化	数据可视化	信息可视化	知识可视化
可视化对象	空间数据场	空间数据	非空间数据	人类知识
可视化目的	将大规模数据转化为图形和图像	将抽象数据以直观形式呈现	从大量抽象数据中发现新信息	促进人类知识的传播与创新
可视化方式	计算机图形、图像	计算机图形、图像	计算机图形、图像	绘制的草图、知识图表、视觉隐喻等
交互类型	人-机交互	人-机交互	人-机交互	人-人交互

5.7.2　知识可视化的概念与意义

可视化原意为“视觉的、形象的”，将任何抽样的事物及其发展变化的过程以图形图像的形式予以表示都可称作是“可视化”。知识可视化强调的是图解形式的视觉表征在知识创造与传递中的应用。

随着人类社会的飞速发展，人们在科学研究和生产实践中越来越多地获得和运用大量数据。计算机的诞生和普及把人们带到一个信息时代，它给人类社会提供了全新的科学计算和数据获取手段，使人们进入一个数据的海洋，而人们的科学研究不只局限于获取数据，更重要的是要对这些数据进行分析，传统的纸、笔可视化技术和数据分析手段的低效性严重制约着技术的进步。随着计算机软、硬件性能的不断提高和计算机图形学的蓬勃发展，促使人们将这新技术应用于科学数据的可视化中。知识可视化正是在此基础上不断发展起来的新兴研究领域。

知识可视化是指可以用来构建、传达和表示复杂知识的图形图像手段，除了传达事实信息之外，知识可视化的目标还在于传输人类的知识，并帮助他人正确地重构、记忆和应用知识。知识可视化超越了基本的事实传递，目标在于传递观点、经验、态度、价值、期望、看法、意见和预测，并且通过这种方法使得其他个体重建并正确地理解和应用这些观点。从表面上看，知识可视化只是知识的一种图解式表示手段，但若往深层次发展，却需要更多的人工智能、知识科学、计算语言学和认知语言学等的强力支持。例如，知识可视化的一个研究方向是通过计算机自动挖掘文本信息中隐含的概念体系（如小说中的人物及其关系，科普文章中的概念及其关系），并自动生成图表（概念图等），为教师备课提供原材料，或者为学生进一步加工（校对、细节修补等）提供原始框架。这种研究将为教学设计自动化打下良好的基础，而这一目标的达成需要借助知识工程和语言学的研究成果，从这个角度来看，知识可视化是知识工程的应用领域。

知识可视化相对于科学计算可视化、信息可视化两种领域而言，又有自己的特点。首先，知识可视化处理的对象是知识，而知识是人们通过实践对客观事物及其运动过程和规律的认识，是经验技能的总结，是在反复实践和认识过程中，人脑通过对相关概念的判断、组合和推理，形成对事物本质的认识。所以知识不仅仅是数据、文献或信息，它更是经验、技能和认识，人们可以直接利用知识有针对性地解决问题。其次，知识可视化就是将知识库中的知识进行可视化处理，重点在于使知识库中的知识以更加丰富直观的方式展现，使人们更容易理解、利用和传播新知识[25]。

可视化是这样一个过程，它将数据信息和知识转化为一种视觉表达形式，是充分利用人们对可视化模式快速识别的自然能力[26]。可视化将人脑和计算机这两个最强大的信息处理系统联系在一起。有效的可视化界面使得我们能够浏览、研究大规模数据，并与之方便交互，从而可以极其有效地发现隐藏在信息内部的特征和规律。在这个信息日益丰富的社会，可视化技术的研究和应用开发，已经从根本上改变了我们表示和理解大型复杂数据的方式。可视化的影响广泛而深入，引导我们获得新的洞察和有效的决策。在学习和解决问题的过程中，可视化能帮助初学者克服各种由于记忆信息方面带来的困难，可以减少认知负载，增强个人在处理复杂认知问题所需要的记忆能力[27]。因此，在现代社会中，以知识可视化为代表的可视化技术得以广泛应用，在医学、教育、管理等领域中扮演着越来越重要的角色。

5.7.3 知识可视化的工具与模型

知识可视化是指应用视觉表征手段促进群体知识的传播和创新，其实质是将人们的个体知识以图形和图像的形式表示出来，形成能够直接作用于人体感官的知识外在表现形式，从而促进知识的传播和创新。目前，比较有代表性的知识可视化工具和模型主要包含以下几种。

1. 概念图

概念图（Concept Map）是康奈尔大学的诺瓦克（Novak）等根据奥苏伯尔（Ausubel）的有意义学习理论提出的一种教学技术。诺瓦克认为，概念图是用来组织和表征知识的工具，它通常将某一主体的有关概念置于圆圈或方框之中，然后用连线将相关的概念和命题连接，连线上标明两个概念之间的意义关系。这种知识可视化方法最大的优点在于能够将知识的体系结构，即概念与概念之间的关系，一目了然地表达出来，可以突出表现出知识体系的层次结构。另外，概念图还是很好地结构化知识评估工具。为了方便使用计算机辅助手段创建和评估概念图，美国评估、标准和学生测试中心（Center for Research on Evaluation，Standards and Student Testing，CRESST）对概念图、概念和连接词进行了预定义，提出了知识地图。随着计算机技术的发展，人们开发了一些用于绘制概念图的计算机软件工具，如 Inspiration。

2. 思维导图

思维导图（Mind Map）是 20 世纪 60 年代英国人托尼·巴赞（Tony Buzan）创造的一种笔记方法。托尼·巴赞认为，传统的草拟和笔记方法有埋没关键词、不易记忆、浪费时间和不能有效刺激大脑等四大不利之处，而简洁、高效和积极的个人参与对成功的笔记有至关重要的作用。在草拟和笔记方法成效越来越小的情况下，需要一种可以不断增加回报的办法，这种办法就是思维导图。尽管思维导图的初始目的只是改进笔记方法，它的作用和威力还是在日后的研究和应用中不断显现出来，并被广泛地应用于个人、家庭、教育和企业。

托尼·巴赞认为思维导图是对发散性思维的表达，因此也是人类思维的自然功能。他认为思维导图是一种非常有用的图形技术，是打开大脑潜能的万能钥匙，可以应用于生活的各个方面，改进后的学习能力和清晰的思维方式会改善人的行为表现。随着计算机技术的发展，人们开发了一些用于绘制思维导图的计算机软件工具，如 Free Mind、Mind Manager。

3. 认知地图

认知地图（Cognitive Map）也被称为因果图（Causal Map），由 Ackerman 和 Eden 以个体建构理论（Personal Construct Theory）为基础提出。认知地图将“想法”（Ideas）作为节点，两个或多个想法之间通过带箭头的连接线连起来，但连接线上没有连接词，连接线的隐含意思是“因果关系”或“导致”，而且没有层次的限制。想法不同于概念，它们大多是句子或段落。认知地图主要用于帮助人们规划工作，促进小组决策[28]。

4. 语义网络

在心理学中语义网络（Semantic Network）被定义为词语或概念的语义相似性或相关程度。然而，费希尔将其定义为节点和连线组成的网络，有连接词，但不严格限制在层次结构上。这样，语义网络更像是概念图，而不像主流心理学和计算机科学中定义的那样。与概念图一样，语义网络以概念和有意义的、不受限的连接词为基础，形成基本的实例或命题。费希尔认为语义网络可以被看成是多维的而非二维的。语义网络可以非常大，包含成百上千个相互关联的概念。由于语义网络非常大，使用者在某一时刻只能看到其中的一个部分，也就是与中心概念直接关联的概念[29]。

5. 思维地图

思维地图（Thinking Map）是 David Hyerle 博士开发的辅助学习的语言。在这种语言中，教师和学生一共可以使用 8 种图例，用以帮助阅读理解、写作过程问题解决、思维技巧提高。如图 5-5 所示，这 8 种图例都是以基本的认知技巧为基础的，这些技巧包括比较、对比、排序、归类、因果推理等。与木匠使用一套工具类似，学生在建构知识时要使用多个图来提高基本的阅读、写作、数学及问题解决能力，以及高级思维能力。大量的研究既笼统地支持使用不同的视觉工具，也支持特定的思维地图。

图 5-5 中 8 种图例的解释如下：①圆圈图（Circle Map），用来进行头脑风暴

及通过提供情景信息呈现一个主题的先验知识；②树状图（Tree Map），用于对事物和观点进行归类；③气泡图（Bubble Map），用来描述形容词或短语的使用；④双气泡图（Double Bubble Map），是比较和对比的工具；⑤流程图（Flow Map），用来对信息进行排序；⑥复流程图（Multi-Flow Map），用于显示和分析因果关系；⑦括弧图（Brace Map），用于分析物理对象，在左侧线上的是整个对象的名称或图像，在右侧第一个括弧的线的是对象的主要组成部分；⑧桥接图（Bridge Map），是一款用于展示类比过程的工具。

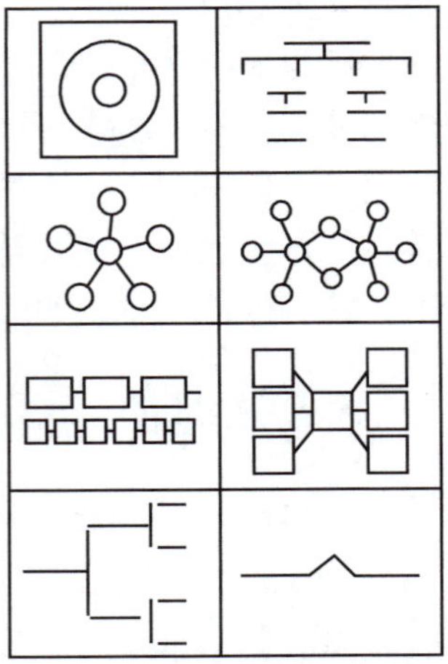
图 5-5　思维地图的 8 种图例

知识可视化是在数据可视化、信息可视化的基础之上发展起来的，因此，有着更多的技术背景。虽然从表面来看，知识可视化只是知识的一种图解式表示手段，但若往深层次发展，却需要更多地依赖于人工智能、知识科学、计算语言学和认知语言学等多个学科领域的强力支撑。随着科技的发展和人们对知识可视化要求的不断提高，知识可视化方法主要呈现出以下两个方面的发展趋势：一是从二维到多维的转变，当前的知识可视化技术大多是依靠计算机的二维屏幕实现，未来的可视化技术将很快与虚拟现实空间相结合，呈现出多维化的特征；二是从静态向动态、交互的转变，知识可视化不能仅仅是为了知识传输的静态对象，而是需要建立一种迭代的、协作的过程，使得可视化过程呈现出动态特征[30]。

参考文献

[1] 刘则渊，刘凤朝．关于知识计量学研究的方法论思考．科学学与科学技术管理，2002，(8)：5－8

[2] 邱均平．文献计量学．北京：科学技术文献出版社，1988：13

[3] 郝净．无形资产评估方法若干问题研究．成都：西南交通大学硕士学位论文，2004：1

[4] 周红波．技术类无形资产评估方法的探讨．湘潭师范学院学报（自然科学版），2007，2（4）：132－136

[5] 杜娟花，李桂兰．技术类无形资产评估方法的探讨．企业技术开发，2007，26（11）：69－74

[6] 赵文华．无形资产的评估方法．产权导刊，2004，(4)：30－32

[7] Karl E S. The new organizational wealth：Managing & Measuring knowledge－based assets. San Francisco：Berrett－Koehler Publishers Inc，1997

[8] 陈谦长．面向知识经济的无形资产评估方法．全球科技经济瞭望，1998，(7)：10－12
[9] 吕峰．面向知识经济的无形资产评估方法．科学对社会的影响，1998 (3)：27－31
[10] 施祖辉．国外学者关于人力资本测度方法的研究．外国经济与管理，1998，(1)：21－25，28
[11] 童勋．人力资本测度方法综述．现代管理科学，2004 (4)：79－80
[12] 钱雪亚，章丽君，林浣．度量人力资本水平的三类统计方法．统计与决策，2003 (10)：8－10
[13] 敬嵩，雷良海．人力资本测度方法及其发展方向．统计与决策，2006 (12)：16－18
[14] 范徵．知识资本评价指标体系与定量评估模型．中国工业经济，2000 (9)：63－66
[15] Stewart T A. Your company's most valuable assets：intellectual capital. Fortune，1994，(10)
[16] Edvinsson L，Sullivan P. Developing a model for managing intellectual capital. European Management Journal，1996，14 (4)：356－364
[17] 姚丽琼．知识及知识资本的测度研究．西安：西安交通大学硕士学位论文，2002
[18] 左庆乐．企业价值内涵的界定．经济师，2004，(3)：167－168
[19] 赵坤，朱戎．企业价值评估方法体系研究．国际商务财会，2010，(12)：32－35
[20] 王荣．高新技术企业的价值评估方法在烽火通信公司价值评估的应用研究．长春：吉林大学硕士学位论文，2005
[21] 康艳花．企业价值评估方法及其应用探析．现代商贸工业，2011 (24)：265－266
[22] 王秀为．企业价值评估方法发展趋向探究．学术交流，2011，(2)：78－81
[22] 托尼·巴赞．思维导图．李斯译．北京：作家出版社，1999：39－58
[23] 3M Corporation. Research cited in "Polishing Your Presentation". 3M Meeting Network Articles & Advice. http//www. 3m. com/meetingnetwork/readingroom/meetingguide _ pres. html [2003－04－25]
[24] 潘云鹤．计算机图形学——原理、方法及应用．北京：高等教育出版社，2001
[25] 袁国明，周宁．信息可视化和知识可视化的比较研究．科技情报开发与经济，2006，16 (12)：93－94
[26] 韩丽影，刘伟．信息可视化——知识服务网站的新形象．情报理论与实践，2005，(6)：636－639
[27] 周宁，陈勇跃，金大卫，等．知识可视化与信息可视化比较研究．情报理论与实践，2007，30 (2)：178－181，255
[28] Ackerman F，Eden C. Contrasting single user and networked group decision support systems for strategy making. Group Decision and negotiation，2001，(10)：47－66
[29] Fisher K M. Semantic networking：the new kid on the block. Journal of Research in Science Teaching，2001，27 (10)：1001－1018
[30] 赵国庆，黄荣怀，陆志坚．知识可视化的理论与方法．开放教育研究，2005 (1)：23－27

第六章

知识计量的工具

“工欲善其事，必先利其器。居是邦也，事其大夫之贤者，友其士之仁者。”工具是促进人们的社会经济生活发展的重要力量，人类社会每前进一步，都与利用工具息息相关。亚里士多德有句名言，“只要给我一个支点，我就可以撬起整个地球”。可见借力于工具，我们可以事半功倍，也可实现一些只有利用工具才能完成的事务。由于知识的独有特征，在知识计量与测度过程中，每个过程与步骤的实施都离不开相应的工具。知识计量工具是进行知识计量的基础，也是实现知识计量强大的推动力。

6.1 知识计量工具概述

6.1.1 知识计量工具概念

工具，原指工作时所需用的器具，后引申为为达到、完成或促进某一事情或任务而利用的手段（方法和技术）。知识计量工具是实现知识的计量与测度的技术、手段与软件的集合。值得强调的是，广义的知识计量工具不是仅仅以计算机为基础的知识计量工具。我们平常用的笔和纸也可称为知识计量工具，但是我们在这里不对此进行讨论。我们重点关注协助人们获取、存储、分析、统计和测度知识的基于计算机的现代信息技术工具。

知识计量工具是知识管理工具的一部分，而知识管理工具与信息和数据管理工具有很大的区别。知识管理工具处理不仅仅是数据、信息管理工具的简单改进。从功能上来看，信息管理工具主要用于信息处理，如自动化的信息搜索代理、决策支持系统、管理信息系统和文档管理系统等。数据管理工具处理的重点支持企事业单位运营的“原材料”，如销售数据、库存记录等基本数据。它通过数据图表的方式，使组织能够生成、访问、存储和分析数据。数据管理工具包括数据库、数据仓库、搜索引擎和数据建模工具。知识管理工具能捕捉复杂语境信息和知识内涵的多样性，而信息和数据管理工具却做不到这一点。信息、数据管理工具的特点决定了它们同知识管理工具有着千丝万缕的联系，但不能完全取代知识管理工具，更不能把它们和知识管理工具等同起来。例如，如果我们没有相应的知识，那么贝多芬的《命运》对于我们来说仅仅是一首曲子，但是那首曲子所要表达的内容并不仅仅如此。知识工具的作用在于，它不仅仅帮助我们完整保存这首曲子，更重要的是，它能够帮助我们理解这首曲子[1]。

知识计量工具也与文献计量（包括科学计量和信息计量）工具存在一些异同。一方面，可从知识计量与文献计量（包括科学计量和信息计量）间的异同中得出一些结论，如文献是记录有一切知识的载体，所以对知识的计量也可间接通过对文献的计量来进行，而且在目前对知识本身难以很好把握的状况下，这也是一种简便、可靠的做法；许多知识单元都可从文献中抽取进行直接计量和测度分析。另一方面，知识计量与文献计量的差异、知识与文献的差别决定了知识计量工具与文献计量工具的差别，如知识具有隐含性使得计量工具更加复杂，知识具有多样性使得知识计量工具多种多样等。

6.1.2 知识计量工具的分类

分类是人们认识和深入分析事物的一种最基本的方法。知识的计量分析，包括对知识的获取、综合、创新、测度等。不同方式的知识计量模式有不同的工具对其进行支持，主要包括知识获取工具、知识合成工具、知识创新工具、知识编码工具、知识转移工具、知识测度工具和知识可视化工具等。

1. 知识获取工具

网络环境下，最具代表性的知识获取工具是搜索引擎。虽然搜索引擎能直接给人们带来知识，但是它们却提供了知识的存放位置，如果忽略搜索质量因素，搜索引擎的确使人们能十分方便地获取各种知识。最近的技术发展已经使网络搜索引擎有了初步的智能，它能够根据用户输入的关键词实现模糊搜索，并且能够根据用户对各条搜索结果的作用频率，自动更新搜索结果。另外一种常用于知识获取的工具是数据挖掘技术，是从大量数据中提取出可信、新颖、有效并能被人理解的模式的高级处理过程。数据挖掘通过分析每个数据，从大量数据中寻找其规律的技术，主要有数据准备、规律寻找和规律表示 3 个步骤。数据挖掘的任务有关联分析、聚类分析、分类分析、异常分析、特异群组分析和演变分析等。在此基础上，还产生了网络数据挖掘和知识挖掘，其中知识挖掘是从数据集中识别出有效的、新颖的、潜在有用的，以及最终可理解的模式的非平凡过程[2]。

2. 知识合成工具

知识并不是孤立存在的，而是整个知识体系组成知识网络和知识系统。例如，大多数的发明并不仅仅是基于单一想法，而通常是多个创新点的综合产品。大多数的搜索引擎通常被设计成（在使用者提供明确的搜索条件的情况下，能够高效率地搜索与关键词相关的条目。但搜索结果之间是无序的）相互独立的，即使最强大的搜索引擎也不能实现完全智能式的互动搜索。因此，常规的搜索引擎的缺陷就在于不能搜索与人脑中的想法相关的知识。现在有一些工具能够帮助人们实现，像 Idea Fisher 等工具，能够将相关的词句组合起来，帮助人们将分散的创新观点整合起来。另外一个工具 Inspiration，则能够帮助用户形成一种概念图，从而提高使用者对知识进行合成的能力。

3. 知识创新工具

就目前的技术水平而言，通过机器实现知识的创新还十分困难，虽然人们可以通过搜索引擎大大提高搜索的效率，通过人工智能实现简单的知识推理，达到一定程度的人工智能，但实现自动化的知识创新还十分困难，或者只能实现辅助性的知识创新。例如，名为 Idea Generator 和 Mind Link 的工具通过引导人们突破思维定式来提高创新能力。

4. 知识编码工具

知识编码工具的作用在于将知识有效地存储并且以简明的方式呈现给使用者，使知识更容易让其他人使用。

（1）知识仓库。知识仓库是一种特殊的信息库，库中元数据有相关的语境和经验参考。许多人用知识仓库这个术语代替数据库和信息库这两个词。真正的知识仓库远比这两个概念复杂，知识仓库拥有更多的实体，它不仅仅存储着知识的条目，而且存储着与之相关的事件、知识的使用记录、来源线索等相关信息。知识仓库通常收集了各种经验、备选的技术方案及各种用于支持决策的知识。知识仓库通过模式识别、优化算法和人工智能等方法，对成千上方的信息、知识加以分类，并提供决策支持。这样，知识仓库不仅仅可以避免重新获取知识带来的成本，同时通过提供对协作的支持加速企业创新的速度。当与专家系统、友好的应用界面相结合时，知识仓库将成为十分有用的工具。

（2）知识地图。知识地图是用于帮助人们知道在哪能够找到知识的工具。知识地图的作用在于帮助人们在短时间内找到所需的知识资源，和社会面临的信息过量一样，现在社会各领域人们也越来越感觉到知识过量问题。在网络知识海洋中，却难以找到真正需要的、正确的、具有针对性的有效知识。“渴死在知识海洋中”形象地描述了这一严峻的现状。知识超载、知识污染、知识安全、知识产权、知识焦虑、知识鸿沟、知识老化等社会问题的负面影响日益突出[3]。即使为使用者提供高效率的搜索引擎，也不能使使用者摆脱寻找知识过程中的混乱状态，需要有一个指引使用者的工具。在后面会对知识仓库和知识地图做详细的介绍。

5. 知识测度工具

在知识经济时代，面对海量知识及知识间的复杂关系，知识测度需要借助各种工具。目前，对知识的统计分析可用大量的工具软件，统计工具可分为两大类：通用软件，如 SPSS 是通用的社会统计软件，Excel 是最基本的数据统计软件；网络分析软件，如 Pajek 是一个基于 Windows 的用于将大型网络可视化的社会网络分析软件。Ucinet 和 Pajek 为目前最流行的社会网络分析软件，常用来分析与展示知识间的关系，其中 Ucinet 集成了包括 Netdraw 在内的多个可视化软件；此外还有词频分析软件 Wordsmith Tools 和 GIS 相关软件。专门软件，专门用于知识统计的软件，也有许多类型，有些是针对某些特定领域，有些是个人未公开的。

6. 知识可视化工具

人类 80%以上的信息（知识）是通过视觉获得的，常言道“百闻不如一见，一图胜过千言”，就是这个意思[4]。可视化技术是指将抽象的事物或过程变成图形图像的表示方法。知识可视化（Knowledge Visualization）是在科学计算可视化、数据可视化、信息可视化基础上发展起来的新兴研究领域，应用视觉表征手段，促进群体知识的传播和创新[5]。知识图谱、概念图、思维导图、认知地图、语义网络、思维地图都是重要的知识计量展示工具。

6.2 典型的知识计量工具

6.2.1 数据库

知识与信息是相互联系又有区别的概念，知识是主体获得的与事物存在及变化内在规定性有关的结构化、系统化的信息，知识是信息的高级表现形式。数据是信息和知识的一种表现形式。数据库作为信息和数据的最主要管理工具，在知识管理和信息计量中扮演着重要角色，在知识计量中也大有用武之地。

数据库（Database）是按照数据结构来组织、存储和管理数据的仓库，它产生于 50 年前，随着信息技术和市场的发展，特别是 20 世纪 90 年代以后，数据管理不再仅仅是存储和管理数据，而转变成用户所需要的各种数据管理的方式。数据库有很多种类型，从最简单的存储有各种数据的表格到能够进行海量数据存储的大型数据库系统都在各个方面得到了广泛的应用。随着信息管理内容的不断扩展，出现了丰富多样的数据模型（层次模型、网状模型、关系模型、面向对象模型、半结构化模型等），新技术也层出不穷（数据流、Web 数据管理、数据挖掘等）。

1. 关系数据库

1970 年，IBM 的研究员，有“关系数据库之父”之称的埃德加・弗兰克・

科德（Edgar Frank Codd）博士在刊物 Communication of the ACM 上发表了题为“A Relational Model of Data for Large Shared Data Banks”（“大型共享数据库的关系模型”）的论文，文中首次提出了数据库的关系模型的概念，奠定了关系模型的理论基础。后来 Codd 又陆续发表多篇文章，论述了范式理论和衡量关系系统的 12 条标准，用数学理论奠定了关系数据库的基础。IBM 的 Ray Boyce 和 Don Chamberlin 将 Codd 关系数据库的 12 条准则的数学定义以简单的关键字语法表现出来，里程碑式地提出了 SQL 语言。由于关系模型简单明了、具有坚实的数学理论基础，所以一经推出就受到了学术界和产业界的高度重视和广泛响应，并很快成为数据库市场的主流。20 世纪 80 年代以来，计算机厂商推出的数据库管理系统几乎都支持关系模型，数据库领域当前的研究工作大都以关系模型为基础[6]。

具体来说，一个关系数据库是包含进入预先定义的种类之内的一组表格。每个表格（有时被称为一个关系）包含用列表示的一个或更多的数据种类。每行包含一个唯一的数据实体，这些数据是被列定义的种类。举例来说，典型的商业订单条目数据库会包括一个用列表示的描述一个客户信息的表格：名字、住址、电话号码，等等。另外的一个表格会描述一个订单：产品、客户、日期、销售价格，等等。数据库的一个使用者可以获得满足该使用者的需要的数据库的观点。举例来说，一位分公司办公室经理可能喜欢在一个特定的日期获得已经买产品的所有客户的一项观点或报告。同一家公司的财务服务经理可能从相同的表格获得关于需要被支付的账户的报告。

2. 全文数据库

文献是记录知识的一切载体的统称，目前大部分文献，包括期刊、报纸、学位论文、会议论文和年鉴等都以全文数据库的形式组织。全文数据库是指一种能够存储文献全文或其中的主要部分的源数据库，它是从数据库存储的文献内容和服务方式的角度而界定的一个概念，与计算机科学意义上的数据库概念不一样，它不一定是严格按照关系型模型理论来组织它的数据。如果采用关系模型数据库管理系统来组织全文数据，它就可以算是关系模型数据库的一个应用[7]。

全文数据库的关键技术就是全文检索技术，也可以说是全文检索技术的成功促成了全文数据库的建设和发展。全文数据库的特点主要表现在以下几个方面：①直接性，能够直接检索出原始文献或解决问题所需要的文献资源，不必进行二次检索（即根据检索出的书目信息查找原始文献）；②详尽性，文献的正文部分或附属部分都可以检索和显示，用户可以直接查看到文献正文中的每一段、每一句和每个词；③快速，用户可以通过检索系统快速浏览、检索和获取文献原文，不受地理位置的限制；④标引方法简单，绝大多数全文数据库都利用计算机进行全文自动抽词标引，生成倒排档；⑤用户接口简单，或者为菜单驱动型，或者为简单的检索命令，易学易用；⑥检索语言一般为自然语言，少数采用受控语言。

3. 多媒体数据库

多媒体数据库是数据库技术与多媒体技术结合的产物。随着信息社会的到来，信息处理的需求越来越高，许多复杂的应用涉及大量的图形、图像、文字、声音、动画等多媒体数据类型，传统的数据库技术，如数据类型、操作语言、存储结构、存取方式与检索机制都不能适应复杂对象的应用需求。这种需求促进了新技术的产生，这就是多媒体数据库。多媒体数据库的概念自 1983 年由 Sichhrims 等提出至今，已经历了 20 多年的发展，而且已有一些原型系统诞生。多媒体数据库与其他数据库相比，它强调的是信息载体的多样性、交互性及集成性。对各种各样的信息进行管理、运用和共享的数据库就是多媒体数据库。尽管人们在积极研究多媒体数据库的各项技术及实现方案，但多媒体数据库仍处于摸索和发展阶段，还不够完善和成熟。

多媒体数据库是与传统数据库不同的数据库，其主要目标是要实现媒体的混合、媒体的扩充和媒体的变换。多媒体数据库的关键技术主要包括数据模型、数据的压缩和还原技术、存取管理和存取方法、用户界面、分布式技术、多媒体信息的检索与查询、多媒体数据的输入。多媒体数据库的实现方法主要包括从关系数据模型发展多媒体数据库、面向对象数据库、分布式超媒体数据库。

6.2.2 知识仓库

1. 知识仓库的概念

关于知识仓库，由于研究者侧重的角度和功能不同，相应的理解和所给出的定义也不尽相同。从简单的知识组织功能来看，知识仓库是依据特定的知识结构将无序信息进行有序组合并使其具有规定使用功能的高级数据库[8]；知识仓库存储和管理着海量的知识同时包含一定的智能分析和逻辑推理能力，作为一个人工智能系统可以向用户提供多样的、及时的知识服务[9]；知识仓库是一个能够为决策者提供智能分析平台并以此来加强知识管理流程的各个阶段的综合管理系统，它是决策支持系统和数据仓库新的发展方向[10]。知识可划分为显性知识和隐性知识两类。二者紧密关联，并与经济活动融为一体，成为当代社会发展的主要推进力量。知识仓库是为满足知识计量检索需求的。知识仓库能够对不同类型的知识（显性知识和隐性知识）和不同形式的知识（纯文本、二进制对象、模型等）进行捕捉、存储、编码、组织和分析。另外，这些知识还包括元知识（关于知识的知识）和分析后产生的新知识。

2. 知识仓库的功能分析

知识仓库强调为决策者提供一个知识管理全过程的智能分析平台，它在很大程度上依赖于信息技术的发展并被日新月异的信息技术推动。信息技术包括人工智能、神经网络、专家系统、多媒体技术、数据库、信息可视化、机器学习、信息分析与挖掘等，其中 OLAP（on-line analytical processing，在线分析处理）与 DM（Data Mining，数据挖掘）是基于数据仓库技术而发展起来的信息分析与挖掘工具。OLAP 是验证型的，建立在多维视图的基础上，重在根据已有的模式将直接源自数据仓库中的不同信息源的大量相关信息联系起来，以给分析人员一个清晰、一致的视图。OLAP 主要有两个特点：一是在线性，即对用户的请求做出快速响应；二是可以应用多种统计分析工具、算法对数据进行多维分析（Multi-Analysis）。DM 是挖掘型的，建立在各种信息源的基础上，重在发现隐藏在大量原始数据深层中的对人们有用的模式。被抽取的模式即知识，具备可信、新颖、有效、易于理解的特点。DM 有两个主要过程，即建立模型和预测未来结果。在这些过程中，可应用统计分析、神经网络、决策树、遗传算法、模糊逻辑、基于记忆的推理（Memory-Based Reasoning）等技术。OLAM（Online Analytical Mining，在线分析挖掘）是 OLAP 和 DM 相结合的产物。OLAM 兼有 OLAP 多维分析的在线性、灵活性，以及 DM 对数据处理的深入性，目前，OLAM 正处于研究之中，针对 OLAM 的发展驱动力和基本结构，以下几点是必要的：OLAM 建立在多维数据库和 OLAP 的基础之上，能对任何它想要的数据进行挖掘；用户对挖掘算法具有动态选择的权力；具有强大的基于超立方体的挖掘算法；能够协调好执行效率与挖掘的准确性之间的关系；具有灵活的可视化工具和良好的扩展性。

信息技术的发展使知识仓库的功能实现变为可能，知识仓库具备以下主要功能[11]。①隐性知识共享和转化功能，即知识仓库应具备共享隐性知识和将隐性知识转变为显性知识的能力。这依赖于机器学习、神经网络、信息可视化、多媒体技术等。②知识存储和检索功能，即知识仓库必须提供数据仓库所拥有的全部功能，并具有更加丰富的知识表现形式。知识仓库应能有效生产、存储、检索、管理各种形式的知识。③知识分析功能。知识分析是一个非常复杂的过程，分析任务常常利用各类归纳和演绎的人工智能技术，如神经网络、数据处理的分组方法、统计、基因算法、基于案例的推理等。每一个任务在输入数据、执行参数和输出格式方面都有自己的要求。④新知识的产生和反馈功能。知识仓库中的知识随着不同的反馈环而得到实时更新，如通过头脑风暴法产生、共享和获取新的隐性知识；从用户刚刚验证和证实的结果中产生新的显性知识。⑤用户行为分析跟踪功能。知识仓库能够根据用户所提供的信息、用户的行为习惯和倾向进行跟踪并针对性地提供决策服务。

3. 知识仓库的架构

知识仓库包括 6 个主要构件（图 6-1）：共享和获取隐性知识模块，获取显性知识模块，知识的抽取、转变和存储模块，知识分析模块，用户（系统管理员）界面模块，3 个反馈环。

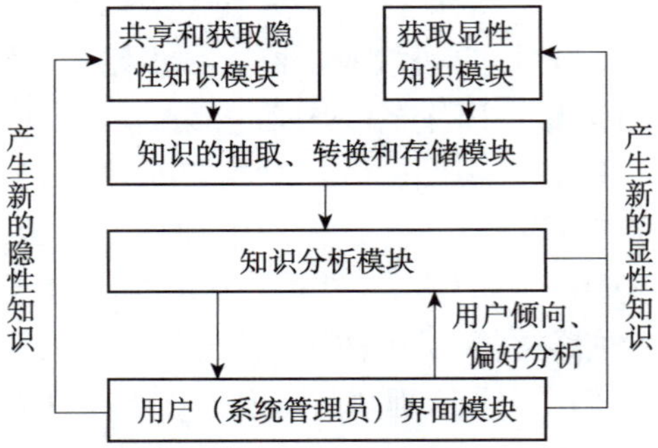

图 6-1　知识仓库的架构[1]

知识仓库的一个简单例子是“知识资源管理下载系统”。这个系统用于储存管理项目组成员各自从 Internet 上下载的文档、软件和网络资源，同时要使各项目的各个成员能够共享其他成员下载的资源。从数据库设计的角度看，这个系统应该能够有效地储存各种下载资源，并且有清晰的分类管理功能、强大的搜索引擎功能、支持分布式操作等。但从知识仓库设计的角度看，如果仅仅由上面所说的功能是不够的。

首先，系统不仅仅应当储存下载的资源本身，还要储存相关的语境信息，如下载网址、下载时间和下载者等。这些信息能够让资源的使用者更清楚地了解各种资源的来源，通过各种线索更容易在知识库内或 Internet 上找到相应的知识。

其次，知识仓库应该能够智能地对项目组成员下载资源的网站进行统计，在用户搜索某种资源时，知识仓库能够给出推荐网站，以及相关链接。也就是说，知识仓库概念下的“资源下载管理系统”应当在为用户提供下载资源本身的同时，还要为用户提供查找更多相关资源的线索。

知识仓库与数据库另外一个区别是，知识仓库是一个有机体，其生命力在于不断更新。只要决策人不断从知识仓库中提取有用的数据、放入新的内容，就会使知识仓库保持活力。相反，长期不使用知识仓库会降低知识仓库的可用性。另外，不断地周期性地对知识仓库内的知识进行评价，对数据仓库的可用性十分重要。原因在于，从知识的可用性来看，有些知识的可用周期很长，但是有些知识的可用周期很短，如果不定期地对知识仓库中的知识进行评价，那么库内的知识不仅不能提高知识计量的效率，而且还会产生误差和误导。

6.2.3 知识地图

知识地图是用于帮助人们知道在哪儿能够找到知识的知识管理工具，也是进行知识计量的前提和基础。从知识地图的形态来看，知识地图的形态可以多种多样，但是有一点是相同的，即无论知识地图的最终指向是人、地点或时间，它都必须指出在何处人们能够找到所需的知识。

1. 知识地图的概念

知识地图的概念最早是由布鲁克斯提出的。知识管理中的知识地图是一种知识库管理系统技术（DBMS）与 Internet 技术相结合的新型知识管理技术，不同于情报学理论中布鲁克斯提出的“知识地图”概念。布鲁克斯的知识地图是对文献中的逻辑内容进行分析，找到人们创造与思想的相互影响及联系的结合点，从而为用户提供知识之间关系的一种知识组织的理想状态和学科认识图。作为知识管理技术之一的知识地图则是对数据库或知识库中的知识信息，先通过人工或机器方式提取其主题词或关键词，每个词及其代表的文献作为一个节点，然后运用超文本技术，按照一定的规则在这些节点之间建立相应的超文本链接，使用户在命中某一文献后能根据链接提供的线索，进一步访问知识地图建设者认为可能相关的其他文献。知识地图技术建立的仍是文献之间（最多是知识之间）的联系，它遵循了布鲁克斯“知识地图”的思想，但它提供的不是知识之间的联系，所以并不是严格意义上的知识地图[12]。

2. 知识地图在知识计量中的作用

知识地图是知识管理流程措施中的核心内容，也是知识计量的重要内容。知识地图在知识管理和知识计量中起着关键的作用，它能够揭示组织内部知识获取和流失的机制，描绘内部知识流的运行路线，进而协助组织了解员工流失如何影响组织的知识资产，帮助更好地建立工作团队。知识地图在知识计量中的作用体现在如下几个方面。①有助于知识的重复利用，有效地防止知识的重复生产，节约检索和获取时间。②发现“知识孤岛”并在它们之间建立联系，以促进知识共享。③发现组织内部能有效促进学习的非正式社团。④为知识项目进程评估提供基础。⑤协助员工快速获取所需知识。⑥通过提供知识的检索，来协助组织决策及业务问题的解决。⑦提供更多的学习、利用知识的机会。⑧有助于知识资产的创造和评价。⑨有助于建立合适的知识管理基础设施[1]。

3. 知识地图的绘制方法

知识地图绘制所需的主要是图书馆学情报学知识和知识库管理系统技术知识。在知识地图绘制工作中，要制定相应的知识款目著录规则及建立各条款目之间关系的规则，这些关系包括互见、参见等，从而为实现知识计量工作的标准化和规范化奠定基础。一般来说，绘制知识地图应注意以下几点。①深刻认识知识的时效性。②明确阐释知识的激励制度，确定适当的绘图范围并尊重员工的隐含知识。③尽可能包括所有的知识类型，如显在知识和隐含知识，正式知识和非正式知识，内部知识和外部知识，编码化知识和个人经验，瞬时知识和永久知识等。④高度重视组织结构与组织文化及奖励制度，并重视及时性、共享性，以及相关法律，如专利法、商标法等。

4. 知识地图的实现技术

从技术上讲，知识地图的实质就是知识目录的总览，知识地图允许对组织知识资源进行处理、浏览和形象化。所谓知识目录，是指组织知识库或特定领域知识资产的分类典藏（Categorized Collection）登记表（一个精心设计和组织的登记表），它是在知识资源评测的基础上形成的一个数据库，收藏知识资源的著录信息，能揭示各知识款目之间的关系，并提供相应的链接服务。信息和知识的目录由元数据揭示，简单的元数据仅仅提供目录源的有关外部特征信息（如地点、作者、信息或知识生产日期及入藏号等），高级的元数据能揭示知识款目的内容特征（如主题、分类号、应用及知识的相关背景等）。

在知识目录中，对运作具有重要意义的信息和知识，根据某种分类体系进行分类和典藏，其中的信息可以是文件、Internet 和 Extranet 上的 Web 主页、文档管理系统、最佳实践记录、数据库、数据仓库及数据市场，其中的知识可以是专家知识、商业规则、工作流图、工艺手册、配方、图表和地图。对于企业来讲，元数据的数量可能十分庞大，而且要求经常性地存取与更新。所以企业的知识目录必须基于数据库平台并能够在全企业范围内提供多项服务功能，如知识目录的缩放、知识内容的维护和保护、对知识资源连续的快速检索等。

知识的协作与共享是知识计量的一个核心问题，因此知识地图必须成为组织协作工作的一个重要组成部分。例如，知识地图可以作为一个 Lotus Notes 电子邮件的附录送到组织的另一个网站，从而使组织其他员工也能共享这种明确清晰的知识。知识地图还可以通过其他协作技术，如 Lotus Teamroom 进行共享，从而进一步丰富内容和范围。在知识地图技术方面，较有代表性的是 IBM 的 IBM Knowledge X。它是 IBM 新近推出的一个强大的知识地图解决方案，在全企业范围内扩展了 DB2、UDB 的功能，使数据库成为所有数据、信息和知识的中心，为全范围内的知识计量提供了一个理想的基础设施。

知识地图与浏览技术的结合，使得知识计量基础设施的建设成为一项不断进步和易于管理的活动，并为知识管理所引发的组织与文化变革提供了有力支持。同时，知识库管理技术与网络技术的结合，可以很容易地建立知识计量中心，即利用网络通信协议把全社会的知识库连接起来。采用统一的检索软件和用户界面，为用户提供对社会知识库的透明检索、获取和计量服务[13]。

6.2.4 知识图谱

源于科学计量学的知识计量学与科学知识图谱这两个研究领域，有着密不可分的联系，绘制知识图谱总是以知识计量分析为前提的，而知识计量研究的结果越来越以知识图谱形式来展现；在学科意义上，知识图谱作为知识计量学的表现形式，属于知识计量学的学科范畴[14]。

1. 知识图谱概念

知识是一个内涵非常丰富的概念，它无所不在地广泛存在于社会各领域。由于是引入的概念，国内对知识图谱定义也有多种，即使有人用“科学知识图谱”来概括，科学知识也是一个比较大的范畴。我们认为知识图谱广义上包括生物的基因图谱、教育教学中的认知地图、探索太空的天体图、描绘地形的 GIS 图、模拟人脑的神经网络图、各种金属图谱等。因为这些都是对（科学）知识的可视化展示。而狭义的知识图谱主要限定在 Science Mapping（科学图谱）、Bibliometric Mapping（书目图谱）、Literature Mapping（文献图谱）、Mapping Knowledge Domain（知识域图谱）等内容，主要是运用文献计量学方法，通过文献知识单元分析来可视化科学知识的结构、关系与演化过程[15]。

从狭义知识图谱的角度，知识图谱是以科学知识为对象，显示学科的发展进程与结构关系的一种图形，具有“图”和“谱”的双重性质与特征；作为对科学知识及其间的关系可视化所得出的结果，具有较为直观、定量、简单与客观等诸多优点，是一种有效的、综合性的可视化分析方法和工具。知识图谱是对科学知识以可视化的形式直观展示且深入知识内部对其发展进程与结构关系进行系统分析。具体来说，知识图谱是把应用数学、图形学、信息可视化技术、信息科学等学科的理论与方法与计量学引文分析、共现分析等方法结合，用可视化的图谱形象地展示学科的核心框架、发展历史、前沿领域及整体知识架构的多学科融合的一种研究方法[16]。

2. 知识图谱绘制流程和软件

早在1997年，White等将文献计量可视化的步骤归纳为5点；针对新环境下的知识可视化，Börner等将其分为6部分即提取数据、定义分析单元、选择方法、计算相似度、布局知识单元和解释分析结果。Cobo等则将其分为7部分，即数据检索、处理、网络提取、标准化、作图、分析和可视化。我们认为知识图谱绘制过程可由8部分组成（当然针对特定的分析，有些步骤并不是必需的），从知识图谱的绘制流程角度包括数据检索、数据预处理、构建知识单元、数据分析、可视化与解读，具体内容见图6-2[17]。

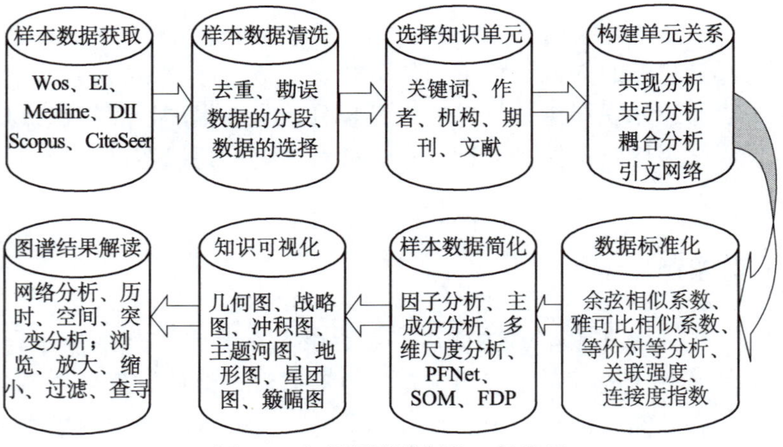

图6-2 知识图谱绘制的一般流程

在知识图谱的研究中，对绘制方法与工具的研究一直是重点，国外众多学者关注于知识图谱绘制方法的改进及提出新的方法，开发功能强大、使用简单、展示形象的可视化软件。除了通用的知识图谱软件外，目前常见的专门绘制软件有9种（表6-1）。

表 6-1　常用的知识图谱绘制软件对比

软件名称	是否免费	预处理	网络构建	标准与简化	图谱解读
Bibexcel	是	数据简化、网络简化	DBCA、ACAA、CCAA、ICAA、ACA、DCA、JCA、CWA 等	Cosine Jaccard Vladutz Cook	社会网络
Citespace	是	分时间段、数据简化、网络简化	DBCA、ACAA、CCAA、ICAA、ACA、DCA、JCA、CWA 等	Cosine Dice Jaccard	突变检测、地理空间、社会网络、历时分析
CoPalRed	否	去重、分时间段、数据简化	CWA	Equivalence 指数	社会网络、历时分析
IN-SPIRE	否	数据简化	CWA	Conditional probability	突变检测、社会网络、历时分析
Leydesdorff 系列软件	是		ABCA、JBCA、ACAA、CCAA、ICAA、ACA、CWA	Cosine	
Network Workbench Tool	是	去重、分时间段、数据简化、网络简化	DBCA、ACAA、DCA、CWA、DL	用户定义	突变检测、社会网络、历时分析
Science of Science Tool	是	去重、分时间段、数据简化、网络简化	ABCA、DBCA、JBCA、ACAA、ACA、DCA、JCA、CWA、DL 等	用户定义	突变检测、地理空间、社会网络、历时分析
VanagePoint	否	去重、分时间段、数据简化	ACAA、CCAA、ICAA、ACA、DCA、JCA、CWA 等	Pearson、Cosine、Max Proportional	突变检测、地理空间、社会网络、历时分析
VOSViewer	是			Association Strength	社会网络

注：ABCA——作者耦合；DBCA——文献耦合；JBCA——期刊耦合；ACAA——作者合作；CCAA——国家合作；ICAA——机构合作；ACA——作者共引；DCA——文献共引；JCA——期刊共引；CWA——共词分析；DL——直接引证网。

3. 知识图谱在知识计量中的应用

目前国外对知识图谱及可视化方面的综述性研究如下：引文分析历史及其在文献可视化的应用[18]，文献计量方法在科学交流中的应用[19]，知识图谱绘制方法的系统总结[20]，从样本选择、测度、建模、检验与可视化等方面论述网络科学[21]，对科学研究专业领域可视化的系统分析[22]。知识图谱的应用是其理论、技术与方法研究的目的与归宿。知识计量涉及知识、信息的众多方面，所以知识图谱在知识计量中的应用可大体归纳为十大方面：明晰学科结构、分析研究内容、描述科研合作、预测学科前沿、揭示学科关系、用于学科分类、促进科研管理、进行科学评价、探究学科历史、检索文献知识。需要说明的是，知识存在于各学科、社会各领域中，对知识管理大多必然要对知识进行计量，知识图谱具体应用不限于图 6-3 所示 10 个方面，而且各应用间有交叉。

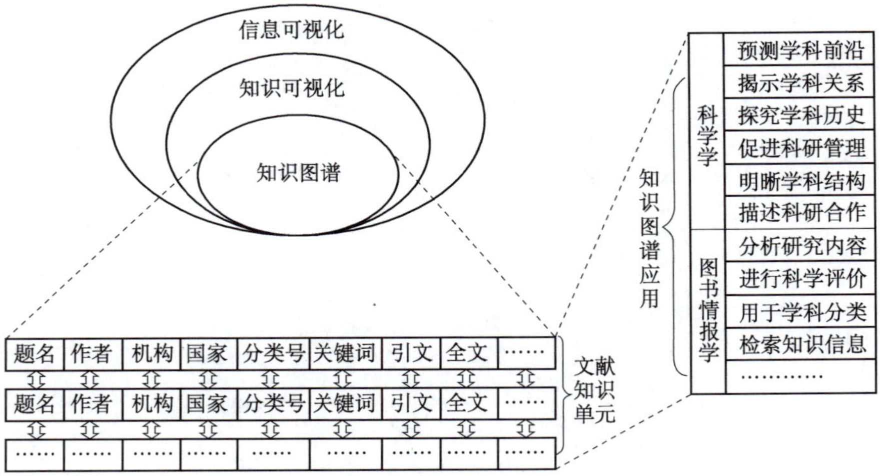

图 6-3　知识图谱在知识计量中的应用

6.2.5　知识链接

1. 知识链接概念

知识链接是指从一个信息物体链接到另一个信息物体，一般特指学术论文之间、概念单元之间和科学对象之间的链接关系。其发展与互联网的出现息息相关，很大程度上归功于互联网所提供的相互链接功能[23]。

通过知识链接，利用引文关系、上下位关系，可以不断扩大检索范围，掌握越来越多的相关文献。随着技术的进步、资源的丰富和标准化工作的进展，知识链接还可以构成一个统一的知识体系结构，形成序列化或结构化的知识集合，构建知识网络门户体系，揭示知识的本质联系，继而对可链接的知识进行智能检索、知识导航、交叉揭示、统计分析，达到计量和评价知识及其相关知识对象的目的。

2. 识链接类型

知识链接按照链接对象的不同，可以分为三种。①人与人之间的知识链接。人与人之间的知识链接是指一个人与其他人在某种环境下形成的思想交流和沟通。虽然这种知识链接方式是最古老和最原始的，但是这种知识链接方式在网络时代仍然有很大的变化，主要的表现是链接的环境和平台的变化。今天还可以借助于网络的虚拟环境，通过网络社区、wiki、blog、网络互动等方式实现知识链接，由于互联网的存在，人与人之间可以跨越地理空间甚至跨越时间相互链接。②人与知识体之间的知识链接。人与知识体之间的链接主要是指人通过主动的信息查询行为获取知识和利用知识的过程。国外学者们提出人类获取网络信息的三种共有模式，即浏览模式（Browsing）、搜索模式（Searching）和询问模式（Asking）。搜索与浏览不同，浏览支持联想式学习，更有助于信息理解和知识的获得，而搜索讲究的是速度和找到信息；询问模式支持直接的学习和提供捷径。因此，询问更适合于在知道是什么的基础层次链接知识；搜索更适合于快速获取知识的线索以便进一步筛选，在知道有什么的层次链接知识；浏览更适合于信息的深度查询和分析，在知道为什么和如何的层次链接知识。③知识体与知识体之间的链接。知识体与知识体之间的链接可以定义为：知识与知识之间的关联关系是事先分析和设定的，可通过人的活动进行触发，通过知识链接技术将知识实体联系起来，形成有关的知识集合。由于作为知识体的链接对象可以是各种各样的知识元素，颗粒度不同、表现形式不同、类型不同、属性不同，所以知识体之间的知识链接是最为复杂的链接形式。近年来，知识体间的链接受到网络技术的推进，有了长足的发展，包括统一平台的跨数据库知识体间链接模式（如 CNKI 的知识节）、基于数字对象标识的跨库跨机构的知识体间链接模式（如 DOI 的跨库链接）、建立在开放链接标准基础上的多类型知识体间动态链接模式（如 OpenURL 和 SFX）[24]。

3. 知识链接构建方式

知识链接原理是依据知识间特有属性和关联关系，知识链接方法得益于技术和标准的发展。目前知识链接构建方式主要集中在基于引文的关联检索和聚类分析、基于参考链接技术的文献交叉揭示与集成整合、基于关系的信息组织与知识概念关联 3 个方面。下一步，知识链接将朝着面向科研环境的开放式跨界链接、基于用户行为的个性化推荐链接、基于本体的语义关系链接、面向科研评价的知识要素链接、基于知识元的知识组织链接等方面发展。开放链接标准的应用，主题图、知识元库、科学对象词典、知识本体等方面的研究为建立学习环境和信息环境之间的链接关系打下了良好的基础。知识链接更加重视面向用户需求的范畴分类和主题表达，使之更加个性化和可视化，根据用户行为特征组织和导航知识、挖掘和评价知识；重视知识的多样化、专业化、层次化，知识内容过滤，知识抽取，显性知识和隐性知识的转换；重视人与人之间的联系、机构与机构之间的联系、社团与社团之间的联系等。分布异构的各个数据库，通过把知识元数据库、引文索引库、科学对象索引和其他知识要素词典耦合起来形成一个整体化的数据库集群，从而形成一个集成的知识链接体系。任何一个用户都可以通过文献之间交错复杂的知识链接，最大限度地获得相关知识信息，从而实现知识管理和知识计量的目标[25]。

知识链接分析和测度的内容包括链接数量分析、链接类型分析、链接的集中与离散规律分析、共链分析等。目前也有众多软件可实现知识链接的计量分析功能，如网络链接分析软件分为商业搜索引擎（AltaVista 、AlltheWeb 等）、自制链接分析软件（CheckWeb、WebStat 等）和 SEO（Search Engine Optimization）软件三类。

6.2.6 知识网络

1. 知识网络概念

从企业知识管理的角度，知识网络作为知识管理的一个工具，它能够使公司现有的知识透明化，并将责任赋予维护此类信息内容的企业员工，更重要的是能将信息与知识在适当的时机有效地传达给需要信息与知识的企业员工。在这里所说的知识网络工具，包括了三部分：Intranet 即内部网，Extranet 即外部网和知识共享交流合作网[26]。

知识网络是知识计量实施的重要工具和平台。知识单元之间存在着广泛的联系，形成复杂的知识网络，知识网络可以用网络广度、网络深度和关联强度等指标和方法来测度知识网络中知识节点间的关联。知识网络在知识计量中的应用，能高效率地从多角度测度知识及知识间的关系，最大化地实现知识共享，是有效开发和利用知识资源、进行知识创新的一种重要途径，也是实现知识服务、促进知识经济和社会发展的主要方式之一。因此，对知识网络结构的研究具有重要的科学意义和实际应用价值。

维娜·艾莉曾指出："我们可以把自己的个人知识看成是一张认识的'网'，许多想法、感觉、概念、思想和信仰都在这里交织在一起。"由知识的这种网状结构特征可以得出这样的结论：知识网络就是知识的空间结构的集合，即知识网络是由众多的知识节点（知识因子）与知识关联构成的集合。其中，知识因子由概念或事物组成，从不同的认识角度有"知识元""知识点""知识单元"等不同的称谓。知识关联可分为知识内联关联和知识外联关联两种、知识内联关联构成知识个体，链接知识的内涵联系；知识外联关联是知识个体间的外延联系，也就是构成知识网络的各种关联链接。因此，知识及知识网络的结构可用图 6-4 表示[27]。

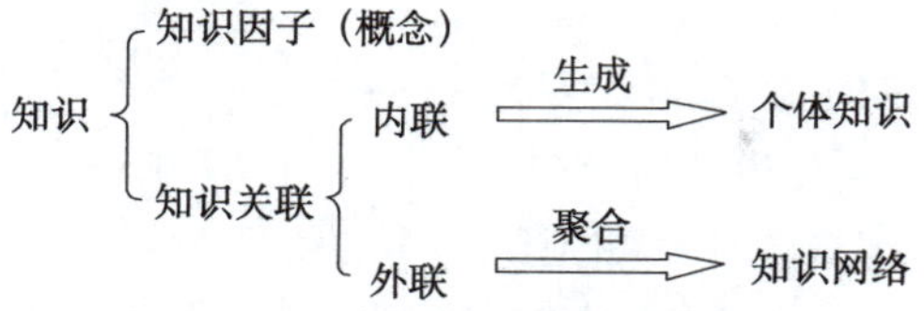

图 6-4　知识及知识网络结构

2. 知识网络的类型

知识网络的类型与学科有关，因学科差异而不同。从知识网络的学科领域来看，知识网络可分为五类：①管理学界和企业知识管理中的知识网络是针对企业内部及企业外部知识的创造、利用与传播。有时也指企业知识联盟、专家知识网络和资源网络。因此知识网络被界定为“是一批人、资源和它们之间的关系，为了知识的积累和利用，通过知识创造、知识转移，促进新的知识的利用”。②信息管理、情报学、文献计量学和科学计量学等研究领域的知识网络是针对科学研究活动中知识的组织、存储、检索与利用。所以知识网络被认为是“知识节点及其结构与关系”。③计算机科学和人工智能等研究领域，知识网络通常是语义网络、概念网络、神经网络、Wordnet、Knownet 和知网等概念的统称，反映知识和概念之间的逻辑关系，被广泛应用于数据信息可视化、知识挖掘、知识工程、知识表示、自然语言理解等众多领域。④教育心理学领域，知识网络被视为一种学习中的记忆方法或工具。⑤社会学领域的知识网络被认为是一种普遍存在的“人际关系网络”[28]。

如前所述，知识网络可以用知识网络广度、知识网络深度、知识关联强度、知识链接关系和链接方向 4 个指标来测试。

6.3 知识计量工具及案例分析

6.3.1 知识图谱软件——CiteSpace

1. CiteSpace 简介

CiteSpace 为知识图谱分析软件，它由长江学者、大连理工大学特聘教授、美国德雷塞尔大学信息科学与技术学院教授陈超美博士开发，是适合进行多元、分时、动态复杂网络分析的可视化知识分析工具[14]。该软件运行于 Java 平台，可以登录到 cluster. cis. drexel. edu/～cchen/citespace 后免费使用。

陈超美教授将最初级版命名为 CiteSpace，而将经过极大改进的新版本命名为 CiteSpaceⅡ，新版最突出的特点是关键点的计算测量与可视属性的合并，这样做可以极大地减轻用户在找寻知识结构中关键点时的负担。

CiteSpace 有下载安装和网络在线打开两种模式，其中推荐在线打开模式，因为这样可以保持即时更新，使用最新的版本。其实在线打开第一次后，再使用该软件就不用再安装了。目前在网站在列出了 16 个版本可供免费使用，其中包括了针对 32 位和 64 位计算机的平台；网站上还有相关论文资料、使用教程及相关支持软件（如 Java 平台）。最新的版本为 2012 年 11 月 23 日发布的 3.4.R1 版本（64 位）。

2. CiteSpace 的基本原理

CiteSpace 的开发者陈超美[29]认为：可以用“研究前沿”和“知识基础”随着时间相对应的变化情况来表示一个研究领域的状况。信息科学中有两个基本概念：研究前沿和基础知识，而一个研究领域就可以通过“研究前沿”和“基础知识”随着时间相对应的变化加以概括和可视表现（图 6-5）。

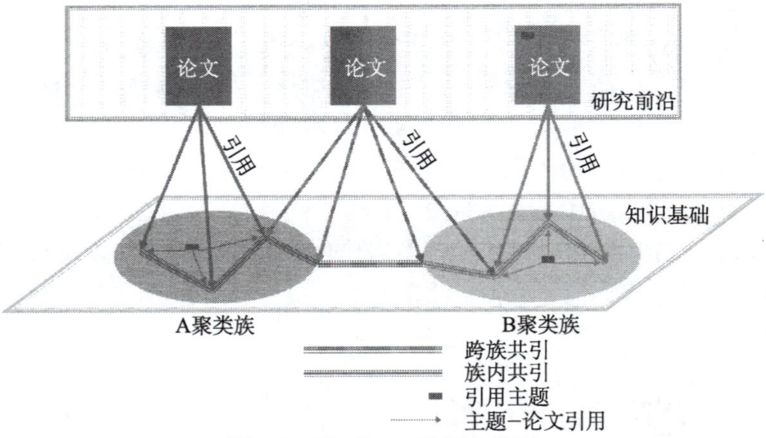

图 6-5　CiteSpace 的概念模型

研究前沿：在 CiteSpace 中，采用一种“突发词检测”算法来确定研究前沿中的概念，基本原理就是统计相关领域论文的标题和摘要中词汇频率，根据这些词汇的增长率来确定哪些是研究前沿的热点词汇。根据这些术语在同一篇文章中共同出现的情况进行聚类分析后，可以得到“研究前沿术语的共现网络”。因此，研究前沿系指临时形成的某个研究课题及其基础研究问题的概念组合，也是正在兴起或突然涌现的理论趋势和新主题，代表一个研究领域的思想现状。

研究前沿的知识基础：含有研究前沿的术语词汇的文章的引文，实际上它们反映的是研究前沿中的概念在科学文献中的吸收利用知识的情况。对这些引文也可以通过它们同时被其他论文引用的情况进行聚类分析，这就是同被引聚类分析，最后形成了一组被研究前沿引用的科学出版物的演进网络，即“知识基础文章的同被引网络”。

CiteSpace 就是利用三个网络（研究前沿术语的共现、知识基础文章的同被引和研究前沿术语引用知识基础文章）随着时间演变的情况来寻找研究热点及趋势的，并以可视化的方式展示出来，并采用 Kleinberg 的突发词检测算法确定研究前沿中的概念，用 Freeman 的中间中心性来挑选出范式随着时间变化中的潜在关键点。

设计并实现了两个互补的可视化表现方式：聚类视角和时间分段视角。该软件的特色在于：①利用突现的研究前沿术语在算法上和现实上确认了知识库的性质；②用研究前沿中的概念明确解释通过同被引所形成的聚类的含义；③采用识别并突出显示转折点的方法，真正降低了可视化网络的复杂性。

3. CiteSpace 操作步骤

CiteSpace 的操作步骤比较简单，集成了数据分析、处理、可视化结果展示、输出等系列功能，使用起来较为方便。以下 9 个基本步骤，根据不同研究目的和需求可能有增删。①运用尽可能广泛的专业术语来确定一个知识领域。这是为了确保接下来的分析能涵盖一个知识领域的全部内容。②收集数据。目前，数据主要来源于 Web of Science 也能够处理直接从 PubMed（一个化学文献的基本数据库）下载的文献记录。③提取研究前沿术语。首先从数据库的引文题目、摘要、关键词和标识符中检索 N 元文法或专业术语。④时区分割（Time Slicing）。在 CiteSpace 中，用户要明确整个时间跨度和单个时间分区的长度。⑤阈值选择。CiteSpace 允许用户在引文数量、共引频次和共引系数三个层次上，前、中、后三个时间分区中分别设定阈值，其余的由线性内插值来决定。⑥精简和合并。在 CiteSpace 中，Pathfind Network Scaling 方法是对网络精简的默认选项，用户可以选择是否精简图形。⑦显示。CiteSpace 生成显示标准视图和时区视图。⑧可视检测。CiteSpace 能使用户以多条途径同这个可视化系统进行交互。用户可以根据运算法则设置参数，以控制可视化属性和标识的显示。⑨验证关键点。突出的关键点的作用可以通过咨询该领域的专家（例如，关键点文章的作者），或是通过查阅文献（比如包含关键点文章引文的段落）来得以验证。

4. CiteSpace 在知识计量中的应用

在知识图谱和知识计量的提出和兴起中，CiteSpace 起了举足轻重的作用。

我们统计国内知识图谱绘制所使用的软件中，CiteSpace 占有最大比例，达到近一半（41%）[30]。与其他类似软件相比，CiteSpace 具有免费、功能多、操作简单、分析角度多、图形效果好等众多优点，在知识计量的整个过程中都可应用。但主要是从文献角度，对科学知识的可视化计量：通过引文网络分析，找出学科领域演化的关键路径；找出学科领域演化的关键点文献（知识拐点）；分析学科前沿热点；探测学科知识基础。例如，陈超美对恐怖主义研究（1990～2003年）文献的知识计量（图 6-6）。吴山以 Web of Science 数据平台中所收录的竞争情报研究文献作为分析样本，利用 CiteSpace 知识计量工具，绘制了国际竞争情报研究的科学知识图谱——知识演化图。吴琼采用前沿信息可视化工具 CiteSpace 软件，对 Web of Science 中的健康素养相关文献进行分析，以可视化图谱的方式展现国际健康素养研究的演进路径及发展前沿。

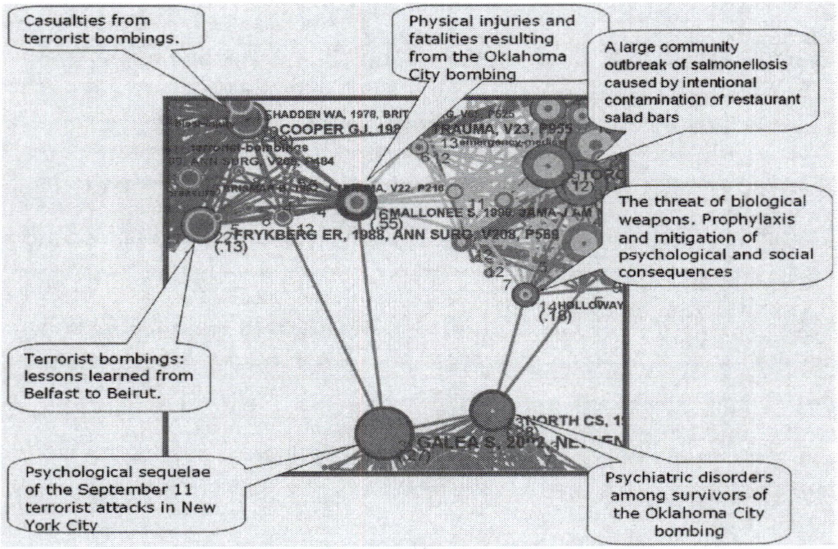

图 6-6 恐怖主义研究领域的三个主要前沿可视化

6.3.2 知识计量平台——CNKI

1. CNKI 简介

中国知网，是国家知识基础设施（China National Knowledge Infrastructure，CNKI）的概念，由世界银行于 1998 年提出。CNKI 工程是以实现全社会知识资源传播共享与增值利用为目标的信息化建设项目，由清华大学、清华同方发起，始建于 1999 年。在党和国家领导，以及教育部、中央宣传部、科技部、新闻出版总署、国家版权局、国家计委的大力支持下，在全国学术界、教育界、出版界、图书情报界等社会各界的密切配合和清华大学的直接领导下，GNIC I 工程集团经过多年努力，采用自主开发并具有国际领先水平的数字图书馆技术，建成了世界上全文信息量规模最大的 CNKI 数字图书馆，并正式启动建设“中国知识资源总库”及 CNKI 网格资源共享平台，通过产业化运作，为全社会知识资源高效共享提供最丰富的知识信息资源和最有效的知识传播与数字化学习平台。

CNKI 工程的具体目标：一是大规模集成整合知识信息资源，整体提高资源的综合和增值利用价值；二是建设知识资源互联网传播扩散与增值服务平台，为全社会提供资源共享、数字化学习、知识创新信息化条件；三是建设知识资源的深度开发利用平台，为社会各方面提供知识管理与知识服务的信息化手段；四是为知识资源生产出版部门创造互联网出版发行的市场环境与商业机制，大力促进文化出版事业、产业的现代化建设与跨越式发展。

通过与期刊界、出版界及各内容提供商达成合作，CNKI 已经发展成为集期刊、博士论文、硕士论文、会议论文、报纸、工具书、年鉴、专利、标准、国学、海外文献资源为一体的，具有国际领先水平的网络出版平台。中心网站的日更新文献量达 5 万篇以上。基于海量的内容资源地增值服务平台，任何人、任何机构都可以在 CNKI 建立自己个人数字图书馆，定制自己需要的内容。越来越多的读者将 CNKI 作为日常工作和学习平台。

2. CNKI 的知识链接

CNKI 是世界上全文信息量规模最大数字图书馆，综合性数据库为中国期刊全文数据库，还有中国博士学位论文全文数据库、中国优秀硕士学位论文全文数据库、中国重要报纸全文数据库和中国重要会议论文全文数据库等。它还开发了系列科学知识网站：中国期刊网、中国研究生网、中国社会团体网、CNKI 数字图书馆、中国医院数字图书馆、中国企业创新知识网、中国城建数字图书馆、中国农业数字图书馆、中小学多媒体数字图书馆、文献规范与计量评价网、CNKI 系列软件、CNKI 汉语词典在线、CNKI 翻译助手、CNKI 英汉-汉英词典在线、CNKI 专科辞典在线、CNKI 百科全书在线、CNKI 医学图谱在线、CNKI 图鉴图录在线、CNKI 知识超市、知网空间、飞度 BOOK 等。

CNKI 当前的知识组织模式有数据库、主题树、知识库和分类主题一体化模式。有人结合知识组织技术的发展，提出 CNKI 可以进一步采用基于本体的知识组织模式、主题图和超维知识组织模式[31]。除此之外，CNKI 更是对整个知识资源实现了知识链接，是在统一平台上跨数据库的知识体之间的知识链接形式。中国学术期刊（光盘版）电子杂志社、清华同方知网（北京）技术有限公司和清华同方光盘股份有限公司设计了称为“知网节”的一种知识整合模式，所谓“知网节”是知识网络中的知识信息交汇节点的简称。可以作为这种知识交汇节点的事物很多，可以是一本书、一篇文章、一个作者、一个机构、一个概念等，最为常见的知网节是一篇文章的信息，包括该文章所表达的主体的详细信息和扩展信息。知网节上设定了很多的链接点，点击它们便可以获得相应的内容，并将知识与知识链接起来，实现了知识体之间的链接，其中具体设置的知识链接点主要有以下几种：作者姓名——链接到知网多个数据库中该作者的论文或著作；作者机构名称——链接到知网多个数据库中该机构出版的论文和著作；关键词——链接到知网多个数据库中以该词为关键词的论文和著作；期刊名称——链接到该刊的基本信息、知网数据库所收录的该期刊的不同年代、每期所刊登的内容目次、刊物的一些统计数据；期刊编辑部——链接到该刊的电子邮件生成页面；刊期——链接到节点文献所在的本期所刊登的文献目次。此外，该节点处还提供了该文链接所形成的引文文献网络，包括共引文献、引证文献、二级引证文献、参考文献、二级参考文献、同被引文献，并且还能够分别显示每一个年度中文献的参考和引文数据；此外还有系统提供的相似文献、同行关注文献、文献分类导航、相关作者文献等。图 6-7 为知网一篇节点文献的引文网络图，它反映了由一篇节点文献的引证关系所派生出来的文献网络[24]。

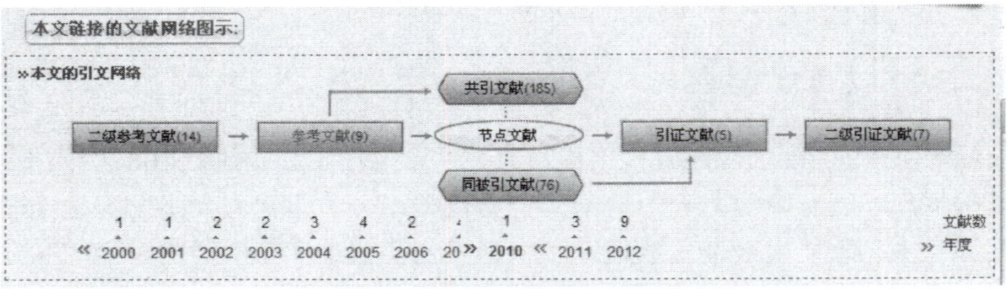

图 6-7　知网节点文献的引文网络

可见，中国期刊全文数据库通过提供单篇文献的详细信息和扩展信息的浏览页面作为“知网节”，与旗下拥有的中国知识资源总库中的其他系列数据库，如中国重要报纸数据库、中国重要会议论文全文数据库等中的知识内容进行了多种链接。因此，通过知识链接可以进一步形成作者网络、机构网络、引文网络、项目网络、关键词网络、分类网络，以及主体文献网络、引用文献网络和相关文献网络等多种类型的知识网络。CNKI 知识平台揭示了知识体的多种特征，在对这些特征进行多维分析的基础上，利用相似性比较、自动聚类、引文分析、关联分析等理论、技术和方法，自动聚集并动态实现各种知识之间的相互关联，生成基于知识特征的知识关联网络平台[32]。

3. CNKI 的知识元搜索

所谓知识元，是指不可再分割的具有完备知识表达的知识单位。从类型上分，包括概念知识元、事实知识元和数值型知识元等[33]。知识元是知识计量的基础，知识计量单元的发展经历了从文献单元、信息单元到知识单元的发展演变过程。CNKI 知识元搜索平台的功能，从技术、资源方面实现了多种资源的整合、实时的知识聚类、知识元搜索，提供多样化的搜索排序和知识元链接功能[34-35]。

（1）文献搜索：精确完整的搜索结果、独具特色的文献排序与聚类。CNKI 文献搜索以 CNKI 总库资源为基础，共涵盖了中国学术期刊、博硕士论文、会议论文、报纸文献、专利标准等近 4000 多万篇专业学术文献。CNKI 知识搜索在 KBase 独有的搜索引擎技术上，采用了最新的文献排序技术、分组技术及用户搜索意图智能分析技术。能够对用户一个简单的搜索请求做全方位的智能解析，在返回最相关最重要的文献基础上，对全部相关文献做立体化分析：提供专业的分组、全方位的排序、相关知识等服务。让用户对当前的搜索结果有一个全面的了解。

（2）数字搜索："一切用数字说话"，以"一切用数字说话"为理念，CNKI 数字搜索提供数字知识和统计数据搜索服务，以数值知识元、统计图片/表格和统计文献作为基本的搜索单元。数值知识元是描述客观事物或事件数值属性（如时间、长度、高度、重量、百分比、销售额、利润等）的知识单元（如 2006 年全国高考人数、中国经济总量、QQ 用户数、三峡大坝高度、公务员报考人数、深圳移动用户数、2005 年外资投资额、头发重量、重庆农业人口等）。CNKI 数字搜索覆盖各学科领域，从科学知识到财经资讯，从大政方针到生活常识均有。除了来自 CNKI 五大全文数据库外，CNKI 数字搜索还实时采集中央和各地方统计网站、中央各部委网站，每条搜索结果均有权威出处，见图 6-8。

（3）翻译助手：全能翻译工具。不同于一般的英汉互译工具，CNKI 翻译助手是以 CNKI 总库所有文献数据为依据，它不仅为您提供英汉词语、短语的翻译检索，还可以提供句子的翻译检索。不但对翻译需求中的每个词给出准确翻译和解释，给出大量与翻译请求在结构上相似、内容上相关的例句，方便您参考后得到最恰当的翻译结果。CNKI 翻译助手汇集从 CNKI 系列数据库中挖掘整理出的 800 余万条常用词汇、专业术语、成语、俚语、固定用法、词组等中英文词条，以及 1500 余万条双语例句、500 余万条双语文摘，形成海量中英在线词典和双语平行语料库。数据实时更新，内容涵盖自然科学和社会科学的各个领域。

（4）表格搜索和图片搜索，首创对学术图形、表格内容的搜索，各专业珍

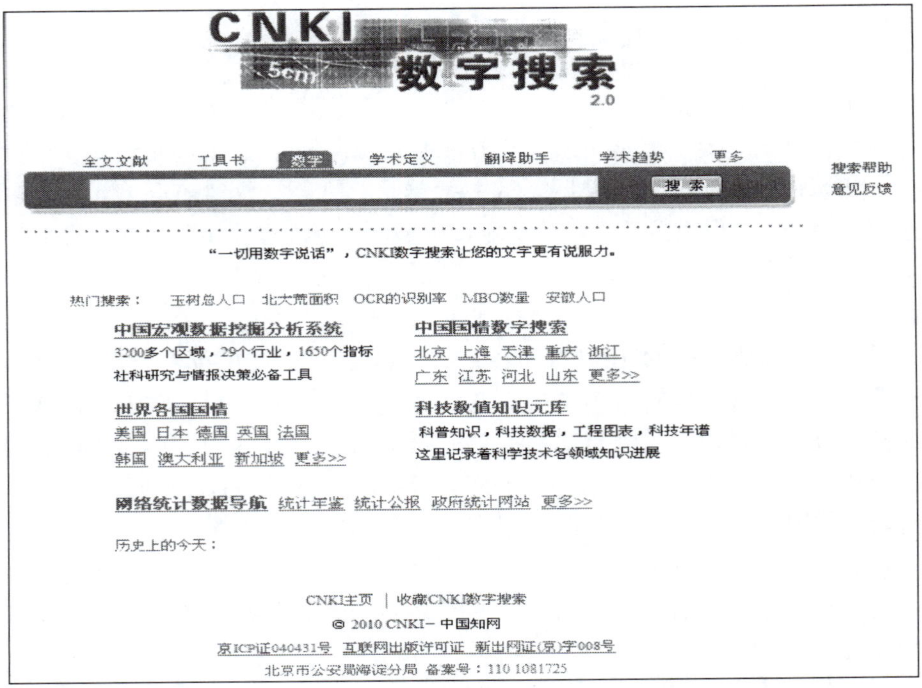

图 6-8 CNKI 的数字搜索

资料来源：http：//number：cnki. net

贵的学术图片、研究成果和复杂流程直观展现。CNKI 表格搜索和 CNKI 图片搜索能够实现对学术图形、表格基于内容的搜索。CNKI 表格搜索能够搜索文献中的表格，可以按表名或表格中的内容进行查询。CNKI 图片搜索能够搜索文献中的图片，能通过图的标题、描述进行搜索。图表库分别包含 500 万条以上从文献中自动抽取的图形、表格，以及它们对应的标题、所在文献、作者、文献中对图表内容的阐述等，以此实现基于图表知识元的搜索。

（5）学术定义搜索，实现学术定义的快速查询。CNKI 的知识元搜索的特色，不同于一般的网页和文献搜索等参考型搜索引擎系统，CNKI 知识元数据库搜索是一部不断更新完善的 CNKI 知识元数据库词典，力求提供最权威、最准确的 CNKI 知识元概念，实现知识聚类、知识检索、知识整合。CNKI 知识元数据库的内容全部来源于 CNKI 全文数据库，涵盖了文、史、哲、经济、数理科学、航天、建筑、工业技术、计算机等所有学科和行业。

（6）学术趋势，关注学术热点，展示学术发展历程，发现经典文献。学术趋势搜索分别从用户关注度（下载量）和学术关注度（被引量）两角度，对特定领域（内容）历年变化用图表的形式进行展示。另外，还有 CNKI 学术网站导航可以快速查找学术网站网址，在短时间内查询到大量的学术资源。CNKI 学术网站导航包含了详细的分类，提供热门网站列表。根据不同用户群体可能的查找习惯，采取三种组织方式并列进行，即网站类型导航、学科导航、行业导航。

4. CNKI 的知识可视化功能

CNKI 也对用户检索到特定领域的文献知识集合进行进一步的处理，包括“导出/参考文献”“分析”“阅读”“定制”和“生成检索报告”。其中的“分析”模块具有自动实现知识可视化和计量的功能，但是目前只能一次最多分析 150 篇文献组成的知识集合。具体内容如下。①文献互引图。用户检索到特定领域的文献知识集合中，对各文献的相互引用关系进行可视化展示。图 6-9 为“知识计量”为检索词，在数据库的“题名”中检索得到的前 50 篇文献的可视化结果（部分）。②参考文献。对选定文献集的参考文献进行统计，并将参考文献按“题名、作者、来源、年/期、参考频次”列表展示。③文献共引分析。一边列出“本组文献”，另一边以“共引文献”形式，列出数据库中与之共引的其他文献。④引证文献。从“题名、作者、来源、年/期、引证频次”等项目，对选定文献集内部的引证情况进行统计。⑤文献共被引分析。一边列出“本组文献”，另一边以“共被引文献”形式，列出数据库中与之共被引的其他文献。⑥关键词文献。一方面对选定文献集的关键词频次统计，另一方面对特定关键词的来源文献从“题名、作者、来源、年/期、下载、被引”几方面进行列表展示。⑦读者推荐分析。以检索领域的相关文献，从读者下载量和浏览量等多方面衡量，从“题名、作者、来源、年/期、下载、被引”等方面展示。⑧h 指数分析。对选定文献集中每篇文献的被量和整体 h 指数进行可视化展示。⑨文献分布。以饼图的形式对选定文献集的外部特征可视化，包括文献来源分布、时间分布、机构分布和基金分布等。

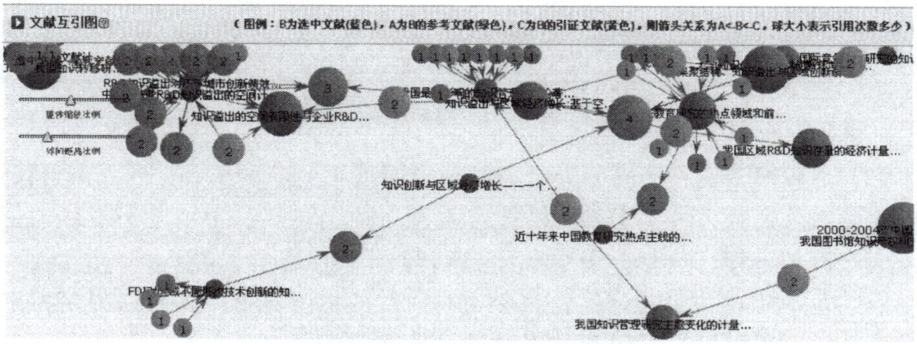

图 6-9　CNKI 的文献互引图

5. CNKI 的中国引文数据库

CNKI 开发的中国引文数据库（CCD）收录了中国学术期刊（光盘版）电子杂志社出版的所有源数据库产品的参考文献，并揭示各种类型文献之间的相互引证关系。它不仅可以为科学研究提供新的交流模式，同时也可以作为一种有效的科学管理及评价工具。截至 2006 年 2 月，累积链接被引文献达 330 余万篇。

（1）文献来源：中国学术期刊（光盘版）电子杂志社出版的所有源数据库产品的参考文献。其中源数据库包括中国期刊全文数据库、中国博士学位论文全文数据库、中国优秀硕士学位论文全文数据库、中国重要会议论文全文数据库、中国重要报纸全文数据库、中国图书全文数据库、中国年鉴全文数据库等。

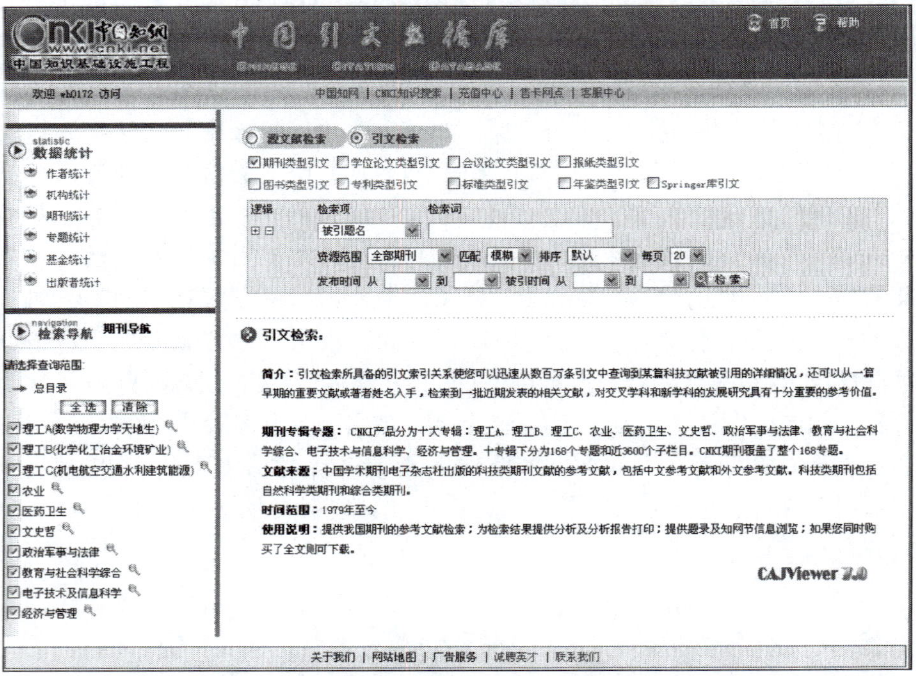

图 6-10　CCD 的高级检索界面

（2）专辑和专题：产品分为十大专辑，即理工 A、理工 B、理工 C、农业、医药卫生、文史哲、政治军事与法律、教育与社会科学综合、电子技术与信息科学、经济与管理。各专辑分为若干专题，共 168 个专题。

CCD 可从“源文献检索”和“引文检索”两角度进行，既可以限定特定学科检索，也可限定发表时间和被引时间；另外，还可细分为期刊类型引文、学位论文类型引文、会议论文类型引文、报纸类型引文、图书类型引文、专利类型引文、标准类型引文、年鉴类型引文、Springer 库引文进行检索（图 6-10）。

可实现对作者、机构、期刊、专题、基金和出版社的各方面引证情况统计与展示。例如，对作者的统计，通过一系列指标，为用户提供全面而翔实的特定作者文献被引信息，作者对象可实现的统计指标包括七类。①发文量：统计作者每年的发文情况，并用柱状图显示出来。②各年被引量：统计作者的各年被引量，并用柱状图显示。③下载量：统计作者发表文献每年被下载的次数，并用柱状图显示。④h 指数：h 指数是从引证关系上评价学术实力的指标，作者的 h 指数是指该作者至多有 h 篇论文分别被引用了至少 h 次。本统计项提供 h 指数值及 h 指数名次。⑤期刊分布统计：统计作者的文献发表在哪些期刊上，并按发表的文献篇数进行降序排序。⑥作者被引排名：统计当前作者被其他作者引用的频次，并按照引用频次进行排序显示。⑦作者关键词排名：记录作者全部文献各关键词出现的频次。为用户提供关键词列表，可反映个人作者的研究趋势。

参考文献

[1] 邱均平．知识管理学．北京：科学技术文献出版社，2006

[2] Fayyad U. The Fifth International conference on machince leavning. AI Magazine，1989，10（2）：79－84

[3] 张永晖．知识交流机制研究．哈尔滨：黑龙江大学硕士学位论文，2005

[4] 赵国庆，黄荣怀，陆志坚．知识可视化的理论与方法．开放教育研究，2005（1）：23－27

[5] Epplev M. J. Knowledge Visvalization-Toward a New Discipline and It's Fields of Application. http：//citeseevx. ist. psu. edu/viewdoc/summary? -doi＝10. 1. 1. 134. 6040［2013－11－20］

[6] 苗雪兰，宋歌．数据库系统原理及应用教程．北京：机械工业出版社，2007

[7] 陈能华．图书馆信息化建设．北京：高等教育出版社，2004

[8] 张必兰．图书馆知识仓库的建设研究．现代图书情报技术，2001，(6)：14－16

[9] 邱均平，陈敬全．知识仓库及其在企业管理中的应用．情报理论与实践，2003，(4)：324－327

[10] Hamid R. Knowledge warehouse：an architectural Integration of Knowledge management，decision support artificial intelligence and data warehousing. Decision Support systems，2002，33（2）：143－161

[11] 严亚兰．论知识仓库的架构．中国图书馆学报，2003，03：28－31

[12] 司莉，陈欢欢．国内外知识地图研究进展．图书馆杂志，2008，08：13－17

[13] 李亮．知识地图——知识管理的有效工具．情报理论与实践，2005，03：233－237

[14] 刘则渊．科学知识图谱：方法与应用．北京：人民出版社，2008

[15] Cobo M J，López-Herrera A G Herrera-Viedma E et al. Science mapping software tools：review，analysis，and cooperative study among tools. Journal of the American Society for Information Science and Technology，2011，62（7）：1382－1402

[16] 秦长江，侯汉清．知识图谱——信息管理与知识管理的新领域．大学图书馆学报，2009（1）：30－37，96

[17] 杨思洛．网络引证视角的知识交流规律研究．湘潭：湘潭大学出版社，2012

[18] White H D. Visualization of Literatures. Annual Review of Information Science and technology（ARIST），1997，32：99－168

[19] Borgman C L. Scholarly communication and bibliometrics. Annual Review of Information Science and Technology，2002，37：3－72

[20] Chen C. Information Visualization：Beyond the Horizon. New York：springer，2004

[21] Börnev K. Taxonomy Visualization in support of the semi－automatic validation and optimization of organizational Schemas. Journal of Informetrics，2007（3）：214－225

[22] Janssens F，Glänzel W，De Moor B. A hybrid mapping of Information science. Scientometrics，2008，75（3）：607－631

[23] 曾建勋，赵捷，吴雯娜，等．基于引文的知识链接服务体系研究．情报理论与实践，2009，32（5）：1－8

[24] 周晓英．知识链接的发展阶段、发展动因和类型特征分析．图书情报工作，2010（12）：36－40

[25] 曾建勋．知识链接的构建方式研究．图书情报工作，2010，（12）：32－35，77

[26] 李江．基于知识网络的企业网络化创新能力研究．天津：天津大学硕士学位论文，2008

[27] 赵蓉英．论知识网络的结构．图书情报工作，2007，（9）：6－10

[28] 文庭孝，汪全莉，王丙炎，等．知识网络及其测度研究．图书馆，2009，01：1－6

[29] Chen C. CiteSpace II：Detecting and visualizing emerging trends and transient patterns in scientific literature. Journal of the American Society for Information Science and Technology，2006，57（3）：359－377

[30] 杨思洛，韩瑞珍．知识图谱研究现状及趋势的可视化分析．情报资料工作，2012，（4）：22－28

[31] 马捷，刘小乐，郑若星．中国知网知识组织模式研究．情报科学，2011，（6）：843－846

[32] 张丽华．知网节与知识网络．现代图书情报技术，2006，（9）：85－88

[33] 温有奎，等．知识元挖掘．西安：西安电子科技大学出版社，2005

[34] 周秀会．知识元搜索引擎：CNKI 知识搜索平台．现代情报，2007，（5）：220－222

[35] CNKI. 知识搜索．http：//search. cnki. net/searchmore. aspx [2013－11－20]

第七章

专利知识计量

创新是一个民族进步的灵魂，是国家兴旺发达的不竭动力。知识是发展永恒的重要资源，知识创新构成国家竞争力的核心要素。专利是人类知识成果的表现形式之一，是人类知识宝库的重要组成部分，与其他形态的知识成果相比，专利既是最能直接表征创新能力和科技水平的重要指标，又是创新体系的重要组成部分。与此同时，专利还具有定义明确、形式固定、易于计量的良好属性，政府部门、学术界和产业界对专利都给予了高度的关注，专利知识计量也随之成为计量学领域的研究热点。

7.1 专利知识计量理论

专利知识计量是一个多学科交叉融合形成的新兴研究领域，它同时从科学学、计量学、管理学等多个学科领域汲取精华，经过充分的吸收、融合、创新与升华之后形成了独特的理论体系。

7.1.1 专利知识计量的相关概念

专利知识计量是一个新兴的复合概念，单从字面来看，它同时包含“专利”“知识”和“计量”三个相对独立的概念。若从内涵分析，专利知识计量涉及更多的相关概念，而这些概念之间相互区别又彼此关联，共同构成“专利知识计量”这一全新的概念。

1. 专利、专利权与专利制度

专利（Patent）作为一个法律上的概念，源自拉丁文“Literae Patens”，直译为“公开的文件”，是指由英国国王亲自签署的带有玉玺印鉴的独占权利证书。由于这种证书的内容是国王授予某人对某项技术享有的独占权，同时，这种证书没有封口，任何人都可以打开观看，证书中的内容是公开的。因此，Patent 的本意包含两种意思，一是“垄断”，二是“公开”，垄断和公开就成为专利的两个最基本的特征[1]。

中文“专利”原意为独专其利、利益独占。《国语》中的“荣公好专利”，《左传》中的“女专利而不厌”，此处“专利”一词即为独专其利之意。可见古汉语中的“专利”与现代汉语中的“专利”在词义方面有很大不同，其原意已较少被人使用，而更多地作为一种法律术语而存在。“专利”一词也大大超出了最初语源的实际含义，经过多年的使用与解说，其内涵得以不断丰富和扩展。

目前，“专利”一词在不同的语境中具有不同的含义，概括起来主要包含以下几个方面的意思。

（1）从专利权角度来看，专利指专利权人对其发明创造依法享有的排他性独占权。此处“专利”可等同于“专利权”。

（2）从专利对象角度来看，专利指被授予专利权的发明创造本身。此处“专利”即指专利法保护的对象，包括发明、实用新型和外观设计。

(3) 从载体角度来看，专利指承载有发明创造内容的专利文献。我们在日常工作和学习中所能查阅到的就是这种有形的专利文献。

发明权指国家专利机关依照专利法授予发明人、设计人或其所在单位对某项发明创造享有的在法定期限内的独占权。专利权的概念包含了三个方面的含义。

(1) 专利权的产生以国家专利主管机关的依法授予为前提。发明创造人将其发明创造依法向国家专利主管机关提出申请，经专利主管机关审查认为符合条件后，才对其发明创造享有专利权。未经过国家专利管理机关的授权，任何人都不得自己宣布对某种发明创造享有专利权。

(2) 国家授予某项发明创造以专利权，必须以该项发明创造完全公开为前提。发明创造的公开是专利法律制度设立的目的之一，也是专利权的应有之义。这里所说的公开，就是使该发明创造为社会公众所知晓，并且达到完全知晓的程度。发明创造人不公开或不完全公开发明创造就不可能获得专利权。

(3) 专利权是专利权人对其发明创造所享有的排他性的独占权。排他性的独占权是专利权的本质所在。这种排他性的独占权只存在于法律所允许的范围内，包括这种独占权有一定的法定保护期限。另外，国家在设计专利制度时考虑到平衡和协调专利权人与社会公共利益之间的关系，在法律中规定，在某些情况下，使用他人的专利发明创造不构成侵权，如强制许可制度。这就构成对专利权人的限制，使权利人只能在法律规定的范围内享有独占权。

专利制度（patent system）是指依据特定的法律规定（专利法），通过授予某种发明创造以独占权（专利权）来保护和鼓励发明创造，从而推动科技进步和经济发展的制度。专利制度自产生至今已有几百年的历史。从理论角度来看，专利制度在几百年的发展历史中得以不断完善和发展，并逐渐形成了各种理论学说，如发展国家经济论、自然权利论、契约论、受益论、刺激论、公开论等，为专利制度的建立、巩固和发展奠定了坚实的理论基础。从实践角度来看，专利制度是当今世界各国普遍采用的一套法律制度，它对科学技术的进步和人类社会的发展起到了不可估量的作用。实践证明，专利制度是激励智力成果创造、传播和应用的有效机制。在科学技术高度发展的今天，专利已经成为知识经济社会的重要组成部分，专利法所确立的专利制度在促进科技创新和社会经济的快速发展方面所发挥的激励、调节、保护、促进等作用将更加显著。

专利制度的核心部分是专利法，专利制度与专利法之间的关系犹如船之舵、车之轮，专利法将决定专利制度的稳定与发展[2]。在专利理论与实务中，专利制度与专利法极易被混淆。专利法是以专利权的确认、专利权的取得和专利权的利用所产生的社会关系为调整对象的法律规范的总称。广义的专利法既包括狭义上的专利法典，也包括其他有关专利制度的法律、法规及司法解释。实际上，专利制度与专利法是两个不同的概念，但两者又是密不可分的。专利制度是国际上通行的一种利用法律和经济的手段推动技术进步的管理制度。这个制度的基本内容是依据专利法，对申请专利的发明创造，经过审查和批准，授予专利权，同时把申请专利的发明创造向社会公开，以便进行技术情报交流和技术有偿转让。专利制度中，专利法是核心，是专利制度建立和运行的依据和准则。但专利法不等于专利制度，专利制度是一个多元的专利工作体系和管理制度，其组成部分除了专利法律体系外，还包括专利管理体系、专利代理体系、专利文献体系、专利实施体系和专利保护体系等。

2. 专利知识与专利文献

知识是一个内涵十分丰富、外延非常广泛的概念。由于知识的内在复杂性和开放性，对知识做一个较为明确的定义是很困难的。事实上，关于“知识”属性的争论从古至今一直都没有真正停止过。正如著名哲学家罗素在《人类的知识》一书中经过仔细分析得出的结论：“知识是一个意义模糊的概念。”

（1）我国的《现代汉语词典》把知识定义为：“人们在改造世界的实践中所获得的认识和经验的总和。”

（2）《辞海》将知识定义为：“人们在实践中积累起来的经验，从本质上说，知识属于认识范畴。”有些学者综合了以上说法，认为“知识是人们通过学习、发现及感悟所得到的对世界认识的总和，是人类经验的结晶”。

（3）《韦氏大词典》认为：“知识是人们通过实践对客观事物及其运动过程和规律的认识，是对科学、艺术或技术的理解，是人类获得关于真理和原理的认识的总和。”

（4）国家科技领导小组办公室在《关于知识经济与国家基础设施的研究报告》中对知识的定义是：“经过人的思维整理过的信息、数据、形象、意象、价值标准及社会的其他符号化产物，不仅包括科学技术知识——知识中的重要组成部分，还包括人文社会科学的知识，商业活动、日常生活和工作中的经验和知识，人们获取、运用和创造知识的知识，以及面临问题做出判断和提出解决方法的知识。”

专利是科学技术成果的重要表现形式之一，代表科技研发过程中定义明确的产出成果，并且是由法定机关经法定程序授予，被广泛地认为是表征科技创新与进步的一项强有力的指标[3]。由此可知，专利符合知识的有关定义，它既是人们在改造世界的实践中所获得的认识和经验的总和，又是经过人的思维整理过的符号化产物，还是科学技术知识的重要组成部分。因此，知识包含专利，专利是知识的表现形式之一。专利具有明确的产权属性，这是专利所表现出的最为显著的特征，也是专利与其他类型知识的重要区别之一，所以，我们说专利是一种特殊类型的知识。

专利从本质上来说包含于知识的概念之中，是一种特殊类型的知识，而从形式上来说，需要附着在一定的载体之上，才能够得以公开、保存、传播和利用，由此形成专利文献。专利文献是实行专利制度的国家，在接受专利申请和审批过程中形成的有关出版物的总称，通常指各国或地区专利局出版的专利说明书[4]。因此，专利知识与专利文献之间是内容与形式的关系。专利知识指专利所包含的内容，是无形的；专利文献强调专利的载体形式，是有形的。作为人类经验的结晶，专利的核心是其包含的内容，即专利知识。但是专利知识是无形的，难以直接计量。所以，在专利计量过程中，直接的研究对象是专利文献，而非专利知识。

3. 专利计量与知识计量

所谓知识计量是指利用计量学的理论、方法和工具，对人类知识体系进行定量化的分析与研究，旨在发现知识在生产、传播、保存、应用等过程中的模式与规律。知识计量可以分为两个层次：一是宏观层次，即从宏观上对整个人类知识体系的投入与产出、存量与流量、生产与应用、分配与转移，以及知识对国家经济的整体贡献、知识产业和知识产业链在整个国民经济体系中所占比重等方面进行计量和分析；二是微观层次，即从微观上对某个知识单元（如组织、企业）的知识存量、流量与分布，知识的数量与质量，知识的价格与价值等进行计量和分析[5]。

专利计量是通过对专利文献信息的内容、专利数量及数量的变化等方面的研究，对专利文献中包含的各种信息进行定向选择和科学抽象的研究活动，是情报信息工作与科学技术管理工作相结合的产物[3]。专利计量除了是一种重要的科学研究活动以外，还是一种重要的实践活动，因此，专利计量受到学术界和产业界的共同关注。尽管学术界尚未给予专利计量一个统一而明确的定义，但就目前已有的对专利计量概念的分析和论述中可以发现，专利计量具有科学计量学和情报学的双重特征，通过对专利文献进行科学计量分析，从中挖掘出有价值的竞争情报，以达到服务于科技管理和科技决策的最终目的。

知识计量的研究对象是知识，在我们生活的宏观世界中，知识具有不同的表现形式。例如，一种公认的分类标准是把知识分为隐性知识和显性知识。显性知识是用能用文字记录的知识，而隐性知识是存在于人脑中的知识。根据人们对知识概念的不同理解，知识计量也有不同的研究内容和表现形式。根据我们对知识、知识计量、专利计量等概念的不同理解和界定，知识计量与专利计量之间存在着复杂的关系，既有区别又有联系。

若从广义的知识计量角度出发，将知识视为人类在认识和改造世界的实践中所获得的经验结晶，将专利视为知识的一种，此时，知识计量与专利计量之间是包含与被包含的关系；若从狭义的知识计量角度出发，知识计量的研究对象重在知识的内容而非载体，以知识的内容为直接的计量对象，而以往的文献计量学、科学计量学等则是以科学知识的载体研究对象的，是间接的知识计量。专利计量以专利文献为研究对象，属于后者，即间接的知识计量。从这一角度分析，知识计量与专利计量之间存在着显著的差别，但就研究内容来看，两者之间又存在着交叉关系，拥有许多相同或相似之处；若从计量学的发展演变历程来分析，知识计量学是文献计量学、信息计量学、科学计量学、情报计量学等经过一定的拓展、深化与升华之后发展到较高阶段的产物。知识计量是整个计量学（包括专利计量）的必然发展趋势。对于专利计量来说，也必将朝着知识化的方向发展。

以上观点分别代表着三种关于知识计量与专利计量关系的不同认识，即包含说、交叉说、发展说。无论哪种思想都不可否认知识计量与专利计量之间存在着深厚的渊源和紧密的关联，正是在这种渊源和关联基础之上，诞生了一种全新的概念——专利知识计量。专利知识计量与知识计量和专利计量相比，既有紧密的联系又有显著的区别。与知识计量相比，它以专利作为特有的研究对象，是针对专利知识的计量；与专利计量相比，它的研究对象是专利的内容而非载体，是更深层次的专利计量。

7.1.2　专利知识计量的意义与功能

1. 知识经济时代背景之下，专利是创新体系的重要组成部分

在知识经济时代，知识取代了传统的资本、劳动力等要素成为重要的战略资源。国家或企业之间竞争的重点已经从产品和资本领域转移到科技领域，科技领域的竞争又主要体现为创新能力的竞争。在诸多形式的科研产出中，专利是最能直接表征创新能力和科技水平的成果形式。世界知识产权组织的统计结果显示，全球90%～95%的发明创造能够在专利文献中查找到。因此，专利成为国家和企业竞争力的核心要素。美国专利局曾在战略规划中明确指出，专利是美国及其国家资源在全球市场上获得成功的关键要素之一。2005年3月29日，温家宝总理在国家科学技术奖励大会上说："真正的核心技术是用钱买不到的，只有拥有强大的科技创新能力，拥有自主知识产权，才能提高我国的国际竞争力，才能享有受人尊重的国际地位和尊严。"如何将科学计量学的理论、方法和工具从科学文献延伸到专利技术，多角度、多层次地对我国的专利产出及分布情况进行计量分析，为国家及企业制定竞争战略提供科学的参考依据，为加快我国科技发展和创新体系建设提供有价值的决策信息，具有重要的理论价

值和现实意义。

2. 我国专利产出急剧增长，需要对其进行定量化分析

自党的十一届三中全会以后，我国开始建立现代意义的专利制度。虽然起步较晚，但是发展速度非常快，在短短的几十年间取得了令人瞩目的成就。1974年，新中国颁布第一部《专利法》，1975年第一部《专利法》开始实施。之后20年间，我国快速地建立了一个与国际接轨并且适合我国国情的较为完整的专利法制度和体系，走过了一些发达国家通常需要几十年甚至上百年时间才能完成的立法路程。近年来，党和国家高度重视专利制度建设，我国企业和个人的专利保护意识也逐渐增强。专利数量急剧增长，专利申请量和授权量跃居世界前列。美国汤森路透集团曾指出："专利是科学研究、技术发展和商业经营的最重要的数据信息来源之一，70%可得技术信息都会出现在专利文献中并且通常不会在其他地方再现。"因此，我们有必要采用定量化的工具和方法对我国的专利问题进行研究，以揭示其现状、规律和模式，更好地推动我国专利事业的发展。

3. 为我国专利事业发展提供参考信息

1975年，我国开始实施第一部具有规范意义的《专利法》。与其他国家相比，我国专利事业起步较晚，但发展速度却非常惊人。用20年的时间走完了西方国家一两百年才走完的道路，在短期之内就快速建立了相对成熟的专利制度，并且专利申请量和授权量稳步提升。但是这样一种发展模式也必然有其先天不足之处，主要表现为数量与质量的不均衡。近年来，中国的专利数量位居世界前列，但是质量、转化率、竞争力和影响力却比较落后，在国际竞争中纠纷不断，长期处于被动挨打、疲于应付的境地。目前我国的专利情况是"丰产"不"丰收"，虽然专利申请量已经跃居世界第一，但是由专利所获得的收益非常低[6]。正如著名学者杨振宁教授所言："中国已掌握了世界上最复杂、最先进的技术，但最失败的地方是没有学会如何把科学技术转化为现实的经济效益。"国内有关"提高专利质量，加强专利保护，促进自主创新"的呼声不断高涨，针对我国国情与现状进行专利研究成为摆在相关管理部门和广大的专家学者们面前的一项重大课题。专利知识计量将科学计量学与专利研究结合在一起，既有理论意义，又有实践价值。通过定量化的统计和分析，我们可以更加直观地了解到我国专利的生产、分布、交流、合作、引证、扩散和发展变化情况，从中所得出的大量丰富而翔实的统计数据和分析结果，以及在此基础之上所提出的改进措施和优化策略，能够为改善创新环境、促进知识交流、提高技术水平、推动我国专利事业发展提供定量与定性相结合的参考信息和决策依据。

4. 为我国创新体系建设提供意见和建议

国家创新体系是经济发展和社会进步的动力，是提升综合国力的关键。国家“十五”计划中首次提出“建立国家创新体系”的发展目标，之后，我国启动了一系列的知识创新工程。专利是国家创新体系的重要组成部分，它既是科学与生产之间的桥梁，又是连接知识和技术的纽带，能够同时表征知识创新和技术创新。专利具有较强的垄断性和竞争性，但在专利的研发过程中发明人和申请人之间又总是存在着广泛的合作与引用关系，在一定程度上反映出不同创新主体之间的知识交流和资源共享。因此，对专利合作与引用情况的计量和分析，能够从全新的角度更加直观地反映出创新主体之间的创新行为和互动关系，能够为科研管理部门提供决策依据，为广大的科技工作者提供参考信息，为提高我国科研效率和推动国家创新体系建设提供一定的意见和建议。

7.1.3 专利知识计量与相关学科的关系

在计量学发展演变历程当中，相关的计量理论、方法和工具被广泛地应用到文献、情报、专利、网络等领域和环境中，产生了文献计量学、情报计量学、专利计量学和网络计量学等分支领域。其中，计量学引入到专利领域，与专利研究达到了一定程度的契合，使得我们能够采用科学的方法、模型和工具来研究专利的产出、分布、变化和发展，进而能够通过专利知识计量对企业和国家的技术沿革进行追踪，并对其创新能力和水平进行评估。

知识计量是以整个人类知识体系为对象，运用对象分析和计算技术对社会的知识（生产、流通、消费、累积和增值等）能力和知识的社会关系（组织形式、协作网络、社会建制等）进行综合研究的一门交叉学科，是正在形成的知识科学中的一门方法性的分支学科[7]。专利知识计量是知识计量的分支领域，以专利知识为特有研究对象。从其来源及学科属性来看，专利知识计量是一个交叉学科，它融合了多个学科领域的思想、理论、方法与工具，并在此基础之上进行发展和完善，形成了自身独有的理论和方法体系。作为一个新兴的交叉学科领域，专利知识计量充分体现出了继承与创新的原则，它从文献计量学、科学计量学、知识管理学等相关学科领域汲取营养，又通过不断地发展和创新，拥有自身特有的研究对象和内容，并形成了一个相对独立的研究领域。因此，专利知识计量与相关学科之间存在千丝万缕的关系，既有深厚的关联又有显著的差别。

1. 专利知识计量与文献计量学

文献计量学是以文献体系和文献计量特征为研究对象，采用数学、统计学等的计量方法，研究文献情报的分布结构、数量关系、变化规律和定量管理，并进而探讨科学技术的某些结构、特征和规律的一门学科[8]。从计量数据来源和性质来看，文献计量学的研究对象主要是书目、文摘和索引；从其目的和意义来看，文献计量学主要是为了服务于图书情报学理论研究和文献情报工作。

专利计量是通过对专利文献信息的内容、专利数量及其数量的变化等方面的研究，对专利文献中包含的各种信息进行定向选择和科学抽象的研究活动，是情报信息工作与科学技术管理工作相结合的产物。专利计量主要包含专利文献计量和专利知识计量两部分内容，前者的研究对象是专利的载体形式（专利文献）而非内容，后者的研究对象是专利的内容（专利知识）而非载体。因此，文献计量学与专利文献计量之间的关系可以视为是包含与被包含的关系，而专利知识计量与文献计量学之间则存在显著的差别。

首先，从对象来看，文献计量学是以文献（包括专利文献）为直接的研究对象，通过文献这种载体形式的计量来实现对知识的间接计量，而专利知识计量则是以专利文献所包含的内容（即专利知识）为直接的研究对象，是对知识的直接计量；其次，从内容来看，专利包含更多的技术细节，文献计量是对科学现象和规律的统计分析，专利知识计量则是对技术研发领域的统计分析；最后，从目的来看，文献计量主要是为图书情报单位管理和文献情报管理提供定量依据，而专利知识计量则是为企业和政府的管理与决策提供技术、产品、市场等方面的参考信息。

尽管如此，专利知识计量与文献计量学之间还是存在着深厚的渊源。早在1949年，Seidel与Hart就已经将文献计量引入专利分析中，提出了采用计量方式分析专利文献信息的思想[9]。1994年，Narin在《专利计量》一文中，从国家科研生产力测度、作者（发明人）生产力分布规律、参考文献周期、引文影响力、引文倾向等几个方面对论文和专利进行了比较。Narin认为论文和专利之间的相似之处远大于其差别之处，与论文一样，专利数量同样可以作为国家科研生产力的测度指标，专利在作者（发明人）生产力分布、参考文献周期、引文倾向方面表现出与论文相似的规律性，并且引文分析的方法也可以应用于专利研究中[10]。之后，科学计量学家Meyer和Bhattacharya也曾对论文与专利进行了比较分析并且指出："专利文献和科学文献尽管存在种种不同，但它们之间也有许多相同之处，对科学文献的研究思路可以应用于对专利数据的研究。"[11]

专利知识计量与文献计量学之间的关联主要表现在三个方面。第一，就研究方法来看，文献计量学中的理论、方法和工具可以被应用于专利计量中。例如，数量统计、引文分析、增长模型、老化模型等。第二，就研究规律来看，文献计量学中的一些经典规律在专利计量中同样适用。第三，就研究成果来看，文献计量学与专利知识计量有时会同时出现于同一篇研究成果当中。例如，论文与专利之间引用关系的研究，此时就很难区分该研究到底是文献计量还是专利知识计量。

2. 专利知识计量与科学计量学

科学计量学诞生于20世纪60年代初，是一门用数学统计方法研究科学的发展机制和量化特征的学科。1961年，美国学者普赖斯发表《巴比伦以来的科学》，为这门学科奠定了基础，被称为“科学计量学之父”。普赖斯通过对科学杂志、文献等进行统计研究，论证了科学知识指数增长律。1963年，ISI加菲尔德博士创立SCI，为科学计量学研究提供了数据基础。

科学计量学是应用数理统计和计算技术等数学方法对科学活动的投入（如科研人员、研究经费）、产出（如论文数量、被引数量）和过程（如信息传播、交流网络的形成）进行定量分析，从中找出科学活动规律性的一门科学学分支学科。科学计量学的研究结论较为客观，它有助于加深对科学发展内在规律的认识，从而为科研管理工作和科技政策制定提供参考和指导。

典型的科学计量学问题如下：①科学研究的生产率问题；②科研资金投入的最优化；③通过科学计量学方法和指标预测学科发展趋势和确定资助重点；④通过科学计量学方法和指标识别不同学科之间及科学活动同技术活动之间的联系，为跨学科研究和理性的科技政策制定提供指导；⑤通过科技产出指标进行科研绩效评估；⑥描述科学活动规律的各种数学模型，如“成功导致成功”的数学模型、洛特卡定律、布拉德福定律、齐普夫定律，等等；⑦用科学计量学方法和指标研究科技人才和科技教育问题。

科学计量学与文献计量学之间有一定的交叠。由于科学活动产出和交流的主要形式之一是科学文献，所以，针对科学文献进行的定量研究既属于科学计量学的研究范畴，又属于文献计量学研究范畴，但科学计量学也有独特的研究领域，如对科学创造最佳年龄结构的研究，产出重大科技成果时科学家年龄的频度分布规律的研究，等等。科学计量学试图通过定量方法寻找科学活动的内在规律或准规律，并为更有效率地开展科研活动提供指导。

通过前文所列举的科学计量学问题，我们可以发现，作为科学研究成果的表现形式之一，专利在生产、传播和应用过程当中，同样涉及生产率、投入与产出、科学交流等问题，同样需要通过计量手段获得科学评价与管理的依据。所以，专利知识计量是科学计量学的重要研究领域之一。在科学计量学领域，早期有关专利的计量分析是以专利文献计量为主的，而当科学发展步入知识经济时代之后，科学计量学领域呈现出显著的知识化特征，知识计量代表着科学计量学发展的趋势，该领域有关专利计量的研究也逐渐开始以专利知识计量作为主要方向。

专利知识计量与科学计量学的区别主要体现在三个方面。第一，与科学计量学相比，专利知识计量的研究对象、研究内容和研究目的更为具体，而科学计量学的研究领域相对比较广泛。第二，专利知识计量与产业界存在紧密的联系，其研究目的主要是为产业界的经营与决策特别是在技术研发方面的决策行为，提供参考信息，而科学计量学的服务对象主要是学术界，其研究目的主要是为科研管理，以及科技政策的制定和实施提供依据。第三，专利知识计量与科学计量学关注的角度不同，对于科学和技术两个主题，文献计量学主要关注于前者，而专利知识计量则主要关注于后者。

从学科渊源方面分析，专利知识计量与科学计量学之间存在着广泛而深刻的交叠。首先，近半个世纪以来，科学计量学的发展非常迅速，出现了一系列相对成熟和完善的理论、方法和工具，它们被广泛地应用于专利计量领域，为专利知识计量的发展奠定了坚实的基础；其次，科学计量学领域的专家学者一直将专利计量视为自己的重要研究领地，长期关注专利文献和专利知识的计量分析，那些活跃于专利计量领域的专家学者，身份多为科学计量学家，他们构成了专利计量领域的研究主力；最后，专利知识计量与科学计量学之间的关系错综复杂，两者并无明显的界限，研究内容并无明显的差异。因此，如果说专利知识计量的起源是得益于文献计量学的滋养，那么，在其随后的发展过程当中，则更多地受到科学计量学的影响。

3. 专利知识计量与知识管理学

美国的管理大师彼得·德鲁克认为，“知识管理是提供知识，去有效地发现现有的知识怎样能最好地应用于实际并产生效果，这就是我们所指的知识管理”。达文波特教授指出：“知识管理真正的显著方面分为两个重要类别：知识的创造和知识的利用。”按照美国德尔集团创始人之一的卡尔·弗拉保罗的说法，“知识管理就是运用集体的智慧提高应变和创新能力，是为企业实现显性知识和隐性知识共享提供的新途径”。

企业界倾向于把知识管理看作是观察商业世界的一种方式。它帮助认识谁和什么是公司真正的资源。正如你建立的工厂、你组建的机器、你的员工、你的新发明、你存入银行的现金、你的知识资产也同样需要管理以取得最大的投资回报。这些知识资产都包括些什么呢？包括你工作流程中处理的数据、项目、用户和供应商，还有所有的研究日记、专利、商标、商场战略和商业计划，另外还包括每位员工每日积累的竞争经验、从互联网和其他信息源获得的竞争智力，还包括每一份电子邮件、文件、数据表格、传真等。前面所列出的仍然是公司内知识资产的很小的一部分。另外，绝大多数（大约 90%）的知识资产存在于你知识员工的头脑中：他们的技能、经验、洞察力、直觉及信任，以及组织内外的各种人际关系。这部分知识是更难评估、共享和衡量的。

知识管理的内涵和外延很难界定。有学者认为，知识管理就是对人的管理，因为一切知识都必须通过人去掌握，只有这样才能发挥效用，推动企业的发展，所以知识管理必须通过对人的管理才能实现；也有学者认为，知识管理就是对信息的管理，因为在信息化时代，企业要实现现代化管理，就必须引入信息化管理手段，企业管理的各个领域、各个环节，都离不开信息管理系统的综合运用，信息管理实质上已经等同于知识管理。

知识管理的内涵包括两个层次：一是要不断创新、不断积累新知识，并通过新知识本身的传播、交流和应用，使知识资产不断增值；二是通过将先进的知识，全面应用于管理，使之改进产品并不断提高质量，改革管理模式，不断提高管理效能。总括起来就是运用新知识，对企业实施科学管理。因此，就要建立学习文化、知识文化，并通过建立学习型组织使之制度化、规范化，才能确保企业获得可持续发展的能力，与时俱进、不断创新。

简单地说，知识管理就是以知识为核心的管理，它是通过确认和有效利用已有的和获取的知识，并通过对各种知识的连续性管理，提高企业的创新能力和创造价值的能力，以满足企业现有和未来开拓市场机会的需要的一种过程。知识管理的出发点是把知识看作最重要的资源，把最大限度地获取和利用知识作为提高企业竞争力的关键。因此，开展和加强知识管理，有利于企业有效地开发其知识资源，使知识资源在深度和广度上不断地得到扩展；有利于企业有效地利用其知识资源促进和强化企业的创新能力以适应经济的不断变化；有利于企业促使其知识资源与其他资源更好结合，从而提高企业创造价值的能力。

专利知识计量从知识管理学领域汲取了诸多有益的思想。尽管，从专利知识计量的起源和发展来看，主要受到文献计量学和科学计量学的影响。但是，实际上，专利知识计量与知识管理学之间同样存在着深厚的关联，正是这种关联，使得专利知识计量表现出不同于文献计量学和科学计量学的特征。首先，从背景来看，专利知识计量与知识管理都在知识经济的时代背景之下受到了广泛的关注，并且获得了发展良机；其次，从对象来看，两者都以知识作为直接的研究对象，包括显性知识、隐性知识，以及隐性知识的携带者——人。只不过专利知识计量的研究对象更为具体，是以专利知识，包括技术及从事技术研发的个人和组织，作为特有的研究对象；最后，从目的来看，专利知识计量和知识管理学都与产业界存在紧密的联系，其研究成果都直接服务于产业界的经营与决策。

与此同时，专利知识计量作为计量学的分支学科，与知识管理学之间还是存在着显著的区别的：第一，研究方法不同，专利知识计量重在定量的统计分析，研究过程当中多采用定量化的研究方法和工具，知识管理学拥有更为庞大的方法体系，研究方法更为丰富多样，既有定性研究又有定量分析，既有理论模型又有技术架构。第二，研究视角不同，专利知识计量主要关注于专利知识在生产、传播、保存、利用等过程中所表现出的量化特征与规律，旨在为那些从事专利知识生产与管理的个人或组织提供参考信息和决策依据，其目的是提高专利知识的生产和利用效率。知识管理学则是将知识视为企业的重要资产和利润源泉，通过知识资产的优化配置实现知识增值的目的，知识增值的最终目的是提高企业的市场竞争力。第三，学科属性不同，专利知识计量作为计量学的分支学科，它的学科体系主要构建于文献计量和科学计量学的基础之上。而知识管理学作为管理学的分支学科，它的诸多思想、理论和方法主要来自于管理学、经济学等领域。

7.2　专利知识计量方法

7.2.1　专利统计

产业界和学术界普遍认为，专利数量可以在一定程度上作为反映科技水平和创新能力的指标，而且专利数量指标还与某一组织或某一国家的经济产出规模存在着正向的相关关系。早期的专利计量研究多集中于专利数量的统计计算，通过数量的统计来对不同学科、不同组织、不同国家专利产出的时间和空间分布情况进行描述和分析，并以此来研究和预测不同学科、不同组织、不同国家的科技水平与创新能力。之后，专利统计深入到专利文献内部，开始对专利文献所包含的知识单元进行统计分析。所以，数量统计不仅是专利计量领域常用的方法之一，而且成为专利知识计量的重要手段。专利统计的指标主要包含以下几种。

1. 专利数量

专利作为技术研发过程中重要的成果表现形式，具有可被计数的优良特性，并且代表着技术创新过程中一项定义明确的产出，可以作为技术创新与技术进步的一个强有力的指标。因此，专利数量是技术产出的直接反映，能够体现出技术创新活动的活跃程度，以及从事技术研发的组织和个人的创新能力和水平。

专利数量的统计分析可以简单地划分为共时分析和历时分析两种：共时分析

通常是对专利空间分布情况的统计分析，在一定程度上代表着从事技术研发的主体的产出能力，以及不同技术领域的活跃程度，从中我们可以了解到不同国家、不同地区、不同机构、不同个人的科技发展水平，以及其在不同技术领域的能力和地位；历时分析是对一段时期内专利数量的发展变化情况进行研究，通常以年为单位，对不同主体或不同技术领域在一段时期内各年度拥有的专利数量的统计和对比分析，主要用于预测不同创新主体和不同技术领域的未来发展趋势。

2. 同族专利数量

所谓同族专利是指具有共同优先权的不同国家或国际组织多次申请、多次公布或批准的内容相同或基本相同的一组专利文献。同族专利数量的统计分析可以从侧面反映出专利的经济价值。一般来说，出于成本考虑，企业往往会对重要的技术、重要的市场提出专利申请，若一件专利在多个国家或地区多次提出申请，在一定程度上说明该件专利具有较高的价值。因此，同族专利数量能够反映出专利的重要程度。通过同族专利的地理分析，也可以初步预见其潜在市场或市场战略。

3. 专利特征项的数量

专利的特征项包括发明人、专利权人、所属国家或地区、申请日、授权日、参考文献、主次分类号等，它们都可以作为专利计量的指标，通过对其数量进行统计分析，能够从不同的角度反映出专利所包含的各种有效信息。其中，分类号最能直接表征专利技术的内容和功能及其所属的技术领域，可以被视为是专利的知识单元。通过专利分类号的统计分析，我们能够对不同国家或企业在不同技术领域的创新能力进行评估，并对其技术沿革进行追踪。

对于一件专利包含多个分类号（即分类号共现）的情况，可以构建分类号共现网络（共类网络），并将其以可视化图谱的形式呈现出来。分类号共现在一定程度上代表着不同技术领域和主题的交叉，在此交叉之处往往孕育着新的技术生长点。因此，分类号共现网络既能反映出不同技术领域之间的关联性，又可以用于预测未来即将出现的新兴交叉技术领域。

专利数量的统计分析是专利计量的基础，早期的研究主要集中于对不同学科、不同国家、不同组织专利申请量或授权量的总量的宏观计算，并将专利数量作为技术变革的测量指标，探讨不同国家、不同组织在不同学科领域的技术实力。之后专利数量的统计分析逐渐朝纵深化方向发展，统计方法更加复杂专深，出现了专利合作分析、专利引文分析等不同的计量方法，并延伸出不同的研究领域，专利数量的统计分析也被广泛地应用于技术领域的评价、预测、管理等活动当中。

7.2.2　专利合作

专利合作的概念包含广义和狭义两个方面。狭义的专利合作专指专利研发过程中的合作，即共同研究，主要表现形式为共同署名或联合申请，对应的英文翻译为 co-invent。狭义的专利合作可以从发明人和专利权人两个角度进行衡量，凡是两个或两个以上的名字共同出现在某一项专利的发明人或专利权人一栏中，即可视为专利合作。只有在发明创造过程中对发明创造的构思及构思的结构形式提出了具体的创造性见解的人才能被称为发明人[12]。因此，狭义的专利合作即为两人或多人共同进行的发明、创造、设计活动。

广义的专利合作是指以专利为载体的所有形式的合作，既包括专利研发过程中的合作，又包括围绕专利成果展开的许可、转让、开发、应用等一系列的活动，涵盖专利生产—专利转让—成果开发—产品推广的整个过程，包括委托开发、合作研究、合作开发、专利许可或转让等多种合作形式。例如，“官—产—学”合作模式中，高校承担研究工作，企业负责将高校研制的专利进行开发和实施并将新产品投向市场创造效益，政府为校企之间的委托开发或专利转让提供政策支持和环境保障，尽管高校、企业、政府三者之间并没有进行共同研究或共同开发，但在专利的生产—转让—开发—推广的整个过程中，三者分别负责不同的阶段和方面，并且都发挥着重要的作用，最终导致了专利转化为实际生产力，整个过程中三者缺一不可。因此，从广义概念来讲，“官—产—学”合作是典型的专利合作模式。

综上所述，狭义的专利合作是指专利研发过程中的合作，广义的专利合作则同时包含合作研究和技术转移两个方面的内容。相应地，狭义的专利合作计量对专利研发过程中的合作关系、合作行为和合作现象进行研究，以专利文献中所包含的共同发明人或共同专利权人为计量对象，而广义的专利合作计量则是对专利生命周期（包括研发、转让、应用等多个阶段）所有合作行为进行计量分析。通常情况下，狭义的专利合作计量的原始数据易于获取，直接以专利文献数据库作为数据来源，而广义的专利合作计量并没有固定的数据来源，有关成果转让和应用开发等阶段的专利数据难以获取。因此，目前，广义的专利合作计量的研究成果比较少见，一般针对较小范围内某一个或几个单位和个人展开，基于社会调研或实地考察所获得的部分数据实现。狭义的专利计量可以获得较大的原始数据样本，能够获得更具普遍性和可信度的研究结论和发现。在整个专利计量领域，狭义的专利计量的应用范围相对比较广泛，其计量指标是参照科学计量学和文献计量学中有关科学合作的计量指标和计算方法提出的，常用的计量指标主要包含以下几种。

1. 专利合作率与合作度

专利合作可以分别从发明人和专利权人两个角度进行衡量，与之对应的分别是发明人合作率、发明人合作度、专利权人合作率、专利权人合作度。发明人合作率和发明人合作度主要反映个体之间的合作情况，合作者为自然人，而借助于专利权人合作率和专利权人合作度则可以对组织之间、地区之间，甚至是国家之间的合作情况进行计量分析，合作者可以是个人也可以是组织。以上四个指标的计算方法分别为

$$\text{发明人合作率}=\frac{\text{两人及以上发明人共同发明的专利数量}}{\text{专利总数}} \tag{7-1}$$

$$\text{发明人合作度}=\frac{\text{发明人总数}}{\text{专利总数}} \tag{7-2}$$

$$\text{专利权人合作率}=\frac{\text{两个及以上专利权人共同申请专利数量}}{\text{专利总数}} \tag{7-3}$$

$$\text{专利权人合作度}=\frac{\text{专利权人总数}}{\text{专利总数}} \tag{7-4}$$

通过以上计算公式可知，发明人合作率、发明人合作度、专利权人合作率和专利权人合作度等四个指标分别从不同的方面反映专利的合作意识、合作程度、合作规模和合作范围。发明人合作率指标体现出整体（包括组织内和跨组织）的合作情况，发明人合作率越高，表明合作意识和合作程度越强。专利权人合作率指标体现跨组织专利合作情况，即跨组织专利合作所占比例，专利权人合作率越高，不仅表明合作意识和合作程度较强，而且反映出合作范围较大。如果某一地区或某一组织的发明人合作率高，而专利权人合作率低，则在一定程度上说明该地区或组织的专利合作多限于组织内部，合作范围非常有限。发明人合作度指标反映整体（包括组织内和跨组织）的合作规模，即平均每件专利投入的人力资源的多少。发明人合作度越高，表明平均每件专利参与的发明人数量越多。专利权人合作度主要反映跨组织专利合作情况，专利权人合作度越高，说明平均每件专利参与的单位数量越多。专利权人合作度指标不仅能够反映专利合作的规模，而且能够反映出专利合作的范围，即专利权人合作度越高，说明专利合作的范围越广泛。如果某一地区或某一组织的发明人合作度高，而专利权人合作度低，也在一定程度上说明该地区或组织的合作范围非常有限，专利合作大多都在单位内部开展。

2. 专利合作系数

1973 年，Subramanyam 将合作度和合作率的指标综合起来，提出了一种综

合测量方法，即合作系数[13]。该指标被提出之后主要用于对论文合著问题进行计量分析，实际上，它同样适用于专利合作。参照 Subramanyam 的合作系数的概念及计算方法，我们提出专利合作系数，计算方法如下：

$$CC_p = 1 - \frac{\sum_{j=1}^{k}(1/j)f_j}{N} \tag{7-5}$$

式中，f_j 为合作者人数为 j 的专利数量；k 为合作者人数的最大值；N 为专利总数。合作者包括发明人和专利权人两种，因此，专利合作系数可以分别从发明人和专利权人两个角度进行计算。

3. 国内合作系数与国际合作系数

2001 年，印度学者 Garg 和 Padhi 提出用国内合作系数（DCI）和国际合作系数（ICI）来测度某一国家的合作情况，当这两个系数大于 100 时表示该国合作程度高于国际平均水平[14]。以上两个系数同样可以用来测度某一国家国内和国际专利合作的情况。

$$DCI_p = \frac{D_i/D_{io}}{D_o/D_{oo}} \tag{7-6}$$

式中，DCI_p 为国内专利合作系数；D_i 为某一国家的国内合作专利数量；D_{io} 为第 i 国家的专利产出总量；D_o 为所有国家国内合作专利总量；D_{oo} 为所有国家的专利产出总量。

$$ICI_p = \frac{I_i/I_{io}}{I_o/I_{oo}} \tag{7-7}$$

式中，ICI_p 为国际专利合作系数；I_i 为某一国家的国际合作专利数量；I_{io} 为第 i 国家的专利产出总量；I_o 为所有国家国际合作专利总量；I_{oo} 为所有国家的专利产出总量。

国内合作系数和国内合作系数分别用于考察某一国家的国内合作程度和国际合作程度，当其大于 1 时表示该国家的合作程度高于国际平均水平，数值越大，说明该国家的国内或国际合作情况越好。

7.2.3　专利引用

专利引文分析是借鉴传统文献计量学的引文分析方法，通过专利被引频次和引文网络来对专利文献进行计量分析。一方面，被引频次可以用作评价专利质量和影响力，以及测度知识扩散和流动的指标；另一方面，通过专利引用关系可以向后追溯某一项技术发明的源头，向前推测某一项技术的发展方向和趋势。

早在1949年，Seidel就提出了专利引文分析的概念，专利引文是后继专利基于相似的科学观点而对先前专利的引证，他还指出被引频次较高的专利所包含的技术更为重要。1993年，Jaffe等认为专利之间的相互引用会带来知识的扩散，因此，专利引用可以用作衡量知识扩散的工具，可以借助于专利之间的引用关系来揭示技术领域的知识交流和扩散[15]。可视化技术和知识图谱的概念逐渐被引入专利引文分析中，使得我们能够更加生动、直观地捕捉到专利发展演变的情况。2003年，中国台湾学者黄慕萱、陈达仁在《基于引文耦合的专利引文图谱》一文中，利用专利引文耦合的方法，对中国台湾高科技企业的专利引用情况进行了研究，并绘制了专利引文图谱[16]。专利引文分析通常包含以下几种计量指标。

（1）专利被引次数。某件专利的被引次数，可以反映其质量和影响力。一般来说，一件专利被引用，说明该件专利受到他人的认可，并对他人的科学研究活动产生了一定的影响。被引次数越多，说明该件专利的质量越高、影响力越大。如果一件专利的被引次数较多，则代表该件专利蕴含着较高的技术含量，该件专利的市场价值也会较高。如果一个企业或国家拥有较多的高被引专利，则这个企业或国家也会被认为是具备较高的科技竞争力。

（2）技术生命周期。该指标用于评估某件专利或某个企业的创新速度或科技演化速度。一般通过专利所引用文献技术年龄的中间数或引用专利年龄平均数计算得出专利的技术生命周期。

（3）引证分析。该指标利用专利文献被后继专利引证的次数进行分析，用以评估技术地位，寻找基础或关键技术等。引证分析一般利用相关数据库的固有功能，通过引证关系数，对引证数量和其他指标进行组合统计。

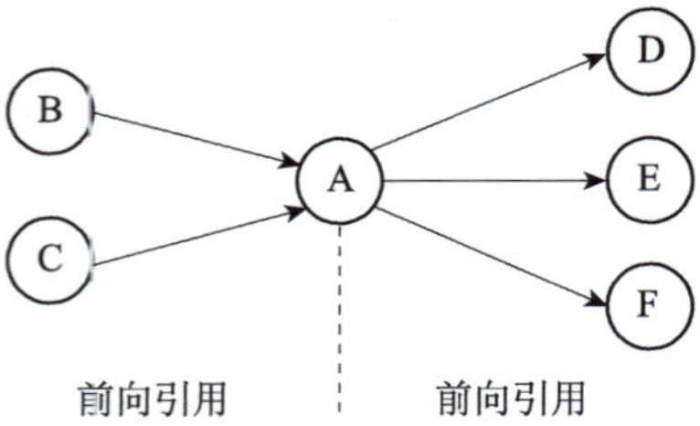

图7-1　专利引用关系示意图

（4）前向引用和后向引用。按照不同的划分标准，专利引用可以分为不同的类型。根据引用方向的不同可以分为前向引用和后向引用。前向引用是指一件专利被其他专利引用，后向引用是指一件专利对其他专利的引用。如图7-1所示，A被B和C引用是前向引用，而A引用D、E、F的引用属于后向引用。

前向引用不但被用来追踪某项技术在不同技术领域、不同企业和国家之间的流动过程，也用来作为企业和国家技术竞争力评价的指标。后向引用则在一定程度上代表着某件专利对其他科学文献所包含知识的利用程度。若将多件专利之间的前向和后向引用关系以网络图谱形式呈现出来，不仅可以用来追踪某项技术的起源及技术演进路线，而且可以作为知识扩散的测度指标。

（5）延展性和缘聚性。与前向引用和后向引用类似，延展性和缘聚性分别反映某件专利被其他领域的专利引用和引用其他领域专利的宽泛程度。延展性越高，代表着某件专利被不同于本领域的更多其他领域的专利引用，说明该件专利包含着较为通用的知识和技术。缘聚性高则代表着某件专利引用了更多其他领域的专利，属于对其他专利的更为宽泛的融合。

（6）专利地图。专利地图，也叫技术路线图，是对专利情报分析结果的一种可视化表达，通过对目标技术领域相关专利信息进行收集、处理和分析，使复杂多样的专利情报得到方便有效的理解。专利地图是一种专利情报研究方法和表现形式，它将包括科技、经济、法律在内的各类专利情报进行加工，缜密精细地加以剖析整理，制成各种直观的图表，使其具有类似地图的指向功能。透过对专利技术信息指标及其组合的可视化表现，反映蕴含在大量专利数据内的错综复杂的信息，指明技术发展方向，分析技术分布态势，为决策者提供更直观的情报支持，特别可以用来对处在不同国家和地区的科研机构及企业等竞争对手的专利技术分布情况进行监视，做到知己知彼。专利地图是指导政府部门、科研机构、高新企业进行专利战略布局的有效分析手段之一。根据不同的制作目标，专利地图可以分为专利管理地图、专利技术地图与专利权利地图，不同类型的专利地图具有不同的信息分析重点，三者结合起来，正是对专利文献经济、技术、法律信息的全面挖掘。专利地图旨在为某一国家或企业指明技术发展方向，总结并分析技术分布态势，特别可以用于对竞争对手专利技术分布情况进行监视，将使该国家或企业做到知己知彼。

7.3 专利知识计量工具

针对专利计量的需要，国内外多个机构研发出一大批专门用于专利分析的工具，它们分别具有不同的功能和特色，被广泛地应用于专利统计分析过程当中，在一定程度上提高了专利分析的效率和水平。

7.3.1 国外专利知识计量工具

1. Derwent Analytics

Derwent Analytics 是对数据进行深度挖掘并展开可视化分析的软件。它具有界面友好和直观的特点，提供一种轻松的方法从 Thomson Derwent 专利数据库中的原始数据中，挖掘出更有意义的分析数据，为全面掌握行业动态提供有意义的依据。

（1）自动汇总：初步自动汇总、分析所输入的数据，按照不同的侧面分类快速显示所汇总的数据，初步给用户一个发展趋势的概况。

（2）数据整理：数据分析的结果首先取决于数据的准确性与完整性，如已经合并的两家专利申请企业的专利清理、组合成一家企业后的总专利清单。

（3）比较矩阵：将两种不同类型的数据生成比较矩阵，借此发现两种不同类型数据间内在的相互关系。例如，将专利权人（一般是公司）与专利发明人之间生成关系矩阵，了解同一个专利发明人是否曾经为多家公司做过专利发明。

（4）数据图谱：将大量的数据汇总进行各种分析，如聚类分析、趋势分析等，并以二维和三维图示的形式呈现出来。

（5）预置的分析模块：单击不同的分析模块，即可按照模块预定的分析功能自动分析所导入的数据，并最终生成分析报告。

（6）工具包：用户可以利用工具包建立用户自己定义的词典等。

2. exCITEr——专利引用分析工具

美国专利商标局的专利文献包含有引文信息，可以对某一件专利的引用和被引情况，以及多件专利之间相互引用的情况进行分析。但是由于专利文献数量较多，手工统计分析费时费力，而且无法直观地展示出专利引用关系。为了解决这一问题，出现了一些专门进行专利引文分析的工具，其中，exCITEr 是比较常用的工具之一。它由 www.patmate.com 网站出品，能够对专利之间的引用关系进行定性和定量的分析，并且能够将引用关系以可视化图谱的形式直观地呈现出来。

exCITEr 的主要功能在于利用 Backward 和 Forward 按钮对输入的专利号及其所代表的专利进行后向和前向分析，绘制出专利之间的引用关系网络。基本分析单元可以是专利号，也可以是专利号所代表的专利，还可以是专利所有人。由此可见，exCITEr 绘制出的引用网络不仅代表着专利之间的引用关系，而且反映出不同企业、不同国家或地区，以及不同技术领域之间的引用关系。除此以外，exCITEr 还具有统计分析功能，允许将引用网络中的数据汇集到 Excel 文档中进行进一步的统计分析。

exCITEr 的优点在于简单明了，能够形象地反映出专利及专利主体之间的引用关系，同时具有初级的统计分析功能。不足之处在于：该软件仅能反映出专利之间的关系，无法反映专利文献与科学文献（如图书、学术论文等）之间的引用关系。另外，exCITEr 只能就单件专利的前后引用情况展开分析，处理大规模数据的能力不足。

3. Thomson Data Analyze

Thomson Data Analyze（TDA）是美国 Thomson 公司开发的专利分析工具，是 Derwent Analytics 的第二代产品。通过该软件可以对专利数据进行深度挖掘并展开可视化分析。TDA 具有自动化程度高、界面友好直观的特点，提供一种轻松的方法从 Derwent 世界专利索引和专利引文数据库中的原始数据中挖掘出有用信息，为洞察技术发展趋势、掌握竞争对手的专利发展情况、找出高产专利发明人及其所属单位、发现行业近年新出现的技术、确定研究战略和发展方向等方面提供有价值的依据。它在数据整理、比较矩阵、数据图谱、自动汇总等功能方面比较有优势。

4. Aureka

Aureka 集合了世界上主要的专利数据库、方便快捷的文件目录树、强大的搜索引擎、独创的检索机制、先进的语义分析和文本聚类技术、无与伦比的可视化专利地图，可以更加轻松地管理知识产权，让专利与技术文献数据自动解析成为结构化的知识，通过 Aureka 数据库可以实现以下功能：侵权研究、专利管理、掌握技术发展趋势、寻找合作伙伴、监控竞争对手等。

5. VantagePoint

VantagePoint 是由 SearchTechnology 公司推出的一种数据挖掘工具，能够深层次地挖掘专利信息。主要是对数据域内的各种项目进行统计分析。如果该数据域内含有书面文本，该软件也可以运用某些自然语言运算法则进行主题解析。系统采用多种算法，如模型匹配、基础规则、自然语言加工技术等，进行文本挖掘，系统使用的数据由用户直接从数据供应商处购买。

6. PatentLab-Ⅱ

该分析软件主要针对 Delphion 的专利进行分析，功能比较单一，主要是根据用户选定的指标生成二维、三维的直观图表。它的主要功能包括提供几种类型的 HTML 报告格式、提供简便的专利数据分析、提供可视化的图表分析能力，方便用户查看专利全文，此外还提供了在线国际专利分类或美国专利分类的对照显示功能。

7. BizInt Smart Charts

该软件允许用户使用来自 STN、Derwent、IFI 及 Dialog 上的化学文摘数据库的专利数据，并生成由其得到的信息图表。该系统可以简便地定制各种图表，并具有多种存储和输出选择。

8. STN AnaVist

STN AnaVist 是一个强大的交互分析和形象化的软件，提供各种科学文献和专利检索结果的分析工具，并呈现研究模式与趋势。它能够分析从多学科 CAplusSM 数据库、专利数据库 USPATFULL 及 PCTFULL 中的检索结果。运用 STN AnaVist 可以分析专利，追踪竞争信息——找出竞争对手在做什么，发现现有技术的最新应用；决定研究趋势——明确某一研究领域是否为新兴领域、稳定成长的领域还是正在衰退，作为战略性商业决策支持。

9. Focust

Focust 软件包含有检索模块、引文模块和分析模块。其中，分析模块提供诸如文本挖掘分析、高级可视化技术分析及灵活多样的专利文件管理功能，分析方法灵活，分析结果比较可靠。文本挖掘分析，利用关键词建立专利文献聚类图形，用树状图形的形式帮助用户更好地了解专利术语。高级可视化技术分析功能允许用户定制二维或三维图表，分析相关专利情报。专利文件管理功能提供几种灵活的专利文献管理方式，便于用户进行专利分析。

10. Machine

Machine 公司开发的一系列用于辅助发明设计的应用软件，其中，在专利分析方面最为相关的两个产品分别是 Co-Brain 和 Knowledgist。这两个软件都用于实现从全文数据中提炼主题、功能或目的函数。

7.3.2 国内专利知识计量工具

1. PIAS 专利信息分析系统

该系统是由国家知识产权局知识产权出版社开发的专利分析工具，能够对专利信息进行二次加工，便于对技术发展趋势、申请人状况、专利保护地域等专利战略要素进行定性与定量分析。

该系统吸收并借鉴了国外成熟的分析理论和方法，从专利战略的多个视角透视专利技术，通过对大量专利文献数据的统计分析处理，形成各种直观、形象的数据图表，提供清晰、高效的信息情报，并且可以实现从国内外相关专利网站批量下载数据，并导入数据库内进行专利分析。

2. 东方灵盾中外专利检索及战略分析平台

该平台是北京东方灵盾科技有限公司自主开发的适用于社会大众不同专利检索和战略分析需求的系统软件。相比国内其他同类产品，该平台具有更加强大而个性化的检索和分析功能，能够更好地满足用户对专利信息的查全与查准的需求，对检索结果进行准确的统计分析。该平台目前达到了国内领先水平，是北京东方灵盾科技有限公司为企业量身定制的高质量专业化专利数据库和专利分析工具。

该平台能够对技术发展趋势、专利保护地域、专利权人申请状况等专利战略要素进行多方位的统计分析。统计结果可以分别显示为一维、二维、三维的柱状图、饼状图、曲线图和表格形式，使用户能够方便直观地对各技术领域的发展趋势、竞争态势有一个综合的了解，从而更加深入地挖掘和利用专利信息的战略价值。

3. 大为 PatentEX 专利信息创新平台

该平台具有高速下载、高稳定性、高易用性等特点，特别适用于企业、大学、研究机构等创新主体，用于建立本地主题数据库，监视竞争对手技术发展动向，跟踪行业新技术发展动态，挖掘现有人类智慧结晶，研发出世界范围内的优势专利，并通过对行业专利技术的分析，配合企业的经营战略，有效制定企业知识产权发展战略，形成企业的核心竞争力，达到进攻与防御的平衡，数据来源于中国、美国、欧洲官方免费专利数据库，也可扩展到日本、世界知识产权组织官方免费专利数据库。该软件的分析功能如下。

(1) 技术生命周期分析：根据逐年专利申请件数和专利申请人（发明人）数量，生成技术生命周期分析图，直观揭示出技术发展的萌芽期、成长期、成熟期、衰退期。

(2) 自定义矩阵分析：标引专利采取的技术手段与产生的功效，生成功效矩阵图，了解矩阵中的空白区、疏松区、密集区，以便于进行创新研发、规避风险、架构专利网或衍生新的专利。

(3) 增长率分析：申请人、发明人、技术分类等年度申请量增减幅度分析，了解技术创新能力变化趋势。

(4) 存活期分析：对行业、申请人、区域等专利法律状态、存活期进行分析，找出核心专利。

(5) 引证分析：根据专利的引证数量和相互引证关系生成引证图，分析技术演变过程。

(6) 定量分析：对任意的专利著录项目或用户标引项目进行简单的统计分析和组合统计分析。

4. 恒和顿 HIT-恒库

HIT-恒库是恒和顿自主研发的集专利信息检索、管理与分析为一体的专利分析系统。该系统的分析功能包括授权信息统计、竞争对手当前的技术拥有情况分析、技术信息统计、专利引证分析、专利价值分析等。该系统针对不同的专利著录项绘制出多种统计图表，还可以在图像中进行图像控制和其他操作，如颜色、数据、二维或三维、标题注释及图例控制等。根据用户需要，自动生成多种形式的统计报告，各种重要的统计信息和图表清楚地呈现在报告中，为用户提供极具价值的情报信息。原始文件可以转换为各种常用格式文件，方便使用和管理。

5. PatentGuider

由中国台湾连颖科技股份有限公司开发的 PatentGuider 专利分析软件将世界主要专利数据库整合至同一接口，方便用户获取世界各地的专利数据，而无须一一联机至各个数据库。该软件的分析功能主要如下：专利量分析、雷达图分析、国别（地区）分析、引证率分析、发明人分析、IPC 分析、公司分析、UC 分析。软件可以针对分析的主题给出清晰的分析地图，有效帮助企业掌握技术发展方向，透析竞争者动向，以提升自身研发能力。

7.4 专利知识计量应用

专利兼具技术和经济双重属性，专利文献中包含大量法律信息、技术信息和经济信息，是科学研究、技术发展和商业经营的最重要的数据信息来源之一。除此以外，专利还具有可被计量的良好特性。因此，采用定量化方法对专利所包含的各类信息和知识单元进行分析，具有一定的必要性和可行性，专利知识计量被广泛地应用于知识交流、科学评价、竞争情报、技术预见等领域。

7.4.1 专利知识计量在知识交流中的应用

创新源于交流，交流是为了创新。没有广泛而频繁的交流，就不能吸收新的知识，知识创新也就不可能实现，所以知识交流在知识创新过程中扮演着非常重要的角色。知识交流是知识创新的基础，可以减少创新活动中的不确定性；重要创新活动大多需要团体成员通过交流和合作来完成；交流有利于孕育和激发创造性思维，给人以新启发和新思想；由于知识的共享性与继承性，知识交流通过增加个人的知识含量，从而加速了知识创新；交流可以识别重复、无意义的思想，减少或避免无效和负效的知识创新[17]。

发明创造信息以专利文献的形式得以保存，其中，最为重要的是专利说明书。专利说明书是专利申请人为了获得某项发明创造的专利权，而向专利局提交的有关该项发明创造的详细技术说明。专利说明书包含的内容比较具体，可以显示出专利的主要技术内容。因此，专利文献包含了重要而丰富的科技信息，作为重要的科技情报进入科学交流领域，被广大的科技工作者使用，是科学研究和技术开发的重要参考来源，也是科学知识交流的重要渠道。

专利作为一种知识形态，无时无刻不在进行动态的交流与扩散。专利发明人和专利权人之间的合作关系、引证关系等都是知识交流的重要途径和形式。借助于专利知识计量方法，对各个创新主体之间的合作、互引、耦合、同被引等关系进行研究，可以深度揭示知识交流的规律，构建知识交流的有序化模式，从而有效地促进知识创新和知识管理，推动国家创新体系的建设和知识经济的发展。近年来，社会网络分析工具和方法的出现，尤其是新兴的可视化工具的出现，为专利知识计量提供了新的研究视角，使得我们可以突破原有的研究局限，对以专利为载体的知识交流的模式与规律进行多角度、全方位的研究。该研究主题也在一定程度上代表着专利计量领域的前沿和趋势。

1. 基于专利合作关系的知识交流

科学技术合作与知识交流有着极为密切的联系。合作是一种更为集中和有效的交流，它使得科研人员在进行知识交流的同时共享彼此的资源。合作者之间交流和共享的资源既包含知识，又包含设备、技能等，而交流对于合作来说意义更为重大，交流是合作得以产生、维系和完成的关键因素。一般来说，科研人员是在正式或者非正式的交流中萌生合作的意愿，而这种意愿经过反复的交流而得以确认，转化为合作动机和行为。之后，知识交流贯穿于科研过程的始终，成为联系合作者的纽带和培育新知识的沃土，期间如果合作者中止交流则在一定程度上意味着合作关系结束。这种交流活动甚至会在科学技术合作项目完成之后继续进行，合作者在中止合作关系之后可能会继续保持着交流关系。

科学技术合作、知识交流、知识创新之间存在着千丝万缕的联系，科学技术合作的核心内容即为知识交流，知识交流是科学技术合作得以维系的关键。对科学技术合作问题的研究离不开知识交流，对知识交流问题的研究也要将科学合作的内容融入其中。知识创新是科学技术合作与知识交流共同的出发点和归宿。知识交流研究目标之一，就是在构建创新型国家的时代背景之下，通过专利合作来研究知识交流的模式与规律，引导知识交流朝着高效和有序的方向发展，以期能够提高我国知识创新的能力和水平。

2. 基于专利引证关系的知识交流

专利引证分析是专利知识计量的重要方法，其中专利被引频次是评价专利质量和影响力的重要指标，专利引证关系是一种重要的专利知识网络[18]。

一件专利可以引用其他专利（后向引用），也会被其他专利引用（前向引用），学术界往往把这种基于专利引用的计量及相关研究称为专利引文分析。纳林曾指出，专利引文分析是专利计量学的主要研究领域[10]。多件专利之间形成引用网络，能够更加直观地反映出不同国家和地区之间、不同机构和发明人之间、不同技术领域之间的知识流动情况。从专利引用的视角进行追踪和描述，展示出一幅幅知识传播扩散的图景[19]。

在专利计量领域，专利引文分析早已有之，但始终不及传统文献计量学和科学计量学领域的引文分析那样活跃。近年来，专利计量领域有关引文分析的论文数量逐渐增多，专利引文分析方法在知识扩散、创新力评价、技术变革等领域的应用逐年增加，尤其是可视化方法和技术的引入，使得专利引文分析的结果能够以可视化图谱的形式展示出来，研究者从中可以更加生动、直观地追踪到某一技术的发展演变情况，该研究主题也随之受到了更多的关注，成为专利计量领域的前沿之一。

7.4.2 专利知识计量在科学评价中的应用

进入 21 世纪以后，创新已经成为国际竞争中主导成败的因素，创新力决定一个国家或地区在未来世界竞争格局中的命运和前途，成为维护国家安全、增进民族凝聚力的关键所在。专利是创新成果的重要表现形式之一，与学术论文相比，专利包含更多的技术细节。专利具有科学和经济双重属性，架起了科学与生产之间的桥梁。专利成为表征科技创新能力和水平的有效指标，被广泛地应用于科学评价活动当中。

专利知识计量在科学评价中的应用，早期以专利数量的统计分析为主要手段。利用专利申请量和授权量衡量某一国家、地区、机构或个人的科研生产能力和科技发展水平。1999 年，Grupp 和 Schmoch 认为宏观的专利统计可以作为全球化时代创新的分析工具。2000 年，Banerjee 等认为专利数量能够反映出技术领域和经济领域的竞争程度，专利计量可以作为全球性的竞争策略分析工具。[21]

之后，学者们突破了单一的数量统计，采用多个指标，多层次、多角度地对某一国家或组织的创新力和竞争力进行测量和评估。其前提思想仍然是将专利视为反映技术水平和创新能力的重要参数，在知识经济社会，这种创新力和竞争力构成了一个国家或组织的竞争优势，能够为其带来巨大的经济利益和社会效益。目前，在专利知识计量领域，创新力与竞争力评价已经成为一个重要的研究议题，并且具有广阔的应用前景。

基于专利计量的创新力与竞争力评价主要关注评价指标体系的构建，除专利数量、被引频次等简单的计量指标之外，国内外的专家学者还提出了专利影响因子、技术强度等指标及其计算方法，分别从专利数量、质量、影响力等多个角度对某一国家、地区、机构或个人的技术水平和创新能力进行计量分析。这些指标综合起来构成了基于专利计量的创新力和竞争力评价指标体系。

2000 年，Banerjee 从专利数量角度出发，提出了专利竞争力指标 CI，用于测定某一年度某个国家或地区的技术竞争力，以及市场吸引力指标 M_A 用于测算某一国家或地区在专利领域的重要性，具体计算公式[21]分别为

$$\mathrm{CI}=(C_Y/R_Y)/(R_{D-Y}/W_{D-Y})$$

式中，C_Y 为 Y 年内某个国家或地区的专利授权量；R_Y 为其他国家或地区 Y 年内的专利授权量；R_{D-Y} 为其他国家或地区十年内第 Y 年以外的其余年份的专利授权量；W_{D-Y} 为所有国家或地区十年内第 Y 年以外其余年份的专利授权量。

$$M_A=(N_F/N_G)\cdot CI\cdot[(N_F-N_L)/(N_F+N_L)]$$

式中，M_A 为某一国家或地区的市场吸引力；N_L 为国内（地区内）专利数量；N_F 为外国（本地区以外）专利数量；N_G 为所有在国外（本地区以外）申请的专利数量。

1995 年、1996 年 Narin 等借助于专利引文分析，提出专利影响因子 CII 和技术强度 TS，通过专利质量与影响力的计量分析，对企业的技术水平进行评价[22,23]。CII 和 TS 的计算方法分别如下：

$$\mathrm{CII}_{ij}=\frac{C_{ij}/P_{ij}}{\sum_i C_{ij}/\sum_i P_{ij}}$$

式中，C_{ij} 为某年度企业 i 在行业 j 中所有专利的被引数；P_{ij} 为该年度企业 i 在行业 j 中的所有专利数。

$$\mathrm{TS}_{ij}=P_{ij}\cdot\mathrm{CII}_{ij}$$

2003 年，中国台湾学者黄慕萱和陈达仁构建了基于 CHI Research 研究成果的国家（地区）竞争力评价指标体系，包括专利数量、被引频次、影响因子、技术力量、技术生命周期、科学关联性等多项指标[16]。之后，2007 年陈达仁等进一步提出了必要专利指数 EPI 和必要技术强度 ETS，计算方法[24]分别为

$$\mathrm{EPI}_{ij}=\frac{\mathrm{EPN}_{ij}/P_{ij}}{0.25}$$

$$\mathrm{ETS}_{ij}=P_{ij}\cdot\mathrm{EPI}_{ij}\cdot\mathrm{CII}_{ij}$$

式中，EPN_{ij} 为企业 i 在行业 j 中拥有的被引频次前 25%专利数量；P_{ij} 为企业 i 在行业 j 中的所有专利数；CII_{ij} 为企业 i 在行业 j 中的专利影响因子。

专利指标既可以用作测度和评价某一国家或企业既有的、现实的创新力和竞争力，又可以用来进行未来预测。欧洲专利局多位专家从事于专利预测研究，旨在实现欧洲专利局业务控制的愿望。2010 年，彼得·欣利和马克·尼古拉斯将欧洲专利局专家在创新力预测方面长期研究的成果进行汇总，撰写了《创新力预测》一书，书中构建了一系列的预测方法和模式，包括专利形成内在过程的理论模型和用时间序列方法进行专利申请量预测的实证模型，从宏观、中观、微观层面上揭示了专利申请量的变化规律以及其他经济因素的关系[25]。

7.4.3 专利知识计量在竞争情报中的应用

有学者指出："在现代社会，如何通过技术手段获取商机是对企业科技能力和水平的一大考验，专利文献是商业情报的一大来源，与其他情报源相比，专利文献的可靠度更高。"[26]通过专利分析，不仅能够构建企业的技术路线图，而且还可以监测竞争环境，找出企业的对手、伙伴和标杆。另据世界知识产权组织统计："专利信息中包含 90%～95%具有经济价值的研发成果，其他文献中则仅含有 5%～10%的研发成果。据估算，利用专利信息可以缩短 60%的研发周期，节约 40%的费用。"[27]

竞争情报系统是一个持续演化中的正式与非正式操作流程相结合的企业管理子系统，其主要功能是为企业组织成员评估关键发展趋势，跟踪正在出现的不连续性变化，把握行业结构的进化，分析现有和潜在竞争对手的能力及动向，从而协助企业保持和发展竞争优势。竞争情报有助于发展企业的核心能力，是强化和改变企业发展战略的重要基础。对于情报机构来说，采集和生产情报并不是目的，其主要目的是将这些情报真正用在决策过程中。

期刊、图书、专利等文献皆可作为竞争情报分析的原始信息，但就技术内容来看，专利中所含信息的可靠性比非专利文献要强。专利兼具技术和经济双重属性，专利文献中同时包含技术信息和经济信息。例如，国内外某一行业领域的新技术、新方法、新工艺的发展历史、现状及趋势，相关的技术政策、形势、市场动态等，都可以通过专利文献分析来获取。因此，在竞争情报活动中，专利是一种重要的情报来源。通过专利分析可以把握和追踪竞争对手及整个行业的技术信息和经济动态，为政府和企业相关管理部门制定新政策与新规划、引进新技术、开发新产品、开展技术贸易等活动提供必要的参考信息和决策依据。

专利分析即对专利说明书与专利公报中大量零碎的专利信息进行分析、加工、组合，并利用统计学方法和技巧把这些信息转化为具有总揽全局及预测功能的竞争情报，从而为企业的技术、产品及服务开发中的决策提供参考。通过对某一企业自身、竞争对手及该企业所处的整个行业的专利数据进行计量分析，包括专利申请量、授权量、研究主题、被引情况等，从而获得关于竞争对手、竞争战略、竞争环境的情报信息。除此之外，专利知识计量能够深入到知识单元，通过对专利说明书中所包含的知识单位进行提取和计量分析，能够获取到更为丰富、更有价值的情报信息，主要包括如下内容。

(1) 竞争对手的技术实力、现状、重点，以及未来可能采取的经营策略。

(2) 本企业的研发水平在整个行业领域中的地位，与竞争对手相比在技术创新方面的优势和不足。

(3) 了解整个行业的发展现状，预测未来发展的方向。

(4) 通过对专利信息进行持续的追踪和监测，可以敏锐地察觉出市场上可能出现的新变化，特别是竞争对手可能采取的新策略。

以上信息能够直接被应用于企业经营管理活动当中，有利于企业管理者更为全面和深刻地认识和把握企业自身、竞争对手及整个行业的发展动态，从而制定出更加有效的研发战略和营销策略，若从国家层面出发进行专利知识计量，则可以捕捉到全球范围内科学技术发展的最新动向，分辨出每个国家和地区的技术实力与研究热点。日本、韩国、德国等一直将专利计量作为一种重要的竞争情报手段，并且取得了巨大的成功。企业以专利分析为手段开展竞争情报活动，主要从以下几个方面着手[28]。

第一，对专利文献中法律数据信息的监视和分析。

通过监视和分析竞争对手专利文献中的法律数据，掌握竞争对手所拥有的专利产品和技术的专利权的现状。例如，通过专利公报中报道的专利事物（包括专利申请的驳回、撤回和专利权的撤销等）来了解竞争对手所申请的专利是否授权，以及所授权的专利是否出于某种原因被终止、视为撤回或宣告无效。通过已出版的专利说明书中的著录项目，包括申请日、优先权日、专利类型、国别、优先权申请国、国际专利申请中的指定国和选定国，来掌握竞争对手已授权专利的有效保护期和保护地域范围。一旦了解到竞争对手的专利权已失效，竞争者就可以将竞争对手的专利技术为己所用。最典型的事例是日本企业对镍钛记忆合金的研究。由于美国首先持有镍钛记忆合金的最基本技术的专利，日本许多企业只得悄悄地进行近 20 年的研究，直到该专利到期失效，才争先恐后地争取到新成分镍钛记忆合金应用的专利权。

第二，对竞争对手尚未授权的公开专利的监视和分析。

通过监视和分析竞争对手公开而尚未授权的专利说明书和专利要求，力求从中发现不具备专利性或不符合专利法要求之所在，及时向专利审查部门提供证明，给该专利申请的最终授权设置阻碍。一般来说，专利审查员很重视公众的意见。在一件专利的审查过程中，如果公众提出异议，并向审查员提供可能否定该专利申请的对比文献或事实，那么该专利授权的进程将受阻。例如，N公司有一件油墨的专利申请。申请人答复了专利局审查员的第一次审查意见通知书后，审查员认为该专利申请已基本符合我国《专利法》规定，在发出的第二次审查意见通知书中指出，只需做少量的文字修改后可望授权。就在此时，作为竞争对手的B公司分析了N公司该件专利申请的说明书，并向审查员提供了一篇证明该专利申请缺乏创新性的对比文献。审查员考虑公众的意见，在第三次审查意见中，提出因该件专利申请与对比文献相比缺乏创造性而无授权的可能。申请人又一次据理回答，最终还是被审查员驳回。

第三，分析利用竞争对手已授权的专利文献信息。

已授权的专利既确定了其受法律保护的地位，又反映其实施的可能性。因此，一方面，我们分析竞争对手已授权的专利的技术内容，判断其是否是在我方已有专利技术基础上的改进，或者是以我方已有专利为其组成部分，由此我方可以向竞争对手推销或转让自己的专利。另一方面，要分析竞争对手已授权专利的权利要求范围，找出其漏洞，从而申请新的专利，进而占领市场。例如，南开大学森力高技术实业公司在分析了日本和美国等大量已有专利权利要求的基础上，研制用已有专利保护范围以外的元素来合成新型的镍氢电极材料，并取得了一系列新型镍氢电极材料的国内外专利，占领了新型镍氢电极材料的国内外市场。除此之外，对竞争对手一些权利要求范围过宽的专利要进行分析，从中选出某一技术方案，通过实施以取得预料不到的技术效果，使自己的发明具备创造性，从而取得自己的专利权。

第四，对竞争对手拥有的全部专利进行定期统计分析。

通过对竞争对手所拥有的全部专利进行定期统计分析，分类排序，可以从中获得竞争对手企业的技术开发及经营策略等方面的数据，由此可逐步判断出竞争对手研究开发的重点、技术政策和发展方向，评估出竞争对手的实力。例如，我国某单位对日本工业技术研究院某一时期内公开的专利进行分类排序和统计分析，发现该院研究开发工作的重点是解决基础元器件与材料性质的测量测试方法。另外，通过分析竞争对手专利申请量与授权量的比例，可以考察其技术研制的成熟程度；通过分析竞争对手拥有的国内专利数量与国外专利数量之比，来判断其经济实力；通过分析竞争对手拥有的发明专利数与实用新型专利数，可以认定其技术水平，从而估价出竞争对手的技术及经济实力。

第五，对行业专利状况进行定期统计分析。

在某一行业中，以某一技术类别的专利数量为纵坐标，年份为横坐标，可看出该行业中该类别技术在各个阶段的发展状况；以某一年度或一定时期的各个技术类别的专利数量为纵坐标，技术分类为横坐标，可判断出该行业在一定时期里的技术热点；将行业中各个竞争对手在某一技术类别中的专利总数加以比较，可以初步确认谁是本行业中最强有力的竞争者。

第六，密切监视竞争对手专利申请动向。

由于目前世界上绝大多数国家都采用先申请制原则，对于同样的发明，谁先申请，谁就有可能获得专利权，进而占领市场。这方面的实例不胜枚举。德国克虏伯公司的人造茜素的专利比英国人在英国申请专利早了一天，从而在英国获得了专利权，占领了英国市场。可见注意搜集竞争对手正在研究开发中的专利技术信息，密切监视竞争对手专利申请动向，对企业在竞争中战胜对手是至关重要的。竞争对手专利申请的动向往往是保密的，是零次情报。搜集这类信息比搜集公开的专利文献信息要困难，故企业领导应该安排精干的信息人员千方百计但又要合理合法地获取这类信息，这也是企业专利竞争情报活动的内容之一。

综上所述，企业要紧紧抓住专利竞争情报活动的焦点，合理合法地采用多种方法开展企业的专利竞争情报活动。这样，企业在激烈的市场竞争中，就有可能赢得一席之地。

随着计算机技术的快速发展，促使专利情报分析朝自动化、智能化、可视化的方向发展。近年来国内外出现了许多专利情报分析软件，为专利情报分析方法的大力推广提供了基础。专利地图出现之后，国内外学者将其作为一种新兴的、有效的专利知识挖掘工具，被越来越多地应用于竞争情报活动中。通过专利地图可以将专利信息中所蕴含的竞争情报信息挖掘出来，并形成一张张“战略作战图”。基于专利地图的竞争情报分析主要包含三个方面的内容：竞争环境分析、竞争对手分析、竞争技术分析[29]。①竞争环境分析：对企业所属行业或领域的整体技术环境进行分析，旨在全面了解该行业或领域的整体现状及发展趋势。具体内容包括技术发展趋势分析、申请实力分析、技术生命周期分析等方面。通过以上分析，可以基本了解行业发展概况、重点发展领域及技术构成等信息。②竞争对手分析：通过了解竞争对手的专利信息，旨在获取竞争对手的发展策略及行动。具体内容包括竞争对手专利申请和授权数量、竞争对手研发趋势分析、竞争对手研发重点分析、竞争对手合作关系分析、竞争对手全球专利布局分析等方面。通过上述分析，可以明确竞争对手，了解主要竞争对手的技术特点、市场占有率等情报信息。除此以外，还可以从中找出潜在的合作伙伴。③竞争技术分析：针对某一领域的技术信息进行深入分析和研究，找出该领域中的核心技术、潜在技术、技术空白点及技术发展空间信息。具体内容包括重点技术发展趋势分析、专利引证分析、技术功效矩图分析、核心专利挖掘等。

将专利知识计量方法应用于竞争情报领域，既有优势也有不足。

优势之一：专利包含大量的技术细节。据统计，70%的可得技术信息会出现在专利文献当中，并且常常不会在其他地方再现。在情报信息的收集过程中重点突出，只要重点收集关于公司、企业有关发明专利方面的信息就可而无须过多涉及别的信息。

优势之二：专利知识计量方法实施起来相对容易，现在有很多的专业的专利信息数据库、网站、专利分析软件来辅助进行专利分析，这样就使专利信息搜集的过程更加快捷和方便。

优势之三：既可以进行定性分析又可用于定量分析，通过定性分析可获得技术动向、企业定向、特定权利状况等方面的情况。利用定量分析可以取得有关竞争对手的动态发展趋势方面的情报。从这一角度可以看出，专利知识计量是一种动静相结合的竞争情报方法。

不足之一：专利知识计量存在着固有的时滞，这是因为申请日期和公开日期之间通常有 17 个月的间隔，这个时滞将直接影响专利分析预测结果的准确性。

不足之二：并不是所有的科研成果都会申请专利，如果是关于方法发明的，一旦申请专利，方法就会公开，他人就很容易效仿使用。有的企业为了长远的战略目标并不急于申请专利，在这种情况下，仅凭专利信息并不能完全了解和判断企业近期的研究成果。

7.4.4 专利知识计量在技术预见中的应用

2006 年 1 月 9 日，胡锦涛同志在党中央、国务院召开的 21 世纪第一次全国科学技术大会上讲话提出：坚持走中国特色自主创新道路，为建设创新型国家而努力奋斗。随后发布的《国家中长期科学和技术发展规划纲要（2006—2020 年）》，明确了“自主创新，重点跨越，支撑发展，引领未来”的新时期科技工作方针和“以企业为主体、市场为导向、产学研相结合的技术创新体系作为中国特色国家创新体系建设”的战略目标。作为技术创新主体的企业要想在行业内处于领先地位，一定要及时、准确地把握各个企业的技术创新态势，通过研发活动，申请专利并制定技术标准等，进而掌握市场中产品的主动权，以达到最大限度地占有市场份额的目的。

进入知识经济时代以后，国家或企业之间竞争的重点已经从产品和资本领域转移到科技领域，科技领域的竞争又主要体现在创新能力的竞争上。科学技术领域的竞争日趋激烈，科技创新呈现出规模化、复杂化、高成本、高难度、跨学科、交叉化等特征，如何准确地把握未来科技发展趋势及其对经济、社会和环境的影响，确定重点研究领域，预测未来研究方向，成为摆在所有科技工作者面前的一项重要课题。在此时代背景之下，技术预见应运而生，并且获得较快的发展。

美国、日本、欧盟等发达国家和地区将技术预见广泛地应用于科技活动当中，通过实施国家技术预见行动计划和制订科技发展规划，不断调整科技发展战略与政策，提高资源配置效率，取得了显著成效[30]。技术预见在我国起步较晚，尽管近年来在理论研究和社会实践两个方面都取得了一定的成效，但与发达国家相比尚有较大的差距。所谓技术预见，就是对未来较长时期内的科学、技术、经济和社会发展进行系统研究，其目标就是确定具有战略性的研究领域，以及选择那些对经济和社会效益具有最大化贡献的通用技术[31]。技术预见包含多种方法，既有定性研究又有定量分析，其中，定量分析以其准确性和可靠性而备受推崇。通过对某个科技领域已有的科研产出进行计量分析，来揭示该领域的研究重点和前沿，是技术预见活动中惯用的方法。

专利文献是世界上最大的公开技术信息源之一，它囊括了全球 90%以上的最新技术信息，相比一般技术刊物所提供的信息早 5～6 年，而且专利文献所记录技术的 70%以上未出现在其他技术文献中。世界知识产权组织的统计结果显示，全球 90%～95%的发明创造包含在专利文献中。专利为科技变革分析提供了唯一的数据源泉，就数据质量、可获性，以及详细的产品、技术和组织细节而言，任何数据均无法与专利媲美[32]。由此可见，专利文献的计量研究能够比较直观地展示出技术创新的规律与特征，从中所得出的统计数据和分析结果，有助于我们更好地把握和预测技术创新领域的发展规律与趋势。将专利计量与技术预见结合起来，将专利计量方法应用于技术预见活动中，定量地揭示某一技术领域的研究热点与前沿，具有一定的必要性和可行性。

美国专利说明书的扉页上有一数据项列出了该专利所引用的先前专利，它们是专利审查员和专利申请者在对该项专利进行新颖性确认时添加上去的。这个项目类似于学术论文的参考文献。通过这一数据项，我们不仅可以统计某一专利的参考专利数，同时还可以统计某一专利被后来专利所引用的情况。目前学术界应用较多的是文献作者共被引分析方法，即通过统计两位作者共同被引用的频次来考察作者的关系及他们在学科领域所扮演的角色。专利文献著录项目的类参考文献特征使得专利共被引分析成为可能。

本节内容将以德温特数据库为数据来源，通过专利引文分析对全球皮肤洗护类产品市场的现状及未来发展趋势进行分析和预测。根据皮肤洗护类产品的主要特点、组成类型和标准名称经过不断尝试，构造检索式，共检索到该领域相关专利 50 113 条，时间跨度为 1963～2007 年。

在这 50 113 条专利记录中，拥有 1000 件专利以上的专利权人有 7 个，分别是花王株式会社、联合利华公司、宝洁公司、欧莱雅公司、汉高公司、狮王株式会社、资生堂公司。它们共拥有专利 8229 件，占总量的 16.44%（表 7-1）。

表 7-1　全球皮肤洗护类主要专利权人（部分）

排序	公司代码	公司名称	所属国家	专利数/件	比例/%
1	KAO	花王株式会社	日本	1575	3.16
2	UNIL	联合利华公司	英国、荷兰	1241	2.47
3	PROC	宝洁公司	美国	1169	2.33
4	L' OREA	欧莱雅公司	法国	1166	2.33
5	HENK	汉高公司	德国	1054	2.10
6	LION	狮王株式会社	日本	1017	2.03
7	SHIS	资生堂公司	日本	1007	2.01
8	KANE	嘉娜宝公司	日本	672	1.36
9	COLG	高露洁棕榄公司	美国	496	0.99

对被引用次数大于等于 29 次的专利的引文数据进行共被引分析。研究方法是专利权人共被引分析方法，即两个专利权人分别拥有一项专利，若它们被同一项专利引用，那么这两个专利权人的共被引频次为 1，这一方法类似于作者共被引分析（表 7-2）。

表 7-2　专利权人共被引矩阵（部分）

	BEIE	CIBA	COGN	COLG	DOW	HENK	INFL
BEIE	0	72	173	335	143	424	19
CIBA	72	0	107	173	72	229	12
COGN	173	107	0	357	27	774	29
COLG	335	173	357	0	737	2 067	127
DOW	143	72	27	737	0	265	33
HENK	424	229	774	2 067	265	0	113
INFL	19	12	29	127	33	113	0

共被引分析关注的重点不是共被引频次的高低，而是共被引所形成的相似性，因此统计分析的第一步是将原始矩阵转换为相关矩阵，揭示对象间相似和不相似程度，这里最常用的是将原始矩阵转化为 Pearson 相关矩阵。进行矩阵转换实际上是将原始矩阵标准化，消除了矩阵因对象被引频次差异较大所带来的影响。在多维尺度分析结果图（图 7-2）中，一个点代表一个公司，点与点之间的位置显示了公司之间的相似性，有高度相似性的公司聚集在一起，同时越在中间的公司表明与其有联系的公司越多，在行业里的位置也就越核心，反之亦然。

第一类命名为"化工倾向区域"，位于该区域的公司所拥有的专利更倾向于

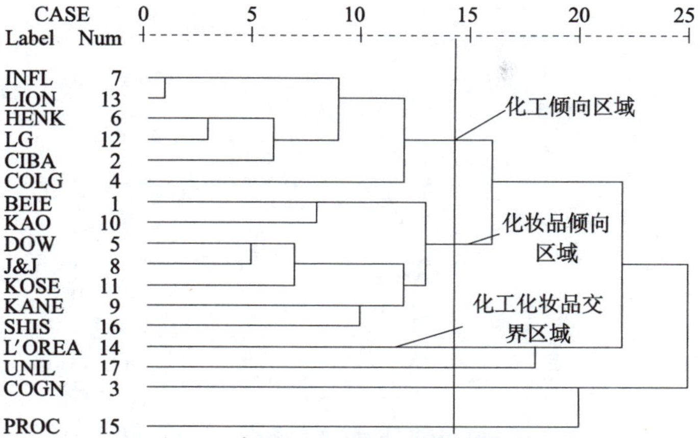

图 7-2　专利权人共被引聚类分析结果

化工技术，而且日常经营中以日用化工产品为主。位于这个区域的公司有汉高公司、高露洁棕榄公司、汽巴公司（CIBA）、国际香料香精公司（INFL）、LG 公司（LG）和狮王株式会社等 6 家公司。

从 6 家公司在该区域的分布可知，离坐标中心（0，0）越近的公司，其拥有的专利对整个护肤清洁类产品的贡献越大，反之亦然。该区域的公司更多位于坐标轴的第四象限，坐标越往右下方运动，提供化工产品的倾向越明显。6 家公司中欧美企业占据了 4 家，而且均位于第四象限，这也在一定程度上体现了欧美企业在化工领域技术创新的能力。

第二类命名为“化妆品倾向区域”，该区域的公司所拥有的专利更倾向于化妆品技术，而且日常经营活动中更多以化妆品为主。位于该区域的公司有花王株式会社、拜尔斯道夫公司（BEIE）、资生堂公司、高丝公司（KOSE）、嘉娜宝公司、陶氏化工公司（DOW）和强生公司（JJ）等 7 家公司。

从这 7 家公司的分布图（图 7-3）可得，更多的公司位于坐标轴的第二象限，坐标越往左上方运动，其提供化妆品的倾向越明显。7 家公司中有 5 家是专门经营化妆品的，有 4 家是日本公司，这在一定程度上表明了日本化妆品企业技术创新能力的总体水平，不过从 4 家公司跟坐标中心（0，0）的距离可得，只有花王株式会社在专利网络中扮演了较为重要的角色。

第三类为“化工化妆品交界区域”，主要有欧莱雅公司、保洁公司、联合利华公司和科宁化工有限公司（COGN）等 4 家公司。

保洁公司和联合利华公司是世界上两个最大的日用消费品公司，产品线广泛，拥有从个人清洁产品、护理产品到食品等数十种产品，产品目标市场较广，针对不同群体，既包含了高端客户，又包含了低端客户，因此在洗护领域关键专利的拥有方面，它们也是强有力的竞争对手，在图上的表现为两者紧密地挨

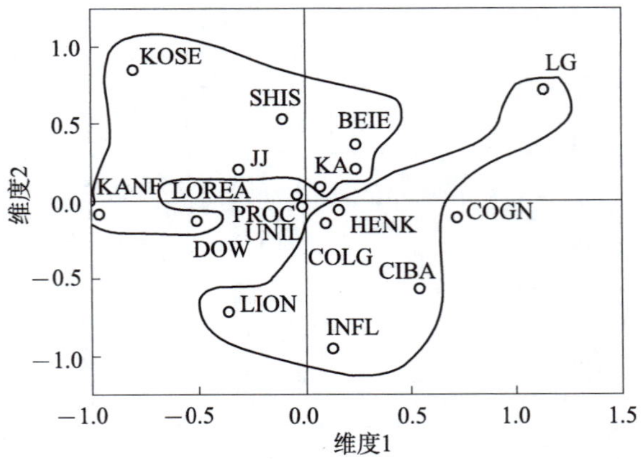

图 7-3 专利权人共被引多维尺度分析结果

在一起且几乎位于坐标中心。欧莱雅公司拥有此领域内的奠基性专利，它与保洁公司、联合利华公司的位置最近。这也说明了在洗护领域，这三家企业在关键技术的拥有上构成强烈的竞争关系。

通过以上专利引文分析结果，可以得到以下几个方面的结论与启示。

第一，皮肤清护类产品的专利大致分布在三个区域，分别是化工倾向区域、化妆品倾向区域和化工化妆品交界区域，其中化工化妆品交界区域为核心专利区。

第二，皮肤清护类产品的专利权人均为公司，且主要分布在欧美和日本，其中欧美地区在化工技术领域和日用消费品领域较有优势，日本地区有较多公司从事化妆品技术研究开发工作，且较为重视化妆品专利的申请。

第三，虽然目前互联网和联机专利检索数据库的出现方便了世界范围内的专利搜索和利用，但是技术创新领域仍然具有地域性，即某一企业更倾向于率先利用当地的技术创新成果。

第四，通过专利权人共被引分析，可以使得专利权人从一个全新的角度认识自身在产业内部的位置及与其他所有者的关系，并找出技术创新的潜在竞争对手或合作者，比如传统视角下欧莱雅公司跟 LG 公司并不会存在着业务关系或技术竞争合作关系，但是通过专利网络分析，使得这两个公司的决策者重新认识对方的技术领域，对各自的技术开发和营销等战略进行重新思考。

第五，不可忽视的是科技论文和技术专利都有相应的“时滞问题”，即从专利申请到专利文献公布，其间存在着一定的时间差，以及已经发表的论文或已经发布的专利没有及时在联机数据库中有所反映等。这对于生命周期较短的某些技术而言是不容忽视的。

参考文献

[1] 谭启平．专利制度研究．北京：法律出版社，2005：1

[2] 徐晓琳．专利实务教程．重庆：重庆大学出版社，2007：12

[3] 栾春娟．专利文献计量分析与专利发展模式研究——以数字信息传输技术为例．大连：大连理工大学博士学位论文，2007

[4] 花芳．文献检索与利用．北京：清华大学出版社，2009：7

[5] 邱均平，文庭孝．评价学．北京：科学出版社，2010

[6] 王瑜．从高校角度谈科研机构与企业合作．中国科技产业，2011，(1)：57

[7] 刘则渊，刘凤朝．关于知识计量学研究的方法论思考．科学学与科学技术管理，2002 (8)：5-7

[8] 邱均平．文献计量学．北京：科学技术文献出版社，1977：13

[9] Seidel A H. Citation system for patent office. Journal of the Patent Office Society，1949，(31)：554-567

[10] Narin F. Patent bibliometrics. Scientometrics，1994，30 (1)：147-155

[11] Meyer M，Bhattacharya S. Commonalities and differences between scholarly and technical collaboration. An exploration of co-invention and co-authorship analysis Scientometrics，2004，61 (3)：443-456

[12] 刘春田．知识产权法．北京：北京大学出版社，2000：139

[13] Subramanyamk K. Biliometrics studies of research collaboration：a review. Journal of Information Science，1983，(6)：33-37

[14] Garg K C，Padhi P. A study of collaboration in laser science and technology. Scientometrics，2001，51 (2)：415-427

[15] Jaffe AB，Trajtenberg M，Henderson R. Geographic localization of knowledge spillovers as evidenced by patent citations. The Quarterly Journal of Economics，1993，108 (3)：577-598

[16] 黄慕萱，陈达仁．从专利计量的观点评估国家科技竞争力．中国图书馆学会会报，2003 (70)：17-30

[17] 张国红．信息交流与知识创新．江西图书馆学刊，2002，(1)：2-5

[18] Huang M H，Chiang L Y，Chen D Z. Constructing a patent citation map using bibliographic coupling：a study of Taiwan's hightech companies. Scientometrics，2003，57 (3)：479-506

[19] 杨中楷，刘倩楠，于霜．基于专利引文网络的技术领域间关系探析．科研管理，2011，32 (5)：149-155

[20] Grupp H，Schmoch U. Patent statistics in the age of globalization：new legal procedures，new analytical methods，new economic interpretation. Research Policy，1999 (27)：377-396

[21] Banerjee P. Gupta B M. Patent statistics as indicators of competition and analysis of patenting in biotechnology. Scientometrics，2000，47 (1)：95-116

[22] Narin F. Patent as indicators for the evaluation of industrial research output. Scientometrics, 1995, 34 (3): 479-496

[23] Narin F, Hamilton K S. Bibliometrics performance measures. Scientometrics, 1996, 36 (3): 293-310

[24] Chen D Z, Cathy L W, Huang M H. Using essential patent index and essential technological strength to evaluate industrial technological innovation competitiveness Scientometrics, 2007, 71 (1): 101-116

[25] 彼得·欣利，马克·尼古拉斯．创新力预测：专利申请量预测方法研究．马欢，蔡中华 译．北京：知识产权出版社，2010

[26] Sungjoo Lee, et al. Business planning based on technological capabilities: Patent ana ysis for technology-driven roadmapping. Technology Forescasting & Social Change, 2009, (76): 769-776

[27] 袁德．健全专利制度 发展高新技术．中国航天报，2004-01-30 (T00)

[28] 刘琪．对企业专利竞争情报活动的分析．情报理论与实践，1999，22 (5)：376-377

[29] 鲍志彦，张红芹．基于专利地图的竞争情报挖掘及实证研究．情报杂志，2011，30 (9)：20-23

[30] 王伟．文献计量法在技术预见中的应用．大连：大连理工大学硕士学位论文，2007

[31] Martin B, Johnston R. Technology foresight for wiring up the national innovation system. Technological Forecasting and Social Change, 1999 (60): 37-54

[32] Griliches Z. Patent statistics as economic indicators: a survey. Journal of Economic Literature, 1990, (27): 1661-1707

第八章

显性知识计量与隐性知识计量

OECD 将知识分为事实知识、原理知识、技能知识和人力知识四种类型。在 OECD 分类的基础上，知识可以进一步划分为显性知识和隐性知识两大类。以显性知识为计量对象就构成了显性知识计量，而以隐性知识为计量对象就形成了隐性知识计量。无论是显性知识计量还是隐性知识计量，其目的都是挖掘隐藏在知识背后的隐藏性知识。

8.1 显性知识计量

8.1.1 显性知识计量理论

所谓显性知识，是指可以通过正常的语言方式传播的知识，典型的显性知识主要是指以专利、科学发明和特殊技术等形式存在的知识，存在于书本、计算机数据库、CD-ROM 等中。典型的显性知识主要有专利、文件、规章制度、设计图、论文和报告等。显性知识是可以表达的，有物质载体的，可确知的，可以通过规范化和系统化的语言、文本方式进行记载和传播的知识，可以采用现代技术手段进行收集和处理。在 OECD 对知识的四类划分中，关于 Know-What 和 Know-Why 的知识基本属于显性知识。近年来，人们在传统的“三计学”，即科学计量学、文献计量学、信息计量学等方面的研究基本都属于显性知识计量的研究内容。它们都是以显性知识作为计量对象，如文献计量学是以文献的篇、册、本等为计量单位的计量分析，对论文、记录信息、科研产出进行的定量化研究；信息计量学对科学文献及其数量和非正式科学交流的消息、事件、事实、实物等的研究，以及正式交流的事物信息；科学计量学包含科学文献，科学活动过程中的科研工作人员、科研经费、科研设备等的数量、增长、老化、利用情况的研究，科研过程的特征、规律研究。

显性知识计量包含三个方面：显性知识的物理计量、显性知识的质量计量、显性知识的价值计量。显性知识的物理计量，又可以称为显性知识的数量计量，目前是通过对知识的载体的测度来实现的。显性知识存在于“硬盘”中，指各种人造存储介质（如纸张、胶卷、磁盘、磁带、光盘、芯片等）上的知识。用计算机中的存储单位比特，可测度编码化的显性知识。但是，知识量与载体量和比特数之间并不存在确定的线性关系，正如知识的质量不能用文献数量多少来衡量、计算机软件的质量不能用比特来衡量一样。实际上，在实现同样功能的计算机软件中，比特数越少的软件反而越好。因此，用物理载体量和比特数测度可编码化的显性知识只是一种很一般的测度方法。从一定程度上，也多少失去了实际意义。对显性知识的质量计量，存在一定困难。因为对知识的质量计量既涉及人的主观判断，又涉及市场的客观评判。我们用“知识普及度”的概念来对知识的质量进行测度。无疑，位于各学科前沿领域的知识都是最不普及的知识，也就是质量最高的知识。反之，家喻户晓、妇孺皆知的知识就是质量最低的知识——常识。需要说明的是，这里的质量高低不等于质量优劣，它反映的是知识的层次高低和浓度高低，越是位于金字塔上方的知识质量越高，因为它的建立所需占有的基础性知识越雄厚或说它所包含的基础性知识越丰富。知识不存在质量优劣的问题。显性知识的价值计量，可以将知识作为一种生产要素，在产品实际生产过程中正发挥着越来越重要的作用。此法以生产要素市场上对知识要素的供求关系所决定的交易价格来衡量知识的价值。它尤其适用于人才或专利、技术使用许可证、商标、版权、艺术品等知识产品的（拍卖）定价。但对非交易性知识（如保密的专利、技术、配方、软件，基础研究的成果等）则不适用。显性知识的价值计量经常要以显性知识的计量作为研究基础。

8.1.2　显性知识计量方法

“三计学”中的很多计量方法，都可以作为显性知识计量。但知识计量学是以知识单元为计量单位的计量学科，这跟“三计学”有着很大的不同。因此，我们在这里主要介绍具有学科意义的显性知识计量方法。

1. 内容分析方法

内容分析法是一种以研究人类传播的信息内容为主的社会科学研究方法，是社会科学家借用自然科学定量分析的方法对报纸的内容进行分析而发展起来的。内容分析法，是一种具有半定量化色彩的研究方法。更具体地说，内容分析法便是针对文章或媒体的特殊属性，如思想、主题、片语、人物角色或词语等东西，做系统化和客观化的分析，以探寻文件内容背后的真正意图。20 世纪 80 年代以来，内容分析方法不断吸收当代科学发展的养料，用系统论、信息论、符号学、语义学、统计学等新兴学科的成果充实自己，在社会发展和国际政治等领域中业绩显赫。美国未来学家约翰·奈斯比特依据这一方法创办了著名的《趋势报告》季刊，推出了被誉为“能够准确地把握时代发展脉搏”的论著《大趋势》，成功预见了网络和全球经济一体化等概念，全球畅销 1400 万册，从而使这一方法受到世人瞩目。

Berelson[1]认为，内容分析法是客观系统并量化地描述显性传播内容。该定义经常被引用，它概括了内容分析法的处理过程要客观并系统化，以及要聚焦于内容的显性（或外延的，或共享的）意义（其反面是隐含的或者潜在的“字里行间”意义）的重要规范。我们认为，Berelson 的定义为我们将内容分析法归结为显性知识计量方法中的一种重要的分析方法找到了理论上的依据。首先他强调内容分析法是量化研究，这正是同样是聚焦于量化研究的知识计量学所必需的。再者，他强调内容分析法是深入至知识的内容层面，而且是显性知识内容的分析。换言之，内容分析法的研究对象正是知识计量学的研究对象之一，无论 Berelson 强调的是传播知识内容还是科学文献的知识内容，这并不重要。

美国新闻传播学家 Daniel Riffe 等认为，内容分析法实施步骤包括：①分析对象的抽样；②编码员培训；③编码员根据开发的分类规则对抽取的内容中的差异进行测量和记录；④对编码员在应用中的信度（随着时间的推移，编码员编码呈现的一致性或者稳定性）进行检验；⑤对内容分析法中采集的数据展开分析，以描述典型的结构或者特征，或者发现所考察的内容的特质之中存在的重要关系。

2. 知识关联方法

知识单元之间存在着各种联系，这些联系把知识单元聚类成不同的知识网络。如共被引和共引网络、共词和共链网络等。

1）共被引和共引

科学文献的引用与被引用，使得大量文献分群聚类。而共引分析法就是这样一种研究文献聚类关系的方法。计量学中的共引分析法包含了不同的两种类型：一是论文的参考文献中，不同文章的作者不约而同地引用某篇或某几篇完全相同的文献，我们称此现象为文献共引、同引或文献耦合；二是两篇论文不约而同地被其后的论文共同作为参考文献引用，我们称此现象为文献共被引或同被引。本书将这两种现象统称为“共引分析”。对共引概念最早进行论述的是美国麻省理工学院的教授开斯勒，他于 1863 年针对文献耦合的现象，首次提出了“文献共引（文献耦合）”这一术语[2]。开斯勒在对《物理评论》（Physical Review）期刊进行引文分析研究时发现，越是学科、专业内容相近的论文，它们参考文献中的相同文献的数量就越多。于是，他把两篇（或多篇论文）同时引证一篇论文的论文称为共引（耦合）论文，并把它们之间的这种关系称为文献共引（耦合）。文献共引（耦合）是从论文具有相同参考文献的角度来分析文献之间的引证关系与结构；若从一篇论文被后来的论文共同引用的角度来研究文献之间的引证关系与结构，则是文献共被引的规律。基于此，1873 年，美国情报学家亨利·斯莫尔（Henry Small）和苏联情报学家依林娜·马沙科娃（Irina Marshakova）在分别研究文献的引证结构和文献分类时，同时提出了文献“共被引”的概念，作为测度文献间关系的另一种方法[3]。有关共引的研究开展得较早，范围也较广。从概念上来看，文献共引，是指引证文献通过其参考文献（被引证文献）建立的共引关系。具体地说，如果 A 和 B 两篇文献共同引证了一篇或多篇参考文献，或者说它们共同具有一篇或多篇同样的参考文献，则称 A 和 B 两篇文献具有“共引”（耦合）关系。所谓文献共被引，就是指两篇

（或多篇）论文同时被后来的一篇或多篇论文所引证，则称这两篇论文（被引证论文）具有“共被引”关系。换言之，如果 A 和 B 两篇（或多篇）文献，不管其发表的时间如何，只要同时被后来一篇或多篇论文引证，则称 A 和 B 两篇文献具有“共被引”关系[4]。“文献共引”（耦合）理论的基本出发点是：凡共同引证一篇或多篇参考文献的两篇引证文献之间必有联系；“文献共被引”理论的基本出发点是：凡是共同被一篇或多篇源文献引用的两篇被引文献之间必有联系。那么，“共引”（耦合）和“共被引”强度越高，意味着两篇论文在学科内容与专业性质上越接近，其间联系也越紧密。具体看来，一般用“共（被）引强度”或“共（被）引频率”来测度其共（被）引强度。“共引强度/共引频次”是指 A 和 B 共有的参考文献的篇数。如果两篇文献具有一篇相同的参考文献，那么这两篇文献的共引程度为 1；依此类推，若两篇论文有 n 篇相同的参考文献，那么这两篇文献的共引程度为 n。对“共被引强度”的计算也是如此。事实上，“共引”（耦合）与“共被引”的概念不仅仅局限于两篇论文本身之间的关系，它揭示的是一类普遍存在的关系，即两个（或两个以上）不同主体之间的关系。因此，可以将原概念予以推广，相对于文献的学科、主题、期刊、著者、语种、国别、机构、发表时间等特征对象来说，它们之间都可以发生“共引”（耦合）和“共被引”关系。通常情况下，我们还会使用“共引”（耦合）和“共被引”概念反映两个（或多个）著者、期刊之间的结构与关系。广义来看，论文及其相关媒介上的“共引”（耦合）和“共被引”现象，使一些表面上看起来没有联系的主体对象客观形象地被联系起来，从而揭示了科学研究内在的联系，以及其结构和关系。因此，文献共引现象使大量论文、著者、期刊能够分类聚集，不仅提供了从文献被使用的角度检索文献的可能性，提高文献情报服务的针对性和效率，而且还为研究文献的引证结构和规律、主题相似性、学科结构、知识地图等问题开辟了新的途径。

2）**共词和共链**

共词分析，也称词共现分析、共词聚类分析等，是一种内容分析方法，以词频统计分析为基础，它的基本原理主要是对一组词两两统计它们在同一篇文献中出现的次数，以此为基础对这些词进行聚类分析，从而反映出这些词之间的亲疏关系，进而分析这些词所代表的学科和主题的结构变化。它利用大量文献中共同出现的关键词对有效地反映文本关键词之间的关联强度，减少了关键词的空间，用一套结构图有效地展示了关键词或主题词之间的关联。因此通过共词分析和共现分析可以确认文本所代表的学科领域中相关主题的关系，进而探索科学学科的发展进程。通过对高频主题词的聚类，可以发现学科的研究热点。共现分析在构建概念空间、语义检索、知识组织、信息检索、文献内容、知识关联分析、知识挖掘和知识发现等方面彰显出独特的功能，正在成为支撑知识挖掘和知识服务的重要手段和方法[5]。

“共链分析”是指两个网页同时被第三个网页链接或两个网页同时拥有指向第三个网页的链接[6]。它来源于“共引分析”。由于网络链接与科学文献引文之间天然的相似性，研究者们将“共引分析”应用于网络信息计量研究，由此产生了“共链分析”，其中“共入链”相对于“共引”，“共出链”相对于“引文耦合”。最早对互联网上共链现象进行研究的是美国加利福尼亚大学伯克利分校的情报学家 Larson：1886 年，他通过 Web 网页共链关系观察网络空间的结构，并做了相应的实证分析——利用 Altavista 搜索引擎获取数据并分析了地球科学、地理信息系统、卫星遥感三个学科的相互关系及发展趋势[7]。此后，对共链分析的研究就络绎不绝。1888 年，Boudourides 等学者通过研究 10 个子域级的网络服务器之间的共链关系，分析了参加“欧洲信息自组织协会”的机构之间的关系；2003 年，Thelwall 等利用共链和耦合理论进行了网络中相似学术网站的发现与识别研究[8-9]。2006 年，Vaughan 分析了 32 家电信企业在“雅虎全球”和“雅虎中国”上的共链情况，得出各企业在全球和中国两个市场中的相对竞争地位[10]。2006 年，Zuccala 将网络共链分析（Web Colink Analysis，WAC）和作者共引分析（Author Co-citation Analysis，ACA）从样本选取、数据搜索策略、构建矩阵、图示化和聚类、对共引共链的解释五个角度进行了比较分析，认为二者可称为网络计量学与文献计量学中的姐妹技术，但因链接分析理论尤其是链接动机分析理论方兴未艾，WAC 的适用性有待深入考证[11]。Leydesdorff 则针对共现现象（包括共引、共词、共链），讨论了矩阵的不同统计学含义及适合于不同共现矩阵的统计方法[12]，把对共链分析的研究引向了针对统计方法的新层面。共链分析的主要目的是使网络结构可视化和挖掘网络群体间的相互关系，可以应用于以下几个领域[8,13-17]：①改进和优化搜索引擎的算法，以提高检索的命中率与用户满意率；②组织机构关系与交流模式发现与挖掘；③学科交流模式及发展态势研究；④网络结构发现与挖掘研究（如 Web 社区发现等）；⑤企业竞争情报定量分析与可视化研究；⑥网络知识发现研究；⑦网络隐形群体识别与发现；等等。

3. 知识网络方法

1）引文知识网络

引文网络是由文献之间存在的引证关系所形成的知识网络。通常使用引文耦合强度和同被引强度来反映文献之间的关联程度，成为引文聚类分析的基础[18-19]

2）社会网络分析法

社会网络分析，也称结构分析，是一个广义的研究社会结构的战略。从广义上说，社会网络结构界定为一个网络，这个网络由成员之间的关系进行连接。在社会学中，社会网络分析起源于社会计量学，其主要思想来源于数学和计算机技术。一个社会网络是一个人群的集合，其中每一个都与其中某个子群的人相互熟悉。因此，社会网络可以以节点的集合来代表人，用线的连接来表示相识或联系。在理论上，可以为任何共同体构建一个社会网络，如一个公司、学校、大学、研究机构、地区甚至全世界。在情报网络中，如果两个或多个具有联系，则形成一个社会网络，便于情报网络的构建，以及情报的获取、交流、管理和利用；在科学研究活动中，如果两个或多个研究者合作发表了学术论文，则他们之间的联系就是一个社会网络，便于了解科学研究网络的结构、发现核心科学家、构建科研合作网、开展学术交流。

3）知识地图和科学知识图谱

知识地图、科学地图和科学知识图谱是20世纪70年代以来相继在科学计量学和信息计量学研究领域兴起的，用可视化的图像直观地展示科学知识的发展进程和结构关系的一系列研究手段、方法，是知识网络的各种图形显示。知识地图是一种知识（即包括显性的、可编码的知识，也包括隐性知识）导航系统，并显示不同的知识存储之间重要的动态联系。知识地图是知识管理的重要工具。

科学知识图谱是基于引文分析理论和信息科学与技术发展起来的、国际上新兴的可视化研究方法，目的是应用图示的方法揭示出学科领域的发展及演进趋势、研究课题的扩散与传播、作者或机构间的关系等。具体方法包括引文分析、共引分析、多维尺度分析、因子分析、聚类分析、词频分析、社会网络分析等。

知识网络类型丰富，结构复杂，研究视角多样，以不同的知识单元为知识节点，以知识单元之间的联系为链接都可以形成不同的知识网络。知识网络具有一定的共性，即都由一定数量的知识节点（知识单元）及其相互间的关联构成，因此可以用知识网络广度、知识网络深度、知识关联强度和知识链接方向四个重要指标来反映和测度知识网络中知识单元的关联度。

8.1.3　显性知识计量应用

1. 在图书情报领域的应用

图书情报领域对知识计量的研究和应用由来已久，主要研究文献单元之间及知识单元之间的内在联系，从而更好地组织导航检索利用文献知识网络与知识单元网络。利用知识关联管理知识和开展知识服务是图书情报领域研究知识计量的核心。

（1）在知识组织系统中的应用。知识计量一直是知识组织研究的核心，从最早关于知识分类和文献分类的研究，到现代知识组织语言知识分类组织系统搜索引擎网站网页（超文本超链接就是典型的知识链接和知识组织方式）和知识地图的设计等，都是在图书情报领域基于知识关联的应用，主要是对文献信息等显性知识进行组织管理和优化，这一核心一直是每一代图书情报学人的梦想。加菲尔德和普赖斯探讨了科学论文之间的引证与被引证关系，发现引文网络关系，开辟了知识组织的新途径。引文网络为知识网络研究和科学知识图谱绘制开辟了新的研究空间，之后，布鲁克斯提出了认知地图的思想。他认为认知地图是分析文献间的逻辑联系，找出人们创造和思考的相互影响与联系的节点，像地图一样把它们直观地标示出来，描述知识联系的有机结构。在认知地图上，每个知识单元就像一个节点或地址，处于创造它们的逻辑位置上，通过相应的关系与其他节点联系，形成一个有机的整体。布鲁克斯的认知地图为后来组织知识管理中的知识地图等概念的出现提供了原型。近年来，图书情报领域对主题词表、概念网络、元数据等有关语义网络的基础研究剧增，而这些研究与知识关联、知识网络在信息技术领域中的应用形成交叉研究[20]

（2）在知识检索系统中的应用。以知识关联为基础研究和设计科学的知识检索系统是图书情报领域和信息技术领域长期以来共同的研究热点和交叉领域，任何知识检索系统都是基于知识单元相关性、相似性而设计的。从早期有关书目索引文摘等检索工具及百科全书名录字辞典手册等参考工具的研究与编制，到现代数据库系统（各类书目索引文摘数值事实数据库等）、搜索引擎网站系统、专业检索系统（如等全文数据库检索系统）的设计，都是充分考虑了知识单元间的关联而进行的。美国科学研究与发展管理局主管 Bush 博士的关于“MEMEX”的设想，一直是图书情报学人追求的目标和梦想，这一设想随着计算机等现代信息技术的飞速发展正在不断实现。

2. 在信息技术领域的应用

知识计量主要是以信息技术为基础，研究知识关联在知识表达与存储、知识发现、知识组织、知识检索语义关系及虚拟网络等中的应用与实现。信息技术领域中关于知识计量的应用研究分为两个部分：一部分是研究基于知识关联的知识网络系统的技术实现，主要集中在自然语言理解、人工智能和知识工程等方面，如自然语言理解和人工智能研究把知识网络作为扩展语言理解系统的一种方式，研究语义网中词与词之间的关系及其实现；知识工程中关于知识表达与存储方式、知识发现和语义网等的研究一直是这一领域的热点和难点。20 世纪 80 年代以后，随着计算机科学突飞猛进的发展和互联网的迅速普及，人们不仅加快了对神经网络、模型系统、知识表达、知识发现、知识挖掘、语义网专家系统、知识网络等方面的研究，而且虚拟的分布式的知识网络的构建等研究也方兴未艾，这些都是以知识计量为基础，聚焦于知识网络的技术实现与应用，另一部分是基于信息技术与知识计量的交叉研究，主要集中在图书情报领域和信息管理领域，目前图书情报领域关于知识网络、知识组织系统、知识检索系统、认知地图、概念地图、语义网络、知网、科学知识地图与知识图谱、本体、专家系统、知识仓库、相关文献与非相关文献分析、共现分析、共词分析、共引分析等方面的研究，都是将信息技术和知识计量引入并有机结合，试图寻求新的知识组织、知识检索和知识服务方式。

3. 在社会经济领域的应用

知识计量在社会经济领域中的应用，主要是运用社会学、心理学、教育学和经济学等学科的理论与方法研究嵌入社会经济组织活动中的知识网络现象及其相关问题，寻找和发现其中隐含的知识，或者在知识网络研究中利用知识关联进行知识发现。这主要集中在三个方面：一是知识关联在经济管理中的应用，如有的学者从宏观角度研究科学技术与经济社会发展的关联（如有关技术经济、知识经济和信息经济的研究）、区域经济和社会发展中的知识网络现象、知识网络与货币政策的关系及知识网络对某一产业的影响等；有的学者则从中观视角研究产业集群中知识网络在知识创新中的作用及某一产业中基于知识网络的学习机制等；还有学者从微观视角研究组织内部业务单位间、团队间知识共享，以及组织内多重网络的知识共享问题等[21-23]。这些都是从知识计量出发研究社会网络中知识资源特别是隐性知识的开发和利用问题，研究知识交流共享和创新等知识管理核心环节的问题。二是知识计量在社会关系分析中的应用，如当前广泛兴起的社会网络分析、小世界现象研究、人际关系网络机构联盟等[24-25]，都是基于隐含知识关联对正式和非正式人际交流网络的研究，产生了广泛的影响。三是知识关联在教育中的应用。概念地图、知识点网络、联想记忆等研究都离不开知识计量的应用，知识计量成为知识学习和知识创新的基础。

8.2 隐性知识计量

8.2.1 隐性知识计量理论

所谓隐性知识或称为“隐含经验类知识”（Tacit Knowledge），往往是个人或组织经过长期积累而拥有的知识，通常不易用言语表达，也不可能传播给别人或传播起来非常困难。例如，技术高超的厨师或艺术家可能达到世界水平，却很难将自己的技术或技巧表达出来从而将其传播给别人或与别人共享。隐性知识所对应的是 OECD 分类中关于 Know-How 和 Know-Who 的知识，其特点是不易被认识到、不易衡量其价值、不易被其他人理解和掌握。隐性知识是高度个人化的知识，有其自身的特殊含义，因此很难规范化，也不容易传递给他人。隐性知识是一种主观的、基于长期经验积累的知识，它不能用几个词、几句话、几组数据或公式来表达，它的内容都有十分特殊的含义。这类知识主要包括信仰、隐喻、直觉、思维模式和所谓的“诀窍”（如组织的管理理念、一些应急处理方案）。

一般认为，斯滕伯格是最早对隐性知识进行计量的学者，他和瓦格纳（Wagner）通过实证研究，将隐性知识划分为三种类型：自我管理、他人管理和任务管理，并依此设计开发了“管理人员隐性知识量表”（TMM）[26]，通过让被试在典型情境中回答相关问题的方式，对管理人员的隐含知识水平进行测量，测试结果通过比较“专家——新手”的差异给出。德比·理查兹和皮特·布希（Debbie Richards and Peter Busch）利用模型方式对隐性知识测评结果的分析方法进行了详细探讨[27]。借鉴斯滕伯格的三元智力测验（Triarchic Abilities Test）的研究成果，安娜·T. 西奥罗（Anna T. Cianciolo）设置了三种典型知识情境，并设计了测评隐性知识实践能力的调查量表[28]。

8.2.2 隐性知识计量方法

1. 人力资本实物量测算

知识管理学学界通常认为，个人与组织的知识有显性知识与隐性知识之分。知识资本也据此分为显性资本与隐性资本。显性知识资本是指，在资本构成中，资本最终的成果形式是一种相对容易识别、评价与量化的资源；隐性知识资本是指组织与组织人员所拥有的技术、能力与组织规则构成的知识资本中最关键、最有活力和最深层的部分，它是组织知识创新和知识资本产生的源泉，是知识资本不断扩大和增值的重要基础。既然人是隐性知识的主体组成部分，那么人力资本就是隐性知识资本的主体。人力资本最早是作为一个经济学术语提出来的，许多经济学家都关注它在经济增长中的作用。从含义上它指的是人们花费在人力保健、教育、培训等方面的开支所形成的资本。人力资本在经济增长中的作用，最终还是通过企业微观经济主体的活动体现出来的。通过提升组织的人力资本存量而获取企业竞争优势，受到实务界和理论界的广泛关注。郭玉林从人力资本作为知识的要素构成的角度进行划分，把人力资本分为显性人力资本和隐性人力资本，其中隐性人力资本是指的是存在于员工头脑中或组织关系中的知识、工作诀窍、经验、创造力、价值体系等。从他提出隐性人力资本的内容来看，这里的“隐性人力资本”也就是人头脑中的“隐性知识”。如何识别测评这种人力资本，以及如何获取和培育这种资本，就显得非常重要。我们认为，人力资本的测算方法又可以分为人力资本的实物量测算与人力资本的价值量测算。

人力资本指人口资源中“自然人”（具有生命的常住人口）具有的知识、健康、技能与能力等素质的总和，包括受教育程度、再培训水平、卫生保健状况、劳动技能与能力等[29]。威廉·配第指出：“人力资本是国民财富的一个组成部分。”[30]但是，在早期的国民经济核算体系中并没有把人力资本纳入其中。国民经济的核算方法通常是通过计算国家经济支出来统计国民经济水平，他们虽然认为国民教育支出也是国民经济支出的一个部分，但是他们普遍认为，国家对在校学生在教育及医疗卫生保健方面的支出，已经在学生提高自身的知识技能水平与健康水平中所消耗，并没有成功地转化到企业资产中去[31]。直到 2002 年，中国的新国民经济核算体系才在附属表（附属表是对国民经济核算体系核心部分的补充，用于描述我国自然资源和资源资产、人口资源和人力资本的规模、结构与变动以及经济、资源和人口之间的相互关系，为党和政府制定、实施社会经济可持续发展战略提供科学依据）中列出了人力资本的实物量核算方法，包含人口指标与教育指标，如表 8-1 所示。

人口资源与人力资本实物量核算表反映人口资源与人力资本在期初、期末两个时点的存量状况及在核算期内的变动情况。人口资源与人力资本实物量核算表分为五部分，分别反映我国 0～15 岁人口、就业人口、失业人口、非经济活动人口、总人口的期初期末存量、结构及变动情况。基本指标之间存在如下的关系：

期末人口＝期初人口＋本期增加人口－本期减少人口

16 岁及以上人口＝就业人口＋失业人口＋非经济活动人口

总人口＝0～15 岁人口＋16 岁及以上人口

记录原则有两条。①人口存量数据以普查年度年末时点为记录时间；若普查时间不是年末时点，则应通过外推法将数据换算成年末时点数据。②人口数据的记录方式因其调查形式不同而不同：普查年度以规定时点普查数据汇总方式记录；其他年度则以人口普查年度资料为基础，以年度人口抽样调查资料为依据推算核算年度人口数据。

表 8-1 人力资源与人力资本核算表[29]

	0—15岁							16岁及以上																		
	按性别分		按城乡分		按教育程度分		合计	就业人口															失业人口			
								按性别分		按城乡分		按教育程度分				按年龄分						小计	按性别分		按教育程度分	
	男	女	城镇	乡村	小学～初中	其他		男	女	城镇	乡村	文盲～半文盲	小学～初中	高中～中专	大专以上	16—24	25—34	35—44	45—54	55—64	65以上		男	女	文盲～半文盲	小学～初中
一、期初人口																										
二、本期增加																										
（一）出生																										
（二）迁入																										
（三）其他																										
三、本期减少																										
（一）死亡																										
（二）迁出																										
（三）其他																										
四、期末人口																										

	16岁及以上																									总计
	失业人口								非经济活动人口按性别、城乡、年龄、性质分																合计	
	按教育程度分		按年龄分					小计	按性别分		按城乡分		按年龄分						按性质分						小计		
																			在校生		料理家务	离休退休	丧失劳动能力	其他			
	高中/中专	大专以上	16—24	25—34	35—44	45—54	55—64		男	女	城镇	乡村	16—24	25—34	35—44	45—54	55—64	65以上	高中中专	大专以上							
一、期初人口																											
二、本期增加																											
（一）出生																											
（二）迁入																											
（三）其他																											
三、本期减少																											
（一）死亡																											
（二）迁出																											
（三）其他																											
四、期末人口																											

实物量是指物品的数量。如果是不同的物品，没有相同的纲量，数量的加总没有任何的意义。例如，一个面包加一包牛奶；一辆轿车加上一个苹果。即使是具有相同纲量的物品，无论是相同物品还是不同物品，也没有多少意义，如一辆轿车与一辆自行车。如果是同种类型、同样属性的物品，数量的加总还有一些意义。中国国民经济核算体系对人力资本的测算，虽然算是对同样物品（人力资本）的测算，但是人力资本处于不同的教育层次，有文盲、小学、中学、初中、高中、大学之分，实际上相当于不同物品的不同的纲量，如果只是简单的加总没有实际意义。而如果以平均受教育年限作为一个统一的纲量来测度人力资本，则应该对文盲、小学、中学、初中、高中、大学不同的教育级别实行加权处理，因为我们不能把一年的小学学习周期等同于一年的大学学习周期，教育层次越高，就应该赋予它越高的权重。

2. 人力资本价值量测算

1）基于成本测算方法

人力资本的基于成本的测算方法类似于物质资本的成本测算方法。古典经济学家亚当·斯密认为，人们拥有的精湛技艺的背后是付出的巨量的劳动和时间，这成为基于成本的人力资本测度的理论基础。

在早期，Eisner 提出的测算方法是，统计一个小孩从出生到 25 周岁所有的花销，即为人力资本的价值量[32]。Eisner 的测算方法显然带有古典的朴素主义色彩。Shultz 就对这种方法提出了非议，一个人从 0～25 周岁的所有花销太过繁杂，如果不加区别当作一种资本的投资来处理显然是不合适的。他认为，所有的花销支出中会产生三种效果：①仅仅是被消耗掉或作为维持生命的延续或作为一种娱乐消耗掉，并没有产生任何个人能力的提高；②完全用于自身能力的提升，如教育等；③既有一部分被无谓的消耗掉，又有一部分提升了个体的能力。

很明显，①不能算作是人力资本投资，不能计算在成本范围内；③要有选择性地计入成本之内。Shultz 的研究比 Eisner 改进了许多，使得基于成本的人力资本的计算更为合理。试想一下，如果将一笔资本投在两个人身上，一个人散尽钱财挥霍一空，而另一人使用它学习本领、提高能力，因此，按照 Eisner 的计算结果认为二者的人力资本价值量相同一定是错误的。另外，Shultz 将支出中真正是人力资本投资的部分归纳为 5 个方面：①医疗、卫生、保健；②在职教育；③正规教育；④成人教育、技术推广；⑤劳动迁移。

Shultz 假定人力资本价值量为投入到人力资本活动中的成本的货币贴现值。Shultz 的方法因其相对的合理性被业界的专家学者承认，并被广泛采用。虽然也有很多学者对这种方法作出些许改进，Shultz 仍然是目前较为流行的人力资本测度方法。

基于成本的人力资本测度方法也有其缺陷，主要表现在两个方面：一方面被认定属人力资本投资的部分支出带有明显的人为主观性；另一方面未能充分考虑人力资本折旧问题，虽然采用像物质资本的成本计算法测度人力资本，却很难找到像计算物质资本折旧率的永续盘存法来计算人力资本的折旧问题。

2）基于能力测算方法

可以说上面的两种方法都是间接地测度人力资本的方法，现实情况是个人的收入与投入成本往往跟个人的真实价值不成比例。基于能力的人力资本测算方法则可以弥补这一缺陷，它被认为是对人力资本测算最直接、最精确的测算方法。它有一个基本的认识基础，收入与能力基本还是成比例的。

人力资本是有个体中人的技能组成。个人拥有这些能力表现为一个向量 C。当它在劳动力市场上以价格 P 出售时，每一小时获得收入是

$$W=PC$$

人力资本总量=各种能力收入的加总，数学公式为

$$H_n=\sum_{i=1}^{j}m_i w_i+\sum_{P=1}^{q}O_P V_P$$

式中，m_i 为可以进入市场的能力；W_i 为对于能力 i 的市场收益率；O_P 为其他具有价值的个人能力；V_P 为与个人能力与有关的非市场收益。

综上所述，三者各有优缺点，很多学者也早已认识到这一点，他们试图将三种方法糅合起来使用，甚至在此基础上创造出一些更加合理的方法。这为我们进行人力资本测算提供了广阔的创造空间。

3. 隐性知识资本定价

生产要素的知识资本定价的基础是美国经济学家 Clark 的边际生产力论和马歇尔的均衡价格理论。边际生产力论认为，在其他条件不变和边际生产力递减的条件下，一种要素的价格取决于它的边际生产力。均衡价格论则认为，要素价格不仅取决于它的边际生产力，还取决于它的边际成本。对一种投入要素的需求取决于它的边际生产力，而要素所有者对投入要素的供给取决于它的边际成本。当要素的边际产值等于边际成本时，供求就达到均衡。

在一个完全竞争的市场上，要素的均衡价格和均衡数量是要素的需求量和供给量相等时的要素价格和要素数量，如图 8-1 所示。要素的市场需求曲线 D 和要素的市场供给曲线 S 的交点 E 所决定的价格 P_1 和要素量 Q_1 就是市场均衡价格和均衡数量。由于知识要素的需求曲线也就是知识要素的边际收益曲线（即知识的边际生产力），知识要素的需求曲线与知识要素的供给曲线的交点决定知识要素价格，也就是等于知识要素的边际生产力。

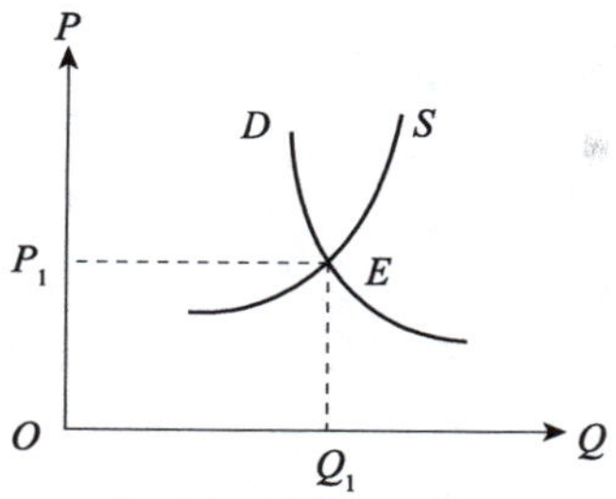

图 8-1　知识资本要素市场的均衡

4. 隐性知识资本存量测算

R&D，指在科学技术领域，为增加知识总量（包括人类文化和社会知识的总量），以及运用这些知识去创造新的应用而进行的系统的创造性活动，包括基础研究、应用研究、试验发展三类活动。可译为“研究与开发”“研究与发展”或“研究与试验性发展”。R&D 是在前人已经取得相应成果的基础上进行的，它具有活跃知识、创造新知识的功能。很多情况下，R&D 被当作是新知识的重要甚至是唯一源泉。R&D 也顺理成章地成为知识资本测度的重要依据。以下公式就是基于 R&D 的知识资本存量测度：

$$S_t=(1-\gamma)\ S_{t-1}+R_{t-1}$$

式中，S_t 为时间 t 期的初始 R&D 资本存量；S_{t-1}为 t-1 期的初始 R&D 资本存量；R_{t-1}为现期的 R&D 支出。以上均以不变价格来表示。γ 是知识折旧率。

根据公式，γ 一般采用 5%～10% 的数值；欲求得 S_t，必然要求得数值 S_{t-1}，欲知道S_{t-1}，就要知道 S_{t-2}，依此类推，最终就要知道 S_0的数值。为计算出 S_0的数值，提出如下的计算公式：

$$S_0=\frac{R_0}{m+\gamma}$$

S_0 为第一年刚开始时的知识资本存量；R_0 为第一年的 R&D 支出；γ 为知识折旧率，一般为 5%～10%的数值。m 为 R&D 支出在其数据获得期内的平均年度对数增长率。

根据 R_0、m、γ 就可以计算出 S_0 的数值，再根据 S_0 与就可以推算出 S_t 的值。

8.2.3　隐性知识计量应用

隐性知识计量具有广阔的应用空间，可以在很多方面得到应用。隐性知识计量的应用主要体现在隐性计量中对人力资本与隐性知识资本的测算这两个方面。

1. 在国民经济核算中的应用

我国国民经济核算体系的人口资源与人力资本实物量核算过程，将人口资源核算和劳动力核算合并在一起，较之人口平衡表和劳动力平衡表有明显的优点，但是，距离人力资本价值量核算目标还有极大的差距。目前的国民经济核算有其优势，主要表现为以下几个方面：在设计上注重了整体性，通过一张表式比较清晰地反映了人口资源与人力资本的状况，完整地反映人口资源配置的整个过程。表式更简明，无重复与交叉的内容，同时通过相同的标志分类，便于相关数据的汇总与处理；表式分类更细，可以反映人口资源更详尽的数据特征，如可以反映 14 岁以下非劳动力资源的状况，或者作为劳动力资源储备的状况，并且可以得到分性别、城乡等分类数据，对于劳动力资源，即 15 岁以上的人口，它区分了三种业态，即就业人口状况、城镇失业人口状况、不在业人口状况；增加了按受教育程度进行的分组，在一定程度上反映了人口资源的素质，突出了人力资本核算的特征，是进行国家财富核算的切入点和基础；具有核算内容的可扩展性，虽然由于目前核算条件、数据基础限制，基本框架暂不包括人力资本中在职培训水平、卫生保健状况、劳动技能与能力等核算内容，但表式在分类上具有扩展性，可以根据需要进行补充。

人口资源和人力资本实物量核算表虽然具有上述优点，但还具有明显的缺陷。我们认为，隐性知识计量可以在这些方面做出改进：在经济核算中纳入教育标志分类，完整反映人力资本的实物量特征。教育仅仅是人力资本的一个不全面的代表指标，是目前测算最为充分的人力资本指标。在现有的数据基础上，通过隐性知识计量，完全可以利用人口抽样调查和普查资料得到这一指标较为准确的计算结果。核算中的人力资本以人口数量表示，纳入收入和人力资本投入等的标志分类，摒弃仅仅以人口数量代表人力资本的弊端，以反映人力资本投入和积累的价值量，实现人力资本价值量核算的对接，实现国民财富核算的目标。进行宏观和微观一体化的考虑，不仅从地区或国家这一宏观角度考虑人口资源和人力资源的核算，同时建立微观应用基础的支持，体现未来宏观微观核算一体化进展的要求。形成完整、一致的实物量核算和价值量核算账户体系，构造适当的人力资本价格指数，以将人力资本的实物量核算与价值量核算进行统一，综合反映人力资本物量和价格的双重变动，真正实现人力资本与物质资本及产出相一致的核算账户体系。

2. 在企业知识管理中的应用

1）人力资本增值

从企业知识管理的角度来看，通过隐性知识计量，组织促进人力资本增值的所有努力将沿着下面两条思路进行。一是使组织员工的所知越用越多。这一思路是指，在组织中人力资本的结构与存量一定的情况下，组织更有效地提高现有人力资本利用率。它强调的是在开发人力资本过程中组织管理行为的改变，其结果是减少组织中人力资本的浪费，释放组织中已有的人力资本潜能。二是使员工对组织所需知识越用越多。这一思路是指，在组织人力资本利用率不变的情况下，引导员工个体自身人力资本的结构朝有利于组织的方向转换。它所强调的是在开发人力资本过程中员工学习行为的改变，其结果是在员工的能力构成中，一般人力资本所占比例下降，组织特殊人力资本的比例上升。

2）价值管理

知识经济环境下，隐性知识计量使企业的无形资产不断积累，同时也不断抽象化和价值化，对企业的管理思想和管理方法将产生重大影响，价值管理的思想将更为突出。价值管理（Value Management）是美国学者肯·布兰查在《价值管理》一书中提出的概念，他认为，依据组织的远景，公司设定符合远景与企业文化的若干价值信念，并具体落实到员工的日常工作上。唯有公司的大多数股东、员工和消费者都能成功，公司才有成功的前提。为实现此“共好”的组织目标，必须逐步建立起为成员广泛接受的“核心信念”，并且在内部工作与外部服务上付诸实施，使其成为组织的标准行为典范，方能获得真实与全面的顾客满意，即依据组织的远景，公司必须设定符合远景与企业文化的若干价值信念，并且在内部工作与外部服务上，付诸实施，成为组织的标准行为典范。价值管理对企业的好处，在于不仅能够传承落实公司的远景，更能设定企业员工守则、工作信条等方法，在组织内部进行各种层面的沟通，凝聚共同信念，持续组织的竞争力和获得长久的事业成功。

隐性知识计量能使管理者在价值管理中将决策重点放在价值的驱动因素上，将远景总体目标、分析技巧及管理程序协调起来。基于价值的管理强调在各个层面上都能做出有利于增加价值的决策，从而要求上至总经理下至一线员工都能树立创造价值的信念，并能深刻理解影响企业价值的关键性变量，将价值最大化战略转化为具体的长期和短期目标，以期在组织内部传达管理部门的期待目标。这正是隐性知识计量的优势所在，通过定量化的方式分析个人或组织的隐性知识，挖掘个人或组织的隐藏性知识内容。

隐性知识计量可以使我们明晰企业到底值多少钱、企业里面什么东西最值钱、如何使企业更值钱；对于经理人而言，可以使经理人清楚个人是否愿意并且有能力使企业增值、经理人个人对企业是否有价值、经理人个人是否拥有企业价值、经理人个人拥有的价值是否能支付经理人的负担、经理人个人拥有的价值是否能让经理人实现财务自由。这些也都是价值管理中必不可少的环节。

3）隐性知识共享

和企业现在面临的信息过量一样，企业将来也会同样面临知识过量问题。即使为使用者提供高效率的搜索引擎，也不能使使用者摆脱寻找知识过程中的混乱状态，需要有一个指引使用者的工具，需要对知识进行有效的计量和评估。

隐性知识是无法交流的知识。例如，学生通过书本可间接地学到用文字表达出来的显性知识，而通过上课不仅可学到显性知识，而且能体会到教师讲授中无法表达的隐性知识。这就是所谓的言传身教，但在对所讲所学知识的理解上，学生和教师总存在差别。又如，邀请一位有经验的管理者做报告，假设该管理者对自己所理解的管理理论和实践经验尽其全力进行表达，是否听报告的人在报告后便能成为与其一样出色的管理者？答案是否定的。究其原因，该管理者能表达出来的知识是显性知识，而他头脑中大量存在的是他无法表达清楚的隐性知识，这些隐性知识在该管理者的管理实践中起非常重要的决策支持作用。因此，隐性知识计量可以挖掘他们所无法表达的知识内容，如对其行为模式的发现与挖掘等。具体而言，隐性知识计量在企业隐性知识共享方面的作用如下：有助于知识的重复利用，有效地防止知识的重复生产，节约检索和获取时间；行为隐性知识获取；发现“知识孤岛”并在它们之间建立联系，以促进知识共享；发现企业内部能有效促进学习的非正式社团；为知识项目进程评估提供基础；协助员工快速获取所需知识；通过提供知识的检索，来协助企业决策及业务问题的解决；提供更多的学习、利用知识的机会；有助于隐性知识资产的创造和评价；有助于建立合适的企业知识管理基础设施；基于专家环境的规则抽取；提供一个让大家各抒己见的平台。

参考文献

[1] Berekson B R. Content Analysis in Communication Research. New York: Free Press, 1852

[2] Kessler M. Bibliographic coupling between scientific papers. American Documentation, 1863, (14): 10-15

[3] Small H, Grifftth B. The structure of literatures: identifying and graphing specialties. Science Studies, 1874, 4 (1): 17-40

[4] 邱均平. 信息计量学. 武汉: 武汉大学出版社，2007: 388-411

[5] 王曰芬，等. 共现分析在文本知识挖掘中的应用研究. 中国图书馆学报，2007，(2) 58-64

[6] Thelwall M. Link analysis: an Information Science Approach. San Diego: Academic Press, 2000

［7］ Larson R. Bibliometrics of the World Wide Web：an Exploratory Analysis of the Intellectual Structure of Cyberspace. http：//sherlock. berkeley. edu/asis86/asis86. html ［2008－03－28］

［8］ 周倩．共链分析方法的发展与应用研究．图书情报工作．2006，50（10）：44－47

［9］ Thelwalll M，Wilkinson D. Finding similar academic Web sites with links，bibliometric couplings and colinks. Information Processing and Management，2004，40（3）：515－526

［10］ Vaughan L，You J. Comparing business competition positions based on Web co-link data：The global market vs. the Chinese market. Scientometrics，2006，68（3）：611－628

［11］ Zuccala A. Author co-citation analysis is to intellectual structure. Journal of the American Society for Information Science and Technology，2006，57（11）：1487－1502

［12］ Leydesdorff L，Vaughan L. co-occurrence matrices and their applications in information science：extending ACA to the web environment. Journal of the American Society for Information Science and Technology，2006，57（12）：1616－1628

［13］ Thelwalll M，Wilkinson D. Finding similar academic web sites with links，bibliometric couplings and colinks. Information Processing and Management，2004，40（3）：515－526

［14］ Larson R. Bibliometrics of the World Wide Web：an Exploratory Analysis of the Intellectual Structure of Cyberspace. http：//sherlock. berkeley. edu/asis86/asis86. html ［2008－03－28］

［15］ 高琰，谷士文，唐琎．基于链接分析的 Web 社区发现技术的研究．计算机应用研究，2006，23（7）：183－185

［16］ Vaughan L，You J. Comparing business competition positions based on Web co-link data：The global market vs. the Chinese market. Scientometrics，2006，68（3）：611－628

［17］ 王小宇，周奥英．万维网的链接结构分析及其应用综述．软件学报，2003，（10）：1768－1770

［18］ Small H. Co-citation in the scientific literature：a new measure of the relationship between two documents. Journal of the American Society of Information Science，1873，（24）：265－268

［19］ 崔雷．专题文献高被引论文的连续同被引聚类分析．情报理论与实践，1886，（1）：46－48

［20］ 赵丹群，芳争妍．信息检索中叙词与的比较研究．情报理论与实践，2006，（6）：738－741

［21］ 陈禹，谢康．知识经济测度的理论与方法．北京：中国人民大学出版社，1888

［22］ 肖宏文，黄瑞华．陕西省信息产业的现状分析及知识网络发展模式初探．情报科学，1884，（4）：347－351

［23］ 刘晓．基于知识网络的软件业集群技术学习机制研究．杭州：浙江大学博士学位论文，2003

［24］ 马汀·奇达夫，蔡文彬．社会网络与组织．王凤彬，朱超威，等译．北京：中国人民大学出版社，2007

［25］ 陈菲琼．企业知识联盟理论与实证研究．北京：商务印书馆，2003

［26］ Wagner R K，Sternberg R J. Tacit knowledge Inventory for Managers. SanAntonio：The

Psychological Corporation，1880

[27] Richards D，Busch PA. Measuring，Formalising and Modelling Tacit Knowledge. http：//www. comp. mq. edu. au [2008-03-28]

[28] Cianciolo AT，Grigorenko EL，Jarvin L，et al. Practical intelligence and tacit knowledge：advancements in the measurement of developing expertise. Learning and Individual Differences，2006，(16)：235-253

[29] 中华人民共和国统计局．《中国国民经济核算体系（2002）》：附属表．http：//www. stats. gov. cn/tjdt/gmjjhs/ [2011-12-05]

[30] 威廉·配第．政治算术．陈冬野译．北京：商务印书馆，1878

[31] 联合国．国民经济核算体系 SNA：1883. 国家统计局国民经济核算司译．北京：中国统计出版社，1885

[32] Eisner R. The Total Incomes System of Accounts. Chicago：University of Chicago Press，1888

第九章

宏观知识计量与微观知识计量

宏观（从大的方面去观察）与微观（从小的方面去观察）是人们认识事物的两大层次。在社会科学中，一般来说，我们通常把从大的方面、整体方面去研究把握的科学，叫做宏观科学，这种研究方法，叫做宏观方法。通常把从小的方面、局部方面去研究把握的科学，叫做微观科学，这种研究方法，叫做微观方法[1]。早在知识计量研究的萌芽期，科学计量学者赵红州和蒋国华就提出："科学计量学和经济计量学两门姊妹学科问题，对于迎接知识经济时代，开展知识经济学研究具有特殊意义。""看来很有必要将科学计量学拓展为'知识计量学'，并与经济计量学结合起来，从宏观和微观上对知识生产与应用、知识投入与产出、知识存量与流量、知识分配与转移、知识价值与价格等，进行广泛的跨学科的综合研究。"

9.1 宏观知识计量

宏观层次知识计量主要是从宏观上计量整个知识体系的知识投入与产出、知识存量与流量、知识生产与应用、知识分配与转移，知识对国家经济的整体贡献，以及知识产业和知识产业链在整个国民经济体系中所占的比重等[2]。目前，从计量对象来看可以大致分为以人为载体的知识计量（知识人力资源）、以物为载体的知识计量（文献、专利计量）和以社会为载体的知识计量（知识产业和知识经济测度）三类。虽然宏观和微观有一定的相对性，但是以人和以物为载体的知识计量大都涉及微观层面，而以社会为载体的知识计量一般在宏观层面。

9.1.1 宏观知识计量理论

1. 知识经济理论

关于知识经济的相关概念，最早的论述可以追溯到17世纪英国的大哲学家培根提出的“知识就是力量”的概念。培根尚处于以劳动力为生产第一要素的农业经济社会，应该说在那时培根就已经指出了“知识”是“生产的要素”。1990年，联合国研究机构提出“知识经济”的说法——“人类正在步入一个以知识资源的占有、配置、生产、分配、使用（消费）为最重要因素的经济时代”。OECD在《1996年科学、技术和产业展望》报告中提出，知识经济是“以知识为基础的经济”，该报告强调知识对社会发展日趋明显的基础及主导性作用，以及由知识引起的社会经济的巨大变化，并将这种新的经济特征具体描述为“直接依据知识和信息的生产、分配和使用的经济”。为证明知识经济与传统社会对知识认知的不同，OECD借用其成员国的经济发展比以往任何时候更依赖于知识的生产、扩散和应用，其主要成员国GDP的50%以上都是以知识为基础创造的，知识创新已完成从过去服务于管理、生产、分配、消费等一系列的社会活动中，向直接创造价值的转换，来表征一个新时代的来临[3]。

知识经济理论为知识计量奠定了基础。“知识经济”是以知识为基础的经济，是工业经济社会发展到一定程度出现的一种全新的社会经济形态。相对于传统的工业经济时代，知识经济时代具有如下四个显著特征。第一，经济全球化。以知识为基础的知识经济成为全球性的经济活动，即世界经济一体化，这是历史的必然趋势。第二，知识资源化。知识在社会经济发展中的价值逐渐被认识，那些难以编码的隐性知识，如各种技术创新知识、经营理念性知识、创新知识等，在组织创造价值的过程中，越来越多地显示其核心地位，日益成为社会经济活动中最重要的资源。第三，信息网络化。在知识经济时代，信息和网络技术的迅速扩张促进了知识与技术的开发和创新，高科技成为首要生产力，并且渗透到经济结构的方方面面，知识的生产、交换和消费成为整个社会经济活动的中枢。廉价的计算机网络，为组织活动提供更为便捷和廉价的沟通工具。第四，经济活动人本化。知识经济时代，人的知识、智力、技能和创新能力对经济社会发展的促进作用正日益取代土地、资本等物质资源，并在整个经济结构中占据支配地位，现代经济发展人本化趋向日益突出。知识经济时代所具有的四大特征充分表明，知识经济时代看重的是知识、智力、技能和具有创新能力的人才，人们不再以拥有土地和钱财的多少论财富，而主要是以知识的多少、智力的高低和创新能力的大小论贫富；这也意味着人力资源已成为经济社会发展的重要资源，人才已成为经济发展中无法替代的关键因素。上述特征，是科技及相关因素综合创新的产物，同时也标志着在知识经济时代，创新的内涵、规模、结构、方式、作用等，将发生全新的变化，因此，知识经济时代标志着人类进入了一个全新的历史时期[4]。

2. 知识管理理论

20 世纪 60 年代初，美国管理学教授彼得·德鲁克博士首先提出了知识工作者和知识管理的概念，指出我们正在进入知识社会，在这个社会中最基本的经济资源不再是资本、自然资源和劳动力，而应该是知识，在这个社会中，知识工作者将发挥主要作用。20 世纪 80 年代以后，彼得·德鲁克继续发表了大量相关论文，对知识管理做出了开拓性的研究，提出“未来的典型企业以知识为基础，由各种各样的专家组成，这些专家根据来自同事、客户和上级的大量信息，自主决策和自我管理”。在 20 世纪 90 年代中后期，美国波士顿大学信息系统管理学教授托马斯·H. 达文波特在知识管理的工程实践和知识管理系统方面做出了开创性的工作，提出了知识管理的两阶段论和知识管理模型，是指导知识管理实践的主要理论。与此同时，日本管理学教授野中郁次郎博士针对西方的管理人员和组织理论家片面强调技术管理而忽视隐含知识的观点提出了一些质疑，并系统地论述了关于隐含知识和外显知识之间的区别，为我们提供了一种利用知识创新的有效途径。知识管理理论流派大致可分为技术学派、行为学派、经济学派和战略学派四大学派。

知识计量和知识评价是实现知识管理的前提和基础，同时知识管理理论也可指导知识计量的研究和实践。知识管理学是研究知识管理实践和应用中一般理论、方法、技术和规律的一门新兴学科。或者说，知识管理学是对知识资源进行管理与研究的一门新兴学科。知识资源包括知识本身、知识资产、人力资本、知识设备等资源。知识管理活动分为两个层次，即宏观层次的知识管理活动和微观层次的知识管理活动，相应地，知识管理学也应包括宏观知识管理学和微观知识管理学。宏观知识管理学主要研究国家对知识资源的配置、调控、管理、开发和利用，以及知识管理政策、法律法规的制定等。微观知识管理主要研究政府、组织机构和个人对知识资源的组织、管理、开发和利用等。知识管理学还可以从狭义和广义两种角度来理解。狭义的知识管理学指针对知识本身的管理，包括对知识的创造、获取、加工、存储和应用的管理。而广义的理解不仅包括对知识进行管理，还包括与知识有关的各种资源和无形资产的管理，包括政府知识管理、企业知识管理和个人知识管理在内的综合知识管理，涉及知识组织、知识系统、知识资产、知识活动、知识人员的全方位和全过程的管理。狭义的知识管理学通常特指企业知识管理，因为知识管理最先应用于企业管理之中，是通过对企业内部知识进行组织、管理和共享，运用企业集体的智慧提高企业市场应变能力和管理创新能力的一种新型的管理思想。广义的知识管理学则指涉及对知识及其相关要素的管理，即对知识资源的管理，与知识相关其他要素主要有知识管理人员、知识管理技术、知识管理设备和知识管理环境等。广义上的知识管理学，是人类社会信息交流活动中知识的管理，并应用到社会的各个层面和各个学科领域。国外也有学者持这一观点，并认为“知识管理学作为一门新产生的学科，主要在于研究组织的知识资产及其管理”。知识管理学是对社会发展中各行各业知识管理实践与经验进行高度浓缩和提炼而形成一般的理论、方法和规律，再而上升到一门学科，它是对现有知识管理基础理论、方法、技术、实践与应用的高度概括和总结。知识管理学理论来源于知识管理实践，但高于知识管理实践，从而能指导知识管理实践正确进行。

3. 知识产业和信息产业

知识产业的概念是美国经济学家马克卢普早在 1962 年提出的，其特点是“生产知识、从事信息服务或生产信息产品”。不论这个概念的表述是否要完善，马克卢普首次明确界定了某类产业的“知识”特征。知识产业的分类是知识经济测度的基础。他认为，知识产业是或者为自身消费，或者为他人消费而生产知识，或者从事信息服务和生产信息产品的组织或机构，如厂商、机构、组织或部门，甚至可能是个人或家庭。对知识产业范围的界定和分类有不同的说法。按 OECD 的提法，知识产业是指具有较为密集的技术和人力资源投入的部门，从统计的角度出发，涵盖以下范围：制造业中的高技术产业；制造业中的中高技术产业；服务业中的通信业，服务业中的金融、保险、房地产和商务活动，服务业中的社区、社会和个人服务等。知识产业的主要功能如下：①知识产业对国民经济结构的软化作用；②知识产业发展的直接结果，是减少社会经济发展所需要的基本物质资源，知识产业对物质资源具有明显的替代作用；③知识产业对国民经济产生要素的优化作用；④知识产业对国民经济增长的倍增作用[5]。

关于信息产业的含义，由于处于不用的历史发展阶段、不同的研究角度和研究重点，国内外学者有不同的理解。欧洲信息提供者协会（EURIPA）给信息产业的定义是：信息产业是提供信息产品和信息服务的电子信息工业。日本的科学技术与经济协会认为：信息产业是提高人类信息处理能力，促进社会循环而形成的由信息技术产业和信息商品化产业构成的产业群，包括信息技术产业及信息产品化。信息产业的内容比较集中，主要包括软件产业、数据库业、通信产业和相应的信息服务业。我国数量经济学家和信息经济学家乌家培教授认为：信息产业是为产业服务的产业，是从事信息产品和服务的生产、信息系统的建设、信息技术装备的制造等活动的企事业单位和有关内部机构的总称。同时，他认为信息产业有广义和狭义之分，狭义的信息产业是指直接或间接与电子计算机有关的生产部门；广义的信息产业是指一切与收集、存储、检索、组织加工、传递信息有关的生产部门[6]。

9.1.2　宏观知识计量方法

1. 知识经济测度方法

知识经济作为新的经济形态，需要建立一套衡量其发展水平的测度指标体系，从 20 世纪中期知识经济刚刚萌芽，一些学者已着手进行这方面的研究。随后，各国学者为推动这一理论的发展做出了不懈努力。所谓知识经济的测度，其对象是社会经济形态，而不是孤立的“知识经济”或“知识经济”取代旧的经济。还需要指出的是，知识产业占经济总量的比重并不能全部概括知识经济形态的特征，任一社会经济形成的特征都不是唯一而是多方面的，有些特征与主体形态具有高度相关的联系和较强的因果关系，这是知识经济测度必须予以考虑的。最早进行尝试的是美国经济学家马克卢普，他在《美国的知识生产与消费》（1962）中正式提出“知识产业”一词，并划分出知识产业的五个层次。

此后，国际社会为促进不同国别间建立科学技术及知识经济评价指标进行了不懈努力。一方面，联合国教科文组织为促进科技测量系统采集和传播跨国间科技统计指标，为各成员国提出方向性指导文本，即《关于科学和技术统计的国际标准化建议书》（1978）。1999 年，OECD 又在《科学、技术和产业公报：知识经济标准》中，进一步提出对其各成员国知识经济水平进行评价的指标。

这套新的测度指标体系由三个部分组成：知识对经济发展的影响、知识对经济全球化和科技国际化的影响、知识对经济增长与国际竞争力的影响。目前对知识经济测度的代表性方法见表 1-1[7]。

2. 信息产业测度方法

1993 年，美国提出了全球瞩目的国家信息基础结构计划（National Information Infrastructure，NII）。当前，信息产业已成为美国的第一大产业。国家发展和改革委员会公布的数据显示，信息产业已成为中国的第一大产业[8]。国内外许多的学者对信息产业进行了测度，已经形成了一套基本的测度方法，而且都已用于实际的测算工作之中。比较著名的测度方法有美国马克卢普的信息经济测度方法、波拉特的信息产业测度方法，日本的信息化指数模型方法，OECD 的建筑模块方法，联合国教科文组织的信息利用指数模型方法，我国学者钟义信等提出的信息化综合指数模型方法、靖继鹏等提出的综合信息产业力度法，以及国家信息化测评指标体系及测算方法等[9]。

（1）波拉特的信息产业测度方法。马克·波拉特于 1977 年以政府出版物的形式出版了《信息经济》，提出了其将国家信息部门划分为一级信息部门和二级信息部门进行信息产业测度的方法[10]。

（2）日本的信息化指数模型方法。1965 年日本经济学家小松崎清介提出了一种名为“信息化指数”的算法，可以用来测度信息化的发展水平。他的测度指标体系包括 4 个方面共计 11 项指标：①信息量，包括人均使用函件数、人均年通长话次数、人均年报刊期发数、人均年图书出版数、每平方公里人口密度等；②信息装备率，包括每百人电话机数、每百人电视机数、每万人计算机数、每百人长话线路数等；③通信水平，包括每万人在校大学生数、第三产业人数百分比等；④信息系数，包括个人中除衣食住外杂费比率。由于这 11 项指标无法直接进行比较，需要转化成指数，最后求得反映信息化程度的总指数——信息化指数[11]。

（3）OECD 的建筑模块方法。2002 年，OECD 出版了《测度信息经济》，他们采用建筑模块的方法进行测度。该方法首先测度信息通信技术部门，然后进行电子商务的测度，再进行整个信息经济的测度。把信息社会最重要的信息经济测度完成后，进行政府、教育等测度，提出了信息社会的测度框架。

（4）联合国教科文组织的信息利用指数模型方法。1981 年，联合国教科文组织委托美国加利福尼亚大学图书情报研究院的学者进行信息化测度，他们提出了一种信息利用指数模型方法（IUP），该模型是一种多变量、多层次的信息环境评估模型，包括一个国家的信息基础结构和信息量。其利用潜力的各种变量共计230个。2002年，联合国教科文组织采用了一种综合评估方法——信息状态指数法对信息产业进行测度。该指数综合了信息密度和信息量使用情况。信息密度包括信息通信技术群资本和劳务总量，网络和信息通信技术群技能等；信息量使用情况包括信息技术群采用率、消费流通及使用等。

（5）信息化综合指数模型方法。我国学者钟义信、舒华杰和吕廷杰等在美国波拉特和日本小松崎清介的信息化指数方法的基础上，提出了“信息化综合指数”（CIIC）方法，该测度方法主要由信息产业的能力（包括第一信息部门的产值、第二信息部门的产值等）、信息基础设施的装备能力（包括电话普及率、电视普及率、联网计算机普及率、联网数据库人均容量和人均网络容量公里数等）、信息基础设施的使用水平（包括年人均电话次数、年人均电视收看时数、计算机平均利用率、年人均信函数、年人均书报量和年人均拥有的音像制品量等）、信息主体水平（包括信息业就业人数比率、每百人的大学生数、九年制业务教育普及率、信息技术研究开发费用比率等）、信息消费水平（包括个人平均信息消费指数）等组成。

（6）国家信息化测评指标体系及测算方法。1999年2月，信息产业部初步确定了国家信息化指标体系构成方案，2001年7月29日公布了《国家信息化指标构成方案》。该指标体系设置了6个一级要素，即信息资源、国家信息网络、信息技术应用、信息技术与产业、信息化人才、信息化政策法规与标准等。在一级指标下又设立20个二级指标。

此外，还有国外的纽伯格-波拉特方程方法、恩格尔布雷希特乘数方法、琼森切尔平方根定律、海斯-埃里克森对数模型，以及国内中国信息产业发展水平评价方法、中国社会信息化指数模型、区域信息化指标体系等[9]。

9.1.3　宏观知识计量应用

宏观知识计量主要应用于测度整个知识体系的知识投入与产出、知识存量与流量、知识生产与应用、知识分配与转移，知识对国家经济的整体贡献，以及知识产业和知识产业链在整个国民经济体系中所占的比重等，对政府决策、企业运作、个人发展具有重要的作用。下面主要阐述两个方面。

1. 国家（地区）信息化水平测度

信息化是20世纪末期以来，中文中使用频率非常高的概念之一，在英文一般对应“Informatization”或“Informatisation”。国内外对信息化建设高度重视，例如，中共中央办公厅、国务院办公厅印发《2006－2020年国家信息化发展战略》，提出：信息化是充分利用信息技术，开发利用信息资源，促进信息交流和知识共享，提高经济增长质量，推动经济社会发展转型的历史进程。对信息化水平现状的计量与测度是进行信息化建设的前提和基础。目前广泛应用于对各类型企业，医院和高校等事业单位，农业和教育等各部门进行信息化水平的测度。

例如，2008 年，许慧玲在《信息化水平测度及对区域经济增长影响研究》中的研究。首先，对信息化的相关概念及其含义进行了研讨，同时对国内外信息化水平测度模型和理论进行了分析[12]。在此基础之上，根据信息化测度理论及信息化测评指标体系选取的原则，给出了适合江苏省实际情况的信息化测度模型，测算出江苏省部分地区一定时期内的信息化水平。其次，对南京市及江苏省部分地区信息化水平状况进行了比较分析。同时，应用聚类分析方法对江苏省 11 个地区的信息化水平进行了划分，得到四大类。应用方差分析方法对这四大类信息化指数的均值进行了比较，发现四大类信息化水平存在显著差异。再次，运用修改后的 C-D 生产函数，建立了江苏省各地区信息化指数与产出的面板数据模型，对信息化与区域经济增长之间的关系进行了实证研究。进一步重点探讨了南京市的 C-D 生产函数及南京市三次产业产出与信息化之间的关系。实证研究表明，信息化对区域经济增长有很强的带动作用，成为经济增长最重要的生产要素。最后，在对信息化建设进行动因分析的基础之上，结合南京市信息化和国民经济的发展现状，针对南京市信息化建设中取得的成绩和存在的问题，从诸多方面提出了加强信息化建设来推动南京市经济发展的对策和措施。

2. 国家（地区）知识经济测度

知识经济的测度问题是一个伴随着知识经济新时代的到来而产生和提出的新的课题。要对发展知识经济的知识要素及各环节做出准确的测度，对知识经济在各国的发展阶段等给予准确的定位，要说明整个社会在知识经济方面的投入与产出等方面情况，了解一国知识经济社会的进展状况，这一切均建立在对知识经济的科学测度基础之上，它是从事知识经济研究、预测、评价和管理的前提[13]。

2007 年，魏和清对知识经济的知识产业化程度进行了测度研究，具体研究了高技术产业、知识密服务业及知识型产业发展程度的测度[13]。随着经济活动的深化和市场经济的泛化，知识获得了经济职能，知识经济化过程的发展最终将导致经济知识化，经济知识化的最终结果将是知识型产业的出现。因此，对一国经济的知识产业化程度的测度，也是知识经济测度所必须关注的。1996 年，OECD 在 Knowledge-based Economy 中对知识经济的定义，仅仅是对知识经济内涵的一种宽泛的论述，乃至于理论界对知识经济有不同的理解。魏和清把知识经济看作为一种新的经济形态，即以知识、技术和智力的投入为主，并对经济增长起主导作用的经济形态。它涉及若干以知识生产、传播和运用为主的产业，这些产业渗透于社会生产关系及社会经济形态之中。可见，知识经济是一部分知识产业化的新型产业的集合体。它主要包括高技术产业、知识密集型服务业等新兴产业。因此从知识经济产业构成体系看，对知识经济发展程度的测度从某种意义上来说，可以看成是对构成知识经济的知识型产业的一种测度。由此可见，一个国家是否进入知识经济时代，不仅要看知识和信息是否为该国的经济增长的主要源泉，而更主要是看是否有若干知识产业化的新型产业群出现，看知识产业群的发展程度。因此，受马克卢普与波拉特信息经济测度方法启示，魏和清根据中国最新的国民经济行业分类目录，即（GB/T4754—2002）标准及知识型产业的内涵，将生产、经营和传播知识产品有关的部门、行业、机构合成一新型产业，即知识型产业，建立了中国知识密集型服务业分类体系，测算其相对水平，以反映中国知识产业化发展程度。

9.2 微观知识计量

从微观上和局部范围内计量某个知识单元（如组织、企业或个人）的知识存量、流量与价值、知识的数量与质量，以及知识产品的价格与价值等。无论是进行宏观知识计量，还是微观知识计量，目前对知识的测度与计量都离不开两个基本方面：一是知识的物理测度与计量；二是知识的价值测度与计量。知识计量的内容大体可以归纳为 4 个方面：知识量的计量、知识质量的计量与评价、知识产品的价值和价格计量、知识关系与知识网络计量[14]。

微观知识计量主要涉及知识的三大直接计量对象。①对人的计量——人力资本测度——人力资本（human capital）是指劳动者受到教育、培训、实践经验、迁移、保健等方面的投资而获得的知识和技能的积累，亦称“非物力资本”。②财的计量——知识价值评价——知识是无形的，知识的价值是环境依存的，任何知识的价值总是处于不断的贬值之中，知识在被应用之前它的价值是不确定的，知识效用的多维性和共享性使知识具有正的外部效应，它的价值与价格往往是不统一的，知识价值表现形式的多样性。③物的计量——文献的计量——文献是记录有知识的一切载体，常常通过对文献的计量来间接测度知识量，同时通过对文献中知识单元的计量也可间接来评价人才、机构知识量和知识价值。

9.2.1 微观知识计量理论

1. “三计学”理论

1)“三计学”与知识计量学的关系

马克思曾说过：“一种科学只有当它达到了能够运用数学时才算真正发展了。”在现代科学时期，科学研究的定量化趋势更加明显，定量分析研究在图书情报及科学学学科领域也得到了学者的重视与关注，最早的相关定量研究萌芽于 20 世纪初。1922 年英国图书馆学家休姆（E. W. Hulme）在其编著的《统计目录学与现代文明增长的关系》中首次使用了“统计目录学”（Statistical Bibliography）的名称。随后在图书馆学、文献学、情报学和科学学领域相继出现了文献计量学、科学计量学和信息计量学（Bibliometrics、Scientometrics 和 Informetrics）（表 9-1）。经过几十年的努力研究与推动，它们在各自领域都取得了不同程度的进展，推动了相关学科的研究与实践进展，也得到了学术界的广泛承认。

表 9-1 相关计量学的产生

学科名称	起止时间	提出者	国家
书目计量学（Statistical Bibliography）	1922～1969 年	休姆（E. W. Hulme）	英国
文献计量学（Bibliometrics）	1969 年至今	阿伦·普里查德（Alan Pritchard）	英国
科学计量学（Scientometrics）	1969 年至今	纳利莫夫和穆利钦科	苏联
信息计量学（Informetrics）	1979 年至今	奥托·纳克（Otto Nacke）	德国
网络计量学（Webometrics）	1997 年至今	阿曼德（T. C. Almind）	丹麦
知识计量学（Knownmetrics）	1998 年至今	刘则渊	中国

作为三个十分相似的定量性学科，文献计量学、信息计量学和科学计量学既有十分密切的联系，又有一定的侧重点：文献计量学是借助文献的各种特征的数量，采用数学与统计学方法来描述、评价和预测科学技术的现状与发展趋势的图书情报学分支学科。科学计量学是对科学活动过程与管理实施量化评估、刻画和预测的科学学分支学科。信息计量学是量化处理信息行为与过程的情报学分支学科。我们认为它们之间的相互联系、交叉和重叠大于其间的区别，有关联的地方包括研究理论基础、研究对象和方法、研究手段和研究内容等。事实上三者研究的学者、研究手段、专业刊物和学术会议等也有着一体化的趋向。相关计量学之间的关系，信息计量学的范围最广泛，其他计量学之间存在内容交叉。

目前，人类社会正经历着两个重大变革。第一，互联网的兴起与普及，深入影响着人们的学习、工作与生活，更使学术信息交流发生了根本性的变化。

网络已经成为推动科技、经济和社会发展的重要因素，网络化成为当今社会的显著特征。网络也成为人们进行信息发送、交流、传播的重要渠道与平台，成为信息资源的重要载体。第二，随着知识社会的到来，社会从物质经济向知识经济转变，知识代替了传统经济中的资本、劳动力和自然资源，成为推动经济增长和社会进步的首要因素。知识的作用日益重要，“知识就是力量”，“知识改变命运”，“知识就是财富”的理念日益深入人心。另外，在海量信息与数据呈指数方式增长的今天，信息质量也参差不齐，数据和信息朝知识方向发展明显，作为比数据、信息更高阶层的知识，成为人们关注的焦点，泛在知识环境开始普及。在此背景下，网络计量学和知识计量学应运而生，并将在未来发展中成为主流。

随着知识经济和知识管理的兴起，知识作为社会竞争中一种重要的战略资源和经济资源引起了人们的高度关注。国外科学界、学术界和企业界很早就开始关注对知识本身及其价值的测度，并形成了较为完善的理论和方法体系。人们在科学计量学、文献计量学、信息计量学、网络计量学及数量经济学等方面的研究都直接或间接地涉及对知识的计量研究。例如，科学计量学对科研绩效的评价，文献计量学对核心期刊和学科核心主题的测定，以及信息计量学对信息流量的计量，特别是近几年来经济计量学对知识经济测度的探讨都取得了一定的成果，初步具备了进行知识计量、测算、评价研究的条件。

知识计量诞生于知识经济的大背景下，其发展大致经历了三个时期：①以文献计量、科学计量为基础的知识计量时期；②以信息计量、情报计量为基础的知识计量时期；③以知识经济的测度为基础的知识计量时期[15]。前两个阶段主要是对知识的间接计量，第三阶段则是对知识的直接计量，也是知识计量发展的高级阶段。从以上可以看出，知识计量根植于文献、信息和科学计量学，有着很多共性，尤其是在测度的方法方面。知识计量学的产生是发展知识经济、建设知识社会的实际需求拉动的结果，更是相关计量学进一步发展的内在需要，因为现在一般层次的相关计量工作都可由计算机自动统计、分析并可视化。事实上，CNKI 的 CCD 及国外 ISI 的系列，数据库等都在越来越注重完善这些功能。可以自动完成传统计量分析的词频、作者、期刊及机构等方面的计量分析，也具有自动计算 h 指数和结果可视化等新功能。现在相关计量研究急需更上一个层次，增加人的智能和智慧，上升到知识计量、知识预测与评测的高度，得出知识及知识之间的内在关系，提供更准确、简洁和可读的结果。

2）“三计学”的理论基础

“三计学”与其他学科一样是一种科学的社会意识形态。因此“三计学”的发生发展符合恩格斯关于唯物史观与辩证法的统一的原理对社会意识形态的发生机制提出的“双律性”的发生结构模式。若从“三计学”内容的发生来看，它是服从“他律性”的，即由社会经济基础的性质及其变化所决定；若从“三计学”形式的发生来看，它是服从“自律性”的，即“三计学”为其相对独立的内在发生规律所制约。“双律”的关系即内容与形式的辩证关系。这是考察“三计学”基础与结构的方法论基础。可以从“双律性”及“双律”的关系来考察“三计学”的理论基础，从内容与形式的发生发展及其辩证关系来考察“三计学”的结构[16]。

“三计学”的理论基础中包含三大定律。目前最常见的布拉德福定律、洛特卡定律、齐普夫定律及其他经验分布规律共同奠定了“三计学”的理论基础。对于这些定律和它们的各种数学表达式，许多学者进行过评论和研究。这些研究基本上是分两个方面进行的。有些作者，如布鲁克斯试图用便于实际应用的形式来表达这些定律，而其他一些作者则从理论上探讨了其标准统计分布的似相性。现在，比较一致的意见是：这些文献计量定律都是同一基本分布的特定情形。特别是普赖斯提出“累积优势分布”，使统计上的情形模型化（成功产生成功）。这个分布被表明是“布拉德福定律、洛特卡定律、巴列陶定律、齐普夫定律和所有引文频率分析经验结果的一个恰当的根本的概率理论”。

这里仅列出了“三计学”理论研究的基本点。①布拉德福定律：在大量的文献统计基础上，布拉德福提出了揭示论文在期刊中的分散规律的经验定律。后来，布鲁克斯为这一定律找到了比较容易应用于实践的数学表达式，使该定律不仅在理论上趋于完善，而且大大促进了它在图书情报和文献工作中的推广应用。②洛特卡定律：该定律描述的是论文著者频率与论文数量之间的关系。③普赖斯从这一定律出发导出一个理论，其表述是“科学家总数趋近为杰出科学家数量的平方”，或者用另一种形式来表达，即“科学论文的一半是由科学家总数的平方根数量的作者所写的”。这就是著名的普赖斯定律。④齐普夫定律：这一定律揭示了论文中词频分布规律。齐普夫认为，他的定律在许多领域都表现为“最省力法则”的结果。

2. 人力资本理论

人力资本理论的渊源可以追溯到著名的古典经济学家亚当·斯密和近代经济学家马歇尔（Marshall）等。第一次正式提出“人力资本”这个概念的是美国经济学家沃尔什。他的《人力资本观》一书于 1935 年出版，在该书中，他将个人教育费用和个人收益相比较来计算教育的经济效益。但真正形成比较完善的人力资本理论是在 20 世纪 60 年代，其代表人物主要是舒尔茨、贝克尔和阿罗。舒尔茨被西方学术界誉为“人力资本之父”，贝克尔的代表作《人力资本》被西方学术界视为“经济思想中人力资本投资革命”的起点。尽管贝克尔不同于舒尔茨而将其研究重点放在微观分析上，但舒尔茨和贝克尔的人力资本理论却显示出这一时期西方人力资本理论研究的共同特点，即以劳动力要素分析为中心，研究的主要内容在于阐述人力资本的概念、形成及其对经济发展的作用，因而这一时期的人力资本理论可以称为一般人力资本理论。阿罗于 1962 年发表的《边干边学的经济含义》一文提出了“边干边学”的著名理论，则是上述理论的补充。

OECD 对人力资本的最新定义为，“人力资本是个人拥有的能够创造个人、社会和经济福祉的知识、技能、能力和素质”[17]。根据人力资本理论，除了自然资源和物质资本外，人力资本是社会财富的重要组成部分。人力资本理论研究的主线与思路，自 18 世纪后期萌芽以来，迄今已经历了四个发展阶段：18 世纪后期人力资本理论研究处于早期阶段，没有形成完整的人力资本理论；20 世纪 60 年代经过舒尔茨、贝克尔及阿罗等的努力，形成了以劳动要素分析为中心的一般人力资本理论；80 年代中期以来经过卢卡斯、罗默等人的努力，形成了以构建技术内生化增长模型为中心的人力资本理论；90 年代以来，由于知识资本理论的兴起，人力资本理论的研究主线又有了新的动向，这要归功于知识资本理论的兴起[18]。

3. 知识价值理论

知识价值理论是作为知识经济学发展的基石。19 世纪中期以来，马克思以物资生产作为研究社会经济现象的出发点，研究形成了劳动价值理论，用以揭示当时资本主义生产方式的基本特点和运行规律。其内容如下：“劳动创造价值，劳动量决定价值量，劳动量是以社会必要劳动时间来量度的。价值是凝结在商品中的无差别的一般人类劳动。商品是用来交换的劳动产品，只有劳动产品才有价值。商品价格是以商品价值为中心，随供求关系波动而升降。”在新经济中，社会商品价值的表达有了新的变化，研究者们提出了知识价值理论。一方面，要对劳动、商品、商品交换及价值规律等理论概念的发展和历史意义有充分的认识和肯定；另一方面，也要认识到在社会主义市场经济条件下，科学技术是第一生产力，智力劳动产品成为商品，知识同其他各种生产要素相互结合、相互作用创造出巨大的价值，在社会商品的生产过程中智力劳动起到了至关重要的作用。因此，知识理应同其他各生产要素共同参与劳动创造的价值分配[19]。

美国学者约翰·奈斯比特在《大趋势》一书中，首次提出“知识价值论”，即“在信息经济社会里，价值的增长不是通过劳动，而是通过知识实现的。劳动价值论诞生于工业经济初期，必须被新的知识价值论取代”，引起了学术界的广泛关注。1983 年，美国加利福尼亚大学教授保罗·罗默发表论文，提出“新经济增长理论”，认为知识是一个重要的生产要素，可以提高投资回报率。1985 年，日本学者界屋太一的《知识价值革命》一书出版，提出了知识价值社会理论。他认为：未来的社会是知识与智慧的价值大大提高的社会，即知识价值社会。所谓知识与智慧价值简单地说就是用知识与智慧创造出来的价值，如果给它下个严格的定义，就是由于反映社会结构和社会主观意识，被社会所承认的带有创造性的知识和智慧的价值。知识与智慧的价值大大提高意味着在物质财富的价值构成中知识与智慧的价值越来越大。他把知识产业划分为三类：第一类是生产出售专门知识的知识性产业；第二类是生产出售普通知识的知识性产业；第三类是生产出售基础知识（纯粹知识）的知识性产业。知识价值理论是对知识价值的决定、转换、分配和实现等问题展开研究的理论，相应地，知识价值理论应包括知识价值决定（创造）论、知识价值转换论、知识价值分配论和知识价值实现论。

4. 知识资本理论

国内外学者对知识资本有不同的理解。知识资本（Intellectual Capital）有时也称作智力资本、无形资产、知识产权资本等。按照国际现行的主流观点：知识资本主要包括人力资本和结构资本两部分，或者说人力资本、结构资本和客户资本三部分。因此，可以认为，组织知识资本是将组织中包括知识本身在内的整个知识资源作为商业买卖的对象，并将其资本化，从而成为组织中最有价值的资产[20]。

“知识资本”评价与测度是知识计量研究的重要组成部分，其研究开始于20世纪80年代初期。知识资本计量理论大致可以分为三个阶段：知识资本计量理论萌芽阶段（20世纪80年代早期）、知识资本计量理论发展阶段（20世纪80年代中期至90年代末期）、知识资本计量理论完善阶段（20世纪90年代末至今）[21]。日本学者伊丹在1980年前后研究了“不可见资产”（Invisible Assets）对企业的价值。知识资本研究的另一早期工作是瑞典学者Sveiby关于知识资产评估的研究。Sveiby在20世纪80年代中期研究了生产知识产品的企业（the Know-How Company）的管理的问题，进而系统地研究了企业的知识资本及其计量的问题。他把企业的知识资本分为顾客资本（Customer Capital）、个人资本（Individual Capital）与结构资本（Structural Capital），并据此提出核算知识资本的“不可见平衡表”（the Invisible Balance Sheet），开创了知识资本会计的研究与实践工作。Stewart是关于“知识资本”研究的另一位很有影响力的作者。1991年，Stewart在《财富》上撰文强调企业中智力能源的重要性，之后又对知识资本的管理问题进行了许多论述。与“知识资本管理”密切相关的另一个方面是关于“基于资源的组织”（Resource-Based View of Organizations）理论的探讨。基于资源的组织理论认为“企业的资源是异质的（Heterogeneous）、分布式的（Distributed），有价值的资源通常是无形的（Intangible），有时候是不可言传的（Tacit）”。与传统以“交易成本”（Transaction Cost）为基础的组织理论相比较，基于资源的组织理论更重视通过这些无形的资源所体现的企业的竞争优势。进而，有人开始提出“基于知识的组织”，认为知识是企业最重要的、“不可模仿的”资源，是企业可持续的竞争优势的基础。

9.2.2 微观知识计量方法

1. “三计学”计量方法

1）文献知识统计分析法

文献知识统计是指以某一特定单位为基础对文献或其相关特征知识进行统一的计量。而“文献知识统计分析方法”，则是利用统计学方法对文献知识进行统计分析，以数据来描述或揭示文献的数量特征和变化规律，从而达到一定的研究目的的一种分析研究方法。它是在统计学原理的指导下，在长期的文献知识统计实践中逐步形成和发展起来的。在长期的图书情报工作中，人们提出了许多文献情报及文献工作的统计指标。它们分别从不同的角度定量地反映了图书情报工作的情况，而且大都是文献计量学中常见的指标概念。

（1）流通指标：流通量通常是指某一时间内文献借出的总数。但从广义来说，凡是通过图书情报单位实现的信息交流，都叫“流通”，其计量就叫“流通量”。目前仍以文献册数为其计量单位。

流通率是一个相对指标，一般定义为

$$p=\frac{N}{M}\times 100\ \%$$

式中，N 为统计时间内借阅的文献数量；M 为投入流通的文献总数。

流通速度是指单位时间内的流通数，其单位为册/时间。

这组指标的作用在于能够反映流通工作量的大小、文献传递的速度和利用效率。

（2）藏书利用率：可表示为

$$\mathrm{S}=\frac{\text{全年出借册数}}{\text{全馆藏书总册数}}\times 90\%$$

（3）图书周转率是指一年中平均每本图书周转的次数，可表示为

$$B=\frac{\text{全年图书借阅总册次数}}{\text{全馆藏书册数}}\times 90\%$$

（4）读者借阅率是指在统计时间内平均每个读者所借的文献数，可表示为

$$R=\frac{\text{借阅的文献总数}}{\text{借阅的读者人数}}\times 100\ \%$$

（5）拒绝率，一般定义为

$$H=\frac{\text{读者未借到的文献数}}{\text{读者要借的文献总数}}\times 100\ \%$$

（6）时差系数，定义为

$$K=\frac{\text{当年文献的文摘条数}}{\text{该年文摘总条数}}$$

显然，K 值越大则时差越小，说明其报道速度越快，可作为二次文献评价和选购的依据之一。

（7）情报吸收系数，一般定义为

$$I=\frac{N}{M}$$

式中，M 为统计时间内发表的文献总数；N 为其中被利用的文献数。该系数也可以相对于某一学科的文献或某种刊物而言。它是衡量情报被社会吸收利用的程度的指标。

2）数学模型分析法

数学模型是指为了用某种数学语言描述系统的结构和行为而构造出来的数字公式，它除了从宏观的角度模拟出系统的结构和运动规律外，主要是从微观上、从量的方面描述出系统的结构、联系及运动规律。因此，数学模型具有精细和准确等特点。

知识的某些特征依从关系的数学描述。它是建立在对所研究对象的性质、规律及相互联系进行定性分析的基础之上的。经验表明，建立数学模型的基本方法是：对于研究对象，依据有关的科学理论和定性分析的结果确定几个基本量，用所确定的量描述研究对象的状态、特征和变化规律；对这些量进行分析和简化，确定各个量之间的关系，形成一个待解的数学问题，列出数学方程，然后解上述方程，求出数学问题的解，并对数学解做出解释和评价，以形成对所研究的对象的判断和预见。具体来说，数学模型方法的基本步骤如下。

（1）确定目标。按照具体项目的研究目的和要求，确定研究的目标，也就是说通过研究要解决什么问题，达到什么目的。

（2）搜集原始数据。通过在实际工作中积累或研究时进行统计，搜集所需要的数据。数据要尽量准确、全面，以保证计量结果的正确性。

（3）建立模型。模型是理论抽象思维与客观现实之间的中间环节。模型的质量取决于它反映客观现象及其结构的能力。因此建立模型是进一步研究的基础，是创立理论的重要阶段。在建立模型时，首先要对研究对象加以“形式化”，也就是说，先要将系统中的成分及其关系用一些简单的符号和规则表达出来，抽象出各因素之间的数学关系。“形式化”的结果要与系统原型基本上保持一致。其次确定基本的量值和参数，加工成具体的模型，然后检验模型的可靠性和精确度。

（4）确定参数。根据一定时期的实际统计或样本资料，运用数理统计方法估算出方程式的各个参数。

（5）验证理论模型。根据实际统计观察资料，运用数理统计的假设检验原理，验证已估算参数值的模型所包括的变量（有哪些变量）、变量的结合形式（方程的具体形式）和变量的结合程度（参数的具体数值）能否代表客观情况，从而判断理论模型是否正确反映了客观实际。

（6）预测和决策。预测和决策是密切相关的，也是进行文献计量分析的最终目的。预测和决策是否成功，主要是取决于前面几个步骤的基础。

3）引文分析法

所谓引文分析，就是利用各种数学及统计学的方法，比较、归纳、抽象、概括等逻辑方法，对科学期刊、论文、著者等各种分析对象的引证与被引证现象进行分析，以便揭示其数量特征和内在规律的一种文献计量分析方法。引文分析的主要内容如下。

（1）科学引文的体系结构，可从不同的角度以各种基本要素来描述。科学引文都具有一些基本要素，如引文的文献类型、学科内容、语种、年代、引文出处等。按照不同的要素和指标来描述，科学引文的分布主要有以下一些类型：引文量按频次的分布、引文按年代的分布、引文按学科或主题的分布、引文按文献类型的分布、引文按语种的分布、引文按国别的分布、引文按作者的分布、引文按期刊的分布。

（2）引文量的分布规律。引文量是某一主体对象含有的参考文献（被引文）数量。它是引文链的基本特征之一。通过引文数量的分析，不仅可以揭示引证与被引证双方的相互联系，而且还可以从定量的角度反映出主体之间的联系强度。具体包括引文量的理论分布、引文篇数分布、加菲尔德引文集中定律等。

（3）科学文献的自引分析，在作者的引证文献行为中，有时是引证其他作者的论文或著作，有时则是引证自己以前发表的文献。这种限于本身范围内的引证称为“自引”。在自引分析中经常要用到两个测度指标：“自引率”和“自被引率”，分别扩展为学科自引、国家自引、期刊自引、著者自引、同一语种文献自引。

（4）引文网络。相互引证的关系结构称为引文网络，包括互引、引文耦合与同被引三大关系。所谓“文献耦合”是指引证文献通过其参考文献（被引证文献）建立的耦合关系。具体地说，如果 A 和 B 两篇文献共同引证了一篇或多篇参考文献，或者说他们共同具有一篇或多篇同样的参考文献，则称 A 和 B 两篇文献具有引文上的耦合关系。因为文献耦合所揭示的是一类普遍存在的主客体之间的引证与被引证关系，因此可以将“文献耦合”的概念予以推广，利用耦合概念反映诸如学科，期刊、著者、语种、国别、机构、时期等多种特征对象的相似耦合关系。所谓文献同被引，就是指两篇（或多篇）论文同时被后来的一篇或多篇论文所引证，则称这两篇论文（被引证论文）具有“同被引”关系。与耦合分析类似，我们也可以研究和进行各种类型的同被引分析。聚类分析是最常用的降低维数技术的多元统计方法之一。它属于降低维数技术的范畴。聚类分析的结果通常是网络图或是树状图，从图中可以分析求出需要预测判断的目标。文献聚类分析是聚类分析技术在引文分析领域的具体应用。文献聚类分析根据引文的不同特征，进行引文分群聚类和分析研究。

4）计算机辅助计量分析法

计算机辅助信息计量分析的方式有三种。①利用计算机建立文献信息计量学研究的数据库系统，主要指用于文献计量学研究的计算机数据库系统。②利用和改进现有的情报检索系统。③利用下载技术和链接技术建立专用于文献信息计量研究的数据库。

从分析数据方面考虑，计算机辅助文献信息计量分析的方式有两种：①利用计算机软件进行相关分析、回归分析、统计词频等分析。②利用文献信息计量学基本规律的数学表达式和计算机软件建立文献信息计量规律的数学模型，并通过计算机辅助文献信息计量分析，它比传统的信息计量分析在处理数据方面更为全面、准确、高效，但基本原理是一致的。

信息计量分析系统包括三部分。①数据处理系统，它的主要任务是完成数据的录入、修改、处理的工作。②检索系统，它的作用是为用户提供被引文献的检索、来源文献的检索，统计结果检索及检索结果的显示、下载和打印，还包括用户界面、输入分析子系统、索引库、输出分析子系统。③统计分析系统。它的作用是以来源文献索引和引文索引为基础，获得来源文献、机构发文、引文情况、期刊被引情况、作者发文等统计分析结果，此外，还应该根据文献计量学的原理和规律探索有关的问题，形成新的认识。

信息计量分析系统的主要功能是：①处理数据的功能；②统计功能；③评价功能；④查询功能。计算机辅助文献信息计量分析与传统的文献信息计量分析在本质上是一样的，都采用定量分析方法，不同之处在于利用计算机可以收集到更为全面、准确的数据，整理分析数据的速度快，分析结果的可信度更高，因而也要经历三个基本步骤，即收集数据、整理数据、分析数据。

2. 知识价值计量方法

知识价值的计量与知识价值的决定理论密切相关，可以说有什么样的知识价值决定理论就有什么样的知识价值计量模型。对于知识价值的计量主要依据两方面理论：一是市场决定论，即基于知识（资产）的使用价值，从知识的使用提高劳动生产率和获得超额利润的角度对知识（资产）的价值进行评估；二是从知识（智力成果）生产过程的角度，按照经典劳动价值论的基本公式，使用重置成本法对知识（资产）的价值和价格进行测算。显然，前一种方法计量的是知识的使用价值，是在知识得以使用以后，个人、组织或社会得到的价值增值的计量，这种方法与效用理论有异曲同工之处，可以称为“事后计量法”；后一种方法计量的是知识的价值（劳动耗用量），是在知识得以使用前，对生产知识所耗费的劳动量（包括已经物化在生产资料上的劳动量）的计量，可以称为“事前计量法”（表 9-2）。

表 9-2　知识价值事前计量模型方法[22]

模型提出者	模型概述
李玲	知识产品的价值构成是：①由物质资本转移到产品上的价值，其中包括物化劳动中物化智力转移的价值；②由知识资本转移到产品上的价值；③由活的智力劳动新创造的知识价值。由此得出的知识价值计量模型为 知识产品的价值＝ $\{\mid C+\sum(C_i+V_i+M_i)\cdot r+V+M\mid\}\cdot R$ 式中，C 为适应产品的直接物质消耗；$(C_i+V_i+M_i)$ 为第 i 种信息或知识所包含的劳动折算为简单劳动后的价值量；r 为知识生产者对信息或知识拥有程度；$V+M$ 为知识产品在生产过程中新消耗的人力资本；R 为知识产品在交换过程中使用价值所承担的价值占总价值的比例
尤玉平和张岳恒	该模型考虑了知识再生产以后的成本分摊和知识交易的费用问题，并给出了单位知识的完全价值形式： $W=(C_1+C_2+V_1)/N+(C_3+V_2)+(C_4+V_3)+m/N$ 式中，N 为知识的分形再生产的数量；$(C_1+C_2+V_1)$ 为构成知识生产的原始成本或初始成本，其总量是一个定值。随着知识分形再生产的增加，这一成本在单位分形知识价值中所占的比重按 $1/N$ 比率不断下降。(C_3+V_2) 是知识分形再生产的全部新增成本，(C_4+V_3) 是知识交换（贸易）过程中知识供给方发生的交易费用
徐颖和张少杰	他们考虑了失败劳动所耗费的劳动量，如果以劳动价值（Value of Labor，VL）表示知识商品的价值，T_0 和 T_1 分别表示失败劳动和成功劳动的个别时间，则只有当 $T_1\neq 0$ 时，知识商品的价值衡量才有意义，否则是没有取得成功的劳动，失败再多也不形成价值。以 H 表示转移的硬劳动资料价值；S 表示转移的软劳动资料价值及劳动对象的获取费用；R 表示知识产品生产中一次性使用的专用设备的残值；V 表示劳动者新加入的价值，则知识商品的价值构成可以表示为 $\mathrm{VL}=\sum_{i=0}^{1}T_i(H+S+R+V)$ 其中，$T_i(H+S+R+V)\neq 0$
张少杰和张燕	他们将知识分为“以人为载体的知识”和“以物为载体的知识”，并且分别计量其价值。知识的价值由活劳动价值、知识产品的载体价值和知识产品中的转移价值构成。知识产品的价值为 $V=\mathrm{VC}+\mathrm{VS}+\mathrm{VL}+\mathrm{VW}$ 式中，VC 与 VS 为知识工作者的脑力劳动价值，分别为创造性劳动价值和学习劳动价值；VL 为知识工作者体力劳动价值，可以其劳动时间来衡量；VW 是知识生产过程中物化劳动转移的价值

事后计量方法实际上是把知识当作无形资产（或无形资产中的一部分）来进行计量，国内研究知识资本定量模型的文献比较多，包括知识资本存量和流量的分析。这是一种较为实用且易为人所接受的方法。这一方法又分为三种方法：通过评估技术含量的重置成本法、节约社会必要劳动时间法和收益现值法。重置成本法的基本思想是，知识等无形资产（不管是买来的还是自行研制的）可以为资本和劳动带来更大的收益，或者通过知识的应用来提高生产率，使生产成本下降、原材料消耗减少或价格降低、浪费减少，更有效地利用设备及其他资源，从而带来超额的收益。如果这些收益是由知识型无形资产的应用带来的，那么可以通过计算重新购置或研制这些知识型无形资产所需要的成本来计算这些知识的价值。节约社会必要劳动时间法的基本思路是：知识型无形资产的应用可以提高生产率，从而可以减少社会必要劳动时间，这一节约的劳动时间所代表的价值量就可以看作是知识型无形资产的价值。收益现值法是将知识型无形资产的预期或实际年收益在有效使用年限内按一定的贴现率来计算折现值，再乘以一定的基于技术估价的利润分成率，以求得该项无形资产的价值[22]。计算公式如下[23]：

$$W=K\cdot\sum_{t=1}^{n}\frac{C_t}{(1+i)^t}$$

式中，W 为无形资产的评估值；K 为知识卖方参与买方利润分享的分成率；n 为无形资产的有效使用年限；C_t 为在有效使用年限内第 t 年的新增利润；i 为贴现率。

3. 人力资本计量方法

目前，社会上对企业人力资本价值的评估主要停留在定性分析上，定量分析的方法较少，按照评估理论通常采用的方法有市场法、成本法和收益法三种[24]。

（1）市场法，是指在人力资本市场上找到目前与受雇人力资本的能力相同或相近的人作为参照物来评估人力资本价值的一种方法。这种方法的推行有赖于健全、完善的人力资本市场的存在，也就是说市场供求规律是市场价格法的理论基础之一。当能形成有效的人力资本市场时，则应根据市场规律由市场来决定人力资本的价值，当无法形成有效的人力资本竞争市场时，就必须通过资产评估机构的主观评估来确定人力资本的价值。另外，不同组织的管理方式不同，人力资本的价值也可能不同。人力资本的价值只有依附于特定的组织才能合理地得到计量，离开特定的组织，孤立地研究人力资本的价值是没有意义的。

（2）成本法，以人力资本形成和取得所做出的投资成本作为人力资本的价值。成本法基于人力资本的取得，是投资的结果，包括家庭投资、个人投资和社会投资，体现为教育费用，卫生、保健费用，迁移费用及其为获得人力资本而放弃的收入等。对于一个组织而言，成本法还包括能产生未来收益的招聘、录用、教育、培训、医疗、保险、福利、管理等费用和支出，以及离职、低效率等成本。运用此方法，能较好地反映人力资本的积累情况。用成本法来估算人力资本价值实际上是估算人力资本的存量，也就是人力资本所有者创造价值的潜在能力。成本法具体又分为历史成本法和重置成本法等。历史成本法就是通过对人力资本价值形成过程费用进行考察，综合计算出个体的人力资本价值存量。重置成本法是在现有条件下，重新取得和培训与现有职工的技术水平、素质和工作能力相当的职工所发生的全部费用，该方法注重人力资本价值的变化，反映人力资本的现实价值，有利于合理补偿和重置人力资本。

(3) 收益法。从收益途径对各类型的人力资本价值进行评估，其依据是人力资本的价值是其预期能带来的超额收益资本化价值，将人力资本未来能带来的在收益折现得到人力资本的价值。收益法主要运用折现观念，将人力资本的价值在未来对企业产生的贡献用货币化表现出来，包括未来工资收入贴现法、经济价值法和超额收益分成法、预测职位报酬评估法等。另外，对于企业家、管理人员、技术人员，目前还经常用期权理论对他们的价值进行评估。

4. 知识资本计量方法

能够有效运用的知识资本计量方法有很多（表 9-3），它们之间有联系也有区别，可从不同角度将各种计量方法分类。例如，净 R&D 支出加净培训费用法是按知识资本的历史支出费用项目划分直接计量中的分量，H-S-C 结构法按知识资本项目划分，成本加价值增值法按知识资本元素划分，知识元素评估法按企业的产品和知识资本元素两个项目内容同时划分常用的知识资本计算方法有知识资本推算法和无形资产测算法，尽管知识资本推算法和无形价值测算法存在共性，但二者也有差异。知识资本推算法在计算知识资本收益时，从企业总收益中不仅扣除了有形资产的收益，还扣除了金融资产的收益，而无形价值测算法则只扣除有形资产的收益，显然，前者更为合理。知识资本推算法在计算知识资本的收益时是用企业总收益扣除按本企业的有形资产及金融资产的收益率计算的有形资产及金融资产的收益，而无形价值测算法则是用企业总收益扣除按行业平均有形资产收益率计算的有形资产收益，因此，知识资本推算法的着眼点是单个企业，而无形价值测算法却将单个企业与行业平均水平进行了对比[21]。

表 9-3　常见的知识资本计量方法比较[21]

计量方法	计量基础	运算逻辑	内涵组成
市场价值与账面价值差额法	市场价值	间接	计算总量
知识资本推算法	未来收益折现	间接	计算总量

续表

计量方法	计量基础	运算逻辑	内涵组成
无形资产测算法	未来收益折现	间接	计算总量
成本加价值增值法	历史成本、市场价值	直接	按知识资本元素分解
知识元素评估法	历史成本、市场价值	直接	按产品和知识资本元素分解
净 R&D 支出加净培训费用法	历史成本	直接	按费用项目分解
H-S-C 结构法	历史成本、未来收益折现	直接	按知识资本项目分解

9.2.3 微观知识计量应用

1. “三计学”的应用

知识计量在图书情报工作、信息资源管理、信息检索、信息分析与预测、科学学与科学评价等领域大有用武之地。具体的应用如下：明晰学科结构、分析研究内容、描述科研合作、预测学科前沿、揭示学科关系、用于学科分类、促进科研管理、进行科学评价、探究学科历史、检索文献信息等。

例如，在研究科技史中的应用[16]：对于科技发展史的研究来说，信息计量学已经成为一门重要的研究技术，这是因为不仅书目资料而且引文数据都能提供历史情报资料，同时，每一篇论文都是科学发展过程中特定事件的记录，而每个历史事件都是在不同的时间点上发生的。科学文献的引证更能体现这些事件的由来和发展，揭示某些科学思想或实验技术的发展进程，特别是对引文按年代分布所构成的历史图和引文间的网状关系进行研究，能够探明某一学科的产生背景、发展概貌、突破性成就，以及今后的发展方向等。

科学进展的时序研究是科技史研究的重要内容和途径。历史图形象地描述了科学进展的概貌。它是建立在不同时间的引文关系上的。论文之间引文关系的一种基本形式是引文的时间序列，也就是引文的时间分布。若每篇论文都是科学发展过程中的一个重要问题，而被引次数多者为关键问题，按照时间序列进行的文献引证关系就描述了这个关键问题的由来与发展。那么，如用小圆圈代表这些关键问题，并按时间先后标以序号，用连线代表关键问题之间的引文关联，用箭头表示引证关系，则可绘出其历史图。为了检验这种历史图的准确性，有人曾从《基因代码》一书出发，编制了两个历史图，第一个图按书中所提到的观点找出重要历史论文和这些论文间的关联。第二个图则以该书提供的研究者姓名和主题查《化学文摘》《医学文摘》等，再编制引文索引及其引证关系。将两个图进行比较发现，引证网络与《基因代码》一书所描写的关系相同者占 65%。当对引证网络中的问题按引文关联的量和方式权衡时发现，被引次数最高者与书中的判断完全一致。这说明，这种图对某一时期科学发展的具体环节能够定量地描绘一种科学进展轮廓，而且还可实现计算机化编图，从而更加系统、可视化地再现科学历史的发展进程。因此，可以说引文网络图开创了科技史研究的一种新形式。

1960 年，艾伦根据上述构想，利用有关核酸染色的论文及其相互引证关系按时间顺序给出了 20 世纪 40～60 年代核酸染色方法的发展过程，同时也清楚地显示出文献的相对重要性和相互影响。例如，从图 9-1 中可看出文献[24]明显是该领域中最重要的一篇文献，因为它曾多次被不同时期文献引证[25]。

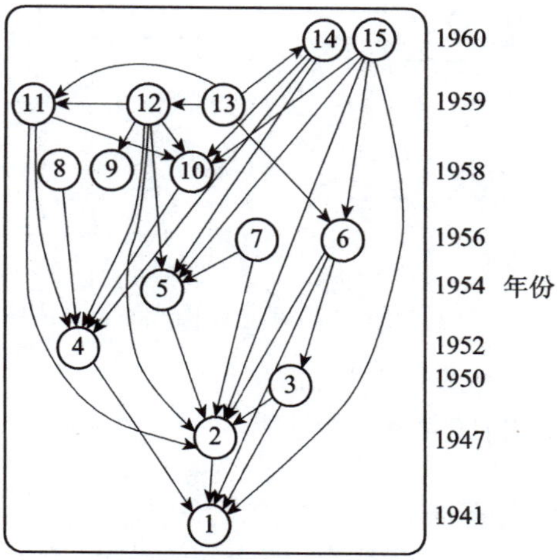

图 9-1　15 篇有关核酸论文的引文网络

此外，通过引文网络图还能纠正科学史中疏漏的一些问题。例如，在科学史研究中，人们曾认为孟德尔（Mendel）1865 年发表的那篇有关遗传学的重要论文长期没有引起重视，直到 1900 年才被学术界发现。但通过遗传学的引文网络图（图 9-2）可清楚地看出，在 1900 年之前，该论文至少被四位科学家引证。孟德尔的这项成果甚至还被第九版的《不列颠百科全书》的一篇题名为“杂交”的论文引证过，表明科学界对该论文的认识和重视。又如，通过上述引文网络图还能发现，在科学发展过程中的一些反常现象。由图可知，达尔文（Darvin）在其 1876 年发表的一篇文章中引证了霍夫曼（Hoffman，1869 年）的文章，但为什么不引证孟德尔的那篇文章呢？要知道在霍夫曼的那篇文章中曾引证了孟德尔文章达 5 次之多！这显然是科学史学家感兴趣的问题。以上例子充分说明了引文分析法在研究科学发展过程中的有效性和普及性。

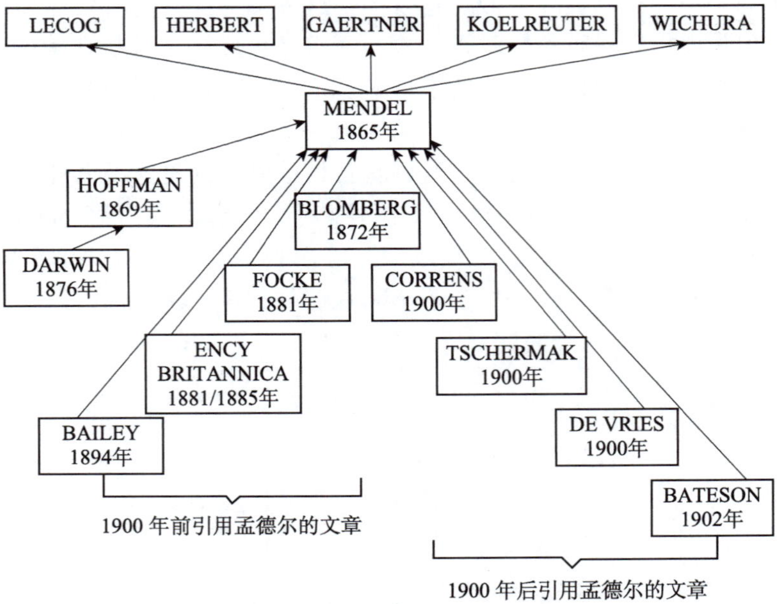

图 9-2 孟德尔 1865 年论文构成的引文网络

2. 人力资本测度的应用

中国是世界上人口最多的国家，中国人力资本的度量对深化人力资本的研究至关重要。鉴于人力资本的重要性，国内也有一些人力资本测度方面的应用研究。例如，张帆（2000 年）、钱雪亚和刘杰（2004 年）基于总投资从成本角度计算了中国的人力资本存量。朱平芳和徐大丰（2007 年）、王德劲和向蓉美（2006 年）从收入方面估计了人力资本。周德禄（2005 年）、岳书敬（2008 年）利用人力资本的一些特征指标的加权平均值作为人力资本测度指标。但大多数研究则使用平均教育年限或总体教育水平等局部特征作为人力资本的度量指标，如蔡昉等（1999 年）、胡鞍钢（2002 年）等。

2010 年，李海峥采用国际上流的人力资本计算方法，即 Jorgenson-Fraumeni 的终生收入法（J-F 法）来测度中国人力资本[26]。虽然 J-F 方法在发达国家得到了广泛运用，但对于中国来说，由于缺乏收入的详细数据而无法直接应用。李海峥的具体研究方法如下：首先，在方法体系上，使用微观层次的家庭调查数据并结合 Mincer 方程来改进 J-F 方法，从而使其可以适用于中国国情，特别是，这一改进能反映出经济转型过程中教育和培训（在职培训和干中学）的回报率变化对人力资本的影响，从而有助于研究影响人力资本变化的因素。其次，估算了 1985～2007 年全国人力资本总量和人均人力资本、不同性别的人力资本水平，分析了其动态特征及变化趋势，并且构建了多种人力资本指数。最后，对 2008～2020 年的人力资本水平进行了预测。

3. 知识价值测度的应用

知识价值理论源于对马克思劳动价值理论的继承和发展，研究的着眼点是智力劳动的成果——知识，通过对知识本质属性进行分析，全面认识知识的发生、传播、获取和运用的过程和机制，从而探究知识作为首要生产要素在社会经济生活中的作用，进而研究知识的价值形态和可测度性，侧重研究具有商品属性的知识价值测度方法、测度指标和测度尺度。经过系统的学习和研究提出马克思劳动价值理论在社会主义市场经济条件下的发展方向，重新认识马克思劳动价值理论，这对我国经济学的理论创新和经济的健康发展具有重要的理论和实践意义。

2004 年，范领进选取一个科研机构的一位工程师从申请一项技术创新项目到项目完成为止的全过程，通过实证来测度科技工作者与其劳动产品的知识价值[19]。从知识产品的测度前提和原则出发，跟踪调研了吉林省某计算机软件开发公司的一位系统架构师 G，依据他自己的研发能力，从事开发一项国家级科技攻关项目——计算机指纹识别技术。由于开发技术平台和研发能力的局限，该技术在生产实际中只能用于民用的指纹锁等产品上。该技术于 2000 年 9 月进行开发，到 2002 年 6 月通过国家有关部门组织的课题结项验收，并已经报请有关部门，申请了技术创新专利。针对智力劳动者知识价值的度量，存在时间、地域和社会人文环境的影响因素。在对计算机产业的技术人员 G 的测度中，就需要考虑 G 所处的经济环境、社会环境等因素，其中，包括不同时代人们的收入和支出情况；现实中当地的收入水平、消费水平和社会整体的通胀率等经济因素和政治因素。根据企业中研发人员的知识价值测度方法，分六个步骤对在计算机领域工作的系统构架师 G 在 2002 年时所拥有知识价值进行测度，包括教育投入成本的计算、培训投入成本的计算、教育投资转化率、培训投资转化率、企业中研发人员的劳动能力系数等。依据科技工作者知识价值测度模型和相关数据进行实际测算。测算得到 G 在 2002 年期末时具有的知识价值与 G 年均劳动收入值非常接近，这说明：①G 所从事的行业和具体的工作岗位适合他；②其智力资本投入能够从劳动收益中得到较好的回报；③测算的是创造性知识产品的价值，年末的净现值与测算的价值较为接近。

关于宏观知识计量与微观知识计量的关系。总的来说，宏观微观相互联系、相互影响，没有宏观，也就无所谓微观；反之亦然。哲学范畴里到处都是这样的矛盾，比如整体与局部、质与量、存在与思维等。如果要在宏观上把握大局，就要抛弃微观的影响，比方说宏观调控就是这样。如果代表了微观的利益，那自然就会不断扩大微观的比重，以达到影响宏观、服从微观的目的。宏观是建立在微观之上，是微观的积累到一定的产物，从整体和部分来讲，宏观是微观的集合。两者是统一的，微观和宏观只是一个角度，微观的影响会制约着宏观的发展，所以必须全面分析问题，如文献知识的计量大部分涉及微观计量分析，同时也需要考虑其宏观的计量问题。整体上，应该以知识单元为基础，从知识单元的活动入手，通过从微观到宏观进行定性与定量相结合的知识计量研究来实现[27]。

参考文献

[1] 杜小丽．基础英语教学：在微观与宏观之间．科技信息（学术研究），2008（27）：311－312

[2] 文庭孝，刘晓英，梁秀娟，等．知识计量研究综述．图书情报知识，2009，(1)：95－91

[3] OECD. 1996. Knowledge-based Economy. http：//www. oecd. org/dataoecd/51/8/1913021. pdf [2011－03－28]

[4] 王永明．自我管理：知识经济时代的管理哲学．苏州：苏州大学博士学位论文，2008

[5] 张杰．试论中国知识产业经济．北京：首都经济贸易大学硕士学位论文，2004

[6] 刘春梅：信息产业对经济增长质量的影响研究及其实证分析．北京：北京邮电大学博士学位论文，2010

[7] 郑刚．知识经济的测度理论与方法研究．大连：大连理工大学硕士学位论文，2000

[8] 谢强．提升成都信息产业竞争力研究．成都：西南财经大学博士学位论文，2008

[9] 王欣，靖继鹏，王钢．国内外信息产业测度方法综述．情报科学，2006，（12)：1903－1908

[10] 雷声，田浩．知识经济测度理论述评．市场周刊（理论研究），2006（10)：259－261

[11] 靖继鹏．应用信息经济学．北京：科学出版社，2002：248－249

[12] 许慧玲．信息化水平测度及对区域经济增长影响研究以南京市为例．南京：南京农业大学博士学位论文，2008

[13] 魏和清．知识经济测度方法研究．沈阳：东北财经大学博士学位论文，2007

[14] 文庭孝，陈书华，王丙炎，等．不同学科视野下的知识计量研究．情报理论与实践，2008（5)：654－658

[15] 文庭孝．知识计量与知识评价研究．评价与管理，2007，(1)：70－75

[16] 邱均平．信息计量学．武汉：武汉大学出版社，2007

[17] OECD. 2001. understanding the Digital Divide. http：//www. oecd. org/sti/1888451. pdf [2013－03－28]

[18] 杨志刚．人力资本投资与收入差距研究：基于人力资本投资主体的视角．昆明：云南大学博士学位论文，2011

[19] 范领进．知识价值理论研究．长春：吉林大学博士学位论文，2004

[20] 邱均平．知识管理学．北京：科学技术文献出版社，2006

[21] 欧宏丽．知识资本计量及知识资本对企业竞争力影响的研究．南昌：江西财经大学硕士学位论文，2006

[22] 陈搏．基于知识价值理论的知识交易及管理研究．上海：上海交通大学博士学位论文，2007

[23] 高新亚，邹珊刚．知识测度的思考．自然辩证法研究，2000（2）：54－57

[24] 杨凡．企业人力资本价值评估．广州：广东工业大学硕士学位论文，2005

[25] Michaelisl. The Nature of the Interaction of nucleicacids and nuclei with basic dyestulfs. Cold spring Harb. Syinp Quant. Biol. 1947（12）：131－142

[26] 李海峥，梁赟玲，Fraumeni B，等．中国人力资本测度与指数构建．经济研究，2009（8）：42－54

[27] 林德明，刘则渊．探索科学的复杂性——从微观到宏观的知识计量//中国自然辩证法研究会科学技术学（S & TS）专业委员会，中国科学学与科技政策研究会科学学理论与学科建设专业委员会，中国科技大学人文学院．科学学理论与科学计量学探索——全国科学技术学暨科学学理论与学科建设 2008 年联合年会论文集．2008：8

第十章

知识计量的主要应用

知识计量是一切知识活动的基础，因此，知识计量在知识生产、知识创新、知识获取、知识组织、知识检索、知识管理、知识发现、知识评价等知识活动领域具有广泛的应用，取得了丰富的研究成果。其中，知识计量在知识创新、知识管理、科学评价和科技管理中的应用十分引人关注。

10.1 知识计量在知识创新中的应用

知识创新是指在已有知识资源基础上开发、创造出新知识的过程。我们认为，知识计量在知识创新中的应用主要表现在知识发现与知识网络两个主要方面。

10.1.1 知识计量与知识发现

1. 隐性知识计量

企业知识包含显性知识和隐性知识两种：显性知识指正式而规范的、可以清晰完整地进行表述和传递的知识，从载体形式上表现为著作、文件、数据库、专利、产品说明书等内容；隐性知识指存在于员工头脑之中的难以表述和传递的主观知识，包括经验、技能、认知等内容。不管是数量上还是价值上，企业的隐性知识都远大于显性知识。日本学者野中郁次郎认为隐性知识是高度个人化的知识，很难规范化地进行描述也不容易传递给他人。正是由于隐性知识“只可意会不可言传”的特点，隐性知识管理问题一直是制约知识创新发展的瓶颈。知识计量通过隐性知识挖掘隐含知识，从而达到知识创新的目的。

隐性知识的计量包含两个方面：一是对知识本身价值的测算，二是对员工和企业知识创造能力的测算。企业需要知道每个员工创造了多少隐性知识、传递给他人多少隐性知识，在此基础上，企业才能制定出合理的激励机制，对那些积极创造并贡献出隐性知识的员工进行奖励。企业还需要知道自己拥有多少隐性知识，这些知识可以为企业创造多大的价值，这样企业才能够对自己的知识资产进行准确的估算和管理。由于隐性知识具有难以表述和量化的特征，人们一直没有找到科学的计量方法对知识本身的数量和价值进行测算，员工和企业的知识创新能力也就不得而知。如果将知识计量的知识引入企业隐性知识计量中去，可能会找到一种新的方法研究隐性知识的计量问题。如何利用知识计量学的方法和工具来对隐性知识进行量化分析，以及量化分析结果的准确性和科学性还有待于进一步的研究和验证，毕竟隐性知识的产生和作用机制非常复杂，而知识计量这个学科本身还不够成熟和完善。我们相信随着人们对知识计量研究和认识的不断深化，它必将能在企业隐性知识管理领域有所作为。

2. 知识关联发现

我们认为，知识元的关联发现也是知识发现的重要方面，也是知识计量在知识创新中的重要应用。很多知识发现的过程都是对知识元的关联进行挖掘而实现的。知识关联对知识内容的意义是重大的，正是知识关联才将知识单元或知识元连贯起来，形成一个个具有内在逻辑性的知识纤维或知识体系。因此对知识元的挖掘和发现是很有意义的，也是一个很有意思的过程。在上一章中我们曾经论述过，知识关联，指明了知识元之间、知识单元之间的关系、规则及使用方法，也可以看作是知识元，但这种知识元又不同于通常所说的科学文献、数据库中的知识元，它说明了如何组织知识元，因此是“知识的知识”，可称为元知识。我们将继续沿用这一理论说法，基于知识元的知识关联发现实质上就是元知识的发现过程。

前序关系的知识元是最容易建立某种联系的知识元，因此知识关联发现在很大程度上是对知识元的前序关系进行的分析，发现并定量研究关系的局部特征，分析数量关系背后隐藏的特殊含义。引文分析方法就是对知识关联发现的一个重要而有效的研究工具与方法。同知识发现主要是针对大规模数据的数据挖掘一样，目前条件下的引文分析一般也是针对数据库进行的数据挖掘与发现，只不过这个数据库一般是引文数据库。从引文分析的定义来看，引文分析不仅仅是单纯运用数学、统计学、逻辑学方法的研究工具，而是综合运用计算机技术、网络技术进行大规模数据的采集、处理，并更多地借助控制论、系统论、信息论的思想与方法来研究期刊、论文、报告、专利等科学文献的引用与被引用现象，以及解释隐藏在信息与数据背后的规律的一种综合研究方法。研究工具不过是手段，引文分析最终是要揭示科学的引用、被引用现象并发现其内在规律。科学文献的引证关系本身就是一种知识关联现象，是一篇文献对另一篇文献，一位作者对另一位作者的知识关联。由此看来，引文分析的确是知识关联发现的一种有效工具。

我们还认为，引文分析中对知识关联发现最负盛名的研究方法是引文分析中的双引分析，即科学文献的共被引与文献耦合。1973 年，美国情报学家 Small 首次提出了文献共被引的概念，作为测度文献间关系程度的一种研究方法[1]。因此，Small 提出文献共被引的初衷之一就是测度文献之间的关联程度。后来的学者又在 Small 的基础上发展了文献共被引，形成了作者共被引、期刊共被引等共被引理论与方法。而相对于文献共被引，文献耦合在知识关联发现方面可能揭示的是更为深层次的内容。文献的共被引，我们只要对文献的参考文献列表加以分析就可以发现其共被引现象，而文献耦合要做到这一点却较难，它要反复地对照 2 篇甚至多篇文献的引文列表（参考文献列表）才能发现文献的耦合规律。因此，文献耦合研究并不像文献共被引那样的浅而易见，这一方面可以说明文献耦合揭示的引证现象更为隐蔽，也为知识关联发现提供了有效的工具与方法；另一方面，可能也是文献耦合自提出后，其研究一直滞后于文献共被引的原因之一，因为这无形中增加了操作上与实践上的难度。

3. 知识元抽取发现

知识元是知识控制的最小单位，并通过知识关联构成了知识单元。毫无疑问，知识元是知识计量研究的一个重要方面，也是知识计量区别于文献计量学、信息计量学、科学计量学等计量学科的一个重要标志。国内外的学术界一直在呼吁“三计学”必须深入到对知识内容的计量与分析，也对“三计学”仅仅停留在科学文献的表层面上的计量研究状况大加挞伐，这一方面为知识计量的产生提供了背景要求，也为知识计量提出了对知识元研究的新的使命要求。

知识元的抽取与知识发现流程主要有 4 个步骤：数据预处理、语义单元分类、知识元获取、知识元重组。数据预处理主要完成对输入的非结构化自然语言文本进行分段、分句处理，机型分词和词性标注工作，通过上下文结构分析获取候选语义段等工作。语义单元分类是对数据预处理阶段获取的语义段落运用语义分类器对其数量、程度、实体等进行描述，得到这些句子的语义类型，为下一步的知识元的重组等做准备。知识元的获取要完成的工作是，将语义单元分类阶段输出的带有语义类型标记的语义段（语义单元）作为输入，获得其知识元（核心术语），即为该语义单元描述的主体内容，该步骤的实现通常可以借助概率论与数理统计知识计算每一个专业术语可能成为核心术语的概率，然后取概率较大的术语作为核心术语。最后，对核心知识元进行语义上的重组，从而发现有价值的知识与信息。

10.1.2　知识计量与知识网络

NSF 在 1999 年给知识网络的定义是：知识网络是一个社会网络，该网络提供知识、信息的利用等[2]。国外的管理学界对知识网络的研究所形成的定义大致是：知识网络指的是一批人、资源和它们之间的关系，为了知识的积累和利用，通过知识创造、知识转移，促进新的知识的利用。赵蓉英教授认为[3]：知识网络就是由知识节点和知识关联（知识链）构成的网络的知识体系。该体系的大小和构成方式可能有所不同，同知识一样，其载体可以是人脑，也可以是组织或其他物质形式。文庭孝等认为知识网络是指由知识节点（知识单元）和知识关联构成的知识体系，知识网络反映的是知识单元之间的关系网络，反映的是知识单元之间的时空变化关系和逻辑结构关系[4]。

而知识计量在知识网络中应用的就是通过各种科学计量方法结合信息可视化工具来挖掘出隐藏在文献、信息或知识单元中的知识网络，从而揭示知识单元的体系结构和变化趋势，将这种隐藏在文献数据中的隐性知识挖掘出来，变成显性知识来供人们分享。下面将逐一介绍知识计量的研究方法在知识网络中是如何应用的。

1. 知识计量与引文知识网络

如果以射线箭头指向被引文献，而箭尾指向引证文献，就可以清楚地表现出科学文献之间纵向集成和横向联系的交流态势，通常将这种相互引证的关系结构称为引文网络。引文网络包含丰富的有关文献交流、学科联系及科学发展的有益信息，通过对这些信息数据的统计和分析，可以追溯科学发展的历史，评价科学发展的规模和趋势。基于文献间的引证关系，引文网络可以演绎成四种：引文时序网络、链接网络、共引网络和耦合网络。链接网络实际上是引文网络在互联网中的引申，链接网络指施链和被链的网站或网页之间因链接关系而形成的一种网络，基本上由节点和链接组成。节点主要是指网站或网页；链接，即超链接，是一种简单声明文档或信息之间关系的文件指针[5]。同样，用节点代表网站或网页，用有向箭头代表网站或网页间的链接关系，可以绘出链接网络图。链接网络图中的链接可以是单向的，也可以是双向的，即一个网页可以链出，也可以被链入，后期和前期的网页也可以互链，同时还可以自引。与引文网络类似，链接网络是个有向、有权的知识网络。当两篇或两篇以上的文献共同被后来的一篇或多篇文献引用时，则称这两篇文献为共引。具有共引关系的两篇文献分别与其他文献构成共引关系，如此这些具有共引关系的文献形成的网络被称为共引网络。共同引用这两篇文献的文献数目即为共引强度，即权值（同引频率）。利用共引关系进行分析研究，可以展示和预测科学情报交流、传递的结果，同时也是文献检索的一种好方法。若两篇文献共同引用了一篇或多篇文献，则称这两篇文献有耦合关系，如果多篇文献间具有耦合关系，则构成一个耦合网络。耦合强度为网络的权值，两篇论文共有的引用文数目为这两篇论文的耦合强度。从文献耦合关系可以定量地分析文献，描绘出某一领域内的科学研究趋向，还可弥补传统检索方法的不足，特别是在目前主题检索途径已远远不能使文献选择的范围收缩到一个较小的程度情况下，耦合方法可以帮助科学家检索到急需了解的那部分资料。同样，根据研究对象的不用，耦合网络也可以用于文献耦合分析、期刊耦合分析、著者耦合分析和学科耦合分析等。与共引网络相类似，耦合网络也是一个无向、有权的知识网络。

2. 多元统计方法与知识网络

多元统计分析是对若干（可能）相关的随机变量观测值的分析。“维度降低技术”是多元统计分析的一个特征，其中包括因子分析（主成分分析）、多维尺度分析和聚类分析。在几何学上，这一简化过程是将高维空间中的目标投影到低维空间（通常是二维）。这些方法将在关系矩阵上运算。因子分析法就是寻找这些公共因子的模型分析方法，它是在主成分的基础上构筑若干意义较为明确的公因子，以它们为框架分解原变量，以此考察原变量间的联系与区别。因子分析的基本目的就是用少数几个因子来描述许多指标或因素之间的联系，即将比较密切的几个变量归在同一类中，每一类变量就成为一个因子，以较少的几个因子来反映原来资料的大部分信息[6]。多维尺度分析（MDS）通过低维空间（通常是二维空间）展示作者（文献）之间的联系，并利用平面距离来反映作者（文献）之间的相似程度。在知识图谱中，作者（文献）的位置显示了他们之间的相似性，有高度相似性的作者（文献）聚集在一起，形成科学共同体（学科前沿），并且处于中间位置的作者（文献）与其他作者的联系越来越多，在学科里的位置也越核心；反之，则越孤独，越处于外围。因此通过多维尺度分析，某研究领域、思想流派或其他学术共同体在学科里的位置就很容易判断。多维尺度分析可以从以下几个方面解释。①聚成的类表示关系密切的群体，它们在内容和主题上有着一致性。②类的大小直接反映这个主题的集中程度和学者对它们的关注程度。一般来说，理论性强、研究方向明确及较受关注的研究领域会形成较大的类。③分析类群之间的相互距离，则反映各自主题的相关程度，距离越大，说明它们研究的主题越独立[7]。

3. 科学知识图谱与知识网络

科学知识图谱是用可视化的图像直观地展示科学知识的发展进程和结构关系的一系列研究手段、方法，是知识网络的各种图形显示。科学知识图谱绘制是知识网络的可视化方法，是有效地揭示知识网络关系的科学工具和方法[8]。它以引文分析、数学、信息科学的计算机技术等为研究手段，用可视化的方式显示科学知识和信息之间的联系，也被称为信息可视化、知识可视化、数据可视化和引文分析可视化等[9]。知识图谱是基于引文分析理论和信息科学与技术发展起来的、国际上新兴的可视化研究方法，目的是应用图示的方法揭示出学科领域的发展及演进趋势、研究课题的扩散与传播、作者或机构间的关系等。

10.2 知识计量在知识管理中的应用

1996年，OECD发布了题为“以知识为基础的经济”（Knowledge-based Economy）的年度报告，自此以后有关知识经济和知识管理的研究越来越受人关注。《智力资本》一书的作者 Thomas Stewart 曾这样说道：“不进行知识管理的公司就是对业务不重视的公司。”如今，越来越多的企业认识到：传统管理忽略了对知识资产的管理，使企业丧失市场机会，企业在寻找和重新创造现有知识上浪费时间，造成企业运营的低效率。知识管理对知识经济时代企业的发展至关重要，越来越多的企业已经开始开展知识管理活动。知识管理诞生于多学科交叉融合的基础之上，不仅需要先进的信息技术和管理方式，而且需要科学的计量方法。知识计量同样可以引入到企业知识管理的过程中，用以指导企业知识管理实践，提高企业知识管理绩效。

10.2.1 知识计量与信息化测算

信息化是指依托信息技术，融合设计、制造和现代管理技术对组织进行改造，有效开发和使用组织的信息资源，提高组织经营管理水平和产品开发能力[10]。信息化能够提高组织的应变能力、创新能力和综合竞争能力。目前，国内外许多企业都在进行信息化建设，企业信息化程度也已经成为衡量一个企业、一个地区综合发展水平的主要标准。在企业信息化发展过程中，需要构建出一个科学合理的测评指标体系来对企业信息化水平进行验证、评价和分析，通过测评能够找出企业信息化过程中存在的差距和不足，为企业信息化的进一步发展提供指导依据。

10.2.2 知识计量与知识管理绩效评估

企业开展知识管理投入了大量的人力和物力资源，因此，企业管理层和企业员工都希望知道知识管理的绩效如何，即知识管理是否达到了企业制定的目标，知识管理活动中还存在哪些问题，如何调整和优化知识管理策略。知识管理绩效评估是知识管理的一项重要内容。安永创新中心通过调查美国和欧洲431家组织后发现：知识管理实践所面对的最大障碍是“测量知识资产的价值和知识管理的效果”[11]。

近年来，国内外有关企业知识管理绩效评估的理论和实证研究有很多，许多企业都采用了不同的绩效评估模型。其中，知识管理评估工具（KMAT）是一种较早用来测评知识管理绩效的模型，它是基于领导、文化、评估、技术、学习五方面问题的问卷调查来进行评估的。后来，Jager 把“学习”换成了“流程”，使主要知识管理活动与支持因素（即领导、文化、技术、评估）和知识管理流程结合起来处于动态系统之中[12]。目前，比较常用的企业知识管理绩效评估方法是综合指标体系评价法，首先针对企业的知识管理目标，选取企业技术水平、创新能力、员工知识技能、顾客满意度等指标构建一个测评指标体系，然后根据指标体系设定的内容对企业的知识管理现状进行全面的评价，最后采用层次分析法、模糊综合评价法等方法对相关的测评数据进行整理分析。我们可以看到不管是问卷调查法还是综合指标体系评价法，都受评价者主观因素的影响较大，指标的选取也缺乏准确合理的标准。企业有必要找到一种科学的计量方法对知识的价值进行量化评估，对知识管理活动绩效进行量化研究。知识计量为企业知识管理提供了一种新的测评方法，知识计量学中的内容分析法、统计分析法、人力资本测算、知识资本测算、无形资产评估等方法允许企业从知识本身的价值和员工对知识的利用情况两个方面对知识管理的绩效进行更加准确更加科学的计量和评价。而且，知识计量在评估体系的构建中，可以构建出更为合理的指标体系，避免了指标的重复构建及指标权重的偏离。

10.2.3　知识计量与知识交流与共享

通常情况下，我们认为提高和促进知识共享的方式与手段有网格技术、知识发现与数据挖掘技术、内部网络技术、知识库技术、群件技术等技术因素。实际上，知识计量也可以促进知识共享，只不过这种促进作用并不像技术那样来得直接，常常是通过间接的方式作用于知识共享。为了分析知识计量对知识共享的促进作用，我们就不得不先分析企业知识共享的内在动因[13]。

(1) 最大限度地发挥其价值。不同于一般的物质资源的消耗性，知识越是共享，其发挥的价值就越高。它不会因为很多人的使用而出现折旧问题，不会降低其原有的价值。这就要求，知识要共享。

(2) 知识共享可以创造新的知识。所谓知识是经过人类主观或客观处理了的自然和社会信息，是人们对自然和社会形态与规律的认识与描述[14]。一旦知识由一方传递到另一方，另一方就可以发挥主观能动性对知识进行深层次的加工，从而产生出新的知识内容。

(3) 知识共享可以实现企业绩效的指数化增长。安达信咨询公司曾经提出了一个在知识管理领域广受认可的公式：

$$K=(I+P)^S$$

式中，K 为 knowledge；I 为 information；＋为 technology；P 为 people；S 为 share。

公式表明，组织的知识存量由一线几个因素来决定：组织内 People 指明了组织内拥有的各种技能和知识的员工数量；Information 指明了组织内所拥有的知识和信息的丰富程度；Technology 指明了整个组织内支撑知识创造、存储、传递的信息技术质量的优良度；Share 指明了使用信息技术来实现与促进员工之间的信息与知识能在多大程度上共享。例如，$(2+2)^2=16$，而 $(2+2)^3=64$，可以发现知识共享 2 次与 3 次后组织内知识存量会快速增长。

(4) 知识不对称。知识不对称是指知识在知识主体中分布的不均衡现象，存在着知识差。知识主体包括个人、组织、地区、国家等。知识不对称是绝对的，世界上不存在任何两个知识量和知识结构上完全相同的知识主体。

从这 4 个方面分析，知识计量可以有助于我们明确了解整个组织内拥有的各种技能与知识的员工数量；明确组织内存储的知识的丰富程度；评测实现共享的信息技术的优良程度。也就是说公式中的几个变量无一不跟知识计量有着密切的关系。知识计量可以将这些变量因素精确地计算出来，有效地保证知识共享的进行，有利于我们了解我们组织已经在多大程度上实现了知识共享，还需要在多高的水平上促进知识共享。知识不对称可以给知识主体带来竞争上的优势，使得知识共享难以进行。但是知识不对称和知识共享之间必然存在着某种协调机制，知识计量就是这种协调机制的一个因素，只要我们能够掌握并建立起这种协调机制，就能有效地在知识主体之间进行知识共享。

知识计量能够明确组织内的核心知识资源。美国福特汽车公司第一代汽车金牛运营得很成功，但因为没有意识到这些数据的重要性，而加以妥善的保存、传递、共享，致使第二代团队无法找到第一代所累积下来的经验知识，唯有重新研发，这不仅浪费了重新研发的人力、财力、物力，最终因为找不到昔日的经验知识而功败垂成。在许多企业，关键岗位的员工的离职就意味着知识资本的流失。在国内有太多这样的案例，一些大公司的网络部，熟练的技术员离开公司而没有留下系统的重要资料和经验总结，新来员工上岗后不熟悉那些归类的文档，造成工作效率低下，无法独立有效地开展工作。如果我们发挥知识计量的作用，将公司的知识资源准确地评测，确定核心资源，即使我们的保存成本有限，我们也可以有选择地保存组织内重要的核心知识资源，避免此类事情的发生。

10.3 知识计量在科学评价中的应用

10.3.1 知识计量与人才评价

关于对人才的评价，国外出现了一系列的研究成果。加拿大维多利亚大学制定了一套“评价政策”，适用于教师的续聘、终身职申请、职务晋升、年度薪酬调整等事项。评价涉及三个方面：教学效果、学术与专业成就、社会服务。对学术与专业成就的评价，既要讲究产出的数量，也要讲究产出的质量；质量被认为比数量更加重要。对于学术单位，已录用待发的研究成果可以算数，只要给出最终录用证明；对于个人的续聘、终身职申请、职务晋升，对那些尚未发表但已经成形、有望发表的成果可给予考虑。为了提供一个评价框架，教师需要提供有关研究兴趣的陈述，以作为其学术档案的一部分。纳入评价范围的研究活动包括：同行评审过的学术期刊论文；撰写或编写的图书、专著；书本章节；会议论文；学术软件与多媒体资料；研究报告、政府报告；其他未经同行评审的论文、图书、专著、书本章节、会议论文；书评；未正式发表的讨论稿、底稿（Discussion、Working Paper）；学术性奖励，包括获奖提名；以及其他。纳入评价范围的其他专业活动包括：获得的科研项目资助；研究合同（不同于无研究性质的有偿咨询合同）；在学术或行业会议上的发言、讨论者身份；学术会议组织活动；学术会议专项委员会的成员；为行业性团体委员会从事的服务；被邀请做学术讲演；学术或行业评审组成员；学术期刊编辑；编委成员；学术评审活动；行业性奖励，包括获奖提名；以及其他[15]。美国得克萨斯大学的 Ganesh 与 Tripathy 通过邮件对美国各大学商学院市场营销系的评审委员会主席、成员进行了咨询，调查教学、科研、服务三者的相对重要性。这些院系有的有博士点，有的没有。研究发现：①无论职务晋升、终身职申请还是职称评定，无论所在院系有无博士点，人们都普遍认为研究比教学更重要；②职务晋升和终身职申请的时候，比在职称评定时更加重视科研，所有院系都是如此；③对科研的投入水平会增加科研在评价过程中的分量；④人们一致认为，有必要加大教学所占的分量[16]。土耳其中东技术大学 Senses 探索了不发达国家中科研绩效评价面临的一些特殊问题[17]。他指出，科研产出已成为绩效评价的首要标准。过去 10 年，研究质量在土耳其越来越受到重视。与此相应，各大学给予教研人员的科研工作和论著绩效以最高优先级。

这些方法普遍存在的一个缺点是定量分析严重不足，往往是通过定性的方式进行的。因此，也容易造成非议，缺乏科学性和说服力。引文分析方法为人才的定量分析提供了有效的定量化工具，为很多评价学者们所采用。加菲尔德曾经利用 SCI 进行过三次大规模的人才评价过程。1977 年，加菲尔德通过 SCI 甄选出 1961～1975 年的近 3 万条引文数据中的被引频次超过 4000 次的 250 位学者（仅仅考虑第一作者）。一般作者在 15 年内的平均被引频次为 50 次左右。统计结果表明，250 位作者中，有 42 人获得诺贝尔奖，占总人数的 17%；有 151 位科学家是院士出身，占总人数的 60%，其中 1/4 的院士为诺贝尔奖获得者。加菲尔德的研究结果表明以引文分析方法来定量化地评价人才是可行的。

1978 年，加菲尔德使用 SCI（1961～1976 年）的期刊论文数据库，选出 300 位科学家。这一次的特点是并不仅仅考虑第一作者，还同时考虑合著者，被选论文的平均被引频次为 5496 次。第一著作平均被引频次为 1794 次，合著作者平均被引频次为 3702。结果显示，有 160 人是院士出身，占总数的一半。获得诺贝尔奖者 26 人，占总数的 8.66%；有 177 人，获得过某种或者几种奖励，占总数的 59%。因此，在这 300 位科学家中既非院士又非得奖者很少。加菲尔德的统计又一次证明了以被引分析对人才评价的科学性与可靠性。加菲尔德的第三次人才评价过程更为系统而全面。1981 年，加菲尔德以 SCI 1965～1978 年的数据为样本，选出包含合著者在内的科学家，算出其论文被引次数，再从中选出被引次数最多的 1000 位科学家，约占全世界百万科研人员的千分之一。

因此，从加菲尔德的三次统计来看，以引文分析法评选人才是可行的，在广泛调查的基础上以被引次数为依据来评选人才是恰当的，其结果比较符合客观实际。引文分析对选聘人才、解决学术纠纷是有一定成效的。我们分析采用引文分析中被引法进行人才评价之所以富有成效，是因为被引法实际上是对文献内容的评价，一位作者其科研成果只有被别人所接受认可，才会产生被引现象。这也是一种同行评议的过程，引证者首先对被引用者的文献知识内容进行审阅、评价，如果是引证者所能接受的或他认为的对其自身的研究有价值的，他才会去引证之，如果有更多的引证者行使引证行为，则证明该文献的知识内容极具价值。

另外，我们认为，知识计量在人才评价方面不能停留在引文分析这种简洁的近似于同行评议的层面上。而应该更多地去采取直接评价的方法，如知识计量中人力资本的价值测度方法、基于成本方法、基于预期收入方法；基于能力方法。人力资本的基于成本的测算方法类似于物质资本的成本测算方法，基于能力方法被认为是对人力资本测算最直接、最精确的测算方法。这三种方法都是人才的直接评价方法。

10.3.2 知识计量与机构评价

在这里，所谓机构是指除了人之外，知识主要的实体组织。它可以小到一个部门，大到一个企业、学校、城市、地区，甚至是国家。机构评价即是对可以承载知识的组织的评价。

Geuna 和 Martin 对欧洲及亚太地区 12 个国家评价大学科研绩效的方法进行比较，其中尤其关注英国的做法，考察按科研绩效来给大学拨款的利弊[18]。他们认为实践中一般采用四种典型的科研产出测度：数量、质量、效果和应用。

同行评议和知识计量是两种主要的评价方法。用出版物、引文数据及其他信息作为同行评议的补充，这种方法称作“信息辅助的同行评议”（Informed Peer Review）。

英国高等教育评鉴（RAE）是整个欧洲发展最为成熟的大学科研评价系统，它的主要目的是为各大学科研评定等级，作为以后几年给大学拨款的依据。其特点可以概括为“基于信息辅助的同行评议方法的事后评价”。需要由被评单位提供给评审专家组的资料包括以下方面。①员工概况。所有教研及教辅人员的情况，他们是否是“研究活跃型”人员及归入该类型人员的详细资料。②论著及其他产出成果。每个研究活跃型人员可提供最多 4 份研究成果。③研究生和奖学金情况。④获取外部项目收入的详细情况，包括金额、来源。⑤科研环境的描述，如科研结构、政策和战略。⑥常规考察及附加信息，含学术领先性指标。Henkel 概括了 RAE 的作用及其给英国大学、学术界带来的正负双面影响[19]。他认为 RAE 是英国高等教育现代化过程中的重要工具，是促使大学理性分层，集中研究资源，使科研产出最大化、提高效率的手段。其总体目标是以学术共同体公认的价值准则做出判断，给最好的研究以回报。RAE 触发了大学科研管理及大学院系文化的巨大变化；扰动了学术人员、学科领域、院系及机构之间原有的关系网络；还对个人专业身份认同及科研责任观念带来了影响。

1992 年，荷兰 13 所大学与荷兰教育部商定，由荷兰大学联合会（VSNU）开发一套“科研质量评价”系统，以外部评价来弥补内部质量控制的不足。荷兰政府给大学的拨款中，教学比重占 23%，科研占 64%，机动占 13%。拨款额度由四个因素决定：学生数量、上一年度授予的学位数量、四年内按要求修完学位的学生数量和将要毕业的研究生数量。可以看出，这种模式是根据过去的基础进行增量拨款，而不是依据质量。一方面，荷兰的科研传统倾向于“自下而上”的、非正式的评价；另一方面，政策制定者对科研战略选择的兴趣大于进行绩效评估的兴趣。对大学科研的评价并不与拨款挂钩，而是用以制定战略。与英国各学科同时开展评估不同，荷兰是 4～6 年内分阶段进行。为确保公正性，评审组主要由外国专家组成。在 5 年内，评审组根据以下 6 类内容进行连续的评估：教研人员；项目研究任务与研究计划；项目内容与主要研究结果；论著情况；自选 5 份重要论著；其他质量与声誉指标，如专利、特邀讲座等。同时，评审组也进行实地考察并访问项目带头人。可以从知识计量的角度做出分析，作为书面材料和口头访谈的补充。对于每一个项目，从以下四个方面进行评价。①科学质量：思想、方法的原创性，对该学科的重要性，效果，卓越性。②科学生产率：投入和产出，投入为人员、资金，产出为论著、学位论文、专利、特邀讲座的数量。③科学关联度：

与知识、技术进步的关联，以及社会后果。④项目研究的远期前景：论著、一贯性及研究的连续性。

1994 年，芬兰教育部实行了所谓的“结果管理”体制，有一小部分预算是根据绩效评估来做的。1998 年又采用“三年协议”，规定各个大学应达到的成果及受资助的水平。目前议定的经费支出分三部分，基本支出占 90%，项目占 7%，与绩效有关的占 3%。基本支出涵盖了员工薪水和辅助设施。1997 年基本支出的核算采用了一个与教学、研究相联系的模型，其中教学部分用硕士学位数量代表，研究部分用博士学位数量代表。绩效相关部分的拨款由研究质量和效果指标决定。20 世纪 70 年代起，芬兰科学院就进行了科研绩效评价，当时主要针对科学家个人、项目、研究小组，既不系统也没有在全国普及。但 20 世纪 80 年代对 20 个学科领域进行了评估，主要关注国际性的成果，其评价动力主要是提高科学质量，其次才是决定如何拨款。1985 年，对电子学研究的评价中，评审组任命了两名国际专家。根据预先限定的子领域，挑出 28 个大学研究团体，从以下 6 个方面进行评价：①使命、愿景、与目标；②资源使用的效率；③科学才能与创新性；④技术才能及与其他研究者、企业、用户的合作；⑤研究结果对国内/国际科学界的重要性；⑥研究与产业的关联。

匈牙利科学院几乎每年都要对其下属研究所进行一次综合评议。1992 年的评议适逢经济危机及拨款缩减，该评议运用了同行评议和定量指标，其着眼点在于更有选择性地分配资源。1992 年，斯洛伐克科学院和各大学建立了一个鉴定委员会，对科学院各研究所和大学院系进行评价。对研究所的评价采用了下列指标：前五年发表的论著数（按出版类型分类）及 10 份代表作、前五年内的 SCI 被引数、期刊编委成员数、出席国际会议次数、担任国际科学组织成员及与国际科学界的关系（如合作协议与合作项目）。根据以上数据，给研究所评定等级。对于大学院系的评价，除上述四个指标外，还补充以下指标：教师资格数、研究生数、高级员工的研究活动、后续聘用研究生数和国外学生申请数。从 1992 年起，每三年执行一次评价。各系被分为 4 个等级，并与学生数相结合，决定其所获得的拨款数额。

2000 年，新西兰将其 20%的机构研究拨款根据同行评议的结果分配（其余部分按学生数量拨给）。如果此举成功，比重可能从 20%提高到 80%。澳大利亚和中国香港都有全国性的科研评价体制，而且都与资金拨款有关。澳大利亚注重研究项目收入和研究产出指标，而中国香港采用类似英国 RAE 的评价方案。根据 1990 年“相关拨款模型”（Relative Funding Model），澳大利亚给大学的固定拨款分两部分，根据学生数量给教学部分拨款，根据获取联邦竞争性项目资助的情况计算“研究定额”和给科研部分拨款。另外，论著情况及高级学位毕业率也纳入计算。1998年，一种“综合指数”被用来计算“研究定额”，该指数包括科研投入和产出两部分；科研投入含“联邦竞争性项目资助额”“其他公共部门研究资助”“产业界及其他研究资助”，科研产出含“员工及学生的学术论著”“硕士、博士等高级学位完成数”。与英国RAE相比，该评价体系有点机械主义倾向，只有“量”的测度，没有“质”的测度。Bourke认为，英国RAE满足三个功能：作为竞争性的收入来源；作为对产出质量与数量的回报；作为政策导向的工具。但澳大利亚的“研究定额”只满足第二项功能；它不鼓励提高研究质量，也很少用作政策导向的工具[20]。

在机构评价中引入知识计量的理论和方法，有着广阔的发展前景，可以完善评价指标体系、改进分类方法等。

（1）完善指标体系。评价指标体系是由反映评价目的的评价指标系统、指标权重和指标评价标准构成的一个有机整体，它是实现评价目标的重要手段。机构评价的指标体系及权重是机构评价中的一个关键问题，直接关系到评价结果的科学性、合理性和准确性。因此，建立科学、客观、可行的评价指标体系是机构评价的核心问题。例如，在大学评价中应当引入像“大学声誉”这样的定性指标，打破以往“重定量、轻定性”的评价模式已成为学术界的共识。但获取定性指标数据所依赖的问卷调查等传统方法成本高、覆盖面窄、回收率低、缺乏典型性和代表性，难以满足评价的需要。

（2）改进分类方法。“分类评价”是任何大学评价必须遵循的一个最基本的原则，这是由大学的多样性、层次性、地区性和复杂性所决定的。在我国，教育部、科技部等政府管理部门在有关的重要文件中已明确规定了“区别不同评价对象，各类评价目标，完善各类评价体系”的原则要求。对不同类型、不同层次、不同学科领域的大学及其科研活动必须要在分析其特点的基础上进行同类比较、分类评价，以便得出科学、合理、客观、公正的评价结果。但是在目前的评价工作中，所采用的分类标准要么是参照政府部门的划分，要么根据一些基本特征将其分为“文科与理科”“重点与非重点”“研究性与教学性”等简单的类型，由于这种分类方法主观性过强、没有理论依据，往往影响了评价结果的公信力。采用知识计量的链接分析法、聚类分析法、主成分分析等定量方法，可以依据大学根本属性的不同将其分为不同的类型，这种分类方法显然更具客观性和科学性。总之，将知识计量应用到大学评价中将有力地推动大学评价的发展。而通过在大学评价的应用，知识计量研究必将在实践中得到进一步的深化。

10.3.3　知识计量与期刊评价

期刊评价在科学评价中的地位和作用是由期刊的功能和作用所决定的。期刊是科研成果的重要园地，是知识传播的重要载体，同时也是人们获取和利用知识信息的重要工具和途径[21]。学术期刊报道大量的学术论文及其参考文献，而且时限短、内容新，可以全面反映科学发展与学术交流的现状与趋势，在科学研究活动中一直起着非常重要的作用。它提供科学家和专家们所需全部科技情报的70%以上，被人们誉为“整个科学史上最成功的无处不在的科学情报载体”，是科学家之间的一种正式的、公开的和有秩序的交流媒介。因此，常常需要对期刊在科学活动和学术交流中所起的作用及其质量的优劣做出客观、全面的评价，以得到改进和完善的方向和途径。国内外学者对科技学术期刊评价方法的研究结果表明：采用引文指标的评价方法所评出的结果不仅基本与专家评估结果吻合，而且其易操作性优于同行专家评价方法。以下我们选用 CSSCI 和 CCD 这两种国内比较流行的引文库作为评价工具，选取引文分析方法以 CSSCI 图情领域的 14 种来源期刊 1998～2009 年发文量、被引量、篇均被引率、h 指数等评价指标入手分析比较不同引文数据库对期刊评价结果的影响，并以相关分析来论证这种影响的大小。我们认为，这可以较好地阐明知识计量的重要计量工具——引文数据库，以及知识计量重要方法——引文分析方法在期刊评价中的具体应用。

我们选取 CSSCI 中 1998～2009 年被连续收录的图书情报领域的 14 种期刊[22]为研究对象。CSSCI 是精选数据库，对期刊的筛选和收录比较严格，而 CCD 则为一般选择的数据库[23]，因此我们以 CSSCI 中 1998～2009 年被连续收录的期刊作为研究对象，这样做的目的主要是使 CSSCI 与 CCD 中的期刊在这 10 年间始终保持一致，保证在不同引文数据库中研究对象的一致性和连续性。采取的主要方法是知识计量引文分析法，将定性、定量研究方法相结合，借助 Excel 软件对数据进行初步处理、统计；运用 SPSS13.0 对数据进行频次分析和相关分析。

1. 期刊计量指标的数量分布及排名

表 10-1 中的这 14 种期刊是图书情报学 CSSCI 1998～2009 年被连续收录的来源期刊。CSSCI 发文量为 14 种期刊在 CSSCI 中 1998～2009 年发文的总和，这个数据可从 CSSCI 中的来源期刊中直接得到；由此对应的 CCD 发文量是期刊在 CCD 中的发文量。CSSCI 被引量跟发文量原理一样，不过 CSSCI 中不提供跨年度的被引检索，我们采取将这 10 年每一年期刊论文的被引量检索出来，然后由计算机软件汇总得出如表 10-1 所示的数据。篇均被引率计算比较简单，为 10 年

表 10-1　图书情报学 CSSCI 1998～2009 年来源期刊各计量指标数量分布

期刊	CSSCI 发文量/篇	CSSCI 被引量/次	CSSCI 篇均被引率	CSSCI h 指数	CCD 发文量/篇	CCD 被引量/次	CCD 篇均被引率	CCD h 指数
中国图书馆学报	1523	8395	5.5121	29	1648	26045	15.82	68
情报学报	1262	5044	3.9968	20	1710	16527	9.7	48
大学图书馆学报	1574	5475	3.4784	22	1940	20272	10.46	56
图书情报工作	4014	8510	2.1201	19	4886	29017	5.95	53
情报理论与实践	1976	3790	1.918	15	2062	13176	6.42	37
图书情报知识	1705	3166	1.8569	15	1823	13072	7.19	40
现代图书情报技术	2172	3644	1.6777	14	3031	14021	4.64	39
情报资料工作	1642	2680	1.6322	12	2696	10623	3.96	35
图书馆论坛	3653	5470	1.4974	13	3915	27719	7.09	46
图书馆杂志	3246	4102	1.2637	15	3521	10026	2.85	30
情报科学	3955	4797	1.2129	13	3986	23290	5.87	39
图书与情报	1604	1696	1.0574	10	1675	7349	4.4	28
图书馆工作与研究	2179	1997	0.9165	8	2304	13251	5.75	35
情报杂志	5774	5283	0.915	9	5831	24434	4.21	32

被引量/10 年发文量，可用如下公式表示：

$$篇均被引率 = \frac{\sum_{i=0}^{m} n_{k+i}}{\sum_{i=0}^{m} N_{k+i}} (m=0,1,2,3,\ldots)$$

式中，k 为统计的起始年份；N 为 $k+i$ 年的发文量；n 为 $k+i$ 年的被引频次。表 10-1 中 k 值应为 1998。需要特别说明的是，期刊的 h 指数[24]我们采用的是 1998～2006 年的数值，CSSCI 中的 h 指数是利用我们武汉大学科学评价研究中心周春雷于 2008 年计算出的结果[25]，该结果已经经过验证并公开发布；为保持一致性，CCD h 指数值也是 CCD 中 1996～2006 年的结果。而且笔者已经在 CCD 中验证过，期刊在 1998～2006 年的 h 指数值与 1998～2008 年的 h 指数值相比变化不大，或者说几乎没有变化，所以虽然我们采用的是 1996～2006 的 h 指数，不会影响到最终结果。

表 10-2 将 CSSCI 1998～2010 年收录的图书情报学类 14 种期刊在 CSSCI 和 CCD 中分别根据发文量、被引量、篇均被引率、h 指数四个指标从高到低做出排名，如 CCD 发文量为 14 种期刊在 CCD 中的被引量排名，CSSCI 发文量为 14 中期刊在 CSSCI 中的发文量排名。$R1$、$R2$、$R3$、$R4$ 为根据四个指标在 CSSCI 和 CCD 中做出的排名的差值，如 $R1$ 为 14 种期刊在 CCD 中的被引量排名减去在 CSSCI 中的被引量排名，依此类推。

表 10-2 图书情报学 CSSCI1998～2010 年来源期刊各计量指标排名比较

期刊	CSSCI发文量/篇	CCD发文量/篇	CSSCI被引量/篇	CCD被引量/篇	CSSCI篇均被引率	CCD篇均被引率	CSSCI h 指数	CCD h 指数	$R1$	$R2$	$R3$	$R4$
中国图书馆学报	13	14	2	3	1	1	1	1	1	1	0	0
情报学报	14	12	6	7	2	3	3	4	−2	1	1	1
大学图书馆学报	12	10	3	6	3	2	2	2	−2	3	−1	0
图书情报工作	2	2	1	1	4	7	4	3	0	0	3	−1
情报理论与实践	8	9	9	10	5	6	6	9	1	1	1	3
图书情报知识	9	10	10	10	6	4	7	6	2	0	−2	−1
现代图书情报技术	7	6	10	8	7	10	8	7	−1	−2	3	−1
情报资料工作	10	7	12	12	8	13	10	10	−3	0	5	−1
图书馆论坛	4	4	4	2	9	5	10	5	0	−2	−4	−5
图书馆杂志	5	5	8	13	10	14	5	13	0	5	4	8
情报科学	3	3	7	5	10	8	9	8	0	−2	−3	−1
图书与情报	10	13	14	14	12	10	12	14	2	0	−1	2
图书馆工作与研究	6	8	13	9	13	9	14	10	2	−4	−4	−3
情报杂志	1	1	5	4	14	12	13	12	0	−1	−2	−1

2. 结果分析

本次研究主要是研究不同引文数据库对期刊评价的影响，至于期刊排名的上升和下降并不在本次研究的范围之内，因此为有效分析这种影响，我们对 $R1$、$R2$、$R3$、$R4$ 分别做取绝对值处理建立表 10-3，即认为 1 与−1，2 与−2 是一样的，这样做其实也有利于我们下一步对数据的深层次的挖掘。

表 10-3 期刊排名变动

$R1$	$R2$	$R3$	$R4$
1	1	0	0
2	1	1	1
2	3	1	0
0	0	3	1
1	1	1	3
2	0	2	1
1	2	3	1
3	0	5	1
0	2	4	5
0	5	4	8
0	2	3	1
2	0	1	2
2	4	4	3
0	1	2	1

运用SPSS软件对$R1$、$R2$、$R3$、$R4$进行频次分析和Explore检测分析得到表10-4。

表10-4　$R1$频次分析表

	频次 (Frequency)	百分比 (Percent) /%	有效百分比 (Valid Percent) /%	累积百分比 (Cumulative Percent) /%
有效性 (Valid) 3.00	1	7.1	7.1	7.1
2.00	5	35.7	35.7	42.9
1.00	3	21.4	21.4	64.3
0.00	5	35.7	35.7	100.0
总计 (Total)	14	100.0	100.0	

首先我们从定性的角度分析，期刊的发文量是一个相对客观数值，因此如果该期刊在统计年被引文数据库连续收录，没有出现任何的断层，期刊的发文量在不同的引文数据库中的检索结果应该是一致的（除去一些像期刊声明、来稿须知等非学术论文的收录情况不同导致的统计偏差），它在不同数据库中的排名也必然不会发生多大的变动。观察表10-4的$R1$的频次统计分析可以看到，排名变动3位的仅仅出现了一次；出现了5次零变动，即期刊在CSSCI和CCD中的排名完全一致。0～3均是我们可以接受的范围。实质上，$R1$的频次统计分析结果恰恰证明了我们数据的准确性。我们可以对CSSCI发文量和CCD发文量做相关分析进一步验证我们的结论，如表10-5所示。

表10-5　CSSCI、CCD发文量排名相关分析

		CSSCI 发文量	CCD 发文量
CSSCI发文量	皮尔逊相关系数（Pearson Correlation）	1	0.930**
	显著性（Sig.）（2-tailed）		0.000
	N	14	14
CCD发文量	Pearson Correlation	0.930**	1
	Sig.（2-tailed）	0.000	
	N	14	14

**　在0.01显著性水平上相关

从表10-5中可以看到，CSSCI发文量与CCD发文量的皮尔逊相关系数达0.930，而且显著性水平0.000小于α值0.01，即极其显著。

如表10-6所示，期刊被引量排名在不同的引文数据库中开始出现变化，其中变动3、4、5位各出现了一次，观察表10-2可以看到，它们依次是大学图书馆学报、图书馆工作与研究、图书馆杂志。期刊被引量体现了期刊对其他期刊、其他学科的影响力。我们都知道，不同于CSSCI，CCD收录了许多自然科学类的期刊，因此期刊的排名变动可能是由这部分期刊导致的。像图书馆工作与研究的被引量排名由 CSSCI 中的 13 位上升为第 9 位，最有可能的就是图书馆工作与研究被其他非 CSSCI 图情期刊和自然科学类期刊引用较多，它对其他学科的影响力相比其他期刊应该较大。因此可以说，选择不同的引文数据库也体现了不同的评价理念，如果我们的评价侧重于期刊对本学科或者相关学科的影响力，可以选择集中收录本学科及相关学科的引文库；如果我们侧重于期刊的综合影响力，最好是选择一些综合性强的引文数据库。简言之，重要的是选择适合的数据库，并不一定是综合性数据库就一定好。

表 10-6　R2 频次分析表

		Frequency	Percent/%	Valid Percent/%	Cumulative Percent/%
Valid	5.00	1	7.1	7.1	7.1
	4.00	1	7.1	7.1	14.3
	3.00	1	7.1	7.1	21.4
	2.00	3	21.4	21.4	42.9
	1.00	4	28.6	28.6	71.4
	0.00	4	28.6	28.6	100.0
	Total	14	100.0	100.0	

篇均被引率对于期刊来说是一个非常重要的评价指标。遗憾的是，我们从表 10-7 的 $R3$ 的频次分析结果中看到了不同引文库评价结果的差异性很大。变动 5 位出现 1 次，变动 4 位出现 3 次，变动 3 位出现 3 次，有效百分比分别为 7.1%、21.4%、21.4%，累积百分比达到了 50%。也就是说已有半数的期刊在不同引文数据库中的排名发生了较大变动（大于 3）。只有《中国图书馆学报》没有任何变化。

表 10-7　R3 频次分析表

		Frequency	Percent/%	Valid Percent/%	Cumulative Percent/%
Valid	5.00	1	7.1	7.1	7.1
	4.00	3	21.4	21.4	28.6
	3.00	3	21.4	21.4	50.0
	2.00	2	14.3	14.3	64.3
	1.00	4	28.6	28.6	92.9
	0.00	1	7.1	7.1	100.0
	Total	14	100.0	100.0	

图 10-1 显示，CSSCI 与 CCD 给出的 h 指数排名并没有多大的变化。排名变动 1 位出现的频次最多，总共出现了 7 次，也就是说 CSSCI 和 CCD 的期刊 h 指数排名基本一致。但是我们从茎叶图却看到了一个极值 8，这表示有一种期刊的排名变动了 8 位，这对于仅仅包含 14 种期刊的评价来说不可谓不大，因此被当

作了极值处理。观察表 10-2，该期刊是《图书馆杂志》。由此看来，在进行期刊评价时选择不同的引文数据库对某些期刊的影响的确是很大的，也进一步表明选择不同的引文数据库对于评价活动的重要性。

Frequency（频次）	Stem & Leaf（茎和叶）
2.00	0.00
7.00	1.00
1.00	2.00
2.00	3.00
0.00	4.00
1.00	5.00
1.00 Extremes（极限）：	（≥8.0）
Stem width（茎宽）：	1.00
Each leaf（每叶）：	1 case (s)（事例）

图 10-1　R4 的茎叶图

3. 相关分析

我们以上已经得出，不同的引文库会对期刊评价会产生或多或少的影响，而且已经具体到各个评价指标。为进一步分析 CSSCI 与 CCD 对各指标的影响程度，我们对各评价指标的排名做相关分析如表 10-8 所示。

根据表 10-8，我们关注以下几对数值：CSSCI 发文量与 CCD 发文量、CSSCI 被引量与 CCD 被引量、CSSCI 篇均被引率与 CCD 篇均被引率、CSSCIh 指数与 CCDh 指数，主要是它们的相关系数值与显著性水平值。CSSCI 发文量与 CCD 发文量的相关系数为 0.930，Sig.＝0；CSSCI 被引量与 CCD 被引量的相关系数为 0.855，Sig.＝0；CSSCI 篇均被引率与 CCD 篇均被引率的相关系数为 0.754，Sig.＝0.002；CSSCIh 指数与 CCDh 指数的相关系数为 0.741，Sig.＝0.002。首先要说明的是它们的显著性水平分别为 0、0、0.002、0.002，都远远小于显著性水平 0.01，即极其显著，表明 CSSCI 与 CCD 在期刊评价过程中具有很强的相关性，这两种不同的数据库做出的评价结果并不是相互独立的，而是高度相关。但是 CSSCI 与 CCD 各评价指标排名的相关系数 0.930，0.855，0.754，0.741 又是逐渐降低的，相关系数表示的是相关性，也就是说，从发文量排名、被引量排名、篇均被引率排名一直到 h 指数排名，CSSCI 与 CCD 做出的排名的相关性越来越低，独立性越来越强，即它们的排名的差异性变得越来

表 10-8　期刊各指标之间的相关分析

		CSSCI 发文量	CCD 发文量	CSSCI 被引量	CCD 被引量	CSSCI 篇均被引率	CCD 篇均被引率	CSSCI h 指数	CCD h 指数
CSSCI 发文量	Pearson Correlation	1	0.930**	0.156	0.35	−0.600*	−0.48	−0.5	−0.32
	Sig.（2-tailed）		0	0.594	0.23	0.02	0.081	0.10	0.267
	N	14	14	14	14	14	14	14	14
CCD 发文量	Pearson Correlation	0.930**	1	0.257	0.39	−0.5	−0.5	−0.4	−0.22
	Sig.（2-tailed）	0		0.375	0.16	0.08	0.069	0.22	0.455
	N	14	14	14	14	14	14	14	14
CSSCI 被引量	Pearson Correlation	0.2	0.257	1	0.855**	0.51	0.521	0.631*	0.719**
	Sig.（2-tailed）	0.6	0.375		0	0.06	0.056	0.02	0.004
	N	14	14	14	14	14	14	14	14
CCD 被引量	Pearson Correlation	0.3	0.393	0.855**	1	0.28	0.486	0.27	0.670**
	Sig.（2-tailed）	0.2	0.164	0		0.33	0.078	0.35	0.009
	N	14	14	14	14	14	14	14	14
CSSCI 篇均被引率	Pearson Correlation	−0.600*	−0.48	0.512	0.28	1	0.754**	0.899**	0.842**
	Sig.（2-tailed）	0	0.081	0.061	0.33		0.002	0	0
	N	14	14	14	14	14	14	14	14
CCD 篇均被引率	Pearson Correlation	−0	−0.5	0.521	0.49	0.754**	1	0.648*	0.864**
	Sig.（2-tailed）	0.1	0.069	0.056	0.08	0		0.01	0
	N	14	14	14	14	14	14	14	14
CSSCI*h* 指数	Pearson Correlation	−0	−0.35	0.631*	0.27	0.899**	0.648*	1	0.741**
	Sig.（2-tailed）	0.1	0.215	0.016	0.35	0	0.012		0.002
	N	14	14	14	14	14	14	14	14
CCD*h* 指数	Pearson Correlation	−0	−0.22	0.719**	0.670**	0.842**	0.864**	0.741**	1
	Sig.（2-tailed）	0.3	0.455	0.004	0.01	0	0	0	
	N	14	14	14	14	14	14	14	14

* 表示在显著性水平 0.05 上相关；** 表示在显著性水平 0.01 上相关

越大。选用 CSSCI 与 CCD 对篇均被引率与 h 指数的影响要超过发文量与被引量。我们都知道，篇均被引率与 h 指数对于期刊评价来说是非常重要的评价指标，它们的重要性远远大于发文量与被引量，由此看来选择不同引文库对重要指标的影响可能会比一般指标更大一些。

4. 结论

通过对 14 种 CSSCI 1998～2009 年图书情报来源期刊，运用 CSSCI、CCD 两种不同的引文数据库统计分析可以看到，当我们在对同一研究对象进行科学评价时，不同的数据库会产生不同的评价结果，越是重要的指标，如文中的篇均被引率、h 指数，就往往越会表现出较大的差异。期刊评价时，引文数据库的选择是一项极其重要的工作。为此，我们提出了以下几点建议。

（1）选用多个数据库进行评价。选用多个数据库是我们中国科学评价中心的典型做法，笔者认为，结合评价的实际情况选用多个数据库可以在解决不同数据库对期刊评价结果的影响上提供一点有益的思考。中心在评价过程中的数据来源上，基金论文比、总被引频次、影响因子、Web 即年下载率 4 个评价指标的数据主要来自《中国学术期刊引证报告》与《万方学术期刊刊引证报告》这两个第三方评价机构的公开出版物。报告中均有的数据，则取两者的最大值；若任一报告中数据空缺，则取其中之一。例如，影响因子这项指标，清华同方数据库与万方数据库提供数据，则评价中期刊的影响因子数值就用两个数据库中数值较大者[26]。

（2）定性与定量相结合。引文数据库为我们提供了定量分析的方法和角度，但我们不应该滥用之，定性方法的有效运用会弥补引文数据库在定量方面的不足，从而增加期刊评价的客观性和公正性。在定性方面，可以以专家评审意见作为期刊排名微调的依据。专家评审的目的是甄别系统排序的合理性或减少因某些特殊因素没有被纳入评价指标而遗漏优秀期刊的可能性。为了保证学术期刊评价的公正、公平、合理和权威性。参加对同一组期刊评审的专家应该来源于三个领域：一为学科专家，他们是期刊文献的直接创造者和使用者，来自于该学科领域的带头人和高校教授；二为期刊杂志社的编辑专家，他们是期刊文献的生产者和发行者，来自于出版界和期刊学会；三为图书馆的学科馆员，他们是期刊文献服务的传播者和提供者，主要来自于高校图书馆界。以上专家全部必须具有高级职称和长期的业内从业经验。

（3）根据评价目的选择最适合的数据库。如果我们是评价期刊的综合影响力，可以尽量选择一些综合性强的引文库进行评价；如果仅仅是评价其在社会科学领域的影响力，可以选择如 CSSCI 之类的社会科学引文库。

（4）根据评价指标灵活运用多种不同的数据库。不一定是对所有的评价指标都选用一种数据库进行数据的搜集和评价，我们可以根据不同的评价指标灵活选择最适合我们评价需求的不同的引文库。有很多评价指标其实并不适合我们选用的数据库，如文中所说的被引量指标如果是选用 CSSCI 就不太适合，选择 CCD 较为适合，因为 CSSCI 忽略了期刊被其他学科期刊的引用情况，期刊对其他学科的贡献力也是评价期刊的重要方面。

我们认为，在进行科学的评价时不仅应该选择合适的指标对研究对象进行评价，评价数据库的选择也应该谨慎地对待，否则，即使评价过程无懈可击，评价结果也无法令人信服。

10.4 知识计量在科技管理中的应用

10.4.1 知识计量与科学研究

科学研究是一个动态复杂的智力劳动活动，大多数的科学研究活动都存在着一个将隐性知识显性化的阶段，即科学研究的最终结果一般要形成一定的科学文献，记载科学研究的过程及相应的研究结论。知识计量与科学研究的密切活动在以下几个方面有所体现。

（1）研究科学发展的特点。①科学发展的速度；②科学发展的继承特点；③科学发展的阶段性；④学科的交叉影响；⑤科学发展的转移；⑥科学共同体的集体性。

（2）研究科学结构。从系统论角度讲，科学即为一个系统，其结构具有层次性和动态性。著名科学学家贝尔纳说过："科学研究每进一步，都要重新确立科学结构的模式。"科学技术的每一次突破，如计算机、基因工程等，都会对各种学科产生或多或少的影响，而对其内部结构的重组作用就会悄然发生。而科学研究又可以分为静态结构和动态结构。静态结构是某一时间的科学文献呈现的结构状况；而动态结构是在静态结构基础上形成的，通常选取一定的范围或者两个时间点的文献信息进行综合比对或者前后比对来探析学科的知识结构。

（3）研究科技史。我们认为，每一篇论文都是科学进展中的一个问题，如果该论文被反复引用，则说明该问题是该领域的关键问题。一篇篇的论文按照时间排列开来就可以形成一个学科的时序图；使用箭头来表示科学文献的相互引证关系可以绘制科学的历史图。

（4）研究科技政策。科学家的分布，科学生产效率的测度都可以为科技政提供依据。普赖斯曾经统计世界各国科学家人数时发现，1967 年世界科学家的

90%居住在世界上最发达的14个国家中；最发达的40个国家的科学家人数占世界科学家总数的99%。因此普赖斯的结论为，科学家的分布与一个国家的发达程度有着密切关系。英哈伯（Inhaber）按照人口多少将世界上的城市分为5类，然后统计各类城市每1000人中有多少个科学家。结果表明，科学家大都集中在各类大城市中。因此，他提出了一个国家的科学家在地理位置分布上应该怎样才算合理的重大政策性问题。

10.4.2　知识计量与期刊管理

知识计量在期刊管理中的应用主要体现在两个方面：一是对期刊进行评价，这在知识计量在科学评价中的应用中我们已经有所研究，并辅以案例进行说明；二是知识计量理论与方法对期刊文献数据的重构，使得期刊数据库的功能更加完善。

数字化期刊以其方便、高效等诸多优点受到广大科研工作者的青睐，许多数据库生产商和服务商高度重视学术性期刊数据库的开发。目前，国内外已经出现一大批期刊数据库，如ISI开发的期刊引文数据库Web of Science，EBSCO公司开发的期刊服务系统EBSCO Online和EBSCO Net，荷兰著名学术期刊出版商Elsevier、Kluwer等推出的期刊全文数据库系统Science Derect On Site（SDOS）和Kluwer Online，德国Springer公司的电子期刊服务系统Springer Link等。我国的重庆维普、万方、清华同方等也开发出各自的数据库系统，并且近年来在中文期刊资源的开发和服务上展开了激烈的市场竞争。

纵观国内外的期刊数据库服务系统，以及对它们的使用分析，我们不难发现，除了比较传统的浏览、查询、全文阅读与下载等基本功能外，对期刊及其刊载论文开展深入的定量分析、充分挖掘其蕴含的学科知识与学术价值，已经引起了广大数据库生产商的高度重视。Web of Science系统及其配套的计量分析工具JCR、基本科学指标数据库（ESI）等的成功应用也充分证明，对高品质的学术性期刊信息资源进行计量分析，不仅可以有效提高学术资源的利用效率，而且对学术评价、科研管理与决策等工作也具有十分重要的价值[27]。

知识计量在期刊文献数据库的计量分析功能大致包括简单计数统计、历时性分析、共时性分析、引用关系聚类分析等几个方面。这实际上都是对知识单元与知识关联等的一种挖掘分析。

（1）简单计数统计功能：主要是基于简单的加和计算思想进行的，计量指标具体包含点击率、订阅量、被检索/浏览/下载的次数、被引用次数等。这些指标数据一般从期刊文献数据库本身或数据库服务系统的日志文件中收集。简单计数统计所得到的结果主要是动态性很强的“排行榜”，例如热点文章排行、热点作者排行、热点期刊排行等。

(2) 历时分析功能：主要是对论文、期刊等对象进行纵向统计，从而客观地反映出分析对象的各项指标随时间变化而产生的发展演变轨迹，如文献的老化、学科的发展演变等，也可以据此预测分析对象的发展趋势。历时分析具有回溯性，通常要求分析对象的数据收集具有一定的规模和时间跨度。Web of Science 系统中的 SCI 所收录的期刊数据可以回溯至 1900 年，因此，SCI 支持大规模的历时分析，并据此描绘出某一学科、期刊的发展与演变历程。

(3) 共时分析功能：主要是对期刊、论文等分析对象进行横向的比较分析，共时分析要求分析对象之间具有一定的共性。共时分析产生的成果形式一般有相同领域的著者影响力排名、科研机构影响力排名、论文影响力排名及学科之间的联系与比较等。

(4) 引文聚类分析功能：引文聚类分析是基于论文之间或著者之间的引用和被引用关系而进行的深度定量分析，聚类分析的结果通常是网路图或是树状图，从图中可以分析求出一系列重要的知识关联和学科发展联系。期刊、论文、关键词、著者、科研机构等都可以作为引文聚类分析的对象。

(5) 基于期刊专业性指标的计量分析功能：这是一种专门以期刊为计量对象的专业性计量分析，所采用的计量指标主要是期刊的一些年度性指标，如载文量、参考文献量、被引次数、影响因子、引用半衰期等。

通常，在针对上述几项研究指标进行计量分析时需要较大规模和较长时间跨度的数据支撑。期刊文献数据库恰好具备这种数据支撑条件，因此，在保证实现原始的文献检索功能的基础上，国内外的期刊文献数据库生产商和服务商都致力于开发数据库的新功能，通过将计量分析服务嵌入传统的浏览、查询等核心功能之中，实现期刊数据库的某些计量分析功能与数据库系统的基本服务功能的整合。例如，清华同方的 CNKI 系统就在其检索结果页面上方的“知节网”工具条设置“引证文献”“共引文献”“同被引文献”“二级引证文献”等链接与计量功能，并在该结果页面的下方依次对每项链接与计量功能的具体结果给予详细的展示。甚至一些搜索引擎工具也开始引入信息计量方法，以增加其服务功能。例如，Google Scholar 就设有引文链接，用户点击记录下方的“Cited by…”即可搜索引文文献，相当于一个各种专业文献数据库的索引。

期刊引文数据库的文献计量分析功既为科研工作者提供了极大的便利，也在科研管理、学术评价等活动中发挥重要作用。通过不同的实施策略进行多方面的计量分析，可使其蕴含的功能和价值得到更加深入的开发和利用，由此也可极大地提高期刊文献数据库系统的服务水平和增值能力。尽管，目前期刊数据库已有的计量功能主要基于传统的信息计量方法，但知识计量的发展将会为其提供新的计量工具和方法，期刊数据库服务系统的计量功能也将日臻完善。

事实上，知识计量与期刊管理是一种相互影响、相互促进的互动发展关系。一方面知识计量为期刊管理提供了新的思想和方法；另一方面期刊的发展变革，特别是期刊管理的规范化、科学化和现代化，也为知识计量提供了更好的统计数据来源。目前，知识计量在期刊管理领域已经有所作为，但由于知识计量自身发展的不够成熟和完善，其应用范围仍然非常有限，可能更多的仍然体现在文献计量学上。随着人们对知识计量的研究逐渐趋于深入，它必将能在期刊管理领域发挥更大的作用。

10.4.3　知识计量与科技预测

科技预测是根据预测学的基本原理及科技发现的现状，对科技未来的发展趋势及对社会可能造成的影响进行分析，并进一步得出预测性的结论。科技预测的方法有很多，如德尔菲法、类推法、平滑曲线法、趋势外推法、决策树法、回归分析方法。这些方法可以划分为三类，即定性分析方法、定量分析方法和综合方法。知识计量是一种新涌现的对科技预测的方法，知识计量应用于科技预测的基本的原理如下。科技预测的进行要在历史的、现在的文献大量掌握的基础上，对文献进行外在特征与内部结构的深入分析，揭示科技领域发展的内在规律性，并根据这种规律性对未来可能出现的发展趋势进行分析预测。一个学科的发展通常要经过诞生、发展、成熟、分化这几个过程。在学科的诞生之初，往往只有少数的几篇文献，其内容是对学科概念、定义等基本问题的辨析与讨论；当学科被一部分所承认，并开始展开研究的时候，学科就进入了一个发展时期，文献数量呈现步步增长趋势，对相关问题的探讨也开始深入细致，已经颇具一定的深度。随着所探讨的内容日渐完善，学科进入了一个成熟时期，此时的文献增长速度明显减缓，增长线不再陡峭，而是趋于平缓，所发表的文献内容更多是面向学科应用方面。学科成熟后，因其理论方法，以及应用的准确、完整，就往往会孕育出新的分支学科，为自身学科发展提供新的动力。这种联系正是我们运用知识计量来进行科技预测的基本依据。另外，科学技术的迅速发展，尤其是计算机网络技术与通信技术的发展，学科之间的交叉渗透、相互影响关系日益深刻，这也可成为我们进行学科预测的重要依据。知识计量对科技的预测主要体现在以下几个方面。

（1）科学预测，从宏观层次上对整个科学体系进行分析预测。分析学科的发展、演化、未来趋势；预测学科的未来发展前景、可能出现的分支学科及边缘学科；学科与其他学科之间的交叉渗透、相互影响关系，既包含本学科对其他学科的影响，也包含其他学科对本学科的影响。

（2）技术预测，是技术的未来发展的预测。预测某些重大技术领域的发展前景，可能出现的技术发明、新材料、新工艺、新设备和新方法，以及新技术的应用领域。知识计量的专利分析在此方面有较大的应用价值。专利文献是各种具有应用价值的技术发明的实际记录，它包含相当丰富的技术信息。据统计，90％～95％的世界技术发明记载在专利文献上。专利数据库囊括了世界范围内尽可能多的重大技术发明，并按时间顺序组织起来。还有人分析过，世界上80％～95％的专利文献信息是通过其他技术文献所无法获取的。另外，更重要的是，专利文献不仅告诉我们关于某一项专利技术的新发明或其改进，而且还蕴藏着大量的技术动向和经济信息。如果将专利文献库中的专利文献的数量、增长、结构、引证等现象进行分析，以及对专利文献的重组，可以从中得到很多有价值的结论，并以此对某些专利技术进行评价和预测。

（3）科技事业预测。关于科技事业未来发展前景的预测。主要预测科研体制、科技队伍、科技图书、信息资料、科学交流、技术引进、技术共享、技术专业等的发展前景。

（4）科学技术对社会、经济的影响的预测。社会的进步、经济的发展在很大程度上依赖于科学技术的发展。科学技术知识是人类整个知识体系的重要组成部分，以人类整个知识体系作为研究对象的知识计量在一定程度上可以预测科学技术对社会、经济的影响。

参考文献

[1] Small H. Co-citation in the scientific literature：a new measure of the relationship between two documents. Journal of the American Society for Information Science，1973，24：265 - 269

[2] 李妹兰．知识网络与哈耶克的知识观．农业图书情报学刊，2005，(1)：87 - 88

[3] 赵蓉英．知识网络及其应用研究．武汉：武汉大学博士学位论文，2006：50 - 68

[4] 文庭孝，汪全莉，王丙炎，等．知识网络及其测度研究．图书馆，2009 (1)：1 - 6

[5] 段宇锋．网络链接分析与网站评价研究．北京：北京图书馆出版社，2005：44 -46

[6] 马庆国．管理统计．北京：科学出版社，2002：132 - 134

[7] 马瑞敏，邱均平．基于 CSSCI 的论文同被引实证计量研究——以图书馆学、情报学为例．图书情报知识，2005，(5)：77 - 79

[8] 刘军．社会网络分析导论．北京：社会科学文献出版社．2004：286 -289

[9] 张秀梅，吴巍．科研合作网络的可视化及其在文献检索服务中的应用．情报学报，2006，(1)：9 - 15

[10] 常明山，张贵书，王丽芬，等．面向企业信息化市场的客户需求分析．成组技术与生产现代化，2003，20 (1)：42 - 45

[11] Ruggles R L. The state of notion：knowledge management in practice. California Management Review，1998，40 (3)：80 - 89

[12] Jager M. The KMAT：benchmarking knowledge management. Library Management，

1999，20（7）：367－372

［13］柯平．知识管理学．北京：科学出版社，2007

［14］娄策群．信息管理学基础．北京：科学出版社，2005

［15］Faculty of Social Sciences University of Victoria document. Faculty Evaluation Policy，2005. http：//socialsciences. uvic. ca/documents/eval/faculty _ evaluation _ policy. pdf，［2007－01－02］

［16］Gopala K G，Niranjan T. The Relative Importance of Teaching，Research and Service in Performance Evaluation of Marketing Faculty. Marketing Education Review，1996，6（1）：65－75

［17］Fikret S. Difficulties and Trade-offs in Performance Evaluation In Social Sciences——a Turkish Perspective. ERC Working Paper In Economic，2003. http：//www. erc. metu. edu. tr/menu/series03/0310. pdf［2007－01－02］

［18］Aldo G，Ben R M. University research evaluation and funding：an International Comparison. Minerva，2003，41（2）：277－304

［19］Mary H. The modernisation of research evaluation：the case of the UK. Higher Education，1999，38（3）：105－122

［20］Aldo G，Ben R M. University Research Evaluation and Funding：an International Comparison. Minerva，2003，41（2）：277－304

［21］邱均平．文献计量学．北京：科学技术文献出版社，1988

［22］叶继元．数据库来源期刊与学术评价关系探寻．情报学报，2004，23（6）：730－736

［23］中国社会科学研究评价中心．CSSCI 来源期刊 1998—2009. http：//cssci. nju. edu. cn/cssci _ qk. htm［2013－03－28］

［24］Hirsch J. An index to quantify an individual's scientific research output. Proceedings of the National Academy of Sciences of the United States of America，2005，102（46）：16569-16572

［25］周春雷，苏金燕，罗力．基于 CSSCI 的图情类期刊 h 指数评价研究．图书情报工作，2009，53（8）：138－141

［26］邱均平，李爱群，周春雷，等．中国学术期刊评价特色、做法与结果分析．重庆大学学报（社会科学版），2008，14（4）：64－68

［27］赵丹群．试论学术期刊文献数据库计量分析功能的开发．图书情报工作，2008. 52（10）：45－47，96

第十一章

知识计量的实证研究

知识计量学是以人类的整体知识体系及知识活动为研究内容的计量学科，因此它包含着众多的研究层面。在本章的实证研究阶段，我们将主要结合图书情报学科，进行两个方面的实证研究：一是知识的扩散及其计量；二是知识的关联及其计量。

11.1 国内图书情报学知识扩散计量研究

本节阐述了基于期刊引证关系的学科知识扩散广度、强度及速度等指标的内涵与计算方法，并给出了三者的计量公式及其相互关系，并以图书馆、情报、档案学为例，对其知识扩散广度、扩散强度和扩散速度进行了实证研究。

知识扩散，指的是科学出版物和专利物所记录知识的改变和应用[1]。1924年，卡耐基基金会的 William Setchel Learned 在其出版的一本小册子中第一次对知识的扩散性进行了研究[2]。随着知识经济社会的到来，近年来知识传播、交流、转移及扩散等问题已经吸引了越来越多的关注，知识扩散及其计量研究业已成为一个重要的议题，国内外学者对其从多方面进行了广泛的探索，取得了不少的成果。Crane 较早地将知识扩散引入科学学研究领域进行了研究[3]；Appleyard 等对半导体产业的知识扩散情况进行了分析，提出基于流体动力学框架的知识扩散分析[4]；Sorenson 讨论了科学发展与知识扩散的关系，对科学出版物类型、引文与科学研究及技术扩散的相关性进行了细致的研究[5]；Richard Taylor 等对知识扩散及其与创新之间的关系做了较为深入的研究，并提出了知识经济环境下的知识模型及其扩散模式[6]。Taks 从产业角度分别分析了区域层面和公司层面的知识扩散问题，其中综合采用了大量定量研究工具，具有较强的创新性和实用性，为后续的相关研究带来了启发性的思考[7]。

国内从 20 世纪 90 年代开始关注并展开对知识扩散问题的研究，与国外相比起步比较晚，但发展迅速，并且得出了一系列的研究发现与结论。王开明[8]等对知识转移与扩散进行了定性的分析与评述，认为无论是隐性知识还是显性知识，在转移过程中都有成本发生，成本的大小不仅取决于知识本身，而且还取决于接受者的天赋和后天的知识积累，不同的人在获取不同的知识方面存在着比较优势或劣势。常荔[9]基于知识链的角度对影响知识扩散的因素进行了综合分析，认为知识扩散与知识的性质与内容、知识供给主体传递知识的能力、知识结构的互补性及社会环境因素等因素高度相关。这些研究或侧重于定性综述或侧重于国内外回顾与展望，多角度、多层次地对知识扩散问题进行了较为全面的描述和揭示。

如何把握一个知识域的结构与演变，对于置身于当今信息社会的我们来说，是一项前所未有的、广泛而迫切的重大课题[10]。我们认为，学术期刊作为科学知识的重要载体，在科学知识的传播、扩散中具有重要的作用。其中科学知识的传播和交流又主要以引文的方式出现，因此，从期刊引证关系的角度来考察知识的传播与扩散，对厘清学科发展和知识交流的规律具有重要的作用。同时，由于核心期刊因大量和集中刊载了一个学科的主要研究成果，具有很强的代表性；通过研究某个学科领域内的一批核心期刊的被引情况，可以揭示该学科的被引情况，进而发现其发展过程中的知识扩散规律。本节选择 CSSCI 来源期刊所收录的图书馆、情报、档案学领域的 20 种刊物作为研究对象；对其 2001～2011 年的引文数据从扩散广度、扩散强度及扩散速度三个方面进行了较为深入的分析，以期揭示图书馆、情报、档案学领域的知识扩散情况，据此对基于期刊引证关系的学科知识扩散计量原理和方法得出一些有价值的结论和发现。

11.1.1 数据与方法

1. 相关研究

目前，相较于其他领域，关于期刊引文与知识扩散的研究还相对较少。英国伦敦大学学院的 Rowlands 在 2002 年第一次提出期刊扩散指数（Journal Diffusion Index，JDI），有时也将其称为罗兰德斯期刊扩散指数，即 Rowlands Journal Diffusion Index，RJDI。他将期刊作为知识扩散的单元，并以此来测度科学知识的扩散情况，并认为引用期刊的数量将是一个与扩散概念相关的新引文参数指标[11]。RJDI 的结构式为 $RJDI=U/C_{it}$（U 为引用给定期刊的其他期刊数目，C_{it} 为给定期刊被引用的次数总和）。

从结构式来看，期刊扩散指数 JDI 与被引用次数呈高度负相关，一个高被引期刊反而会获得较低的 JDI，而较少被引期的期刊却获得较高的期刊扩散指数。因此，来自丹麦皇家图书馆与信息科学学院的 Frandsen 认为，这种情况导致了 RJDF 不适合作为研究影响力的评价工具[12]。于是，他提出了 FJDI（Frandsen Journal Diffusion Index，FJDI），其表达式为 $FJDI=U/Pub$（Pub 为给定期刊的发文总量）。Frandsen 用 Pub 替代了 RJDI 中的 C_{it}，从而解决了罗兰德斯期刊扩散指数在时间维度上的负增长性。随后 Frandsen，Rousseau 及 Rowlands 等又对期刊扩散指数模型进一步修正和精确化[13]。

从形式上来看，存在 $IF=FJDI/RJDI$，IF 为传统影响因子。也就是说，弗兰德森期刊扩散指数 FJDI 实际上等于影响因子 IF 与罗兰德斯期刊扩散指数 RJDI 的乘积。2005 年，Egghe 对 RJDI 和 FJDI 及其与 IF 之间的数学性质进行深入的了研究后认为，在理想的数学条件下，RJDI 是一个以引用次数为自变量的递减函数，而 FJDI 则是一个针对引用次数的递增函数；同时他指出，RJDI 与 FJDI 之间存在 r（RJDI，IF）$=0\Rightarrow r$（FJDI，IF）>0 的逻辑关系，r 为皮尔逊相关系数。

2. 方法

（1）知识扩散广度（Knowledge Diffusion Breadth，KDB）和扩散强度（Knowledge Diffusion Intensity，KDI）。同济大学的刘玉仙和国际著名信息计量学家 Rousseau 曾在其合作的论文中[14]通过 ESI 的学科分类对不同学科领域的知识扩散广度及扩散强度进行了研究。该文章认为，一个学科或领域论文集合的被引用次数叫做该学科或领域的知识扩散广度；知识扩散强度举例来说，A 学科被 B 学科引用的数量叫做 A 学科对 B 学科的知识扩散强度。

本节认为，知识扩散的相关计量指标的目的在于正确分析知识传播交流过程中的结构特征、强度特征、变化趋势及其联系，是一种相对性的科技统计指标，带有较强的比较性，宜采用无单位度量，而不是使用引用次数作为指标单位。这里，我们将基于期刊引证关系的学科知识扩散广度和扩散强度分别定义如下：学科知识扩散广度指的是该学科领域期刊的被引用次数除以年数的商，其计算公式为 $\mathrm{KDB}=N_i/Y_{\mathrm{Pub}}$（其中，$N_i$表示统计年度该学科期刊的被引总数，$Y_{\mathrm{Pub}}$表示以统计起点到终点而计算出的年数）；A 学科的期刊被 B 学科期刊引用的数量除以总被引次数叫做 A 学科对 B 学科的知识扩散强度，其计算公式为 $\mathrm{KDI}=N_i/\sum N_i$（$N_i$表示 A 学科的期刊被 B 学科期刊引用的数量，$\sum N_i$表示 A 学科期刊的总被引次数）。

（2）知识扩散速度（Knowledge Diffusion Speed，KDS）。Rousseau 结合 Fairthorne、Rowlands 、Frandsen 等的研究成果认为，平均扩散速度就是不同引用期刊总数除以出版以来的年数。据此，可以得到知识扩散速度的计算公式为 $\mathrm{KDS}=P_{\mathrm{cit}}/Y_{\mathrm{pub}}$（其中，$P_{\mathrm{cit}}$表示统计年度的不同引用期刊总数，$Y_{\mathrm{Pub}}$表示以统计起点到终点而计算出的年数）。如某学科刊物 M，2009 年被 246 种刊物引用，2010 年被 134 种刊物引用，那么，2009 年刊物 M 的 KDS＝246/2＝113，而 2010 年的 KDS＝134/1＝134。从中我们可以看出，虽然 2010 年引用 M 的期刊数量没有 2009 年的多，但实际上 2010 年的知识扩散速度却大于 2009 年。

3. 数据来源

本节研究对象来自于 CSSCI（2010～2011 年）来源期刊目录所收录的图书馆、情报与文献学领域包括中国图书馆学报、情报学报、大学图书馆学报在内的 20 种刊物，所有引文数据下载自 CNKI 的 CCD。采集的数据包括被引期刊数（统计期刊被其他刊引用的情况）、发文量及各年被引量。为了便于研究，本小节只选取了 2001～2011 年引文频次大于等于 5 的引文数据。其发文量与被引期刊数的具体数据见表 11-1。

表 11-1　2001～2010 年来源于 CSSCI 的图书馆、情报、档案学 20 种核心期刊被引期刊数

期刊名	被引期刊数/频次	发文量/篇	期刊名	被引期刊数*/频次	发文量/篇
中国图书馆学报	1194	1481	图书馆论坛	1450	3848
情报学报	1024	1484	现代图书情报技术	1008	2915
大学图书馆学报	1118	1762	情报资料工作	918	2507
图书情报工作	1347	5720	图书馆工作与研究	1117	2657
图书情报知识	1073	1758	情报杂志	1675	6301
情报理论与实践	969	2419	图书馆杂志	809	3316
国家图书馆学刊	441	994	图书与情报	733	1851
图书馆建设	1083	3572	图书馆理论与实践	987	3393
图书馆	995	2386	档案学通讯	585	1744
情报科学	1647	4103	档案学研究	354	1157

* 被引期刊数＝所有引用该期刊的不同期刊数－1，即排除了自引

从表 11-1 可以看出，期刊发文量与引用其的期刊数呈现强相关性，即较高的发文量带来了较大的引用量，其相关系数为 $R=0.740$（表 11-2）。这说明，从较长时段上看，发表文献的数量还是决定一个学术期刊影响力的重要影响因素。但是从实际的情况来分析，基于期刊发文量与引用其的期刊数来考察期刊的影响力结果与传统的影响因子计算结果是不同的（表 11-6），但是本小节的目的是通过研究一个学科的核心期刊的知识扩散来推断整个学科的知识扩散情况，因此，不同期刊之间的知识扩散性不属于本小节所要研究的内容，但不可否认，这将是一个非常有意义的论题，需要在后续的研究过程中给予探讨，这方面已有的研究包括 Rowlands、Sanni 和 Zainab[18]，他们分别对相关的问题进行了较为详细的探讨。

表 11-2　发文量与被引期刊数的相关系数

		被引期刊	发文量
被引期刊	Pearson Correlation	1	0.740**
	Sig.（2－tailed）		0.000
	N	20	20
发文量	Pearson Correlation	0.740**	1
	Sig.（2－tailed）	0.000	
	N	20	20

** 显著性水平为 0.01 时相关

11.1.2　结果与分析

（1）知识扩散广度分析。根据前文提出的知识、扩散广度计算公式对表11-1数据进行计算，得到2001～2011年图书馆、情报、档案学领域知识的年度扩散广度变化趋势（表11-3）。2001年，整个学科的知识扩散广度为773.2，而后的十年间不断增加，到了2009年达到1436.00；虽然2010年的数据只有1111.00，小于2006～2009年的扩散广度，这是因为在本节统计时点，2010年的论文还没有达到其被引量的高峰期。因此从整体上看，图书馆、情报、档案学领域的知识扩散广度呈现递增的趋势（表11-3）。

表11-3　图书馆、情报、档案学领域10年来知识扩散广度

年份	2001	2002	2003	2004	2005	2006	2007	2008	2009	2010
N_i	7732	8373	7956	7410	7130	6396	5118	4011	2872	1111
KDB	773.20	930.33	994.50	1058.57	1188.33	1179.20	1182.00	1337.33	1436.00	1111.00
KDB*	0.13	0.28	0.41	0.54	0.66	0.77	0.87	0.94	0.98	1.00
$\text{Log}_{1000}\text{KDB}$	0.96	0.99	1.00	1.01	1.02	1.04	1.04	1.04	1.05	1.03

注：KDB* 为累积扩散广度；KDB为扩散广度。

鉴于学科的知识扩散是一个逐渐积累上升的一个过程，因此本小节提出一个对于知识扩散度得修正指标——累积扩散广度（KDB*）。KDB* 反映了一个学科知识扩散的累积状况，其计算公式如下：

$$\text{KDB}^* = \frac{\sum_{1}^{i} N_i}{\sum_{1}^{n} N_i}$$

式中，N_i 为第 i 年的被引次数。通过该指标能够更好地反映出学科知识扩散广度的积累发展情况，根据公式计算得到图书馆、情报、档案学领域的累积扩散广度KDB*，同时为了考察和比较两种不同的知识扩散广度指标，本节对表11-1中计算出的KDB取以1000为底的对数，分别见表11-3第3和第4行数据，图11-1反映出了图书馆、情报、档案学领域的知识扩散广度在不同年份及逐年累积的变化趋势。可以看出，该领域的知识扩散度在不同年份呈现上升或下降的趋势，但是总体上还是呈现逐步扩大的趋势。众所周知，这主要是因为随着大科学时代的到来，图书馆、情报、档案学领域出现了大量的跨专业、跨领域的研究者，他们对推动本学科与其他学科之间的知识交流具有重要的影响。

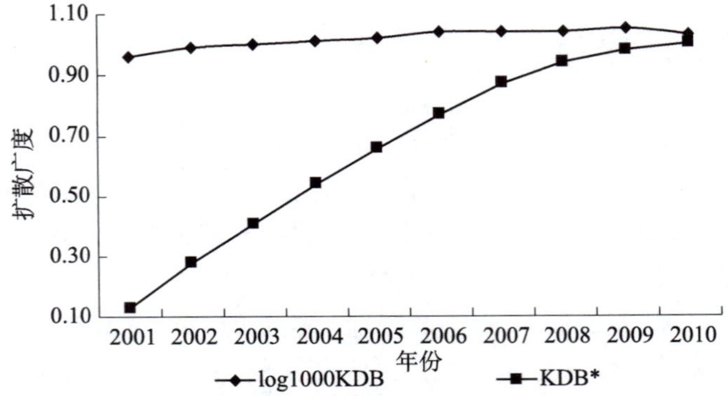

图 11-1　图书馆、情报、档案学领域 10 年来知识扩散广度趋势

(2) 扩散强度分析。本节分别统计了引用图书馆、情报、档案学领域核心期刊次数排名前 10 位的学科，并根据公式计算出图书馆、情报、档案学领域在不同学科的扩散强度，为了增加全面性和可比较性，用于统计的期刊目录分别来自 CSSCI 和 CSTPCD，结果见表 11-4 和表 11-5。

表 11-4　基于 CSSCI 源刊的扩散强度分析

排名	扩散学科	引用次数	扩散强度
1	图书、情报与档案管理	60 675	0.943
2	计算机科学与技术	1 358	0.021
3	管理学	1 137	0.019
4	新闻传播学	676	0.011
5	综合性社会科学	416	0.006
6	教育学	254	0.004
7	人文、经济地理	159	0.002
8	语言学	111	0.002
9	经济学	89	0.001
10	体育学	52	0.001

在 CSSCI 领域，排除学科领域内部的知识扩散，图书馆、情报、档案学领域在计算机科学与技术、管理学、新闻传播学（含出版科学）三个领域的学科知识扩散强度最高，该结果符合图书馆、情报、档案学的同属管理学及大信息科学的学科特点。

而在 CSTPCD 来源期刊中，排除本学科领域，其扩散强度基本与针对 CSSCI 来源期刊的分析结果相类似：自动化技术与计算机技术、农业科学、科研管理、新闻出版及自然科学总论为图书馆、情报、档案学的强扩散学科。这在一定程度上也反映出与图书馆、情报、档案学关系较为密切的学科分布特点；正如前文所述，跨学科研究推动了学科间知识交流的广度，同时也必然会提高这种扩散的深度，实际上这也符合目前活跃在图书馆、情报、档案学研究领域的学者大多来自于与该领域知识扩散强度较高的学科。

表 11-5　基于 CSTPCD 源刊的扩散强度分析

排名	扩散学科	引用次数/次	扩散强度
1	图书情报档案	1469	0.429
2	自动化技术与计算机技术	897	0.262
3	农业科学	287	0.084
4	科研管理	264	0.077
5	新闻出版	176	0.051
6	自然科学总论	90	0.026
7	无线电电子学与电信技术	57	0.017
8	经济与管理	29	0.008
9	机械与仪表工业	26	0.008
9	预防医学与卫生学	26	0.008
10	教育学	24	0.007

（3）扩散速度分析。根据知识扩散速度公式对所获数据进行计算，得到 2001～2010 年 20 种刊物的年度知识扩散速度分布，为了便于比较对所得知识扩散速度的结果分别取以 10 为底的对数，并以散点图加以可视化表示（图 11-2）。分别计算各年度所有期刊的知识扩散速度，然后对各年数据的均值进行回归分析，由此近似得到图书馆、情报、档案学领域的知识扩散速度对时间的最优拟合线 L 及判定系数（Co-efficient of Determination），其中 $y=0.023x+1.579$，$R^2=0.753$，显示回归直线的拟合程度较好。

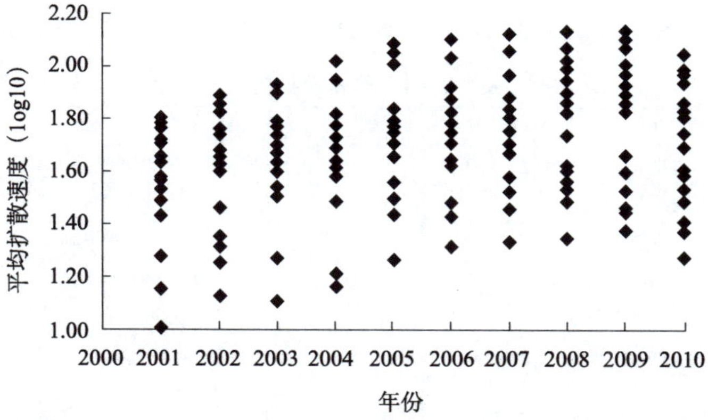

图 11-2　来源于 CSSCI 的图书馆、情报、档案学 20 种核心期刊的平均知识扩散速度趋势图

从图 11-2 中我们可以看出，20 个核心期刊的知识扩散速度大小不一，在时间上呈现较强的离散性，但其共同构成所反映的学科整体知识扩散速度

（图 11-3）却表现出了较好的增长趋势。

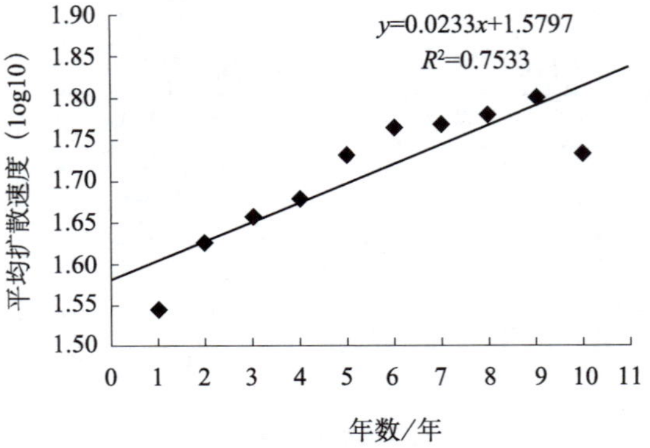

图 11-3　基于 CSSCI 的图书馆、情报、档案学平均知识扩散速度

同时，通过比较不同期刊与整个学科的知识扩散速度我们可以对其进行知识扩散速度的评价（表 11-6），其中 N 表示 2001～2010 年，知识扩散速度高于当年学科总体知识扩散速度的年数，而 $S=\sum$（各期刊年度知识扩散速度－当年学科整体扩散速度）。根据计算结果，在所考察的 20 种图书馆、情报、档案学的核心期刊中，有 11 种期刊的平均知识扩散速度大于学科整体知识扩散速度，排名前 5 位的分别是《情报杂志》《情报科学》《图书馆论坛》《图书情报工作》《图书馆工作与研究》；而《图书馆杂志》《图书情报知识》《图书与情报》《现代图书情报技术》《情报资料工作》等 9 种期刊则小于学科整体的平均知识扩散速度。但是，其中值得注意的是，如《情报学报》《中国图书馆学报》作为在国内图书情报学界非常重要的核心期刊，在评价知识扩散速度上则显示出了与常用影响因子评价结果存在显著差异的情况。

表 11-6　期刊平均知识扩散速度排名

排名	刊名	N	S	排名	刊名	N	S
1	情报杂志	10	2.93	11	情报理论与实践	7	0.26
2	情报科学	10	2.39	11	图书馆杂志	5	－0.24
3	图书馆论坛	10	2.36	13	图书情报知识	4	－0.44
4	图书情报工作	10	1.98	14	图书与情报	3	－0.75
5	图书馆工作与研究	10	1.29	15	现代图书情报技术	4	－0.77
6	图书馆建设	10	1.13	16	情报资料工作	2	－0.88
7	图书馆	10	0.66	17	情报学报	2	－1.07
8	大学图书馆学报	8	0.56	18	档案学通讯	0	－2.36
9	图书馆理论与实践	8	0.55	19	国家图书馆学刊	0	－3.31
10	中国图书馆学报	5	0.32	20	档案学研究	0	－4.59

11.1.3　结语

本节主要分析和讨论了与知识扩散计量相关的几个重要的指标及其演化发展，并提出了累积知识扩散广度作为原有指标的补充。本小节研究结果的启示主要包括如下三个方面。

（1）以期刊知识扩散广度、扩散强度及扩散速度来考察和研究学科的知识扩散性问题，在适用性关注到了期刊作为知识交流、传播的本质性功能，因此也更能反映知识的根本性特征。

（2）通过分析期刊引文的知识扩散，不仅可以帮助我们了解存在于不同的期刊之间的知识扩散问题，同样也可以帮助我们发现不同的学科之间的知识扩散情况，以此去研究多学科间是如何协同发展的。

（3）基于期刊引文的知识扩散研究不仅能够揭示更广泛学科领域的知识交流状况，同时也能够帮助我们去评价和考察一个学科领域的次级学科或领域、科研机构、科研工作者的知识扩散能力，从而提高科研管理的有效性和针对性。

知识的创造与扩散是一个十分复杂的过程，对这个过程的研究，有助于我们更好的管理知识。但这正如 Rowlands 认为的那样，本节认为基于期刊引文的知识扩散计量是一个能够广泛应用在科学评价、产业研究、技术创新研究等领域的重要工具，但有关知识扩散性指标的有效性、表征能力及其与传统计量工具如期刊影响因子的差异还有待深入讨论。

11.2　国外情报学知识关联计量研究

前文中，我们曾经系统地介绍知识关联方法，重点介绍了知识关联的三个方面：一是有无关联；二是关联强度的测度；三是关联方式。本小节，我们将选择耦合关联来介绍知识计量学中的知识单元之间的关联方式、关联强度等。

1963 年，美国麻省理工学院教授 Kessler 在对《物理评论》期刊进行引文分析研究时发现，越是学科、专业内容相近的论文，他们参考文献中相同文献的数量就越多。他把两篇（或多篇）论文同时引证一篇论文的论文称为耦合论文(Coupled papers)，并把这种关系称为文献耦合[17]。2008 年，Zhao 等在文献耦合的基础上，提出作者文献耦合分析方法，并以此开展实证研究，获得了有意义的结论[18]。在国内，2010 年，陈远等以 CSSCI 的数据为样本开展国内情报学的作者文献耦合分析[19]。马瑞敏则以图书情报学科为研究对象开展实证研究[20-21]。国内外的相关研究已经表明，作者文献耦合分析方法同共被引方法一样，是一种探测学科的知识结构的科学方法。但目前还没有出现运用该方法探寻国外情报学的学科结构的实证研究，本节鉴于此点，拟进行国外情报学作者文献耦合分析，一方面探究目前国外情报学的研究状态；另一方面，通过与陈远和马瑞敏等的国内情报学相关研究对比，进一步明确国内外情报学的异同。

11.2.1 数据与方法

1. 数据来源

本节的数据来源为 SCI 和 SSCI。分析期刊 *Library and Information Science*，排除偏向计算机、政府、法律、医学类的期刊，着重选取 7 种科技情报类期刊代表国外的情报学科，如表 11-7 所示。下载这 7 种期刊的 2000～2010 年的题录数据，包含题名、作者、出版者、出版年、出版期刊、引文等，共获得 4866 篇文献（仅包含 article）。进行题录数据的清洗，主要是消除引文中 DOI（Digital Object Identifier，数字对象标识符）数据项对结果的影响，据统计约有 11 000 条包含 DOI 的引文数据。

表 11-7 情报学代表期刊

序号	期刊中文名称	期刊英文缩写	论文量
1	美国信息科学与技术学会杂志	J AM SOC INF SCI TEC	1371
2	信息与管理	INFORM MANAGE-AMSTER	605
3	科学计量学	SCIENTOMETRICS	1169
4	信息技术杂志	J INF TECHNOL	225
5	信息处理与管理	INFORM PROCESS MANAG	683
6	情报科学杂志	J INF SCI	456
7	文献工作杂志	J DOC	357

2. 代表作者选取

统计获取的 4866 篇文献数据，有 3068 位作者在相关期刊上发文，发文量在 11 篇之上的作者如表 11-8 所示。Egghe，L 为发文最多的作者，共发表文章 64 篇。著名情报学家普莱斯曾经提出选取学科领域核心作者的计算思路：核心作者发文数大于 $0.749\times\sqrt{M}$（M 为领域内发文最多学者的发文数，此处即为 64）。据此可以计算出情报学的核心作者的发文数需大于 5.992，统计发现共有 78 位作者发文在 6 篇之上。

表 11-8　高发文作者排名（载文量≥11）

序号	作者	发文量/篇	序号	作者	发文量/篇
1	Egghe，L	64	12	Yu，G	15
2	Thelwall，M	43	13	Bornmann，L	14
3	Leydesdorff，L	38	14	Oppenheim，C	14
4	Nicholas，D	26	15	Hartley，J	13
5	Bar-Ilan，J	21	16	Braun，T	11
6	Spink，A	19	17	Vaughan，L	11
7	Glanzel，W	18	18	Kostoff，RN	11
8	Burrell，QL	17	19	Rousseau，R	11
9	Cronin，B	17	20	Savolainen，R	11
10	Jansen，BJ	17	21	Yang，CC	11
11	Pinto，M	16	22	Zhang，J	11

3. 作者文献耦合分析

在对待作者之间耦合频次的问题上，相关研究已经表明，如果根据文献耦合的概念，通过计算两位作者所有文献的耦合频次，然后通过汇总获得二者之间的耦合频次会夸大作者的耦合关系，这也正是 Leydesdorff 等学者所提出的耦合方法之缺陷所在[22,23]。因此，本节拟采取的作者之间的耦合计算思路是：将某个作者（只考虑第一作者）所有论文的参考文献作为一个集合，然后和另一个作者所有文献的参考文献进行比较，找出共同的参考文献次数即为这两个作者之间的文献耦合次数。由于一篇文献在某个作者的参考文献中出现的次数不止一次，比如 A 作者中出现 N 次，同时在 B 作者的参考文献中出现 M 次，则这篇文献要赋以权值，具体为 Min（N，M）。作者的总耦合频次为，依次计算某作者与其他作者之间的耦合频次，然会计算汇总即可得到该作者的总耦合频次。作者的平均耦合频次为作者的总耦合频次除以作者总数减去 1。作者与作者自身的耦合频次为，作者与其他作者之间的耦合频次的最大值加上 1，以增加自身之间的亲密关系。

11.2.2　频次分析

统计国外情报学的 78 位作者之间的耦合频次，如表 11-8 所示。可以发现，国外平均耦合频次排名前 3 位的作者依次是 Leydesdorff、Thelwall、Egghe，他们同时也是发文前 3 位的作者；国内发文排名第 1 位、第 2 位的邱均平、王知津平均耦合频次排名依次是第 3 位、第 2 位[19]。由此看来，作者发文多少与作者的耦合有一定关系。对 78 位作者的发文排名与耦合频次排名进行相关分析也进一步表明其相关关系，数据显示，Sig.＝0.00，相关度＝0.509，呈现一种弱相关性。

表 11-9 同时显示了平均耦合频次值前 30 位的国内作者的分布情况（陈远等[19]）。进行国内外的耦合对比分析，各指标反映出国内情报学的作者耦合情况与国外的作者有很大的差距。同样是对于情报学的核心作者群，陈远等计算出国内情报学核心作者的耦合强度最大的 3 对作者为邱均平——文庭孝、肖勇——梁战平、肖勇——王知津，其耦合强度分别为 37、20、11。而我们计算所得耦合强度最高的 3 对作者分别是 Vaughan，L—Thelwall，M、Thelwall，M—Bar-Ilan，J、Kousha，K—Thelwall，M，其耦合强度分别为 166、111、101，是国内作者的数倍。高耦合强度体现的是某作者与跟他有相似研究情况的作者的一种亲密关系，而平均耦合强度可以更好地表现作者在领域内的相对研究活力。观察表 11-9 中的平均耦合频次指标值，国外作者的平均耦合频次值仍然比国内作者表现得更为理想。国内核心作者的平均耦合频次值均在 1.0 之下，排名第 1 的肖勇的平均耦合频次为 0.8667。国外核心作者的平均耦合频次基本都是在 1.0 之上，78 位作者中仅有 17 位作者在 1.0 之下，78％的作者平均耦合频次值大于 1.0。平均耦合频次可以表现出作者的研究活跃度，作者的平均耦合频次值高，就说明该作者就越容易跟其他作者建立同引用关系，他与其他作者的联系就越紧密，其研究之间就越具有相关性。这即是说，相对于国外的情报学，国内情报学作者的研究过于分散、独立，与其他学者的联系过于松散。如果所有的作者都呈现这种情况，就会反映出整个情报学缺少一定的系统性与联系性。关于这一点，我们可以从宏观的角度对作者之间的耦合关系进一步分析。理论上讲，国外情报学的 78 位作者可以建立 3003 个耦合关系对。实际情况是，只有发生了同引用行为，才真正建立了耦合关系。据统计，3003 个耦合关系对中，有 1411 对发生了同引用关系，占 47％。而陈远[24]统计的国内情报学的 102 位作者所组成的 5151 个耦合关系对中，真正建立耦合关系的仅为 1340，仅占 16％。而统计国内情报学的具有耦合关系的作者一般集中在 1～2 次，耦合频次≥10 的只有 5 对，占 0.1％。国外情报学耦合频次≥10 的作者有 280 对，占 19.8％。这些数据进一步表明，相对于国内的情报学，国外情报学的研究关系更加紧密，连通性更强，整体性与集中性更加明显。

表 11-9　国内外情报学作者耦合频次分布及比较（前 30 位）

排序	国外作者	发文排序	发文数/篇	最大耦合频次	平均耦合频次	国内作者	发文数/篇	平均耦合频次
1	Leydesdorff，L	3	38	74	15.013	肖　勇	21	0.8667
2	Thelwall，M	2	43	166	14.6234	王知津	68	0.8
3	Egghe，L	1	64	92	11.3896	邱均平	68	0.7389
4	Bar-Ilan，J	5	21	111	10.7532	文庭孝	21	0.6722
5	Jansen，BJ	10	17	67	8.9481	包昌火	13	0.4556
6	Vaughan，L	17	11	166	7.961	马费成	21	0.4278
7	Cronin，B	9	17	42	7.1688	赵蓉英	15	0.4056

续表

排序	国外作者	发文排序	发文数/篇	最大耦合频次	平均耦合频次	国内作者	发文数/篇	平均耦合频次
8	Meho，LI	64	6	42	6.5584	彭靖里	35	0.3833
9	Guan，JC	29	9	52	6.4156	梁战平	10	0.3444
10	White，HD	27	10	34	6.2338	吴晓伟	19	0.3333
11	Glanzel，W	7	18	44	6.1688	韩　毅	21	0.2833
11	Spink，A	6	19	67	6.1039	李国秋	11	0.2833
13	Rousseau，R	19	11	39	5.8701	王宏鑫	9	0.2667
14	Zhao，DZ	51	7	46	5.6104	周九常	24	0.2611
15	Kousha，K	60	6	101	5.5714	李伟超	6	0.2611
16	Bornmann，L	13	14	42	5.4286	张　洋	10	0.2556
17	Ding，Y	28	9	30	5.4156	黄晓斌	23	0.25
18	Chen，CM	35	8	59	5.1818	王日芬	26	0.2444
19	Ortega，JL	25	10	86	4.9091	王　琳	7	0.2222
20	Zitt，M	78	6	44	4.5065	马海群	21	0.2111
21	Savolainen，R	20	11	43	4.2857	刘春茂	13	0.2111
22	Xu，YJ	50	7	43	4.2727	查先进	11	0.2111
23	Cole，C	36	8	39	4.2078	沙勇忠	15	0.2056
24	Frandsen，TF	37	8	24	4.013	夏立新	22	0.1944
25	Burrell，QL	8	17	35	3.9221	秦铁辉	18	0.1944
26	Vinkler，P	49	7	28	3.8701	王　芳	6	0.1944
27	Wolfram，D	75	6	48	3.8052	姜春林	20	0.1833
28	Ford，N	24	10	37	3.4805	化柏林	16	0.1833
29	Pinto，M	11	16	24	3.3117	陈文勇	7	0.1833
30	van Raan，AFJ	26	10	18	3.2338	刘　冰	11	0.1722

11.2.3　整体网分析

根据作者的耦合关系，构建 78 位核心作者的文献耦合矩阵。矩阵的对角线为作者与作者自身的耦合频次，我们取耦合频次的最大值加上 1 的做法。同大多数作者同被引分析一样，为消除矩阵因作者同引证次数差异或突兀所带来的影响，以充分揭示作者间的相似程度，原始矩阵一般需要转化为相似矩阵。转化后的相似矩阵即可进行多元统计分析[24,25]。首先，将原始耦合矩阵导入 Ucinet 进行社会网络分析，并以可视化的形式予以展示，如图 11-4 所示。图中每个圆点代表一位作者，圆点的大小代表其在网络中的中间中心性，在一个作者耦合关系网络中，中间中心性可以在一定程度上反映同引证的频次。一般说来，与尽可能多的作者发生同引证关系，该作者就会具有较高的中间中心性。点与点之间连线的长短可以反映作者之间的亲密关系，连线的粗细反映作者之间发生同引用的次数。圆点的颜色是进行社会网络 K-cores 分析的结果。可以发

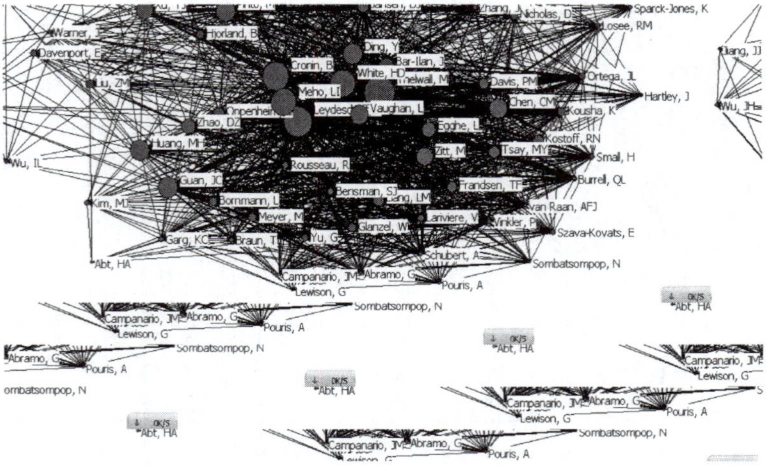

图 11-4　国外情报学作者文献耦合关系网

现，网络中有 2 个研究团体是特别明显的，红色团体与蓝色团体。红色团体是 $K=28$ 的作者，团体中的每一位作者分别跟 28 位其他作者建立了同引用关系，这些作者簇拥在一起，处于网络的中心位置，可以说是国外情报学研究中最具活力的作者，包含 Thelwall，M、Leydesdorff，L、Cronin，B、White，HD、Meho，LI 等。蓝色团队是 $K=25$ 的作者，也有为数不少的作者，他们占据了网络中一定的位置，活跃于国外情报学研究中，是一支不可忽略的力量，包含 Cole，C、Pinto，M、Xu，YJ 等。同时，网络中出现了 1 名 $K=0$ 的作者 James，J，他没有跟其他任何作者建立同引证关系。

网络中节点的大小近似地表达了作者的中间中心性的大小，中间中心性、点度中心性、接近中心性的计算结果如表 11-10 所示。可以发现，中间中心性前 5 位的作者 Thelwall，M、Leydesdorff，L、Cronin，B、White，HD、Meho，LI 同时也是接近中心性的前 5 位，其中 Thelwall，M、Leydesdorff，L 又分列点度中心性的第 1 位、第 2 位。这几位作者应该说是国外情报学的关键性的作者，他们或是与其他众多作者建立了同引证关系，或者是处在其他节点之间的关键路径上，从而存在对于他人联系的重要性。尤其是 Thelwall，M，无论是中间中心性还是点度中心性、接近中心性都居于第 1 位，可以说是情报学研究最为重要的作者之一。为探明中间中心性、点度中心性、接近中心性之间的关系，我们对这三者进行相关分析，中间中心性与点度中心性、中间中心性与接近中心性、点度中心性与接近中心性这 3 对相关系数分别是 0.385、0.269、0.442，Sig. 值分别是 0.001、0.017、0.000。虽然显著性水平及相关系数略有差异，但他们确实存在着一定的相关性。进行国内外对比研究，国内情报学的所呈现的 3 组数据分别为 0.8701、0.8018、0.8427，显著性水平均小于 0.01。而对各中心性与作者发文数、耦合频次进行相关性分析，结果同样如此。我们分析，产生这样的结果跟作者的研究活跃度有关系，国外作者的研究活跃度较高往往就会导致他们的研究稳定性变弱，一些高产的作者不一定建立很高的耦合频次关系，而一些相对低产的作者却有可能在网络中占有较高的中心性。国内的作者研究活跃度的相对偏低反而致使他们的稳定性较强，他们的耦合频次、中心度往往跟跟他们的发文有着直接的密切关系。

表 11-10　国外情报学作者的中心性分布

排序	作者	中间中心性	排序	作者	点度中心性	排序	作者	接近中心性
2	Thelwall，M	2.82	2	Thelwall，M	9.101	2	Thelwall，M	47.531
3	Leydesdorff，L	2.542	3	Leydesdorff，L	6.188	9	Cronin，B	46.667
9	Cronin，B	2.329	4	Nicholas，D	5.735	3	Leydesdorff，L	46.386
27	White，H D	2.325	6	Spink，A	5.247	27	White，H D	46.386
64	Meho，L I	2.294	10	Jansen，B J	4.618	64	Meho，L I	46.386
36	Cole，C	2.213	15	Hartley，J	4.276	28	Ding，Y	45.294
11	Pinto，M	1.758	5	Bar-Ilan，J	3.919	5	Bar-Ilan，J	44.509
58	Huang，M H	1.747	27	White，H D	3.762	17	Vaughan，L	44.509
29	Guan，J C	1.714	16	Braun，T	3.558	1	Egghe，L	44
28	Ding，Y	1.665	32	Lewison，G	3.508	78	Zitt，M	43.503
17	Vaughan，L	1.515	11	Pinto，M	3.447	14	Oppenheim，C	42.778
35	Chen，C M	1.515	34	Zhang，Y	3.382	35	Chen，C M	42.778
50	Xu，Y J	1.392	19	Rousseau，R	3.347	51	Zhao，D Z	42.541
78	Zitt，M	1.343	14	Oppenheim，C	3.324	10	Jansen，B J	42.308
5	Bar-Ilan，J	1.311	8	Burrell，Q L	3.09	42	Davis，P M	42.077
1	Egghe，L	1.149	7	Glanzel，W	2.933	37	Frandsen，T F	42.077
51	Zhao，D Z	1.095	20	Savolainen，R	2.883	33	Tsay，M Y	42.077

网络密度定义为某一网络中所存在的“实际关系数”与“理论上可能存在的最大关系数”之比，计算公式为 $2L/n$（$n-1$）（L 为网络中的连线数，n 为网络中的节点数）。从理论上讲，1 个完美的网络可以产生 n（$n-1$）/2 条连线，该网络的密度就是 1。反之，1 个高度不连通的网络 L 值会趋于 0，此时网络密度为 0。因此，通常情况下，网络密度大于 0 小于 1。密度越接近 1，就越表示网络接近完美性。我们计算图 11-4 的网络的密度为 0.9466，这表示国外情报学的作者联系已经比较紧密，他们通过文献所进行的交流与沟通比较频繁，自发与孤立的研究者很少。这比国内情报学的研究状况要好很多，陈远等[3]计算的国内的情报学的核心作者网络密度仅为 0.2601，网络极为松散，高度不连通，大量作者之间没有建立耦合关系，这也说明国内情报学的作者的研究活力要比国外弱很多，国内情报学的研究结构还处于一种松散、稀疏状态，远没有国外情报学的紧致、细密。

11.2.4 因子分析

将相关矩阵导入 SPSS 软件进行因子分析，选择 Principal Components 提取算法，进行 Direct Oblimin 转轴，共提取到 9 个主成分。结果显示，我们的数据适合因子分析，拟合结果比较理想，9 个因子解释了 93.184%的总方差，81%的公因子方差在 0.9 之上。该数据的拟合结果要比国内情报学的理想很多，国内情报学同样以 Principal Components 提取了 9 个因子，但仅仅解释了 80.0293%的总方差[19]。

对作者耦合关系数据进行因子分析，研究相同或类似的作者就会被归类在一起，共同组成一个因子，从而形成一个研究主题。对各因子中主要载荷作者的高耦合论文进行分析，可以发现相应研究团体的共同主题领域，进一步可确定因子标签。以此方法我们确定国外情报学的 9 个研究主题，并与国内情报学的研究主题进行比较，如表 11-11 所示。通过比较可以发现，国外情报学研究最为繁荣的领域是“科学计量学”，而国内则是“情报学理论与方法”“信息分析与服务”；“科学计量学”的研究在国内居于第 3 位，也是一个研究的热点主题。在国外情报学研究中，有两个因子由于缺乏具有代表性的高载荷作者，其研究主题难以确定，以未查明替代。而在国外情报学中典型的研究主题“期刊评价”，在国内的情报学研究中并不明显。国内情报学的热点主题“竞争情报与信息咨询”在国外的研究中也为明显地探寻到。

表 11-11 国内外情报学研究主题分布及其比较

国内研究主题[19]	载荷作者	国外研究主题	载荷作者	主要代表作者
情报学理论与方法	35	科学计量学	42	Zitt，M、van Raan，A F J、Glanzel，W、Braun，T
信息分析与信息服务	35	网络资源管理与配置	33	Ding，Y、Cronin，B、Bar-Ilan，J
文献计量与科学计量	28	情报学理论与方法	7	Bornmann，L、Jiang，J J、Burrell，Q L
竞争情报与信息咨询	23	期刊评价	6	Davis，P M、Szava-Kovats，E
网络信息资源组织与整合	18	信息用户与服务	5	Jiang，J J、Wu，J H、Wu，I L
信息资源管理与配置	17	知识管理	3	Davenport，E、Warner，J
图书分类与情报检索	11	信息检索	2	Losee，R M、Sparck-Jones，K
知识管理与科技创新	10	未查明	0	
信息检索与可视化技术	9	未查明	0	

为更充分地对比国内外情报学研究主题之有无，我们引入马瑞敏博士的研究结论[21]。马瑞敏曾经以 CSCCI 1998～2007 年的数据，同样运用作者文献耦合方法探寻 10 年间的国内情报学的学科结构，但他并没有研究得出研究主题的规模。这三者的比较如图 11-5 所示。我们认为，无论是在国内还是国外，无论是

在1998～2007年还是在2000～2010年时间段，都出现过的研究主题领域值得我们密切关注，这样的主题具有一定的广泛性和连续性，在未来一段时间内很有可能会持续受到关注，这样的主题有“科学计量学”“网络资源管理与配置”“情报学理论与方法”“知识管理”“信息检索”。在国外情报学研究中出现过，而在国内没有探寻到的研究主题，也同样值得我们关注，尤其是值得国内学者的重视，如图11-5中的“期刊评价”。因为这样的研究主题一般代表着前沿领域，国内的情报学向来就有着借鉴国外的相关研究的传统，很多方面的研究都是首先在国外展开，然后才在国内蔓延开来，并逐步发展成为一个研究热点。有一点我们可以注意到，在我们的2000～2010年与1998～2007年这两个时间段都探测到，也是我们情报学研究者有着普遍共识的研究领域“竞争情报”，在国外的情报学研究中却没有明显的探索发现。这可能说明，竞争情报的研究在国外已经出现了弱化的趋势，或者说其他研究领域正在逐渐凸显出来，竞争情报的研究已经没有以前更加突出了。

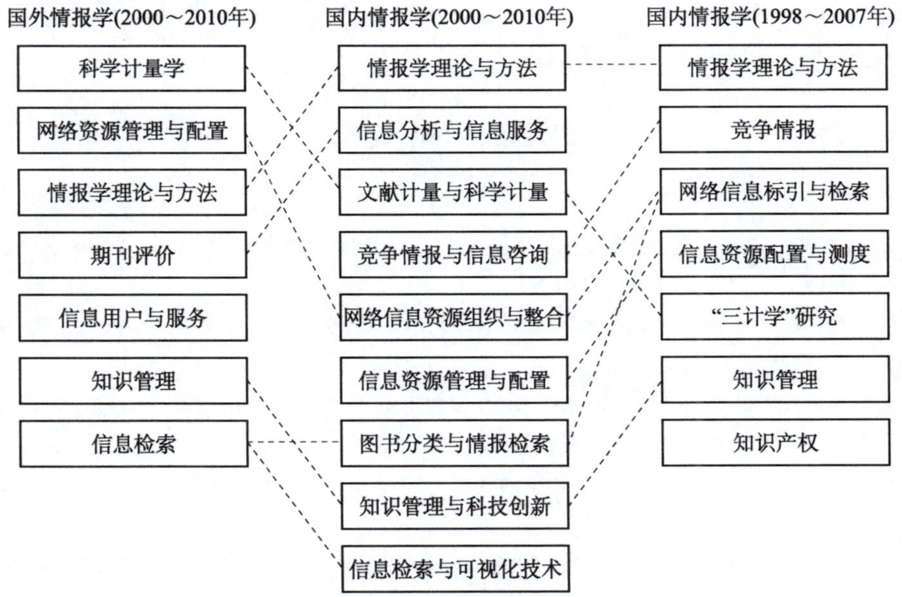

图11-5　国内外情报学研究主题比较[19,21]

11.2.5　结语

本小节选取国外科技情报学的7种期刊，获取其近十年间的Article类型文献的题录数据，从作者文献耦合的角度分析国外情报学的研究情况，并与国内情报学的研究结果进行比较研究。主要的研究结论有以下几点。

（1）作者的发文与作者的耦合关系的建立是有一定关系的，它们之间呈现一种弱相关性。

（2）Thelwall，M、Leydesdorff，L、Cronin，B、White，H D、Meho，L I是国外情报学研究中几位重要的作者，普遍具有较高的中心性。国外情报学作者的研究活力明显高于国内情报学，更容易与其他作者建立亲密关系；相对于国外的情报学，国内情报学作者的研究过于分散、独立，与其他学者的联系过于松散。

（3）“科学计量学”“网络资源管理与配置”“情报学理论与方法”“知识管理”“信息检索”是国内外情报学中普遍存在的研究主题；“期刊评价”是国外情报学一个较为明显的研究主题，而“竞争情报”则主要是国内的研究主题。

（4）相对于国内的情报学，国外情报学的研究关系更加紧密，连通性更强，整体性与集中性更加明显。通过网络密度分析也发现，国外情报学的网络密度要比国内高很多。网络密度反映了网络中各个节点之间联络的紧密程度，联络密切的网络会促进信息的交流和科研的合作；反之，过于稀疏的网络则会阻碍科学研究的发展。因此，目前国内情报学的发展跟国外情报学研究存在差距，仍然需要很长的不断完善的过程。

参考文献

[1] William S L. The American public library and the diffusion of knowledge. San Diego: Harcourt, Brace and Company, 1924: 3

[2] Crane D. Invisible Colleges: Diffusion of Knowledge in Scientific Communities. Chicago: University of Chicago Press, 1972: 33

[3] Appleyard M, Kalsow G. Knowledge diffusion in the semiconductor industry. Journal of Knowledge Management, 1999, (3): 288-295

[4] Sorenson O, Fleming I. Science and the diffusion of knowledge. Research Policy, 2004 (10): 1615-1634

[5] Piergiuseppe M, Richard T. Knowledge diffusion and innovation: modelling complex entrepreneurial behaviours. Cheltenham and Camberley: Edward Elgar Publishing, 2010: 8

[6] Taks J L. Regional knowledge diffusion and firm level factors: The case of the Flemish biotechnology firms. Utrecht: University of Utrecht, 2009: 47

[7] 王开明，万君康．论知识的转移与扩散．外国经济与管理，2000，(10)：2-7

[8] 常荔，邹珊刚，李顺才．基于知识链的知识扩散的影响因素研究．科研管理，2001，(5)：112-117

[9] 刘则渊，陈悦，侯海燕．科学知识图谱：方法与应用．北京：人民出版社，2008：5

[10] Rowlands I. Journal diffusion factors: a new approach to measuring research influence. Aslib Proceedings, 2002, (2): 77-84

[11] Tove F F. Journal diffusion factors—a measure of diffusion? Aslib Proceedings，2004，(1)：5－11

[12] Frandsen T F，Rousseau R，Rowlands I. Diffusion factors. Journal of Documentation，2006，(1)：58 － 72

[13] Egghe L. Journal diffusion factors and their mathematical relations with the number of citations and with the impact factor // Ingwersen P，Larsen B. Proceedings of ISSI. Stockholm：Karolinska University Press，2005：109 － 110

[14] Liu Y X，Rousseau R. Knowledge diffusion through publications and citations：a case study using ESI-fields as unit of diffusion. J. Am. Soc. Inf. Sci. Technol.，2010，(2)：340－351

[15] Fairthorne R A. Empirical hyperbolic distributions (Bradford-Zipf-Mandelbrot) for bibliometric description and prediction. Journal of Documentation，1969，(4)：319－343

[16] Sanni S A，Zainab A N. Measuring the influence of a journal using impact and diffusion factors. Malaysian Journal of Library & Information Science，2011，(2)：117－140

[17] Kessler M M. Bibliographic coupling between scientific papers. American Documentation，1963，(14)：10－25

[18] Zhao D Z. Evolution of research activities and intellectual influences in information science 1996 － 2005：introducing author bibliographic-coupling analysis. Journal of the American Society for Information Science and Technology，2008，59 (13)：2070 － 2086

[19] 陈远，王菲菲．基于 CSSCI 的国内情报学领域的作者文献耦合分析．情报资料工作，2011，(5)：5－11

[20] 马瑞敏．基于作者学术关系的科学交流研究．武汉：武汉大学博士学位论文，2009

[21] 马瑞敏，倪超群．作者耦合分析：一种新学科知识结构发现方法的探索性研究．中国图书馆学报，2011，198 (2)：4－11

[22] Leydesdorff L. On the normalization and visualization of author co － citation data：salton's cosine versus jaccard index. Journal of the American society for Information Science and Technology，2008，59 (1)：77－85

[23] 肖明，李国俊．国内竞争情报可视化研究：以引文耦合和关键词分析为方法．情报理论与实践，2011，34 (1)：100－105

[24] 宋艳辉，邱均平．作者共被引视角下的我国竞争情报研究，情报资料工作，2011，(5)：17－20

[25] 朱红艳，宋艳辉．社会网络分析视角下的我国竞争情报研究进展分析．现代情报，2010，(10)：10－15